디지털포렌식 기술

컴퓨터 구조와 디지털 저장매체 / 파일시스템과 운영체제
응용프로그램과 네트워크 / 데이터베이스

(사)한국포렌식학회

DIGITAL
FORENSIC

미디어북

머 리 말

디지털포렌식의 사회적 수요는 날로 커지고 있다. 단순히 과학수사의 영역에서 머무르지 않고, 실체적 진실을 규명하기 위한 사회적 활동 즉, 선거, 국방, 공정거래 등 공공기관은 물론 회사 내의 개인 비리, 직무감찰, 회계부정, 개인정보침해, 침해사고대응 등 민간 영역에 이르기까지 다양하게 활용되고 있다.

우리 사회에 큼지막한 사건 사고에는 여지없이 포렌식 전문조사팀이 가동되고 있다. 그러나 수사과정은 물론 특히 감찰조사, 행정조사 과정에서도 광범위한 영역에 걸쳐 증거를 접하다보니 적정절차보장이나 인권침해, 개인정보보호라는 새로운 위험성을 지적하는 목소리가 높다. 전자적 증거가 갖는 제반 특성에 비추어 사소한 실수로 증거로 사용할 수 없게 되지만 위법수집증거배제법칙, 전문법칙, 개인정보우선보호원칙 등 증거법상의 제 원칙을 자칫 소홀히 한다면 진실 자체가 왜곡되어 버린다는 점을 잊어서는 안 된다.

본 책자는 제1권 디지털포렌식 이론과 제2권 디지털포렌식 기술로 구성하였다. 제1권에서는 디지털포렌식 기초실무와 관련 법률을 수록하여 디지털 증거를 적정하게 수집하고, 분석하는 기본 틀에 관한 내용을 담았다.

먼저, 기초실무는 디지털포렌식 관련 서적에서 각기 상이하게 기술하고 있는 내용을 통합 및 정리하였으며, 혼용하고 있는 용어를 정리·통일하여 디지털 포렌식을 처음 접하는 사람들에게 혼동을 주지 않도록 하였다. 특히 국내외 다양한 최신 디지털 포렌식 분석 도구 및 장비를 추가하고 설명도 달았다.

법률부분은 새로운 판례와 법률의 새로운 동향을 정리하였고, 특히 전자적 증거의 압수·수색방법, 원격지(역외) 압수·수색 등과 관련해서는 상세한 해설도 담았다. 형사소송법의 개정방향이나 개인정보보호법, 정보통신망법, 민사소송법 등 적정절차와 증거법에 관한 내용을 상세히 설명하고, 관련 판례를 망라하여 정밀 분석하였다. 이를 통해 기본적인 행동요령과 보고서 작성요령도 첨언하였다.

제2권 기술편에서는 새로운 디지털포렌식 기술을 수록하였다.

컴퓨터 구조는 새로운 기술 동향을 반영하고, 가독성과 이해력을 제고시키기 위해 그림과 도표를 많이 첨가하였다. 해시 개념과 디지털포렌식에서의 활용 방법도 해설과 함께 설명하였다.

운영체제와 파일시스템은 실무 사진을 많이 추가하면서 새로운 아티팩트를 다수 보완하였고, 응용프로그램은, 직접 책을 보고 따라서 실습해볼 수 있도록 구성을 변경하였으며, 응용 프로그램의 발전 동향 및 발전에 따른 각 응용 프로그램 별 분석 가능한 내용을 체계적으로 정리하였다.

데이터베이스는 최신 버전 내용을 반영하였고, SQL Injection, 데이터베이스 암호화를 다루었고, 네트워크는 네트워크 개요, 분류, 토폴로지를 첨언하고, TCP 주요 기능 추가 및 방화벽/악성코드 관련 최신 동향을 반영하였다. 네트워크 특징에 따른 증거 수집 방법론도 잘 정리하였다.

새로운 4차 산업혁명 시기의 도래로 사물인터넷 상황 하에서 디지털포렌식 전문가를 꿈꾸는 젊은이들의 새로운 참여와 도전을 바라면서, 아무쪼록 본 책자가 독자 분들에게 보탬이 되기를 기대해 본다.

2018. 12.

(사)한국포렌식학회

CONTENTS

컴퓨터 구조와 디지털 저장매체

응용프로그램과 네트워크

제1편 | 응용프로그램

데이터베이스

컴퓨터 구조와
디지털 저장매체

컴퓨터 구조와 디지털저장매체에 들어가기전에

디지털포렌식 조사인으로서 디지털 증거를 해석하고 분석하는 역량은 중요하다. 하지만, 그보다 앞서 갖추어야 할 역량은 다양한 디지털 매체 자체에 대한 이해이다. 압수수색 준비과정에서 모든 경우의 수를 예측하고 대비할 수는 없으므로, 현장에 나간 조사인은 빈번하게 예상치 못한 변수를 맞닥뜨리게 된다. 또한 디지털 증거에 대한 기초적인 지식이 없는 상태에서 수집 진행 시 현장에서 주요한 저장장치를 식별하지 못하여 수집하지 못하는 경우, 매체는 식별하였으나 주요 정보를 누락하여 수집하는 경우, 증거를 훼손하거나 오염시키는 경우 등 문제를 야기할 수 있다. 따라서 디지털포렌식 조사인은 디지털포렌식 절차에 임하는 전문가로서 컴퓨터에 대한 이해와 지식을 갖추고 있어야 한다. 본 장에서는 디지털포렌식 절차를 수행하기 위한 기초적인 컴퓨터 지식에 대해 다룬다.

제 1 편
컴퓨터 구조

제1장 컴퓨터 구조의 발전

1. 컴퓨터의 구성장치와 기본구조

컴퓨터 시스템은 크게 하드웨어(Hardware)와 소프트웨어(Software)로 구분된다. 하드웨어는 컴퓨터의 기계적인 장치를 의미하며, 소프트웨어는 하드웨어의 동작을 제어하고 지시하는 역할을 하는 모든 종류의 프로그램을 의미한다.

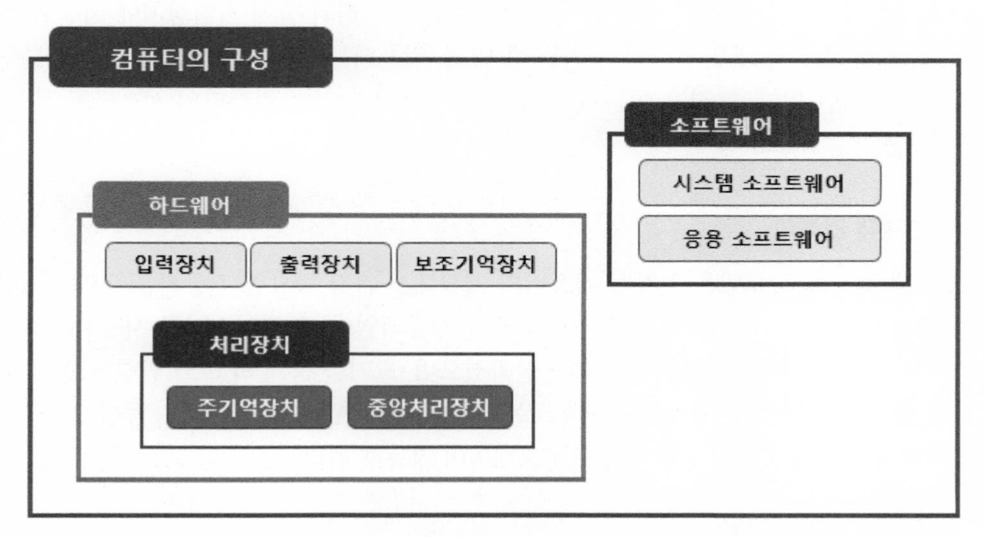

[그림 1] 컴퓨터의 구성

2. 컴퓨터 구조의 발전 과정

구 분	1세대	2세대	3세대	4세대	5세대
하드웨어 특징	진공관	트랜지스터	집적회로	LSI	VLSI
소프트웨어 특징	일괄처리	다중프로그래밍	시분할처리	시분할처리	병렬처리, 자연어처리

[표 1] 세대 별 컴퓨터 특징

(1) 1세대 컴퓨터

1세대 컴퓨터 시스템은 진공관을 이용하여 제작된 컴퓨터이다. 진공관을 사용함에 따라 크기가 매우 크며, 열 발생량이 많고 전력 소모가 큰 단점을 가진다. 기계어에 가까운 어셈블리어가 사용되었으며 대표적인 컴퓨터로는 1964년 미국의 머클리와 에커트가 개발한 ENIAC(Electronic Numerical Integrator And Computer)과 UNIAC(Universal Automatic Computer)이 있다. 이후 폰 노이만(Von Neumann)이 프로그램 내장의 개념을 도입하였으며, 이 개념에 의하면 프로그램과 데이터와 함께 기억장치에 저장될 시 프로그래밍 과정이 매우 간단히 처리될 수 있고, 컴퓨터는 기억장치에 내장된 명령들을 읽어 수행하면 된다. 그리고 이는 우리가 현재 사용하고 있는 컴퓨터의 시초라고 볼 수 있다.

(2) 2세대 컴퓨터

2세대 컴퓨터 시스템은 전자식 컴퓨터의 역사에서 가장 중요한 진공관을 트랜지스터로 대체한 컴퓨터로 1974년 Bell 연구소에서 개발되었다. 트랜지스터를 사용함으로써 기억용량이 증대되었고 연산의 속도가 빨라졌으며, 크기를 작게 하고 열 발산과 전력 소모를 줄인 컴퓨터이다. 사용되는 언어로는 FORTRAN, ALGOL, COBOL 등이 있다. 운영체제의 개발이 이루어지고 다중 프로그래밍이 가능해 졌다.

(3) 3세대 컴퓨터

3세대 컴퓨터 시스템은 전자공학의 발전에 의해 집적회로(IC : Integrated Circuit)를 사용한 컴퓨터로 2세대 컴퓨터에 비해 저렴한 가격과 컴퓨터의 소형화를 이루었다. 3세대 컴퓨터의 등장으로 인해 소프트웨어 산업의 비중이 증가되었으며, 시분할 처리를 통한 멀티프로그래밍을 지원 및 캐시 메모리가 등장하였다. 대표적인 모델로 IBM360 시리즈, UNIVAC9000 시리즈, PDP-11 등이 있다.

(4) 4세대 컴퓨터

4세대 컴퓨터 시스템은 고밀도 집적 회로(LSI : Large Scale Integrated Circuit)을 기본 소자로 하여 개발되었으며 컴퓨터의 소형화와 저렴한 가격을 특징으로 들 수 있다. 그리고 4세대 컴퓨터는 저렴한 가격을 기반으로 개인 컴퓨터(PC : Personal Computer)의 대중화를 이루었다는 평을 받는다. 온라인 실시간 처리 시스템이 보편화되었고 기존 시스템에 비해 빠른 처리속도(ps[1]:10−12)를 갖게 되었다. 대표적인 모델로는 IBM 4300, 3030 등이 있다.

(5) 5세대 컴퓨터

5세대 컴퓨터 시스템은 초고밀도 집적회로(VLSI : Very Large Scale Integrated Circuit)를 기본 소자로 하여 초미니·초고속을 추구한다. 또한 기존 시스템의 수준을 벗어나 경영정보, 지식정보시스템, 인공지능 신경망, 퍼지, 멀티미디어 가상현실을 목표로 하고 있다. 5세대 컴퓨터는 기계와 인간의 인터페이스를 좀 더 인간에게 편리하도록 하기 위해 GUI(Graphic User Interface) 환경을 구현하였으며 자동 번역 시스템, 음성인식 응용 시스템과 같은 장치들이 인간이 좀 더 편리하게 컴퓨터와 인터페이스 하도록 해준다. 또한 성능 향상의 일환으로 다중 프로세서를 사용한 병렬 처리 컴퓨터 시스템이 연구되고 있으며, 새로운 소자의 개발과 인공지능의 연구가 활발히 진행되고 있다.

1) ps(피코 초) : 1/1,000,000,000,000초

제2장 프로세스 구조

프로세스란 개념은 60년대 Multics OS[2]에서 처음 등장하였으며, IBM OS에서 Task를 명명하는 개념으로 정하였다. 현재 실행 중인 프로그램, 비동기적 활동, 활성 프로그램, 프로세스 제어블록(Process Control Block, PCB)을 가진 프로그램, 실행 가능한 프로그램이 모두 프로세스라고 정의된다. 프로세스는 살아 있는 동안 이벤트에 의해서 준비·실행·보류 등의 다양한 상태변화를 갖는다. 준비 상태는 실행 준비가 되어 프로세서가 처리해 주기를 기다리는 상태이며, 실행 상태는 현재 프로세스를 할당 받아 수행 중인 프로세스를 의미한다. 마지막으로 보류(Blocked) 상태는 입출력 종료와 같은 외부 신호를 기다리고 있는 상태를 의미한다. 각 상태에 따른 상태 전이도는 다음 그림과 같다.

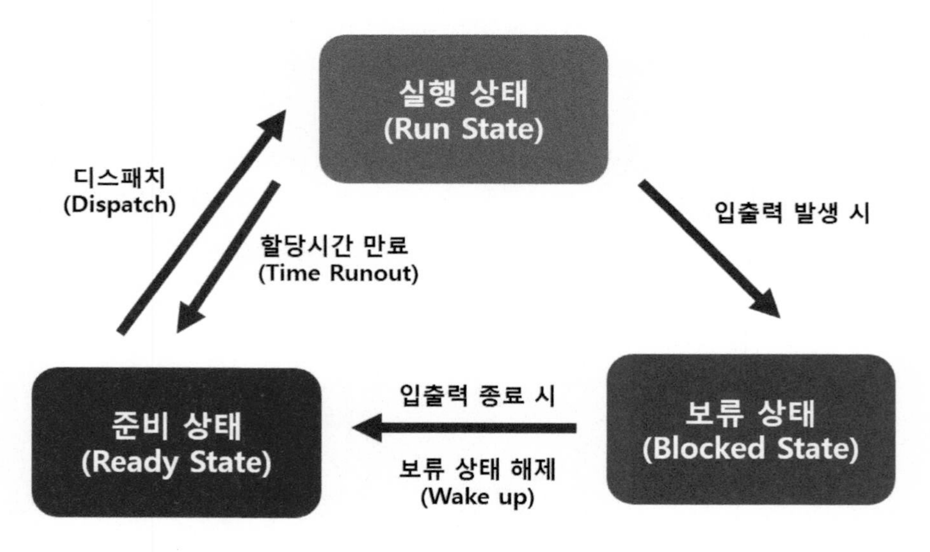

[그림 2] 프로세스 전이상태 예시

그림에 표현된 각 전이 상태의 의미를 살펴보자. 디스패치(Dispatch)는 준비 상태에서 실행 상태로 상태를 변경하며, 준비 상태의 프로세스 중 우선순위가 높은 프로세스에게 프로세서를 할당하는 상태 변화를 의미한다. 그리고 실행 상태의 프로세스는 프로세서를 독점하여 사용할 수 있는 시간을 할당 받게 되는데, 할당 시간이 만료(Time Runout)

2) Multics : Multiplexed Information and Computing Service

되면 이 프로세스는 다시 프로세서를 할당 받기를 기다리는 준비 상태로 변경된다. 그리고 프로세스를 완전히 수행할 때까지 디스패치와 시간 만료 작업은 반복적으로 일어난다. 또한 실행 상태의 프로세스에서 입출력(Input/Output)이 발생하면, 프로세서를 잠시 다른 프로세스에게 넘기고 입출력이 완료될 때까지 해당 프로세스는 보류(Blocked) 상태로 전환된다. 그리고 입출력(Input/Output) 완료 신호를 기다리던 보류 상태의 프로세스는 입출력이 종료되어 완료 신호를 만나면 준비 상태로 다시 변경된다.

1. 프로세스 제어블록

프로세서는 프로그램 코드와 프로세스 제어블록(Process Control Block, PCB)으로 구성된다. 이 프로세스 제어블록을 PCB라고 부르는데, PCB는 프로세스 관련 정보를 포함하는 자료 구조로, OS에게 프로세스 관리를 위한 정보를 제공하는데 목적을 두고 있다. 프로세스 상태를 파악하기 위해 유지·관리 되며 프로세스의 현재 상태, 이름, 우선순위, 메모리 주소, 할당된 자원목록 등을 포함하고 있다. 또한 PCB는 프로세스 생성 시에 생성되고 프로세스 소멸 시 함께 제거된다. PCB는 하드웨어 레지스터를 사용하여 구현되며, 작업제어블록(Task Control Block)라고도 한다.

2. 프로세스 관련 작업

생 성(Creation)

프로세스 생성과 관련된 작업으로 운영체제가 디스크 내의 프로그램을 선택하여, 그 프로그램의 프로세스 제어블록을 만드는 프로세스를 생성한다. 그리고 생성된 프로세스는 준비 상태가 되어 준비 리스트 맨 마지막에 위치하게 된다. 또한 각 프로세스들은 운영체제의 도움으로 자식 프로세스를 생성할 수 있다.

소 멸(Destroy)

프로세스 제어블록을 회수하고 프로세스를 제거하는 역할을 하며 프로세스의 프로그램 부분은 디스크에 저장되어 보관된다. 또한 부모 프로세스가 없어지면 자식 프로세스는 자동으로 소멸된다.

일시 정지(Suspend)

프로세스는 수행하던 작업을 멈추고 대기하게 되는 경우가 있다. 이러한 일시 정지 상태는 해당 프로세스 또는 다른 프로세스에 의해 발생할 수 있으며, 일시정지준비(Suspended Ready), 일시정지보류(Suspended Blocked) 상태 등이 있다. 현재 무언가를 수행 중이 아닌 응용프로그램은 화면 창이 옅은 색이 표현되는 것을 볼 수 있는데, 이러한 경우 해당 응용프로그램의 프로세스는 일시정지 상태라고 볼 수 있다.

재시작(Resume)

일시정지 상태인 프로세스가 이전 상태로 돌아가는 것을 의미한다. 예를 들어 입출력이 발생하여 실행상태에서 보류상태로 변환된 프로세스에 입출력 완료 인터럽트가 발생한 상황을 생각하면 이해할 수 있다.

3. 대기와 재동작

컴퓨터 실행 중 오버플로우(Overflow) 등 예기치 않은 이벤트가 발생하면, 프로세스가 대기상태로 전이 될 수 있다. 또한 프로그래머, 오퍼레이터(Operator), 사용자가 프로세스를 대기하게 만드는 경우도 있다. 대기 상태가 된 프로세스는 일정 시간이 지난 후 대기 원인이 없어지면 재동작 하게 된다.

4. 인터럽트 처리

인터럽트(Interrupt)란 CPU가 프로그램을 실행하고 있을 때, 입출력 하드웨어 등의 장치 또는 예외상황이 발생하여 처리가 필요할 경우에 CPU에게 알려 처리할 수 있도록 하는 것을 말한다. 인터럽트 처리 중 중요한 다른 인터럽트가 발생할 수도 있는데, 이 때는 인터럽트의 우선순위(priority)에 의해서 인터럽트를 처리하게 된다. 즉, 인터럽트는 정상적인 서비스 수행 중에 어떠한 이벤트가 발생 시 수행 중인 서비스를 잠시 멈추고 발생한 이벤트를 먼저 처리하며, 해당 이벤트가 모두 처리되면 다시 수행중인 서비스로 돌아오는 방식이다. 이는 입출력의 단점을 개선하기 위한 하나의 방식으로 CPU가 계속해서 입출력 상태를 검사하는 것이 아니라 입출력 장치가 데이터의 전송준비가 완료되면 CPU에 인터럽트를 발생시키고, CPU가 인터럽트 신호를 받으면 프로그램 카운터(Program Counter, PC)[3]에 있는 복귀주소를 메모리 스택(Stack)에 저장한 다음, 입출력 전

3) 다음에 실행할 명령어의 주소를 기억하고 있는 중앙처리장치(CPU)의 레지스터 중 하나이다. 메모리에 있는 명령어들을 주기에 따라 순차적으로 실행될 수 있게 한다.

송을 위한 인터럽트 서비스 루틴(Interrupt Service Routine, ISR)으로 제어를 이동하는 방식으로 수행된다. 인터럽트를 발생시키는 원인과 종류는 다음과 같다.

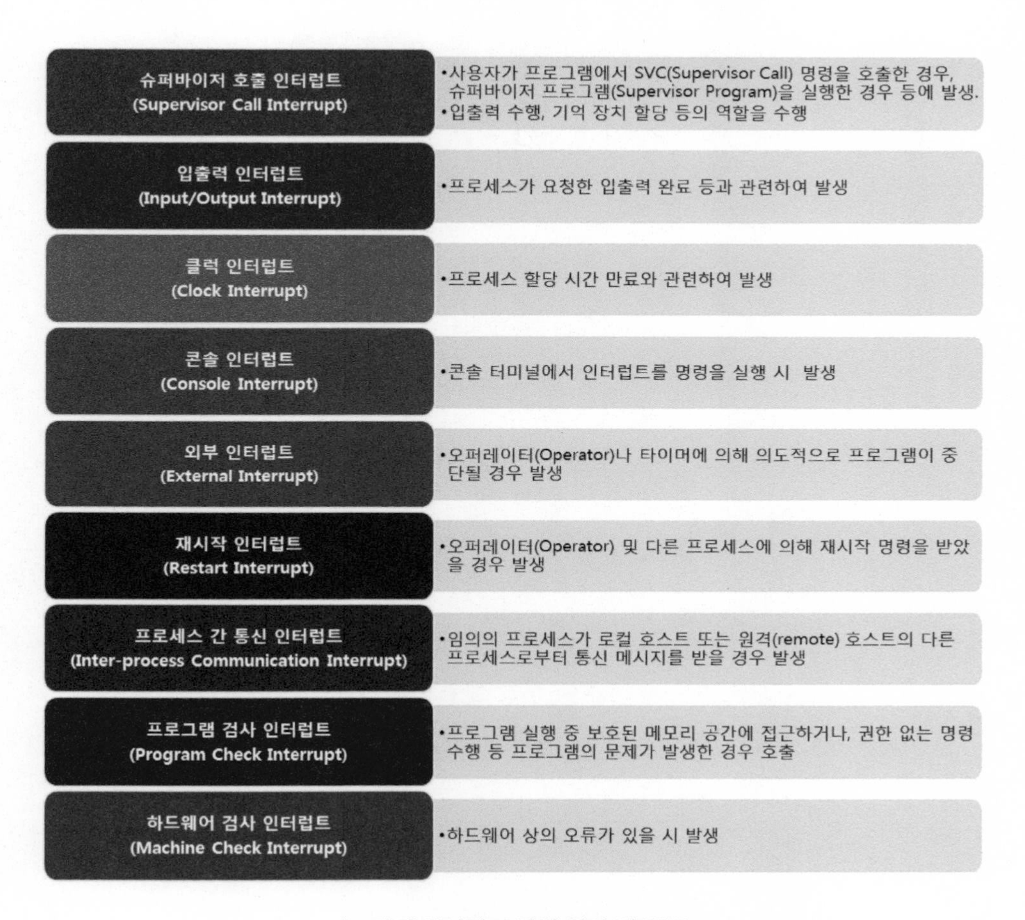

[그림 3] 인터럽트 발생 원인 및 종류

제2편 디지털 데이터의 표현

제1장 데이터의 구성단위

1. 물리적 단위

물리적 단위는 실제 물리적 장치(메모리, 저장 장치 등)에서 사용되는 단위로 앞에서 설명한 비트(Bit)가 최소 단위이며 모든 단위는 비트로 표현한다. 최근에는 저장 장치의 용량이 증가하면서 바이트(Byte)단위를 주로 사용하며, 2바이트인 워드(word), 4바이트인 더블워드(Double Word), 8바이트인 쿼드워드(Quad Word) 등은 컴퓨터에서 단위로 사용된다.

단 위	크 기
비 트 (Bit)	Bit는 binary digit의 약자로 데이터 구성의 최소 단위이고 0과 1로 이루어져 있다.
쿼 터 (Quarter)	= 1/4 바이트 = 2 비트
니 블 (Nibble)	= 1/2 바이트 = 4 비트
바이트 (Byte)	= 1 바이트 = 8 비트
워 드 (Word)	= 2 바이트 = 16 비트
더블워드 (Double word)	= 4 바이트 = 32 비트
쿼드워드 (Quad word)	= 8 바이트 = 64 비트
Kilobyte (KB) Megabyte (MB) Gigabyte (GB) Terabyte (TB) Petabyte (PB) Exabyte (EB) Zettabyte (ZB) Yottabyte (YB)	= 1,024 bytes = 210bytes = 1,024 KB = 220bytes = 1,024 MB = 230bytes = 1,024 GB = 240bytes = 1,024 TB = 250bytes = 1,024 PB = 260bytes = 1,024 EB = 270bytes = 1,024 ZB = 280bytes

[표 2] 물리적 연산단위

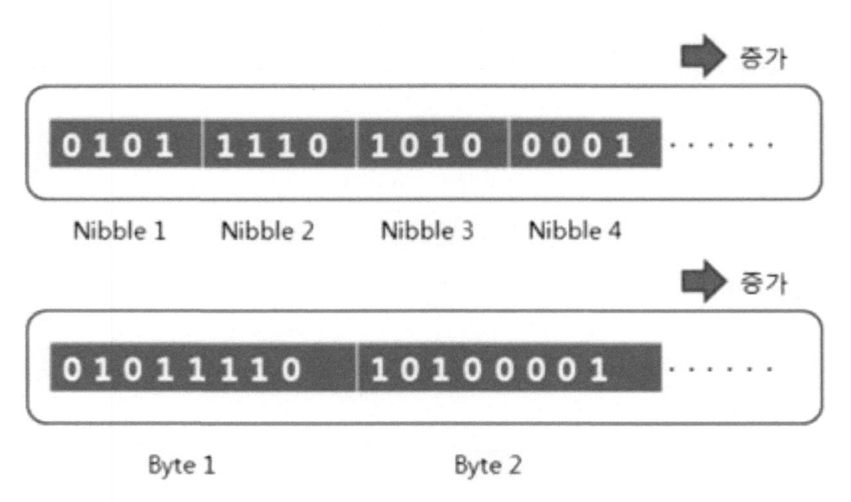

[그림 4] 물리적 연산단위

2. 논리적 단위

논리적 단위는 정보를 저장 및 처리하는데 사용되며 디지털포렌식 관점에서 분석의 대상이 되는 최소 단위이고 그 내부는 물리적 단위로 구성된다. 즉, 물리적 단위에 대한 이해를 통해 디지털포렌식 과정에서 논리적 단위의 내부를 파악할 수 있다. 특히, 논리적 단위인 파일(file)은 레코드(record)의 집합으로 응용프로그램의 처리 단위이며, 디지털포렌식의 주요 대상이다.

단 위	내 용
필 드 (field)	여러 개의 바이트나 워드가 모여 이루어진 파일 구성의 최소 단위로 항목 또는 아이템
레코드 (record)	프로그램 내의 자료 처리 기본 단위 (논리적 레코드)
블 록 (block)	저장매체에 입출력될 때의 기본 단위 (물리적 레코드)
파 일 (file)	관련된 레코드의 집합으로 하나의 프로그램 처리 단위
데이터베이스 (database)	파일(레코드)의 집합으로 계층적 구조를 갖는 자료 단위

[표 3] 논리적 연산단위

제2장 수 체계(Numeral System)

디지털 데이터는 기본적으로 이진수를 사용하며 우리가 실생활에 사용하는 수 체계인 10진수와는 다르다. 그러므로 디지털 기기에서 저장 및 처리되는 데이터를 이해하기 위해서는 디지털 기기가 사용하는 수 체계에 대한 이해가 필요하다.

1. 2진수(Binary Numbers)

2진수는 컴퓨터 메모리의 기본 단위인 1바이트(8비트)에 저장된 데이터를 나타내며, 각 자리는 가중치를 가지고 있으며, 이 값은 아래와 같은 공식을 이용해서 10진수로 변환한다. 계산 예시는 다음과 같다.

계산식 : $10100001 = (1 \times 2^7) + (1 \times 2^5) + (1 \times 2^0) = 128 + 32 + 1 = 161$

1바이트는 2진수로 표현하면 최소 00000000 ~ 최대 11111111의 값을 저장할 수 있고, 10진수로 표현하면 최소 0 ~ 최대 255의 값을 저장할 수 있다.

$$2^7 + 2^6 + 2^5 + 2^4 + 2^3 + 2^2 + 2^1 + 2^0 = 255$$

즉 255보다 더 큰 수를 저장하기 위해서는 2개 이상의 바이트가 필요하다.

2. 2Byte 계산

2바이트(16비트)는 최대 11111111 11111111의 값을 저장할 수 있으며, 이는 10진수로 65535을 나타낸다. 즉, 2바이트는 0~65535의 수를 저장할 수 있다.

[그림 5] 2Byte 표현

위의 2Byte 표현을 10진수로 변환하는 계산식은 다음과 같다.

계산식 : 0101111010100001 =

$(1 \times 2^{14}) + (1 \times 2^{12}) + (1 \times 2^{11}) + (1 \times 2^{10})$

$(1 \times 2^{9}) + (1 \times 2^{7}) + (1 \times 2^{5}) + (1 \times 2^{0}) =$

16384+4096+2048+1024+512+128+32+1 = 24225

---

3. 빅 엔디안(Big-Endian)과 리틀 엔디안(Little-Endian)

빅 엔디안과 리틀 엔디안은 바이트의 순서를 설명하는 용어이다. 빅 엔디안은 큰 쪽(바이트 열에서 가장 큰 값)이 먼저 저장되는 순서이고, 리틀 엔디안은 작은 쪽 (바이트 열에서 가장 작은 값)이 먼저 저장된다. 바이트 내의 비트 배열은 빅 엔디안이다.

4. 빅 엔디안을 사용하는 시스템

IBM370 컴퓨터와 대부분의 RISC(Reduced instruction set computer)기반 컴퓨터들, 그리고 모토로라 마이크로프로세서는 빅 엔디안 방식을 사용한다. 왼쪽에서 오른쪽으로 읽는 언어를 사용하는 사람들에게 빅 엔디안은 문자나 숫자를 저장하는 데 있어 자연스러운 방식이다. 하지만 빅 엔디안으로 정렬되어 저장되어 있는 경우 두 숫자를 더한 결과가 자릿수를 변경하게 되면 해당 결과값을 저장하기 위해 모든 자릿수를 오른쪽으로 옮겨야 한다는 불편함이 있다.

5. 리틀 엔디안을 사용하는 시스템

인텔(Intel) 프로세서나 DEC의 알파 프로세서에서는 리틀 엔디안을 사용한다. 리틀 엔디안을 사용하는 이유는 수의 값을 증가시킬 때 수의 왼편에 자릿수를 추가할 필요가 없기 때문이다. 리틀 엔디안 방식으로 저장된 숫자에서는 최소 바이트의 저장 위치에 변동을 주지 않고, 현재 최대자리수가 있는 주소의 오른쪽에 새로운 자리 수가 추가될 수 있어, 컴퓨터 연산들이 매우 단순해지고 빠르게 수행될 수 있다.

6. 16진수(Hexadecimal Numbers)

디지털 데이터는 2진수를 사용하지만, 모든 16진수 변환 표 데이터를 비트로 나타내면 데이터를 화면에 출력하거나 처리할 때 비효율적이다. 따라서 간단하고 편리한 사용을 위해 니블(4bit) 단위로 묶어서 표현하는 16진수가 필요하게 되었다. 컴퓨터 시스템의 모든 데이터는 2진수로 저장되어 있지만 사람이 분석할 때에는 16진수로 출력된 값을 이용하는 것이 편리하다. 따라서 대부분의 분석 프로그램은 16진수를 사용하여 데이터를 표현하므로, 디지털 포렌식에 있어서 16진수는 매우 중요한 의미를 가지고 있다.

7. 고정 소수점

고정 소수점 연산은 정수 데이터의 표현과 연산에 사용하는 방식이다. 첫 번째 비트는 '부호 비트'로 양수(+)는 0으로, 음수(−)는 1로 표시하며, 나머지 비트에는 정수부가 저장되고, 소수점은 맨 오른쪽에 있는 것으로 가정한다.

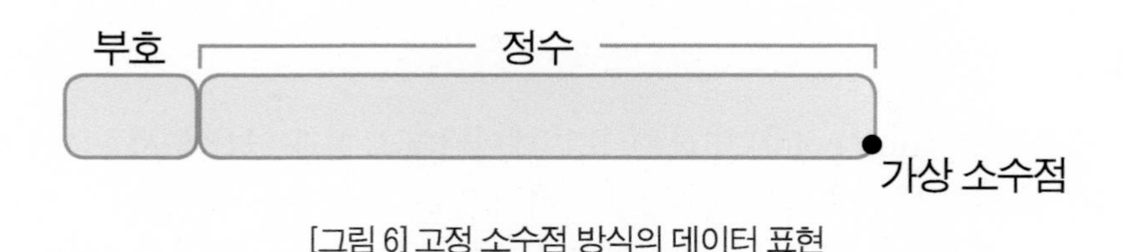

[그림 6] 고정 소수점 방식의 데이터 표현

고정 소수점 연산에서 음수를 표현하는 방법은 3가지로 나눌 수 있다. 첫째 방식은 '부호화 절대치'이다. 이는 양수 표현에 대하여 부호 비트만 1로 바꾸는 방법을 의미한다. 두 번째 방식은 '1의 보수'를 사용하는 것이다. 이는 양수 표현에 대하여 1의 보수를 계산하는 방법이다. 마지막으로 '2의 보수'를 사용하는 방법이 있다. 이는 양수 표현에 대하여 2

의 보수를 계산하는 것을 의미한다. 컴퓨터에서 보수는 '덧셈'회로를 이용하여 '뺄셈'을 하기 위해 사용된다.

표현방법	설 명
부호화 절대치	· 양수 표현에 대하여 부호 bit만 1로 바꿈 · 범 위 : − 127 ~ 127 ($-2^{n-1}+1 \sim +2^{n-1}-1$)
1의 보수	· 양수 표현에 대하여 1의 보수를 계산 1의 보수 : 0 〉1, 1 〉0 으로 변환 · 범 위 : − 127 ~ 127 ($-2^{n-1}+1 \sim +2^{n-1}-1$)
2의 보수	· 양수 표현에 대하여 2의 보수를 계산 2의 보수 : 1의 보수 계산 후, 1을 더함 · 범 위 : − 128 ~ 127 ($-2^{n-1} \sim +2^{n-1}-1$)

[표 4] 고정 소수점 연산에서 음수의 표현 방법과 표현 범위

n개의 bit로는 2^n개의 정보를 표현할 수 있다. 음수 표현 방법 중 부호화 절대치와 1의 보수 방식에는 0이 +0과 −0 모두 존재하며, 2의 보수에는 한가지 형태의 0(+0)만 존재한다. 따라서 부호화 절대치와 1의 보수는 표현 범위가 같고, 2의 보수는 그에 비해 표현 범위가 1 더 많다. 1의 보수에서는 0이 +0과 −0으로 중복 표현되는 이유는 8비트 패턴에서 2진수를 표현할 때 최대유효비트(MSB; Most Significant Bit)에 따른 차이 때문이다. 그리고 중복되는 값으로 인해 2의 보수보다 1 적은 범위를 갖게 된다. 한편, 양수의 표현 방법은 부호화 절대치, 1의 보수, 2의 보수의 값이 모두 같다.

8. 부동 소수점

부동 소수점(floating point) 연산은 실수 데이터의 표현과 연산에 사용하는 방식이다. 실수를 표현할 때 소수점의 위치를 고정하지 않고 그 위치를 나타내는 수를 따로 적는 것으로, 유효 숫자를 나타내는 가수와 소수점의 위치를 알 수 있는 지수로 나누어 표현한다.

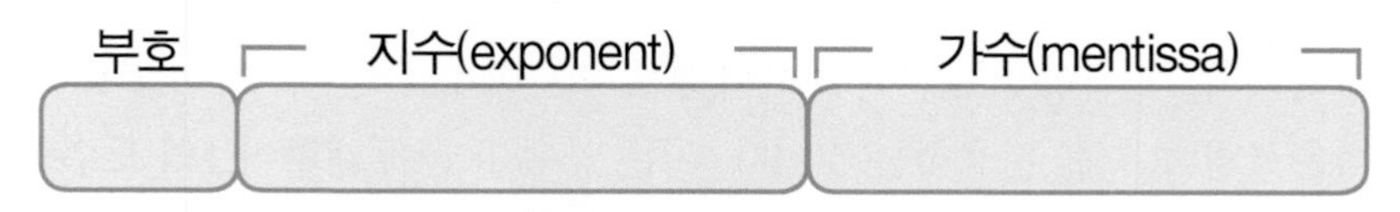

[그림 7] 부동 소수점 방식의 데이터 표현

제3장 문 자(Characters)

1. 문자 코드

디지털 포렌식 과정에 문자 데이터를 분석 시, 문자 코드에 대한 이해가 있어야 데이터의 의미를 정확하게 파악할 수 있다. 문자 코드는 디지털 기기에서 문자는 화면에 출력되는 형태를 결정하는 중요한 요소이기 때문이다. 컴퓨터는 한글, 영어(A~Z, a~z), 숫자(0~9), 특수문자 등의 모양을 특정 2진 값으로 정해 놓은 문자 코드(character codes)를 사용하며, 이러한 문자 코드는 세계 표준으로 지정하여 서로 다른 시스템에서도 동일하게 해석될 수 있도록 되어 있다.

2. ASCII 문자 코드

ASCII(American Standard Code for Information Interchange)코드는 미국 표준 협회 (ANSI, American National Standards Institute)가 제정한 자료 처리 및 통신 시스템 상호 간의 정보 교환용 표준 코드이다. 7비트로 구성된 128종의 기호를 정한 것으로, 1바이트로 하나의 문자를 표현한다. 아스키 코드 128 종의 기호는 제어 부호 33자, 그래픽 기호 33자, 숫자 10자(0~9), 알파벳 대소문자 52자(A~Z, a~z)로 구성되어 있다. 아스키 코드는 영문을 표기하는 대부분의 시스템에서 사용되며, 아스키 코드의 제어 부호는 통신의 시작과 종료, 라인 피드(Line feed)[4] 등을 표시할 수 있기 때문에 데이터 통신에도 이용된다.

3. 엡시딕(EBCDIC) 코드

EBCDIC(Extended Binary Coded Decimal Interchange Code)코드는 IBM이나 대형 운영체제에서 사용하기 위해 개발한 알파벳 및 수자를 위한 바이너리 코드이다. IBM S/390 서버의 운영체제인 OS/390에서 사용되는 텍스트 파일용 코드로 파일 내에서 각 알파벳이나 숫자를 8비트로 표현하고, 256개의 문자가 정의되어 있다.

4) Line feed : 모니터의 커서 위치나 프린터의 인쇄 위치를 한 줄 아래로 내리는 일.

4. 한글 조합형, 완성형, 확장형 코드

(1) 조합형 코드

2바이트 완성형 코드가 발표되기 전까지 사용되던 코드로, 한글을 초성, 중성, 종성에 따라 조합하여 표현했다. 이론 상 한글 11,172자를 모두 표현할 수 있으며, 한글 입력에 대한 처리가 쉬웠으나 Microsoft Windows 95에서 완성형 코드를 선택함에 따라 1990년도 중반 까지만 사용되었다.

(2) 완성형 코드

2바이트 완성형 코드를 의미하며, EUC-KR로 표준화되어 사용된다. 완성형에서 한글은 연속된 두 개의 바이트를 이용해서 표현할 수 있으며, 첫 번째 바이트와 두 번째 바이트 모두 0xA1~0xFE 사이의 값을 가진다. 완성형 코드는 한글 11,172자 중 2,350자만 표현 가능하기 때문에, 나머지 8,822자에 속한 글자를 표시하지 못하는 문제가 있지만, Microsoft Windows에서 선택함에 따라 최근까지 널리 사용되고 있다.

(3) 확장 완성형 코드

Microsoft사가 Windows 95부터 도입한 코드페이지이다. 완성형(EUC-KR) 코드에 표현할 수 있는 글자를 추가한 것으로 코드페이지 949(CP949)라고 불린다. EUC-KR과 마찬가지로 한글을 표현하는데 2바이트를 사용한다.

5. 유니코드(Unicode)

전 세계의 모든 문자를 컴퓨터에서 일관되게 표현하고 다룰 수 있도록 설계된 산업표준 코드이며, ISO 10646으로 정의된 UCS(Universal Character Set)를 말한다. 한글은 1996년 유니코드 2.0에서부터 11,172자가 모두 포함되었다. 유니코드는 31비트 문자 세트이지만, 특수한 문자를 제외한 전 세계 모든 문자들은 하위 16비트(2Bytes)의 영역 안에 정의되어 있다. 이러한 유니코드 첫 65,536개의 코드(0000~FFFF)를 기본 다국어 평면 (BMP, Basic Multilingual Plane)이라고 한다.

(1) UCS-2와 UCS-4

유니코드를 메모리나 파일에 기록하는 방법에 따라 UCS-2, UCS-4 등으로 구분할 수 있다. UCS-2는 2바이트를 사용하여 유니코드 31비트 문자 세트 중에서 16비트 이하의 부분만을 표현하고, UCS-4는 4바이트를 사용하여 31비트의 모든 유니코드 영역을 표현한다.

(2) UTF-8(8Bit Unicode Transformation Format)

가장 일반적으로 사용하는 유니코드 포맷이며, 31비트의 유니코드를 1~6개의 바이트에 나누어 저장하는 방식이다. UFT-8 첫 번째 바이트를 읽는 것만으로 몇 개의 바이트로 구성된 것인지 알 수 있고, 아스키 코드 영역에 해당하는 문자(알파벳, 숫자 등)는 각 1바이트로 표현할 수 있으며, 한글은 한글자는 보통 3바이트로 표현한다. 최근에 UTF-8이 널리 사용되면서 Microsoft도 UTF-8을 기본적으로 지원한다. UTF-8은 11,172자의 현대 한글 뿐만 아니라 한글 고어, 일본어, 중국어 등 모든 언어의 문자를 처리할 수 있다는 장점을 갖고 있다. 대부분의 UTF-8 문자열은 일반적으로 기존 인코딩으로 표현한 문자열보다 더 크다. 판독 기호를 사용하는 대부분의 라틴 알파벳 문자는 최소 2바이트를 사용하며, 한중일 문자들과 표의문자들은 최소 3바이트를 사용한다.

(3) UTF-16(16Bit Unicode Transformation Format)

UTF-8과는 다른 관점에서 생긴 것으로서 UCS-2 문자열 안에 유니코드의 21비트 영역의 문자를 표현하기 위해서 도입되었으며 UCS-2의 확장 버전이라고 할 수 있다. UCS-2는 "U+D800" ~ "U+DFFF"영역을 정의하고 있지 않은데, UTF-16은 이 영역을 응용하여 두 개의 UCS-2 코드를 조합함으로써 16비트 위의 21비트까지 표현 가능하다. BMP에 들어 있는 한중일 문자들은 UTF-8에서 3바이트로 표현되지만, UTF-16에서는 2바이트로 표현된다. 따라서 UTF-8에서는 이러한 문자를 표현하기 위하여 더 많은 바이트가 필요하며 UTF-16과 비교할 때 최대 50%까지 크기가 늘 수 있다. 하지만 반대로 U+0000부터 U+007F 사이의 글자들은 UTF-16에서 크기가 두 배로 늘기 때문에 실질적으로는 큰 문제가 없을 수도 있다.

(4) UTF-32(32Bit Unicode Transformation Format)

UTF-32는 각 문자를 4바이트로 표현한다는 점에서 UCS-4와 동일하지만, 실질적으로는 x0000000~0x0010FFFF 범위로 문자 코드의 범위를 제한하기 때문에 UCS-4의 부분집합 이라고 볼 수도 있다.

제4장 데이터 인코딩(Data Encoding)

1. 데이터 인코딩

숫자, 문자, 시간 등의 데이터는 원본 그대로의 형태로 저장될 수도 있지만, 다양한 인코딩 알고리즘(Encoding)에 따라 특수한 형태의 데이터로 변환된다. Base 64 인코딩은 웹·이메일 S/W에서 바이너리 데이터 전송 등에 널리 사용되는 인코딩 방식이다.

2. Base 64

8비트 바이너리 데이터를 아스키(ASCII) 영역의 문자로만 이루어진 일련의 문자열로 변환하는 인코딩 방식이다. 즉, 임의의 바이너리 데이터를 64개 아스키 문자의 조합으로 표현한다. 인코딩 된 문자열은 아래와 같이 알파벳 대소문자와 숫자, 그리고 "+", "/" 기호 64개로 이루어진다.

Base 64 인코딩의 64개 문자	ABCDEFGHIJKLMNOPQRSTUVWXYZ abcdefghijklmnopqrstuvwxyz 0123456789+/

[그림 8] Base 64에서 사용되는 64개의 문자

Base 64는 전자우편에 관한 규격인 MIME(Multipurpose Internet Mail Extensions)에서 정하고 있는 부호화 방식의 하나로, 4개의 7비트 아스키 문자로 표현되도록 데이터를 3바이트씩 4개의 6비트 단위로 나누어 표현한다. 메일에서 이미지, 오디오 파일을 보낼 때 이용하는 인코딩 방식으로 모든 플랫폼에서 안보이거나 깨지는 일이 생기지 않도록 공통으로 64개 아스키 코드를 이용하여 이진 데이터를 변환하기 위해 Base 64를 이용한다.[5]

Base 64에는 어떤 문자와 기호를 쓰느냐에 따라 여러 변종이 있다. 하지만 대개 처음 62개에는 알파벳 A~Z, a~z와 0~9를 사용하고 마지막 2개에 차이가 있다. MIME에서 인코딩 된 문자열은 알파벳 대소문자와 숫자, 그리고 "+", "/" 기호 64개로 이루어지며,

---

5) 한국정보통신기술협회(TTA), "베이스64, base 64", 정보통신용어사전, 〈terms.tta.or.kr/dictionary/dictionaryView.do?word_seq=036808-1〉, (2018.10.20 방문)

"="는 끝을 알리는 코드로 쓰인다. Base 64코딩을 거친 결과물은 원본보다 대략 4/3 정도 크기가 늘어나게 되며, 보통 의미 없어 보이는 문자열이 나열된 형태가 된다.

Base 64로 인코딩하는 과정 다음과 같다. 우선, 24비트 버퍼의 공간에 가장 왼쪽 비트부터 3바이트를 집어넣는다. 남은 바이트가 3바이트 보다 작다면 버퍼에 남은 부분은 0으로 채워 넣는다. 다음으로 버퍼의 앞쪽부터 6비트씩 자른 후, 그 값을 10진수로 읽는다. 읽어 들인 10진수를 Base 64 색인표에서 인덱스로 사용하여 그 문자를 출력한다.

값	문자	값	문자	값	문자	값	문자
0	A	16	Q	32	g	48	w
1	B	17	R	33	h	49	x
2	C	18	S	34	i	50	y
3	D	19	T	35	j	51	z
4	E	20	U	36	k	52	0
5	F	21	V	37	l	53	1
6	G	22	W	38	m	54	2
7	H	23	X	39	n	55	3
8	I	24	Y	40	o	56	4
9	J	25	Z	41	p	57	5
10	K	26	a	42	q	58	6
11	L	27	b	43	r	59	7
12	M	28	c	44	s	60	8
13	N	29	d	45	t	61	9
14	O	30	e	46	u	62	+
15	P	31	f	47	v	63	/

[표 5] Base 64 색인표

"Digital Forensics" 를 Base 64로 인코딩 하면 "RGlnaXRhbCBGb3JlbnNpY3M=" 라는 값을 얻을 수 있으며, 아래와 같이 Windows 시스템에 내장된 Powershell를 활용하여 간단히 Base 64 값을 확인해 볼 수도 있다.

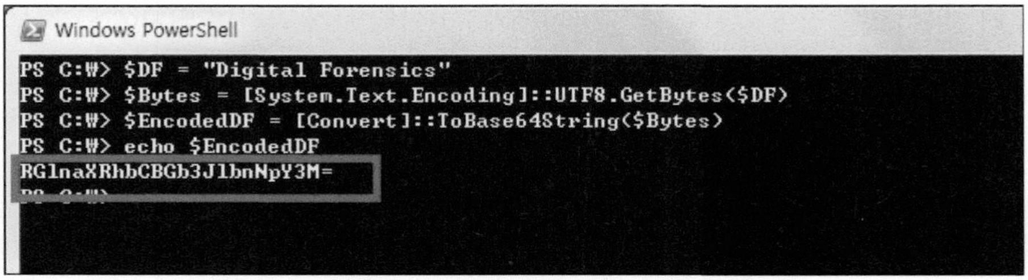

```
Windows PowerShell
PS C:₩> $DF = "Digital Forensics"
PS C:₩> $Bytes = [System.Text.Encoding]::UTF8.GetBytes($DF)
PS C:₩> $EncodedDF = [Convert]::ToBase64String($Bytes)
PS C:₩> echo $EncodedDF
RGlnaXRhbCBGb3JlbnNpY3M=
```

[그림 9] 'Digital Forensics'의 Base 64 인코딩 결과

3. Base 58

Base 58은 Base 64와 같이 이진데이터(Binary data)를 Text로 변경해 주는 Encoding 기법 중의 하나이다. 형태로 보면 흔히 사용되는 Base 64와 유사하지만 내부 알고리즘은 아주 다르다. Base 58은 입력된 값을 Large number[6]로 변경하여 58로 나누고 그 나머지(0~57)을 지정된 table에 대응하는 문자로 치환한다. Base 58은 사용자가 직접 타이핑하거나 Copy & Paste를 용이하게 하기 위해서 사용되며, 비트코인 주소 생성 시 Base 58 인코딩을 사용하기도 한다.

기존 Base 64의 경우 다음과 같은 단점이 있으며 이를 보완하기 위해서 Base 58은 6개의 문자를 제거하고 표현한다.

- 사람에게 혼동되는 유사한 문자들이 존재 0(숫자 영), O(영문 대문자 O), I(영문 대문자 I), l(영문 소문자 l)
- 전체 선택을 위해서 마우스로 double-click 했을 때, 전체 select를 방해하는 character 존재 +(plus), /(slash)

Base 64의 경우 공식적인 색인 테이블이 있기 때문에 이를 구현하는 어떤 애플리케이션(application)이든 동일한 결과를 출력하지만 Base 58의 경우 공식적인 테이블이 없어 어플리케이션마다 틀린 결과를 출력할 수 있다는 점은 주의해야 한다.

---

6) https://en.wikipedia.org/wiki/Large_numbers 참조

제5장 디지털포렌식과 해시함수

해시함수(Hash Function)는 임의의 길이의 데이터를 고정된 길이의 데이터로 계산해 주는 함수이다. 해시는 일방향성 특징을 가지는데, 이는 변환된 해시 값으로 원래 입력된 값을 알아내는 것이 확률적으로 매우 어렵다는 의미이다. 이러한 일방향성 특성 때문에 해시는 암호학에서 사용되기도 한다. 해시함수는 결정론적으로 작동해야 하며, 따라서 두 해시값이 다르다면 그 해시값에 대한 원본 데이터도 달라야 한다(역은 성립하지 않는다). 해시함수의 질은 입력 영역에서의 해시 충돌(Hash Collision) 확률로 결정되는데, 해시 충돌[7]의 확률이 높을수록 서로 다른 데이터를 구별하기 어려워지고 검색하는 비용이 증가하게 된다.[8] 해시는 임의의 길이 데이터를 고정된 길이의 데이터로 계산해 주는 것이기 때문에, 입력 값으로 들어온 데이터가 1Bit만 바뀌더라도, 해시 값은 크게 달라질 수 있다. 따라서 해시는 원래 입력값을 의도적으로 손상시키지 않았는지에 대한 검증 장치로 사용할 수 있어 디지털포렌식의 원본동일성 확인에 많이 활용되고 있다. 예를 들어 흔히 알려진 디지털증거파일 포맷인 E01파일은 파일의 맨 마지막 부분에 증거물 획득 시 생성된 MD5 해시 값을 기록한다. 이 값을 현재 상태에서 계산한 MD5 값과 비교하면 증거 파일이 수집 시와 동일하며 변조되지 않았음을 검증할 수 있다.

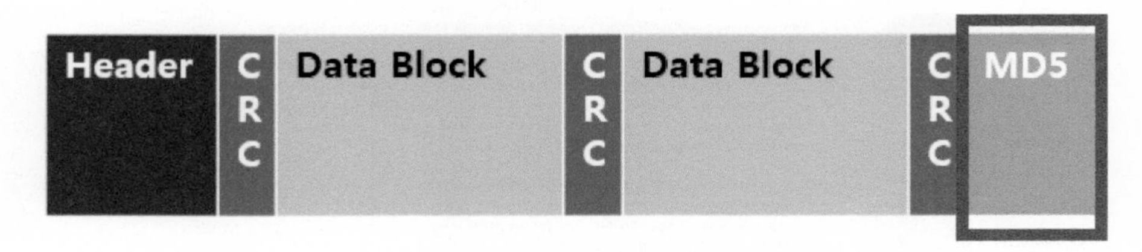

[그림 10] E01 포맷 구조 예시

7) 해시 충돌에 안전한 해시는 서로 다른 두 입력 값을 해시 함수에 넣었을 때 동일한 해시결과 값을 얻을 확률이 현저히 적어야 한다.

8) 익명, Wikipedia, "해시 함수", 〈ko.wikipedia.org/wiki/해시_함수〉, (2018.10.07 방문.)

다음으로 서로 다른 파일은 아주 높은 확률로 서로 다른 해시 값을 가진다는 특성을 응용하여 디지털 증거 '분석 단계'에 활용할 수도 있다. 저장장치가 대용량화 됨에 따라 전자저장장치에는 무수히 많은 파일이 저장되고, 무수히 많은 파일에서 혐의 파일을 찾아내는 데에 많은 시간이 들게 되었다. 이러한 경우 분석관은 혐의 사실과 현저히 관련 없는 파일을 제거하는 방식으로 파일 양을 줄일 수 있다. 이 경우 분석관의 주관을 개입하지 않고 사건과 현저히 관련 없는 파일을 제거할 수 있는 방법 중 하나가 NSRL 해시 라이브러리를 활용하여 소프트웨어 관련 시스템 파일을 제거하는 것이다. NSRL해시 라이브러리는 흔히 알려진 소프트웨어들을 설치할 때 함께 설치되는 시스템 파일들의 해시 값을 모아 놓은 해시 모음이며, NIST에서 공개하였다.

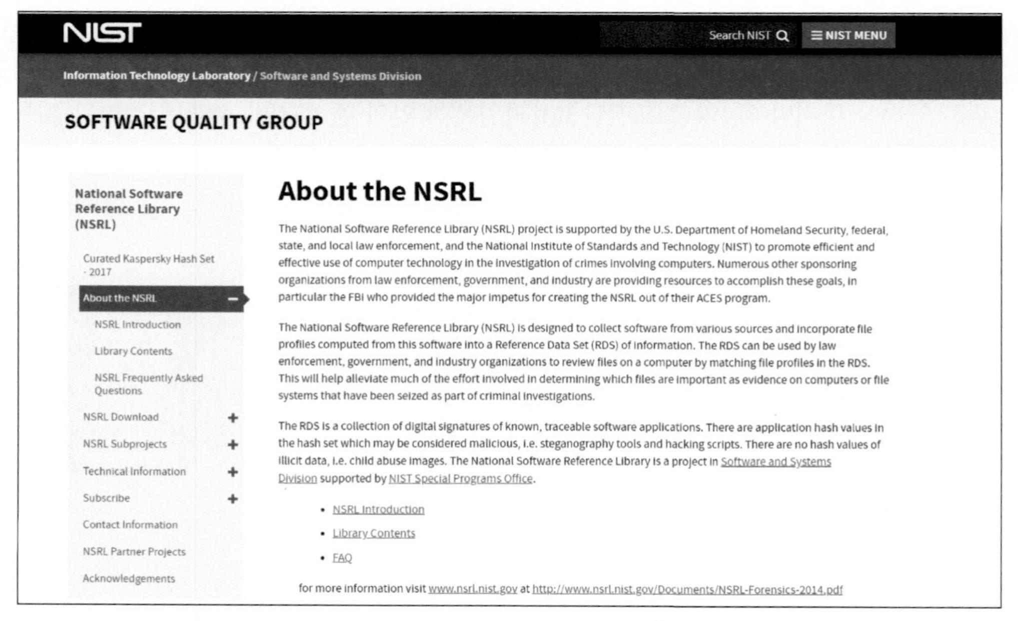

[그림 11] NSRL Project 사이트[9]

9) https://www.nist.gov/software-quality-group/national-software-reference-library-nsrl

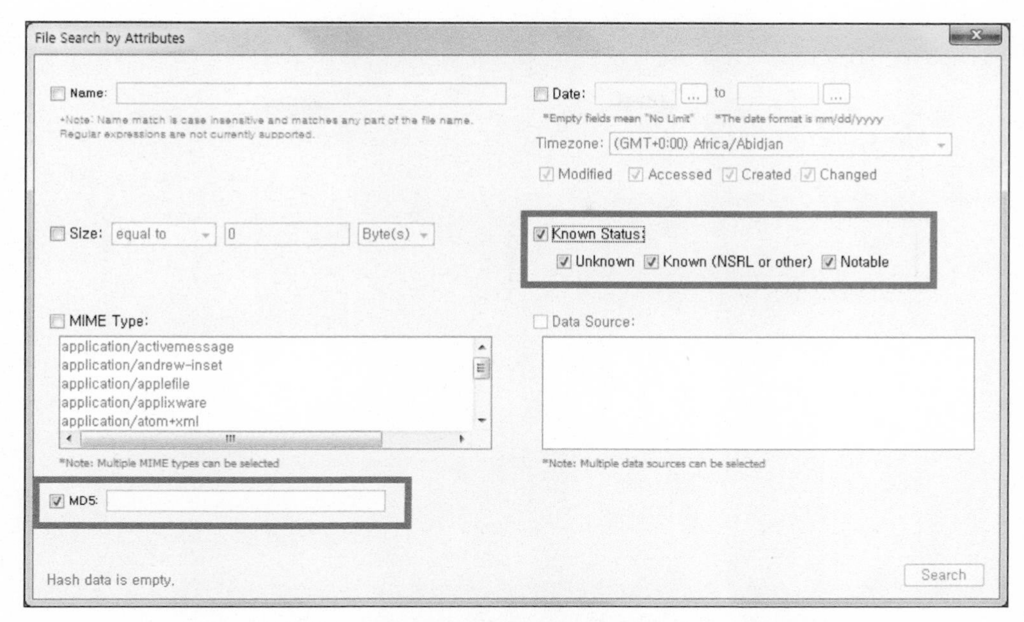

[그림 12] Autopsy 4.9.1 기준 파일 검색 기능에 존재하는 해시 검색 옵션

다음으로 혐의 파일이 이미 특정된 경우 해당 파일을 찾기 위해 해시 값을 활용할 수도 있다. 예를 들어 혐의와 관련된 특정 파일을 누구까지 공유했는지 파악하거나, 해당 파일이 있던 명확한 경로들을 추적하여 동일 폴더 내의 다른 혐의 파일을 획득하는 등 조사 과정에 응용해 볼 수 있을 것이다.

제3편

디지털 기기 및 저장매체

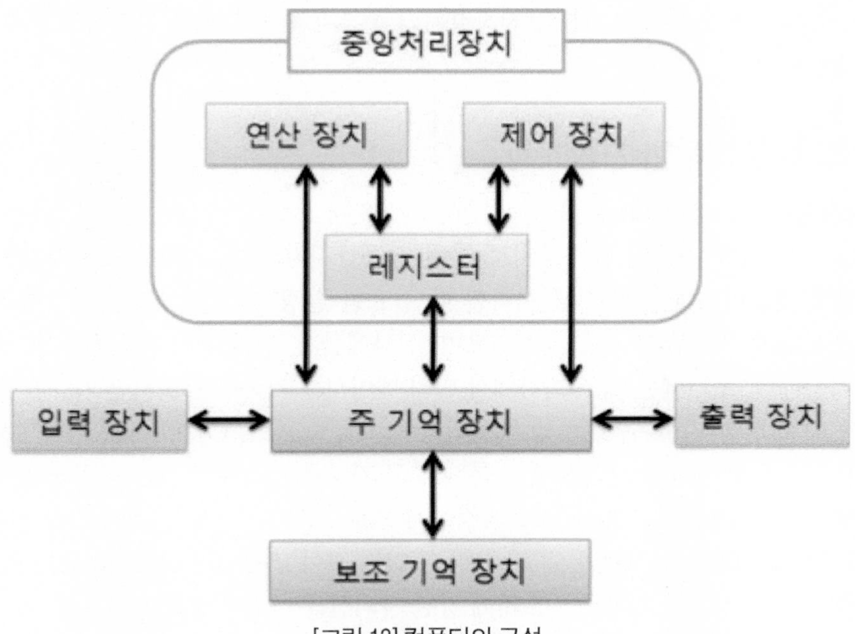

[그림 13] 컴퓨터의 구성

컴퓨터의 구성요소는 중앙처리장치, 주기억장치, 보조기억장치, 그리고 입출력 장치로 나누어진다. 데스크탑 PC의 경우 각각의 구성요소에 대해 사용자가 원하는 장치를 선택해서 구성할 수 있으나, 최근 집적회로 기술의 발달로 스마트폰, 태블릿 PC 등 소형 디지털 기기 또는 임베디드 기기는 일체형으로 구성되어 있다. 이와 같은 디지털 기기에서 사용되는 저장매체의 종류로는 플로피 디스크, 하드디스크, 플래시 메모리 기반 저장매체 그리고 CD-ROM 등 다양한 형태가 있다. 범죄 현장을 조사하는 조사자는 수집 대상 컴퓨터와 여러 주변장치 등을 파악하고 이를 확보할 수 있는 배경 지식을 갖추고 있어야 한다. 대부분의 저장매체는 메인보드에 직접 연결되어 사용되거나 USB 이동식디스크, 마이크로 SD메모리 등과 같이 외부 연결 인터페이스를 사용하여 시스템에 연결하게 된다. 오늘날 CD-ROM, DVD-ROM, 플래시 메모리 등과 같은 저장매체의 발달로 인해 현재 플로피 디스크 형태의 매체는 거의 사용되지 않고 있다. 범죄 현장에서는 이러한 저장매체들의 존재 여부를 식별하고 조사해야 한다.

제2장 디지털 저장매체의 종류 및 특징

저장장치의 종류와 특성에 따라 디지털 증거 수집 및 분석 시 접근 방향이 달라질 수 있으므로, 디지털포렌식 분석관은 저장장치의 종류와 특성에 대해 숙지하고 조사 시 참고해야 한다.

1. 반도체를 이용한 저장매체

ROM(Read-Only Memory)

ROM은 읽기만 가능한 기억장치로 전원이 공급되지 않아도 내용이 사라지지 않는 비휘발성 메모리이다. 컴퓨터를 시작할 때 필요한 설정 및 프로그램을 저장하고 있는 ROM BIOS 형태로 많이 사용되고 있으며, 전자계산기, 전자사전, 가전제품, IC카드 등에도 사용된다. 초기에는 제조 회사에서 미리 데이터를 기록하면 읽기만 가능했지만, 최근에는 다시 쓰고 지울 수 있는 방식에 따라 MASK ROM[10], OTP ROM, EPROM, EE-PROM 등으로 발전하였고, 정보를 기록해 넣고 기록한 것을 변경하는 방법에 따라 여러 가지 ROM들이 사용되고 있다. 제조과정에서 프로그램이 기록되는 것이 가장 기본적인 MASK ROM이며, 사용자가 한번 기록할 수 있는 것이 PROM(Programmable ROM)이고, 전기적으로 정보를 기록하고 소자에 강한 자외선을 비추어 정보를 지울 수 있기 때문에 반복해서 여러 번 정보를 기록할 수 있는 것이 EPROM(Erasable and Programmable ROM)이다. EPROM은 컴퓨터 계측기기, 제어기기, 단말기 등 마이크로프로그램, 기타 기기의 고정 메모리로 많이 사용된다. 그리고 전기적 충격으로 지울 수 있는 ROM을 EEPROM(Electrically Erasable programmable ROM)이라고 하며, EEPROM은 사용자가 전기적으로 기억시켰다 지웠다 할 필요성이 있는 전화기, 전자레인지, 자동세탁기 등 가전제품이나 통신기기에 많이 쓰인다. 흔히 알고 있는 플래시메모리는 EEPROM의 변형된 형태다. 또한 ROM에 데이터를 저장하거나 읽는 도구로 ROM Writer가 사용되기도 한다.

---

10) 사용자가 개발한 프로그램을 반도체 회사에 가지고 가서 제조 단계에서 미리 써넣게 한다.

BIOS(Basic Input Output System)

BIOS는 운영체제와 하드웨어 사이의 입출력을 담당하는 저수준의 소프트웨어와 드라이버로 구성된 펌웨어(firmware)로, 운영체제와 하드웨어의 통신을 위한 중간매개체로 사용된다. 전원이 공급되지 않아도 유지되어야 하는 정보이기 때문에 ROM으로 제작되어 제조회사에 의해 하드웨어 제작 시 포함된다. 흔히 컴퓨터 메인보드의 CMOS(Complementary metal-oxide-semiconductor)[11] 데이터를 설정하도록 하는 펌웨어와 메인보드의 하드웨어 정보가 저장된 메모리를 ROM BIOS라고 부른다. 또한 메인보드 이외에도 SCSI, 그래픽 카드 등에도 사용된다.

BIOS를 통해 저장된 시스템의 시간을 통해 현장에서 확보한 시스템의 날짜와 시간이 정확한지, 의도적으로 변경되지 않았는지 등을 확인해 볼 수 있다. 또한 하드디스크의 구성, 종류, 용량을 확인할 수 있고 시스템의 부팅 순서를 설정할 수 있으므로 데이터 수집 시 유의하여 설정해야 한다. BIOS 셋업 모드에 진입하는 방법은 바이오스 제조사 마다 조금씩 다르지만, 보통 "DEL", "F1", "F2"와 같은 키를 사용하며, 일반적으로 부팅 첫 화면에서 BIOS 진입키를 명시한다.

UEFI(Unified Extensible Firmware Interface)

통일 확장 펌웨어 인터페이스(Unified Extensible Firmware Interface)는 운영체제와 플랫폼 펌웨어 사이의 소프트웨어 인터페이스를 정의하는 규격이다. IBM PC 호환기종에서 사용되는 BIOS 인터페이스를 대체할 목적으로 개발되었고, 인텔은 최초의 EFI(Extensible Firmware Interface) 사양을 개발하였다. UEFI 포럼은 2007년 1월 7일에 UEFI 규격 버전 2.1을 공개하였고, 이 규격에는 개선된 암호화, 네트워크 인증, 사용자 인터페이스의 아키텍처가 추가되어 있다. 최신 UEFI 규격 버전 2.7은 2017년 5월에 승인되었다. UEFI 포럼은 UEFI 사양을 관리하는 산업체이다.[12]

---

11) CMOS : 개인용 컴퓨터나 워크스테이션과 같은 작은 규모의 컴퓨터 세계에서 현재 시간이나 하드웨어 정보를 보관하고 유지하기 위해 쓰이는 비휘발성 메모리를 CMOS라고 하는 경우도 있고 보관되어 있는 데이터 자체를 CMOS라고 하기도 한다.

12) 익명, Wikipedia, "통일 확장 펌웨어 인터페이스", 〈ko.wikipedia.org/wiki/통일_확장_펌웨어_인터페이스〉, (2018.10.05 방문)

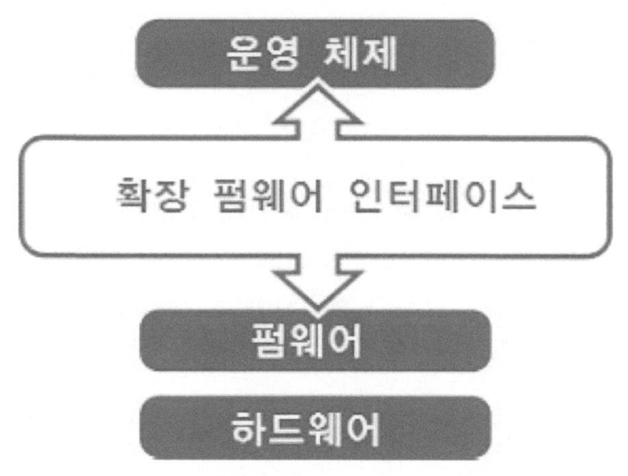

[그림 14] Extensible Firmware Interface의 위치

운영체제를 로드하는 것과는 독립적으로, UEFI는 단독 UEFI 응용 프로그램들을 실행하는 기능이 있으며, 이러한 응용 프로그램들은 시스템 제조업체와는 독립적으로 개발·설치할 수 있다. UEFI 응용 프로그램들은 ESP의 파일들로 상주하며, 펌웨어의 부트 매니저나 다른 UEFI 응용 프로그램들에 의해 직접 시작할 수 있다.[13)]

RAM(Random Access Memory)

RAM은 자유롭게 데이터를 읽고, 쓸 수 있는 기억장치로 전원이 공급되지 않으면 기억하고 있는 데이터가 사라지는 휘발성 메모리로 컴퓨터와 주변단말기의 주기억장치, 응용 프로그램의 일시적 로딩(loading), 데이터의 일시적 저장 등에 사용된다. Random Access는 특정데이터를 읽기 위해 기억장치의 처음부터 순차적으로 접근하지 않고 어떤 위치라도 곧바로 접근할 수 있다는 의미이다.

대표적인 RAM의 종류에는 DRAM, SRAM이 있다. D(Dynamic)램은 전원이 차단될 경우 저장되어 있는 자료가 소멸되는 특성이 있는 휘발성 기억소자이며, 시간이 지나가면 축적된 전하가 감소되기 때문에 전원이 차단되지 않더라도 저장된 자료가 자연히 소멸되는 단점이 있다. 따라서 지속적으로 재기록할 수 있고 저장용량이 커서 PC의 주요 메모리로 쓰인다.

---

13) 익명, Wikipedia, "통일 확장 펌웨어 인터페이스", 〈ko.wikipedia.org/wiki/통일_확장_펌웨어_인터페이스〉, (2018.10.05 방문.)

RAM은 ROM과 다르게 휘발성(Volatility)이라는 특징을 가지므로, 컴퓨터 전원이 공급되지 않으면 해당 데이터가 사라지지만 그렇지 않다면 계속적으로 현재 컴퓨터의 상태를 유지하게 된다. 수사 대상 컴퓨터에 전원이 공급되어 있다면 해당 컴퓨터의 상태를 가장 잘 알 수 있고, 하드디스크 상에서 실행파일이 암호화되거나 은닉되더라도 컴퓨터 구조상 메모리에 적재되어야 CPU에 의해 연산이 수행될 수 있으며, 실행되는 과정에 하드디스크와 다른 특유의 정보가 존재한다는 점을 감안하여 학계에서는 RAM에있는 데이터를 수집·분석하기 위한 다양한 기법들이 연구되고 있다.

플래시 메모리(Flash Memory)

플래시 메모리는 전기적으로 데이터를 지우고 재기록이 가능한 비휘발성 기억 장치이다. 전기적으로 고쳐 쓰기가 가능하다는 점에서는 ROM과 다르며, 데이터를 고쳐 쓰기 전에 소거 동작이 필요하고 데이터가 지워지지 않는다는 점에서 ROM과 RAM의 중간 성격을 띄는 메모리이다. 플래시 메모리는 EEPROM과 다르게 여러 구역으로 구성된 블록(Block) 안에서 지우고 쓰기가 가능하다. Byte 단위가 아닌 블록 단위(보통 512bytes) 프로그래밍 방식을 사용하기 때문에 EEPROM보다 상당히 빠른 프로그래밍 속도를 가지고 있다.

플래시 메모리의 한계는 블록 내에서 특정 단위로 읽고 쓸 수 있지만, 블록 단위로 지워야 한다는 것이다. 또한 덮어 쓸 수 없으므로, 모든 블록을 지우기 전까지는 해당 자료를 변경할 수 없다. NOR 플래시의 경우, 임의 접근 방식으로 바이트 또는 워드 단위로 읽기/쓰기 동작이 가능하여 속도는 빠르지만 덮어 쓰기와 지우기 동작은 임의로 접근 할 수 없어 대용량으로 구성하기에는 부족한 메모리이다. MMC 카드나 Compact 플래시 메모리를 포함하여 휴대폰이나 셋탑박스 등에 주로 쓰인다. 제조사에서 플래시 메모리가 출시될 때, 모든 셀(Cell)의 상태는 1로 되어 있다. 이런 셀의 정보를 0으로 변경하는 것을 프로그래밍이라고 한다. NOR 플래시 메모리를 프로그래밍하기 위해 EPROM처럼 hot-electron injection 방식을 사용한다. 최근에 개발된 대부분의 NOR 플래시 메모리는 바이트 또는 워드 단위로 프로그래밍이 수행되지만 모든 셀이 한 번에 지워지는 특성이 있어 주의가 필요하다.

NAND 플래시는 페이지 단위로 읽기/쓰기 동작이 가능하지만 해당 페이지를 덮어 쓰거나 지우려면 모든 블록을 지워야 한다. 이와 같은 이유 때문에 NAND 플래시는 블록을 여러 페이지로 나누어 사용한다. NAND 플래시는 NOR 플래시에 비해 다소 속도는 느리지만 대용량으로 구성하기에 적합하며, 메모리카드 중 SD 카드나 메모리 스틱 등에서 사용되고 SSD 드라이브나 디지털 카메라, MP3 등에서도 주로 사용된다. 하드디스크 드라이브(HDD)와 비교할 때, 더 큰 한계는 지우기 횟수가 제한되어 있다는 점이다.[14] 그래서 운영체제와 같이 하드디스크를 기반으로 하는 응용 프로그램이 컴팩트 플래시와 같은 플래시 메모리 기반 장치를 사용할 때는 각별한 보호가 있어야 한다. 그래서 이러한 한계를 극복하기 위해 칩 펌웨어 또는 파일 시스템 드라이버에서 블록의 지우기 횟수를 세고 모든 블록이 고루 쓰이도록 블록을 유동적으로 다시 배치한다. 또한 쓰기 동작이 유효한지 확인하고, 전체 공간의 일부를 여유 블록으로 할당하여 불량 블록이 발생하면 여유 블록으로 대체하도록 한다.

USB 메모리

USB 플래시 메모리는 32MB부터 256GB 이상까지 다양한 용량이 있으며, 크기가 작고 휴대가 편리하며 비교적 저렴하여 전 세계적으로 널리 쓰이고 있다. 하지만 크기가 작아 분실 시 정보 유출의 가능성이 존재한다. 이러한 단점을 보완하기 위해 USB 메모리에 패스워드 입력과 같은 인증 과정을 더해 데이터를 보호하는 기술이 적용되고 있다. 디지털 포렌식 관점에서 USB 메모리를 대상으로 데이터를 수집할 때에는 USB 메모리의 용량과 실제 디스크의 크기가 동일한 지를 확인하여 암호화 영역이나 숨겨진 영역이 존재하는지 점검해야 한다.

플래시 메모리 카드

메모리 카드는 제조사 별로 CF, SD(Mini SD, Micro SD), SM, XD, Memory Stick, 등으로 구분되는 플래시 메모리 기기이다. 각 종류 별로 서로 다른 인터페이스를 이용하며, 일반적으로 디지털 기기의 저장매체로서 사용된다. 플래시 메모리는 그 특징상 크기가 매우 작기 때문에 휴대성이 좋아 범죄자가 증거물을 쉽게 은닉할 수 있다. 따라서 압수·수색 시 USB 메모리나 소형 메모리 카드를 숨길만한 장소까지 주의를 기울여 수색해야 하며, 수사 대상 시스템에서 메모리 카드 사용 흔적이 없는지 파악해야 한다. 또한 하드디스크와 같은 저장매체와 마찬가지로 메모리 카드에 있는 데이터를 수집할 때에도 반드시 쓰기 방지장치를 통해 데이터 무결성을 유지해야 한다.

---

14) 보통 상업적으로 쓰이는 플래시 메모리 제품의 경우 SLC는 십만 번, MLC는 삼천 번~일만 번, TLC는 일천 번까지 보증한다.

SSD(Solid State Drive)

SSD는 플래시 메모리의 장점을 활용하여 하드디스크 드라이브(HDD)와 동일한 형태로 개발된 대용량 플래시 메모리이며, HDD와 동일한 연결 인터페이스를 사용하지만, 자기장을 이용하는 HDD와 달리 NAND 플래시 반도체를 이용하여 정보를 저장하므로 표준 디스크 드라이브 크기(1.8인치, 2.5인치, 3.5인치) 이외에도 PCI 익스프레스, SATA, M.2 등의 크기로도 만들어지고 있다.

SSD는 임의 접근을 하여 탐색시간 없이 고속으로 데이터를 입출력할 수 있으며, HDD에 비해 외부의 충격으로 데이터가 손상될 가능성이 적고, NAND 플래시를 사용하기 때문에 읽기, 쓰기, 접근 시간이 기존 HDD에 비해 매우 빠르고 소비 전력, 소음, 발열이 낮다는 특징을 가져 최근 하드디스크 드라이브를 대체하는 고속의 저장매체로 많이 사용되고 있다.

또한 SSD는 하드 디스크와 달리 NAND 플래시 반도체 기반의 메모리와 컨트롤러 및 펌웨어로 구성되어 구조가 간단하고 초소형 제작이 가능해서 최근 랩탑 컴퓨터나 태블릿 PC 등 부피가 작은 PC에서 많이 활용되고 있다. 메인보드에 연결되는 인터페이스가 다양하고 필름 재질의 FPCB와 같은 얇은 케이블로 연결되어 있는 경우도 있어 수사 대상 증거물에서 저장매체 확보 시 취급에 주의가 필요하다. 하드디스크이면서도 SSD처럼 플래시 메모리를 함께 갖춘 이른바 '하이브리드(Hybrid) 하드디스크'라는 제품도 있다. 하이브리드 하드디스크는 2007년에 삼성전자와 Seagate사를 통해 처음 출시되었는데, 대부분의 데이터는 자기디스크에 저장하면서 운영체제의 시스템 파일이나 자주 사용하는 프로그램의 실행파일 등을 플래시 메모리에 담는 방식으로 작동한다. 하이브리드 하드디스크는 기존 하드디스크에 비해 속도는 빠르면서 가격은 SSD에 비해 저렴하다는 것이 장점이다.

디지털포렌식 관점에서 특히 주의할 점은 SSD는 삭제된 데이터의 공간을 미리 비워, 쓰기 속도 저하를 완화시켜주는 TRIM 또는 GC(Garbage Collection)와 같은 기능들이 사용되고 있어서 기존 하드디스크와 달리 운영체제의 기능 또는 이미징 작업에 의해 비할당 영역의 데이터가 변형될 수 있다는 점이다. 운영체제에서 파일 삭제를 할 때 실제 파일이 아닌 파일 저장 위치 기록만 삭제되어 하드 디스크는 삭제된 데이터 위에 새 파일을 덮어쓸 수 있지만, SSD는 덮어쓰기가 불가능 하여 삭제된 데이터를 지운 후 새 파일을 저장해 쓰기 때문에 속도가 저하되는 특징이 있다. TRIM 기능은 운영체제가 쉴 때 지워진 데이터의 공간을 미리 비워두는 역할을 하고, GC는 SSD의 컨트롤러가 자체적으로 TRIM와 같은 기능을 한다.

플로피 디스크

플로피 디스크는 자기 디스크 매체(Magnetic storage media)로 널리 알려진 것으로 흔히 디스켓이라 불린다. 플로피(floppy)라는 말은 디스켓 안에 들어가는 마그네틱 판이 딱딱하지 않고 쉽게 휘어지기 때문에 붙여진 말이며 이후 3.5인치 크기의 디스크 형태를 플로피 디스크로 일반화되었다. 1987년 초기 8인치가 개발되었으며, 1.44MBytes의 데이터를 저장할 수 있는 3.5인치 HD가 널리 쓰였고, 그 이후로 차세대 저장매체가 꾸준히 개발되었으나 대체되지는 않았다. 대용량 휴대용 매체의 필요성이 급증하자 차세대 플로피 디스크로 이용되기 위해 3.5인치 크기에 다양한 매체가 개발되었다. 대표적인 것이 아이오메가(Iomega)의 Zip 디스크(Zip100, 100MB), 이메이션의 슈퍼디스크(LS-120, 120MB), 소니의 HIFD(150/250MB)로 차세대 매체로 경쟁하였지만 가격, 대중화, 표준화 등에 실패하였고, 특히 USB 메모리와 광학 매체의 등장으로 대부분 시장에서 사장되었다.

광자기 디스크(MO Disk : Magento Optical Disk)

광자기 디스크는 3.5인치 크기의 광자기 저장매체로 레이저를 이용해 데이터를 쓰고 지우므로 자성에 의해 데이터가 지워질 우려가 없어 보관성이 뛰어나다. 여러 나라에 널리 보급되기 보다는 전문가를 위한 고가의 매체로 사용되고 있으며, 종류는 130mm(5.25인치)와 90mm(3.5인치)로 나뉘고, 용량은 650MB부터 9.2GB까지 다양하다.

하드디스크 드라이브(Hard Disk Drive)

하드디스크 드라이브는 현재 컴퓨터에서 가장 널리 쓰이며, 중요한 역할을 하는 비휘발성 저장장치이다. 하드디스크는 자기장을 이용해 플래터(platter)라고 부르는 금속판 위에 데이터를 기록하는 방식으로 플래터가 회전하면 헤드(head)에 의해 데이터가 기록되며 플래터는 하드디스크 제품 성능에 따라 4,800 ~ 15,000rpm 정도의 속도로 회전한다.

플래터는 양면에 데이터를 모두 기록할 수 있어, 하드디스크의 용량에 따라 양면을 모두 사용하거나 여러 장의 플래터를 사용한다. 하드디스크는 ATA(IDE), SATA, SCSI, SAS와 같이 다양한 인터페이스를 가지므로, 전자적 증거 획득을 위한 디스크 이미징 장비는 다양한 인터페이스를 지원할 수 있어야 한다.

2. 광학 저장매체(Optical Disc)

CD-ROM(Compact Disc-Read Only Memory)

CD-ROM은 기존의 음성 정보 저장을 위해 개발된 CD(Compact Disc)의 발전된 형태로 모든 형태의 디지털 정보를 기록할 수 있다. 디지털 정보를 기록할 수 있는 빛이 나는 기층(shiny underlayer)을 가진 폴리카보네이트(bulletproof polycarbonate)로 이루어진 12cm의 단면만 기록할 수 있는 원형 판으로 되어 있으며, 8cm의 소형 CD-ROM도 존재하지만 12cm가 주로 사용된다. 초기에는 용량이 540MB(Mega Bytes)였으나 현재에는 650~700MB이고 파일시스템은 ISO 9660을 사용한다.

DVD(Digital Versatile Disc, Digital Video Disc)

DVD는 12cm(또는 8cm)의 알루미늄 원형 판에 플라스틱 막이 코딩되어 데이터가 기록되는 저장매체로, 크기는 CD-ROM과 같지만 용량은 CD-ROM의 7배가 넘는다. DVD는 크게 싱글 레이어(SL)와 듀얼 레이어(DL)가 존재하는데 싱글 레이어는 4.7GBytes, 듀얼 레이어는 8.5GBytes의 데이터를 저장할 수 있다. 듀얼 레이어는 DVD 기록장치가 지원해야만 레코딩이 가능하다. DVD의 종류로는 DVD-R, DVD+R, DVD-RW 등이 있다. CD-ROM과 달리 DVD는 UDF라는 형식의 파일시스템으로 저장되며 이는 CD-ROM에 데이터를 담을 때 사용하는 포맷의 표준인 ISO 9660의 확장형이다.

3. 저장매체 및 기기의 입출력

ATA(Advanced Technology Attachment)

ATA 인터페이스는 하드디스크, CD-ROM 등 저장 장치의 표준 인터페이스로, ATA라는 말은 흔히 IDE(Integrated Drive Electronics)라는 용어와 혼재되어 사용되고 있다. ATA 방식은 ATA-1 표준부터 현재 ATA/ATAPI-8 까지 발전해 왔다. 기존 병렬 전송 방식을 사용하는 Parallel ATA(PATA)에서 직렬 전송 방식을 사용하는 Serial ATA(SATA) 인터페이스로 발전했다.

EIDE 인터페이스

EIDE 인터페이스는 기존의 컨트롤러가 두 개의 장치만 연결할 수 있는 점을 보완한 것으로 하나의 IDE에서 Primary, Secondary라는 개념을 통해 더 많은 장치들을 연결할 수 있도록 설계되었다. ATA는 최대 4개의 장치만 연결 가능하며, 2개의 채널을 위해 2개의 ATA 커넥터를 이용하고, 각각의 채널은 다시 2개의 장치 연결을 위해 MS(Master)/SL(Slave)라는 방식을 사용한다. MS/SL의 구분은 각 장치에서 지원하는 점퍼 설정이나 시스템이 자동으로 구분하는 CS(Cable Select) 방식을 사용한다.

SATA(Serial ATA)

SATA 인터페이스는 병렬 전송 방식의 ATA를 직렬 전송 방식으로 변환한 드라이브 표준 인터페이스로, 기존 ATA가 4개만 연결 가능했던 것에 반해 SATA 방식은 컨트롤러에 따라 5~8개까지 가능하다. 그리고 각 장치와 커넥터는 1:1 연결을 하므로 ATA와 같은 점퍼 설정이 필요하지 않다. ATA가 최대 133MBps(MByte/sec)의 속도인 것에 비해 SATA1은 150MBps, SATA2에서는 300MBps까지 지원하며, SATA3에서는 600MBps의 전송률을 지원한다. 동일한 물리적 케이블을 이용하여 통신하지만, SAS 디스크는 SATA 콘트롤러에 연결할 수 없다.

mSATA

미니 SATA는 2009년 9월 21일 Serial ATA International Organization이 발표한 SATA 방식이다. 더 작은 SSD를 요구하는 노트북 등의 장치를 위해 사용된다. 인터페이스는 PCI 익스프레스 미니 카드 인터페이스와 모양이 비슷하지만, 전자적으로 호환된다. 그러나 데이터 신호는 PCI 익스프레스 호스트 컨트롤러가 아닌 SATA 호스트 컨트롤러의 연결이 필요하다.

eSATA(external SATA)

eSATA는 컴퓨터 내장형 하드디스크용 고속 인터페이스인 'SATA(Serial Advanced Technology Attachment)'를 외장형으로 만든 것이라고 할 수 있다. eSATA는 내부적으로는 SATA와 같은 데이터 신호를 전달하지만 케이블 및 커넥터, 포트의 규격이 다르다. 우선 최대 1미터로 길이가 제한된 SATA 케이블과 달리, eSATA 케이블은 최대 2미터까지 지원하므로 외장 하드를 컴퓨터 본체에서 멀리 떨어진 곳에 놓고 사용하는 것도 가능하다. 또한 외장형 제품의 사용환경을 고려하여 포트 접속 시에 커넥터가 쉽게 빠지지 않도록 커넥터의 모양이 바뀌었으며, 데이터 전송 오류 및 커넥터 고장을 방지하기 위해 전자파 간섭 방지 처리가 더해졌다. 이와 함께, eSATA 커넥터는 SATA 커넥터 보다 훨씬 더 많은 탈착에 견딜 수 있도록 내구력이 강해졌다. 따라서 eSATA 규격의 외장 하드를 SATA 포트에 직접 꽂을 수 없으며, 그 반대의 경우도 마찬가지다. 다만, 시중에는 컴퓨터 메인보드 상에 위치한 SATA 포트를 eSATA 포트로 변환해 주는 주변기기도 판매하고 있으므로, 이를 이용하면 eSATA 포트가 없는 컴퓨터에서도 eSATA용 외장 하드디스크를 사용할 수 있다.

eSATA의 또 한가지 특징이라면 컴퓨터 전원이 켜진 상태에서도 외장 하드를 탈착 / 교체할 수 있는 핫스왑(Hot swap) 기능을 지원한다는 것이다. 따라서 USB 방식의 외장하드나 USB 메모리와 같은 감각으로 사용이 가능하다. 다만, eSATA의 핫스왑 기능을 사용하려면 해당 컴퓨터의 메인보드에서 AHCI(Advanced Host Controller Interface)라는 기능을 지원해야 한다. 만약 AHCI 기능이 없는 메인보드라면 반드시 컴퓨터의 전원이 꺼진 상태에서 eSATA 외장 하드디스크를 접속해야 사용할 수 있다.

eSATA는 장점이 많지만 인터페이스 자체적으로 전원 공급이 되지 않는다는 단점이 있다. USB 인터페이스는 포트에서 전원이 공급되기 때문에 USB 방식의 외장 하드는 별도의 전원 공급장치를 꽂지 않고 USB 케이블의 연결만으로 작동이 가능한 경우가 많다. 하지만, eSATA 방식의 외장하드는 eSATA 케이블 외에 별도의 전원 공급 장치(AC 어댑터 등)를 연결해줘야 한다.

[그림 15] eSATA 포트 예시

SCSI(Small Computer Systems Interface)

SCSI는 주로 서버, 워크스테이션 등 안정성을 중시하는 컴퓨터 시스템에서 사용되는 저장장치 입출력 규격으로 가장 큰 특징은 컴퓨터에서 주변장치를 제어하는 기능이 호스트에 있는 것이 아니라 주변장치 자체에 들어 있어서 호스트에 장착된 SCSI 어댑터를 통해서 직접 통신할 수 있다는 점이다. ATA에 비해 하나의 컨트롤러가 최대 16개의 장치가 연결 가능하다. 또한 각 장치는 서로 독립적으로 동작이 가능하며, 컴퓨터에서 SCSI 장치를 사용하기 위해서는 SCSI 어댑터를 별도로 갖추거나 메인보드에서 확장기능이 존재하여야 하며, 전용 케이블과 터미네이터가 있어야 한다. 또한 전송 속도와 신호 통합 그리고 케이블 길이 등에 제한이 있다.

SAS(Serial Attached SCSI)

직렬 SCSI 방식으로 데이터가 단일 통로로 전송되기 때문에 기존 병렬 기술 방식의 SCSI를 개선하여 데이터 전송속도와 안정성을 대폭 증가시킨 방식으로 서버, 워크스테이션 등 전문 용도로 사용되고 있다. 외부의 충격에 강하고 저발열, 저소음, 적은 전력소비로 최근 주목받고 있지만, 저장용량이 작고 비교적 가격이 비싸서 주로 상업용으로 사용되고 있다. SATA 규격과 유사하지만 데이터와 전원공급 부분이 하나로 연결된 SAS 전용 인터페이스를 이용해야 한다. SAS-1 규격은 3.0Gbit/s, SAS-2 규격은 6.0Gbit/s, SAS-3규격은 12.0Gbit/s의 최대 전송률을 가진다.

HPA(Host Protected Area), DCO(Device Configuration Overlay)

HPA는 ATA(Advanced Technology Attachment)-4 표준에서 추가된 기능으로 해당 영역은 HDD에 의해 미리 예약된 영역으로 BIOS를 통해 접근이 불가능하다. 즉, OS에서는 보이지 않는 영역으로 일반 사용자에 의해 수정되지 않는 HDD의 영역이라 할 수 있다. HPA 영역은 시스템 부팅이나 진단 유틸리티를 저장하는 경우, CD-ROM과 같은 별도의 매체 없이 시스템 복구하는 경우, 노트북 보안 유틸리티를 저장하는 경우, 루트킷을 통한 악의적인 용도 및 데이터를 은닉하는 경우에 사용된다. DCO는 ATA-6부터 추가된 기능으로 이 기능을 사용하여 60GB, 100GB, 200GB, 500GB, 1TB 등 여러 사이즈로 제조한 HDD를 같은 섹터 개수를 가지는 고정된 크기의 HDD로 구성이 가능하다. DCO도 BIOS를 통해 확인되지 않으며, HDD 제조사에 따라 정의된 특별한 ATA 명령을 통해 접근이 가능하다. HPA 영역과 DCO 영역 모두 동일한 HDD 내에 존재할 수 있으며, 동일한 HDD에 HPA와 DCO를 동시에 구성하기 위해서는 먼저 DEVICE CON-

FIGURATION SET 명령을 통해 DCO를 설정한 후 SET MAX ADDRESS 명령을 통해 HPA를 구성해야 한다.

두 영역 모두 BIOS에 의해 확인되지 않기 때문에 증거를 은닉할 목적으로 사용될 수 있다. 따라서 디지털 포렌식 관점에서 하드디스크를 조사할 때는 HPA와 DCO영역이 있는지 확인해야 하며, 디스크 이미징의 경우 OS 상에서 BIOS를 통해 수집할 경우 HPA와 DCO영역이 제외된 상태로 수집될 수 있다. 따라서 디스크 이미징 도구에서는 HPA와 DCO영역을 고려하여, 해당 HDD의 모델이 가지는 정해진 용량을 확인해야 한다.

IEEE 1394

IEEE 1394, 혹은 파이어와이어(FireWire), 아이링크(i.Link)는 미국의 Apple사가 제창한 PC 및 디지털 오디오, 디지털 비디오용 시리얼 버스 인터페이스 표준 규격이다. IEEE 1394는 데이터의 고속 전송과 등시성(isochronism) 실시간 데이터 서비스를 지원한다. IEEE 1394는 낮은 단가와, 간단하고 융통성 있는 케이블 시스템 덕에 SCSI를 대체 하였다. 특징은 다음과 같다.

- **디지털 인터페이스의 표준**: 반복적인 디지털 대 아날로그의 변환에 따라 발생하는 지속적인 신호의 감쇠를 처리
- **빠르고 용이한 전환** : SCSI와 달리 장치의 설치와 제거가 컴퓨터 구동 중에도 용이
- **사용의 편리성** : 케이블 장착만으로 플러그 앤 플레이를 통해 장치와 컴퓨터와 연결, 빠른 속도 등이다.

IEEE 1394의 규격은 파이어와이어 400과, 800이 있는데 각각 약 400Mbit/s, 800Mbit/s의 전송 속도를 지원한다. 두 규격은 모두 핫 플러깅[15)]을 지원한다. IEEE 1394의 두 형태는 6Pin(전기공급 : 2Pin, 데이터전송 : 4Pin)과 4Pin(데이터전송 : 4pin)으로 구성되어 있다.

15) 핫플러그(Hot-Plug) : 기기의 전원이 켜져 있는 상태에서 연결(Plug-In)과 해제(Plug-Out)를 할 수 있는 기능. USB, IEEE 1394, PCMCIA, eSATA 등 최근 등장한 입출력 규격이 핫플러그 기능이 있다. 이와 비슷한 용어로 운영 중인 시스템에서 시스템전체의 동작에는 하등영향을 미치지 않으면서 장치나 부품을 교체하는것을핫스왑(Hot-Swap)이라고 한다. 컴퓨터의 경우 동작 상태에서 부분적으로 하드 드라이브, CD-ROM 드라이브, 전원 공급 장치 또는 기타 장비들을 교체해도 자동 인식되어 정상 동작이 이루어지는것을 말한다.

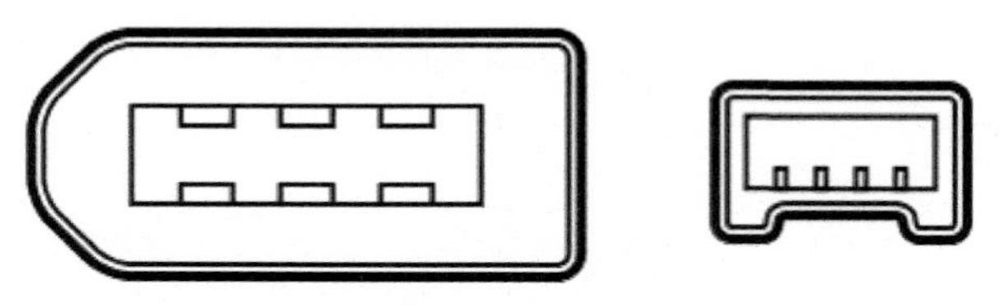

[그림 16] 6핀, 4핀 IEEE 1394 단자

USB(Universal Serial Bus)

컴퓨터와 주변기기를 연결·통신하기 위한 표준 인터페이스로 다양한 직렬, 병렬 통신을 대체하기 위해 개발되었으며, 최근에는 컴퓨터를 비롯한 PDA, 임베디드 장비와 같이 다양한 디지털 기기의 주변 장치와 통신하기 위한 표준 인터페이스 역할을 하고 있다. 1.0, 1.1, 2.0, 3.0, 3.1과 같이 다양한 규격이 있으며 현재 USB 3.0이 보편적으로 사용되고 있고, 최근 USB 3.1 규격의 제품들이 출시 예정 중에 있다. 이론상의 최고 전송 속도는 USB 1.0의 경우 1.5Mbps(Mbit/sec)~12Mbps, USB 2.0은 최대 480Mbps의 속도를 가진다. USB 3.0은 5Gbps까지 지원하며, 양방향 호환이 가능해 어떤 규격을 사용하더라도 낮은 규격에 동기화되어 쓸 수 있다. 출시 예정 중인 USB 3.1의 경우에는 속도가 대폭 향상된 10Gbps의 속도를 가질 예정이다. 하지만 USB의 속도에는 치명적인 제약이 있는데 주 컨트롤러(host controller)에 연결된 기기들 간에는 대역폭을 나누어 쓰게 되므로 장치가 늘어날수록 속도는 현저히 떨어진다.

USB는 현재 키보드, 마우스, 게임패드, 스캐너, 디지털카메라, 프린터, PDA, 저장장치 등 다양한 장치를 연결하는데 널리 사용되고 있다. 하나의 USB 주 컨트롤러는 허브를 통해 127개 까지 확장하여 사용될 수 있고 핫 플러그 기능을 지원한다. 외관상으로 볼 때 USB 2.0규격의 인터페이스는 검정색이며 케이블 속에 4줄의 전선이 사용되고, USB 3.0은 파란색, USB 3.1은 옅은 청록색의 모습으로 케이블 속에는 빠른 데이터 전송을 위해 8줄의 전선이 사용되는 점 등으로 장비의 USB 인터페이스 규격을 짐작할 수 있다.

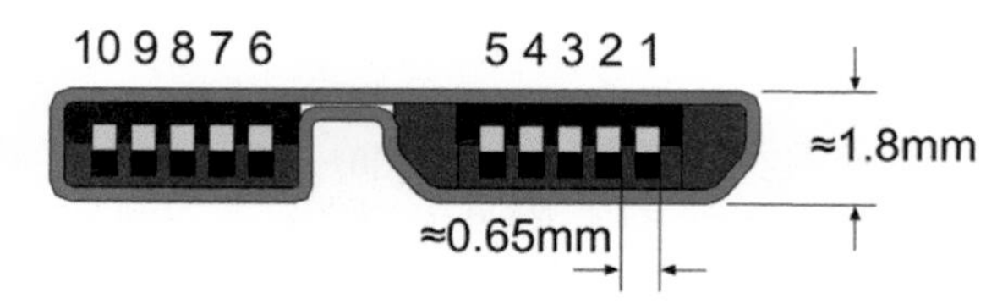

[그림 17] 마이크로 USB 3.0 타입 B 단자에 대한 도식도

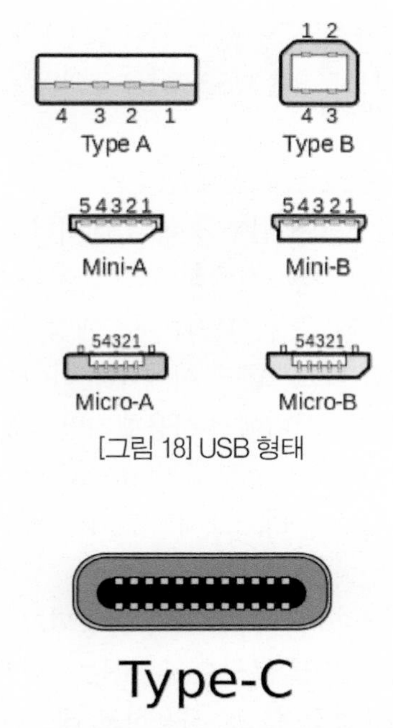

[그림 18] USB 형태

[그림 19] USB 3.1 규격의 USB 타입 C 단자에 대한 도식도

선더볼트(ThunderBolt)

선더볼트는 원래 물리 계층에서 인텔의 파트너사들과 인텔 실리콘 광통신 연구소에서 개발된 컴포넌트와 광섬유를 배타적으로 활용하기 위해서 개발되었다. 선더볼트는 USB와 PCI 익스프레스를 공동 개발한 인텔사와 파이어와이어를 발명하고 USB 대중화를 이뤄낸 애플사가 긴밀한 기술적 협력을 통해 발명해낸 인터페이스이다. 선더볼트는 SCSI, SATA, USB, IEEE 1394, PCI 익스프레스, 고선명 멀티미디어 인터페이스(HDMI) 등을 모두 통합해 대체할 수 있는 대안으로서 개발 진행되고 있다. 컴퓨터에 달리는 포트(port)의 개수를 줄이기 위함이다.

선더볼트는 디스플레이를 위한 디스플레이 포트와 더불어 PCI 익스프레스 프로토콜을 사용한다. 그리고 이와 더불어 미니 디스플레이 포트와 하위 호환성을 가지고 있다. 선더볼트는 PCI 익스프레스(PCIe)와 디스플레이 포트를 하나의 시리얼 통신으로 통합하고, DC 전원도 하나의 케이블로 제공한다. 선더볼트는 2011년 2월 24일에 발표되었으며, 상업적으로는 2011년 애플사의 맥북 프로에 처음으로 도입되었다. 또한 커넥터는 애플이 개발한 미니 디스플레이포트를 사용했다. 선더볼트 1과 2는 미니 디스플레이 포트와 같은 커넥터를 사용하고, 선더볼트 3은 USB Type-c와 같은 커넥터를 사용한다.

RAID(Redundant Array of Independent Disk)

RAID는 여러 개의 하드 디스크에 일부 중복된 데이터를 나눠서 저장하는 기술이다. 레벨에 따라 저장장치의 신뢰성 향상, 전체적인 성능 등을 향상시킨다. 즉, 한 개의 디스크를 사용하는데 비해 더 향상된 응답 성능과 내장애성, 고용량의 효과를 얻기 위해 여러 개의 디스크를 통합하고, 각 디스크를 동시에 접근하여 하나의 논리적 디스크로 작동하게 하는 기능이다. 과거 고성능 서버에서 사용했지만, 최근에는 일반적인 데스크탑 컴퓨터에서 사용할 만큼 대중화 되었다. 스토리지(Storage)라고 불리는 대용량 저장장치는 대부분 RAID로 구성하는 추세이다. 디스크배열(Disk Array)이라고도 한다.

정보시스템에서 처리되는 데이터는 디스크가 손상되거나 장애가 발생하면 데이터의 가용성이 떨어지고 심지어 데이터를 복구할 수 없는 상황까지 발생할 수 있다. 이와 같은 경우를 대비하여 데이터를 안정적으로 사용하고 데이터 손실을 방지하기 위한 목적으로 RAID 기능이 많이 활용되고 있다. 이러한 RAID 기능은 하드웨어적인 방법과 소프트웨어적인 방법이 있다.

하드웨어적인 방법은 별도의 RAID 컨트롤러에 여러 개의 디스크가 연결되는 형태가 주로 사용되며, 최근에는 메인보드에 내장된 RAID 컨트롤러[16]도 사용되고 있다. 하드웨어 방식 RAID는 부팅 단계에서부터 운영체제가 이 디스크들을 하나의 디스크처럼 인식하게 하므로 운영체제를 바꿔도 RAID 구성이 유효하다. 부팅 시에 BIOS는 RAID 컨트롤러와 디스크 구성을 설정하기 위한 화면에 진입할 수 있는 옵션을 제공한다.

하드웨어 RAID는 안정성이 좋고 유지보수 등이 간편한 장점이 있으나 RAID 컨트롤러의 문제로 장애가 발생할 경우 컨트롤러로 인해 데이터 접근이 어려워질 수 있다. 제조사와 가격대에 따라 제공하는 레벨 및 동작 방식도 다르다. 특히 단종된 구형 RAID 컨트롤러와 복잡한 오류정정 기능을 사용하는 RAID 컨트롤러는 장애 발생 시 동일하거나 호환이 되는 컨트롤러를 구하지 못하는 경우 RAID 볼륨을 재구성하지 못하여 데이터 손실이 발생할 수 있다.

---

16) 인텔 빠른 스토리지 기술(Intel Rapid Storage Technology)

소프트웨어 RAID는 CPU와 소프트웨어가 하드웨어 RAID 컨트롤러 대신 데이터를 나누고 패리티(Parity) 데이터를 생성하므로 하드웨어 RAID에 비해 성능이 떨어진다. 또한 운영체제를 변경하게 되면 운영체제에서 지원하는 파일시스템을 새로 구성해야 하므로 RAID 볼륨 또한 재구성해야 한다. 그러나 소프트웨어 RAID는 메인보드와 같은 하드웨어가 변경되더라도 운영체제만 계속 유지된다면 RAID 구성도 함께 유효하다. 최근 UNIX 계열 운영체제에서는 Oracle Solaris의 ZFS[17] 파일시스템, LINUX의 BTRFS[18] 파일시스템과 같이 파일시스템 레벨에서 RAID 기능을 지원하기도 한다. RAID로 구성된 시스템을 조사할 경우 시스템마다 하드웨어 환경이 다르므로 증거수집 과정에 RAID 컨트롤러를 비롯한 디스크 구성이 손상되지 않도록 주의해야 한다. 한 개의 컨트롤러로 구성된 RAID 세트는 다른 종류의 컨트롤러와 함께 사용될 수 없는 경우가 있다. 다른 시스템에 RAID 컨트롤러를 설치할 경우 운영체제에서 RAID 컨트롤러 인식을 위한 드라이버도 필요하다. 때문에 통상적으로 Linux Live CD와 같은 부팅이 가능한 CD-ROM으로 부팅하여 RAID 볼륨 자체를 이미징하는 방법이 가장 보편적으로 활용되고 있다. 이때 부팅용 CD-ROM에는 운영체제 환경에서 인식할 수 있는 RAID 컨트롤러 드라이버를 갖추고 있어야 한다. 만약 현장에서 부팅용 CD-ROM으로 RAID 컨트롤러가 인식되지 않는다면 RAID 컨트롤러와 디스크 세트 자체를 모두 증거물로 보관해야 할 수도 있다.

RAID는 구성된 RAID 볼륨에 디스크의 모든 섹터를 사용하지 않고, RAID 볼륨이 사용되지 않은 섹터에는 숨겨진 데이터가 기록되거나 RAID 볼륨 구성 이전에 데이터가 남아 있기도 하므로, RAID 볼륨 자체 이외에도 개별 디스크에 대한 조사가 필요한 경우도 있다. 이때 원본 디스크들이 수정되지 않도록 반드시 각각의 디스크에 쓰기방지 장치를 사용하여 접근하여야 한다. EnCase, X-Ways Forensics과 같은 범용 디지털포렌식 소프트웨어를 사용하면 각각의 디스크에서 수집된 증거분석용 이미지들을 결합하여 RAID 볼륨을 구성할 수 있으므로 RAID 볼륨에서 발견할 수 없는 각각의 디스크에서 RAID 볼륨으로 사용되지 않는 영역과 숨겨진 섹터 영역도 분석이 가능하다. 이와 같이 증거분석용 이미지 추출 방법에 따른 특징을 고려하여 상황에 따른 RAID 시스템의 증거수집과 분석 방법을 선택할 필요가 있다. 이러한 RAID는 저장장치의 신뢰성과 성능향상의 목적

---

17) ZFS(Z File System) : 기존의 유닉스 파일시스템을 대체하기 위하여 2005년 Solaris 10에서 처음 소개된 파일시스템으로, 파일시스템들 가운데 최초로 128비트 파일 시스템을 적용하여 거의 무한대의 용량을 제공하며 파일시스템 자체에서 볼륨 매니저 기능을 포함하여 시스템 내에 있는 하드디스크들을 구성하거나 스토리지 풀로 통합하여 사하는 것이 특징이다.

18) B-tree file system 또는 Butter file system, Better file system

에 따라 데이터를 나누어 저장 하는 다양한 방법이 존재하며 각각의 방법을 레벨로 구분한다. 디지털증거 수집 과정에 여러 가지 이슈가 존재하는 RAID는 디지털 포렌식을 위한 증거분석용 데이터를 보관하는 용도에도 많이 활용되고 있다. RAID에서 데이터가 중복 저장되어 멤버 디스크 중 하나가 장애가 발생할 경우 디스크 교체보다는 데이터 백업을 우선으로 하는 것이 바람직하다.

데이터의 가용성이 유지되어 문제가 발생한 하드디스크를 교체하면 RAID 시스템은 RAID 재구성(Rebuild) 작업을 진행하게 되는데 이때 남아있던 디스크들에 부담을 줄 수가 있다. 또한 통상적으로 RAID를 구성할 때 같은 제조사의 같은 모델과 같은 시기에 생산된 하드디스크들을 멤버로 사용하는 경우가 많은데, 이와 같은 경우 하드디스크 펌웨어(firmware)에 문제가 있을 경우 공통적인 이슈 발생으로 저장된 데이터에 영향을 미칠 수 있고, 동일한 사용 기간으로 인해 비슷한 시점에 함께 장애가 발생할 가능성이 높은 점은 주의해야 한다.

따라서 저장장치의 신뢰성을 높이거나 전체적인 성능을 향상시키기 위한 목적과 용도 및 예산에 따라 각 RAID 레벨의 장단점을 고려하여 목적에 맞는 최적의 레벨을 선택하는 것이 바람직하다. 각각의 RAID 레벨[19]들의 특성을 살펴보면 다음과 같다.

JBOD(Just Bunch of Disks)

여러 개의 디스크들을 하나의 디스크처럼 보이도록 이어 붙이는 형태이다. RAID 0처럼 멤버 디스크 중 하나만 깨져도 모든 데이터가 손실되지는 않고 문제가 발생한 디스크에 해당하는 부분만 손실된다. 또한 각각의 성능이 서로 달라도 전체 볼륨의 성능에는 영향을 미치지 않는다는 특징이 있다. 그리고 이와 같은 특징 때문에 로그기록 같이 부분적으로 데이터가 파손 되어도 괜찮은 환경에서 사용된다. 분산도가 높은 데이터를 다루는 경우 높은 성능을 얻을 수도 있으나 핵심 데이터에 접근이 집중되는 경우 효율적인 성능은 얻기 힘들다.

- RAID 용량 : 모든 개별 디스크 용량의 합계

19) 각 RAID 레벨의 그림은 http://www.acnc.com/04_00.html 참조

RAID 0

데이터를 여러 개의 디스크에 조각을 분배하여 저장하는 스트라이핑(Striping) 방식을 사용하여 단일 파일시스템으로 구성하는 방식이다. 디스크 I/O 성능[20]을 높이기 위해 사용하지만 멤버 디스크 중 1개라도 장애가 발생하면 데이터 배열이 파괴되어 전체 볼륨을 사용하지 못하고, 오류정정 기능을 제공하지 않으므로 데이터의 안전을 보장할 수 없는 단점이 있다. 데이터 조각의 수는 RAID 볼륨을 구성하는 디스크의 수와 일치하고, 디스크 하나를 사용할 때보다 두 개를 RAID 0으로 사용할 때 이론상 두 배 빠르게 디스크를 읽고 쓸 수 있다. 또한 스트라이핑 개수를 많이 사용하면 높은 성능을 얻을 수 있겠지만 데이터 손실의 위험은 증가하게 된다.

- 최소 디스크 개수 : 2
- RAID 용량 : 디스크의 수 × 디스크의 용량

RAID 1

각 멤버 디스크에 같은 데이터를 중복 기록(Mirroring)하고 오류정정 기능이 없는 세트로 적어도 2개의 디스크가 필요하다. 사용하는 멤버 디스크의 개수를 늘리더라도 RAID 볼륨의 크기는 증가하지 않지만 안정성이 크게 증가하게 된다. 분할 탐색을 지원하는 다중 스레드를 지원하는 운영체제를 사용할 때 읽기 성능이 향상되지만, 쓰기를 시도할 때에는 약간의 성능 저하가 뒤따른다. 멤버 디스크들 중 적어도 하나의 디스크가 사용 가능하다면 계속 동작한다.

- 최소 디스크 개수 : 2
- RAID 용량 : 단일 디스크의 용량

RAID 2

오류정정 정보를 기록하는 전용의 디스크를 이용해서 안정성을 확보하는 방식이다. 비트단위의 패리티를 저장하므로 하나의 멤버 디스크에 장애가 발생해도 패리티를 이용하여 정상적으로 작동할 수 있지만, 모든 읽기 쓰기에서 패리티 계산을 위한 추가적인 연산이 필요하므로 입출력 병목 현상이 발생하여 디스크 I/O 속도가 떨어지게 된다. 패리티를 기록하는데 사용되는 별도의 전용 디스크는 다른 디스크들에 비해 짧아지는 문제가 있어 한 개의 디스크에 패리티를 저장하는 RAID 2, 3, 4 레벨은 거의 사용되지 않는다.

---

20) 디스크 I/O 성능 : 컴퓨터시스템과 저장매체 사이에 주고받는 데이터의 읽기/쓰기 성능을 가리키는 것으로, 1초당 처리할 수 있는 I/O 수치를 IOPS(Input/Output per Second)라고 한다.

RAID 3

패리티를 사용하고 디스크를 병렬로 처리한다. 데이터는 바이트 단위로 쪼개져서 모든 디스크에 균등하게 나뉘어 저장되고 패리티는 별도의 전용 디스크에 저장된다. 한 개의 드라이브가 고장 나는 것을 허용하며 순차적 쓰기(sequential write) 성능과 순차적 읽기(sequential read) 성능이 우수하지만, 하드웨어 기반 RAID가 되어야 성능이 나타나고, 문제를 해결하는 것이 어려울 수 있어 잘 사용되지 않는다. RAID 3은 보통 매우 효율적이지만 임의 쓰기(random write) 성능이 나쁘고 임의 읽기(random read) 성능은 좋은 편이다.

- 최소 드라이브 개수 : 3
- RAID 용량 : (디스크의 수 – 1) × 디스크의 용량

RAID 4

각 디스크는 패리티 블럭을 공유한다. 모든 파일은 블럭으로 쪼개지고 각 블록은 여러 디스크에 저장되지만 균등하진 않다. RAID 3처럼 RAID 4도 패리티를 처리하기 위해 별도의 디스크를 사용하므로 드라이브 하나가 고장 나는 것을 허용한다. 동시 트랜잭션 사용량이 많은 시스템에서 읽기 속도는 매우 중요한데 이런 시스템에 적합하다. 쓰기 성능이 나쁘지만 블럭 읽기(block read) 성능은 괜찮은 편이며, 읽기 성능이 매우 좋다.

- 최소 드라이브 개수 : 3
- RAID 용량 : (디스크의 수 – 1) × 디스크의 용량

RAID 5

패리티를 순환시키는 것 없이 각 디스크에 접근한다. RAID 4처럼 데이터의 블럭은 모든 디스크에 나뉘어 저장되지만 항상 균등하지는 않고 오류정정 정보도 모든 디스크에 나뉘어 저장된다. RAID 5 레벨은 지원하는 컨트롤러 제조사가 많고 한 개의 드라이브가 고장 나도 작동한다. 쓰기 성능은 패리티 정보를 끊임없이 갱신해야 하고, RAID 재구성(rebuild)이 매우 느린 단점이 있다. 또한 리빌딩(rebuilding) 중에 읽기 또는 쓰기를 하면 리빌딩 시간이 늘어나고 I/O 성능이 매우 나쁜 것은 물론이며, 진행 중인 리빌딩의 오류가 발생하여 RAID 구성이 깨어질 수도 있다. 한 개의 디스크가 장애가 발생하여 디스크 재구성이 완료되기 전에 추가적으로 멤버 디스크에 장애가 발생하거나, 스토리지에서 장애가 발생한 디스크를 교체 하려다가 정상적으로 동작하는 디스크를 뽑아서 RAID 구성이 깨어지는 사고도 자주 발생하니 주의가 필요하다. 가급적 장애가 발생한 디스크

가 있을 경우 리빌딩보다 백업을 우선적으로 진행하는 것이 좋다. 또한 지나치게 많은 양의 디스크를 RAID 5로 사용하면 패리티 연산오류가 발생할 가능성이 높아져 대규모 스토리지가 필요할 경우 RAID 6이나 RAID 10 방식을 사용을 권장하고 있다.

- 최소 드라이브 개수 : 3
- RAID 용량 : (디스크의 수 – 1) × 디스크의 용량

RAID 6

각 디스크에 블록 단위의 두 가지의 오류정정 정보가 독립적으로 분산된다. RAID 4처럼 데이터의 블럭은 모든 디스크에 나뉘어 저장되지만 항상 균등하진 않고 오류정정 정보도 모든 디스크에 나뉘어 저장된다. RAID 5보다 내장애성이 높아서 두 개의 드라이브까지 고장 나는 것을 허용하고 읽기 성능이 우수하고 데이터가 매우 중요하여 안정성이 높은 경우에 적합하다. 하지만 두 가지의 오류정정 정보를 갱신해야 하기 때문에 RAID 5보다 쓰기 성능은 떨어지며, 컨트롤러가 RAID 5보다 더 비싸고, 디스크도 4개 이상 있어야 구성이 가능하므로 초기 구축비용이 높은 편이다. 패리티 정보를 저장하는 방법은 컨트롤러 제조사에 따라 구현 방법이 다를 수 있다.

- 최소 드라이브 개수 : 4
- RAID 용량 : (디스크의 수 – 2) × 디스크의 용량

RAID 10(RAID 1+0)

RAID 1을 스트라이핑한 것으로 내장애성과 디스크 I/O 성능을 모두 만족해야 할 때 사용한다.

- RAID 용량 : (디스크의 수 ÷ 2) × 디스크의 용량

RAID 50(RAID 5+0)

RAID 5를 스트라이핑한 것으로 저장 용량 확보와 디스크 I/O 성능을 모두 만족해야 할 때 사용한다.

RAID 60(RAID 6+0)

RAID 6을 스트라이핑한 것으로 저장 용량 확보와 디스크 I/O 성능을 모두 만족해야 할 때 사용한다.

RAID Z3 (Triple-Parity RAID-Z3)

Oracle사의 ZFS라는 파일시스템에서 지원하는 소프트웨어 RAID 방식이다. Z1는 RAID 5와 Z2는 RAID 6과 유사하지만, Z3는 RAID 6보다 패리티를 하다 더 사용해서 3중으로 패리티를 구성한다. RAID 5 및 RAID 6에서는 디스크 장애 발생 시 리빌딩(re-building)을 하는데 상당히 오랜 시간이 소요될 뿐만 아니라 진행 중에 실패할 위험도 있다. 이로 인해 디스크 교체를 위한 위험을 줄이기 위해 최근 RAID Z3의 필요성이 대두되고 있다.

RAID 레벨	데이터 저장방식
JBOD	여러 디스크들의 섹터를 이어붙이는 방식(Spanning)
0	스트라이핑(Striping)
1	미러링(Mirroring)
2	비트 단위 Parity를 저장하는 전용 드라이브
3	바이트 단위 Parity를 저장하는 전용 드라이브
4	블록 단위 Parity를 저장하는 전용 드라이브
5	블록 단위 Parity를 각 디스크에 순환적으로 배분하여(distributed) 저장
6	서로 다른 방식의 Parity 2개를 동시에 사용
10 (RAID 1+0)	디스크를 먼저 미러링(RAID 1)하고 그 이후 스트라이핑(RAID 0) 저장
0+1 (RAID 0+1)	디스크를 먼저 스트라이핑(RAID 0)하고 그 이후 미러링(RAID 1) 저장
50 (RAID 5+0)	RAID 5 세트를 다시 스트라이핑 저장(RAID 0)
60 (RAID 6+0)	RAID 6 세트를 다시 스트라이핑 저장(RAID 0)
RAID Z3	서로 다른 방식의 Parity 3개를 동시에 사용하는 Oracle의 소프트 RAID

[표 6] RAID 레벨 별 데이터 저장방식과 특징

4. 범용 시스템

대부분의 조사 대상은 데스크탑 컴퓨터와 다수의 사용자가 접속해서 사용하는 서버 컴퓨터로 구분된다. 두 종류의 컴퓨터 모두 다수의 하드디스크가 내장될 수 있으며, 주로 하드디스크가 압수·수색에서 가장 중요한 대상이다. 일반적으로 선별이 현저히 곤란하여 전자저장장치 자체를 압수하는 경우 경우 컴퓨터 본체를 압수하거나 하드디스크를 분리하여 디스크만 압수해야 하지만, 데이터 스토리지(storage)를 운영하는 환경의 컴퓨터나 서버의 경우 그 환경이 특수하므로 전체를 압수하지 못하고 사건에 연관된 일부 데이터만을 압수하게 될 수도 있다. 하드디스크를 분리할 때, 그 내용을 읽지 못하게 하는 시스템 또는 자동으로 파괴 시키는 구조의 컴퓨터도 고려해야 하기 때문에 가능한 컴퓨터 안의 하드디스크는 컴퓨터 그 자체를 압수하는 것이 바람직하다. 또, 컴퓨터와 이동식 저장매체는 각각 다른 증거물로 관리되기 때문에 광학디스크 드라이브(ODD) 내부에 CD-ROM과 같은 저장매체가 들어있을 수도 있으므로 이를 주의해야 한다.

(1) 개인용 컴퓨터(PC, Personal Computer)

개인용 컴퓨터는 전문적인 용도로 사용되는 워크스테이션, 일반적으로 사무실 또는 가정에서 사용되는 데스크탑, 랩탑, 넷북, 태블릿형 컴퓨터 등이 있다.

(2) 서버 컴퓨터

서버 컴퓨터는 네트워크를 통해 클라이언트의 요청을 처리하는 컴퓨터이다. 예로 웹 서버, 파일 서버, 프린트 서버, 네트워크 모니터링 서버, DNS 서버, DB 서버 등이 있다.

(3) 메인 프레임(Main Frame)

메인 프레임은 단말기를 통해 다수의 사용자가 작업할 수 있는 범용 목적의 대형 컴퓨터로 금융기관, 정부 기관 등에서 사용한다.

(4) 슈퍼 컴퓨터

슈퍼 컴퓨터는 연구 목적으로 사용되는 초고속 컴퓨터로, 단일 기계로는 가장 빠르며, 핵실험, 지진 데이터 분석, 기상예측 등에 사용된다.

5. 개인 휴대용 시스템

(1) 휴대폰

내부에는 플래시 메모리가 내장되어 있으며, 손쉬운 데이터 이동을 위해 손톱만한 크기의 Micro SD와 같은 소형 메모리 카드에도 데이터 저장을 하는 경우가 있다. 따라서 휴대폰을 조사할 때에는 기기 자체를 압수하는 것은 물론이고 삽입되어 있는 소형 메모리 카드뿐만 아니라 SIM(Subscriber Identity Module Card) 혹은 USIM(Universal Subscriber Identity Module Card)에도 데이터저장 공간이 있으므로, 휴대폰 기기와 메모리 카드 각각을 분류해서 압수해야 한다.

오늘날 널리 보급되고 있는 스마트폰은 내부 저장장치로 플래시 메모리를 장착하고 있는 작은 컴퓨터이다. 또한 내장된 플래시 메모리 외에도 소형 메모리 카드를 삽입해서 사용할 수 있으므로 이를 확인 후 각각 압수해야 한다. 스마트폰의 경우에는 휴대폰과 같은 속성을 가지기 때문에 반드시 전자파를 차단해야 한다. 또한 스마트패드 및 테블릿 PC도 스마트폰과 유사한 환경으로 구성되어 있어 같은 기준으로 취급해야 한다.

(2) IoT

최근 건강관리와 생활편의를 위해 스마트폰과 연동하거나 독립적으로 사용하는 스마트워치도 일종의 소형컴퓨터 구조를 가지고 있다. 이외에도 스마트체중계, 스마트 슈즈, 음성 비서[21] 등과 같은 사물인터넷 기반의 새로운 장치가 계속 등장하고 있어 디지털 포렌식 대상이 되고 있다.

6. 네트워크 장비

네트워크 장비에는 MAC 주소를 가지는 네트워크 카드(Network Interface Card), 침임탐지시스템(IDS), 유무선 공유기 등의 기기가 있다. 네트워크 카드는 네트워크 안에서 연결된 컴퓨터 등의 기기들이 통신하는 데 쓰이는 하드웨어의 하나이다. 랜 카드라고도 흔히 말하며, 네트워크 어댑터, 네트워크 인터페이스 카드(NIC), 이더넷[22] 카드라고도 한

21) Amazon Echo, https://www.amazon.com/dp/B00X4WHP5E

22) 이더넷(Ethernet) : 컴퓨터 네트워크 기술의 하나로, 전세계의 사무실이나 가정에서 일반적으로 사용되는 LAN에서 가장 많이 활용되는 기술 규격. '이더넷'이라는 명칭은 빛의 매질로 여겨졌던 에테르(ether)에서 유래되었다. 이더넷은 OSI 모델의 물리 계층에서 신호와 배선, 데이터 링크 계층에서 MAC(media access control) 패킷과 프로토콜의 형식을 정의한다. 이더넷 기술은 대부분 IEEE 802.3 규약으로 표준화되었다. 현재 가장 널리 사용되고 있으며, 토큰 링, FDDI 등의 다른 표준을 대부분 대체했다.

다. OSI 계층 1(물리 계층)과 계층 2(데이터 링크 계층) 장치를 가지는데, MAC 주소를 사용하여 낮은 수준의 주소 할당 시스템을 제공하고 네트워크 매개체로 물리적인 접근을 가능하게 한다. 사용자들이 케이블을 연결하거나 무선으로 연결하여 네트워크에 접속할 수 있다. IEEE 표준에 근거하여 각 네트워크 카드는 고유의 MAC 주소를 네트워크 콘트롤러의 제조업체가 책임을 지고 할당하고 있다. 이로 인해 네트워크 상에서 MAC 주소는 부품을 교체하지 않는 한 변경할 수가 없어 사용되는 기기를 식별할 수 있는 중요한 단서가 되고 있다. 노벨, HP, 3COM, 인텔(Intel), 리얼텍(Realtek) 등이 네트워크 카드 제조업체로 잘 알려져 있다.

허브(Hub)는 이더넷(ethernet) 네트워크에서 여러 대의 컴퓨터, 네트워크 장비를 연결하는 장치이다. 한대의 허브를 중심으로 여러대의 컴퓨터와 네트워크 장비가 마치 별 모양으로 서로 연결되며, 같은 허브에 연결된 컴퓨터와 네트워크 장비는 모두 상호 간에 통신할 수 있게 된다. 허브에 라우터나 Layer 3 스위치 등의 장비가 연결되어 있으면 이를 통해 더 높은 계층의 네트워크(WAN, MAN 등)과도 연결이 가능해진다.

스위치(Switch)는 네트워크 단위들을 연결하는 통신 장비로서 허브보다 전송 속도가 라우터(Router)는 패킷(Packet)의 위치를 추출하여 그 위치에 대한 최상의 경로를 지정하며 이 경로를 따라 데이터 패킷을 다음 장치로 전향시키는 장치이다. 즉, LAN과 LAN을 연결하거나 LAN과 WAN을 연결하기 위한 인터넷 네트워킹 장비로서, 임의의 외부 네트워크와 내부 네트워크를 연결시켜 준다. 오늘날 무선인터넷 사용이 늘면서 사무실과 집에서 스마트폰, 테블릿PC, 노트북 등의 무선 인터넷을 위해 사용하는 유무선인터넷 공유기도 라우터와 유사한 역할을 하고 있어 유무선 라우터라고 불리고 있다.

침입차단시스템은 서로 다른 네트워크를 지나는 데이터를 허용하거나 거부하거나 검열, 수정하는 하드웨어나 소프트웨어 장치이다. 침입차단시스템의 기본 역할은 신뢰 수준이 다른 네트워크 구간들 사이에 놓여서 신뢰 수준이 낮은 네트워크로부터 오는 해로운 트래픽 또는 인가 받지 않은 자를 신뢰 수준이 높은 네트워크로 오지 못하게 막는 것이다. 흔히 네트워크 관리자의 입장에서 높은 신뢰도를 갖는 구간은 내부 네트워크 구간이라 하고, 낮은 신뢰도를 갖는 구간을 인터넷 구간 또는 외부 네트워크 구간이라고 한다. 이 밖에도 외부에 서비스를 제공하는 서버들을 위한 DMZ 구간이 있으며 인터넷으로부터 내부 네트워크로의 침입을 막는 동시에 내부 네트워크에서 인터넷과 자유롭게 통신할 수 있도록 도와 준다. 대부분의 침입차단시스템은 다양한 수준의 정책으로 네트워크 간의 트래픽을 제어한다. 침입차단시스템은 패킷필터, 프록시, 네트워크 주소 변환(NAT) 등의 기능으로 구성되어 있고, 구현 방법에 따라 소프트웨어 방화벽, 하드웨어 방화벽으로 분류하기도 한다.

침입탐지시스템(Intrusion Detection System, IDS)은 일반적으로 시스템에 대한 원치 않는 조작을 탐지하여 준다. IDS는 매우 많은 종류들이 존재한다. 침입탐지시스템은 전통적인 방화벽이 탐지할 수 없는 모든 종류의 악의적인 네트워크 트래픽 및 컴퓨터 사용을 탐지하기 위해 필요하다. 이것은 취약한 서비스에 대한 네트워크 공격과 애플리케이션에서의 데이터 처리 공격(data driven attack), 그리고 권한 확대(privilege escalation) 및 침입자 로그인, 침입자에 의한 주요 파일 접근, 악성 소프트웨어(컴퓨터 바이러스, 트로이 목마, 웜)와 같은 호스트 기반 공격을 포함한다. 침입탐지시스템은 여러 개의 구성요소로 이루어져 있다. 침입탐지시스템의 센서는 보안 이벤트를 발생시키며, 콘솔은 이벤트를 모니터하고 센서를 제어하거나 경계시키며(alert), 중앙 엔진은 센서에 의해 기록된 이벤트를 데이터베이스에 기록하거나, 시스템 규칙을 사용하여 수신된 보안 이벤트로부터 경고를 생성한다. 대부분의 침입탐지시스템들은 위의 세 가지 요소들을 하나의 장치 또는 설비로 구현하고 있다. 침입참지시스템을 분류하는 방법은 센서의 종류와 위치 그리고 엔진이 경고를 만드는 데 사용하는 방법론 등에 따라 시그너처 기반 IDS, 네트워크 기반 IDS, 호스트 기반 IDS, 하이브리드 IDS 등이 있다. 위에서 설명한 침입차단시스템과 침입탐지시스템이 동시에 구현된 침입방지시스템(Intrusion Prevention Systems, IPS)도 있으며, 불법적인 네트워크 접근 및 침해사고 방지를 위해 웹방화벽 또는 보안운영체제(Secure OS) 등을 사용하기도 한다.

7. 임베디드 시스템 등 기타

(1) 사무기기

사무기기에는 복사기, 팩시밀리, 스캐너, 프린터, 복합기 등이 있는데 오늘날 이러한 사무기기 내부에는 소형 컴퓨터 구조와 같은 하드웨어와 운영체제가 내장되어 있고, 작업한 데이터가 저장되는 메모리가 존재하기 때문에 디지털 포렌식 조사 대상이 된다.

(2) 멀티미디어 기기

디지털 캠코더 및 카메라, CCTV 등은 영상 및 사진 정보를 담는 기기로서 포렌식 수사 관점에서 볼 때 컴퓨터의 하드디스크만큼이나 중요한 증거대상이 된다. 이 기기들은 내부적으로 플래시 메모리를 장착하고 있으나, 실제 영상이나 사진 데이터는 소형 메모리 카드, 하드디스크 또는 별도의 셋탑박스 등을 통해 저장하므로 기기 안에 삽입 되어 있거나 연결접속되어 있는 저장매체는 반드시 분리하여 따로 확보해야 한다. 최근MP3, PMP, 휴대용 게임기, 네비게이션, 비디오 게임기, 차량용 블랙박스 등 다양한 디지털 기기의 사용이 증가하고 있고, 이러한 기기들은 내부·외부에 플래시 메모리나 하드디스크와 같은 저장매체를 이용하고 있으며, 경우에 따라 클라우드 환경의 원격지 서버에 데이터를 저장하는 경우도 있으니 이들을 디지털 포렌식 조사의 대상으로 인식하고, 식별하여 증거로 의심되는 데이터를 확보해야 한다.

제3장 하드디스크 드라이브 이해

1. 하드디스크의 구조

하드디스크 드라이브는 비자성체인 비금속(알루미늄 합금, 유리합성물 등) 원판 표면에 자성체인 산화금속 막이 양면에 코팅되어 있는 플래터(platter)로 구성되어 있으며 데이터를 트랙에 자기적으로 저장한다. 컴퓨터에 저장되는 모든 데이터는 0, 1 두 디지털 신호에 의해 이루어진다. 하드디스크의 경우 이러한 디지털 신호를 원반 형태의 플래터에 기록한다. 디지털 신호의 기록은 자기장의 밀도 변화를 이용해 기록한다. 좀 더 자세하게 말하면, 자기장의 밀도 변화를 측정하는 헤드(head)가 플래터 위의 일정한 간격을 지나치는 동안 자기장의 극성이 변화하면 1, 그렇지 않으면 0으로 인식한다. 자기장을 이용한 기계적 구조로 구성된 하드 디스크는 반도체 기반의 저장매체 솔리드 스테이트 드라이브(SSD)에 비해 진동, 충격, 자성 등의 외부 환경에 취약하다.[23)]

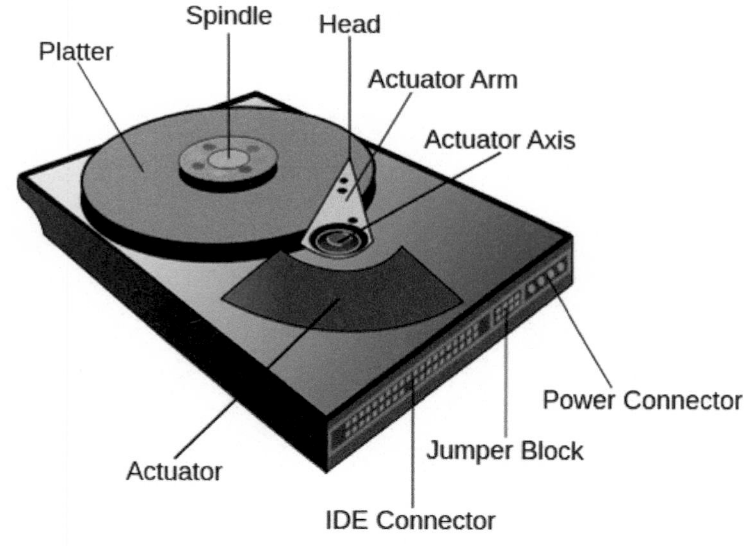

[그림 20] 하드디스크의 주요 구성 요소

23) 익명, Wikipedia, "하드디스크 드라이브", 〈ko.wikipedia.org/wiki/하드디스크 드라이브〉, (2018.10.7. 방문)

하드디스크 외부는 소음 발생과 외부의 먼지 유입을 최소화하기 위해서 최대한 밀폐적인 구조로 설계되어 있다. 내부를 헬륨으로 충전하는 등 내부가 외부와 완전히 격리된 모델도 존재하지만, 일반적인 하드디스크에는 내부의 기압을 대기압과 동등하게 해주는 작은 구멍이 뚫린 씰이 있어 외부 환경에 따라 먼지 등이 유입될 수 있기 때문에 외부 환경에 의한 수명 편차가 크다. 디스크 안팎으로 움직이는 슬라이더(slider) 끝에 부착된 헤드가 회전하는 디스크를 읽고 쓰는데 플래터 당 하나의 헤드가 존재해 플래터 집합인 디스크는 여러 헤드를 가질 수 있다. 또한 플래터와 슬라이더는 모두 연결되어 있어 모든 플래터의 트랙에 데이터를 동시적으로 읽고 쓴다.

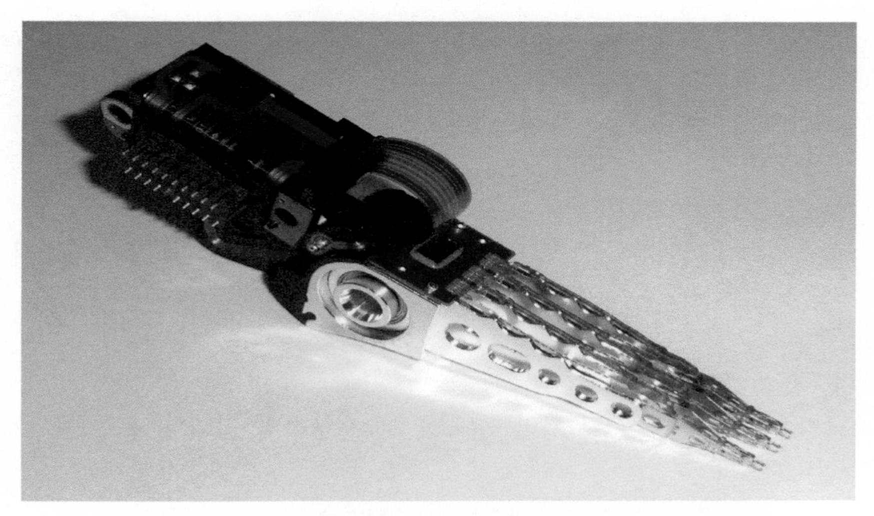

[그림 21] 헤드 스택의 왼쪽 엑츄에이터 코일과 오른쪽의 헤드

디스크 헤드가 섹터(sector)의 데이터를 읽기 위해서는 섹터가 헤드 바로 아래에 있어야 하는데 데이터는 항상 회전하므로 섹터가 그 위치에 올 때가지 기다려야 한다. 이 때 디스크가 데이터를 읽을 수 있는 위치로 회전하는데 걸리는 시간이 회전 대기시간(rotational latency time)이다. 헤드는 디스크의 반지름 방향으로만 움직이기 때문에, 원하는 데이터를 헤드가 찾아가는 것이라기 보다는 디스크에 원하는 데이터가 있는 부분을 헤드로 갖다 주는 것이 된다. 여기에 소요되는 시간이 회전 대기 시간이다. 따라서, 회전 대기 시간 중에는 데이터를 읽고 쓰지 못하기 때문에 회전 대기 시간은 짧을수록 좋다. 오늘날 하드디스크의 평균 회전 대기시간은 디스크의 회전속도에 비례하는데, 평균적으로

5400rpm에서 5.56ms, 7200rpm에서 4.17ms, 10,000rpm에서 3ms, 15,000rpm에서 2ms 정도이다.

회전 대기시간 외에 데이터가 존재하는 곳으로 실린더가 이동하는데, 디스크 슬라이더가 요청된 데이터를 가지고 실린더로 이동하는 시간을 탐색시간(seek time)이라 한다. 디스크 동작을 완료하는데 걸리는 시간(access time or response time)은 데이터를 가지고 트랙으로 이동하는데 걸리는 탐색시간(seek time), 데이터를 헤드 아래로 회전시키기 위해 필요한 회전 대기 시간(rotational latency time), 디스크 드라이브에서 디스크 컨트롤러로 데이터를 전자적으로 전송하기 위해 필요한 시간(transfer time)의 총합이다. I/O 완료는 여기에 시스템 오버헤드를 더한 시간이다. 디스크 I/O완료에 걸리는 시간은 요청된 I/O가 순차 방식인지 임의 방식인지에 따라서 영향을 받으며 순차적 I/O성능은 트랙간 탐색시간에, 임의 I/O성능은 평균 탐색시간에 의해 좌우된다.

순차적 I/O(Sequential I/O)

디스크의 인접한 데이터의 액세스로 임의 I/O 보다 트랙간 탐색 시간이 더 빨라 더 많은 양을 보다 빨리 처리할 수 있다.

임의 I/O(Random I/O)

디스크의 서로 다른 부분으로부터 액세스될 때 발생하며, 임의의 헤드이동이 발생해 성능을 감소시킨다.

엘리베이터 정렬

임의 I/O동작이 발생하면 헤드가 디스크 사이를 임의로 이동하여 대기시간이 증가하는데 RAID 컨트롤러는 임의 탐색을 보다 효과적으로 처리하기 위해 엘리베이터 정렬을 지원한다. 엘리베이터 정렬은 다중 I/O가 컨트롤러에 큐잉될 때 이동을 최소화하기 위해 정렬된다.

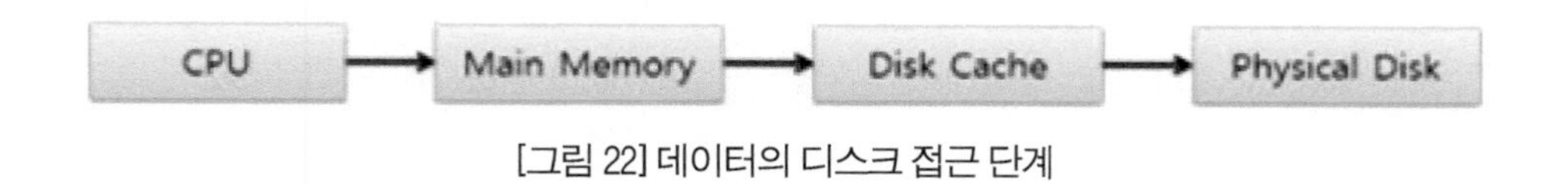

[그림 22] 데이터의 디스크 접근 단계

I/O성능 향상을 위해 디스크 컨트롤러에는 컨트롤러 캐쉬가 존재한다. 디스크에 저장된 데이터의 일부를 저장하는 버퍼 역할을 하게 되며, 컨트롤러는 데이터를 캐쉬로 기록하고 운영체제에게 I/O완료를 알리고 비동기적으로 디스크에 기록한다. 이로 인해 쓰기속도를 향상시킨다. 컨트롤러 캐쉬는 미리 읽기(Read-ahead)를 지원하는데 대량의 데이터 요청 시 요청된 데이터 외에 다음 데이터도 곧 바로 읽힐 것이라고 예상하고 다음 데이터의 일부를 같이 가져가는 작업을 수행한다. 일반적으로 말하는 하드디스크 시스템이란 데이터의 저장매체인 디스크 팩(disk pack)과 이 디스크 팩에 데이터를 저장하거나 저장된 데이터를 판독하는 구동 장치인 디스크 드라이브(disk drive)를 통틀어 일컫는다.

(1) 디스크 팩

디스크 팩이란 데이터를 영구적으로 보존할 수 있는 기록 매체이다. 즉, 디스크 팩에 저장된 데이터는 전원이 공급되지 않아도 소멸되지 않는 비휘발성(non-volatile)의 특성을 갖는 것이다. 다음은 디스크 팩과 관련된 용어들이다.

1) 섹터(sector)

섹터란 물리적으로 디스크 시스템에 데이터가 저장되거나 판독되는 단위이다. 즉, 디스크 팩과 디스크 구동 장치 간에 데이터가 읽혀지거나 쓰여지는 물리적인 단위를 섹터라 하는 것이다.

2) 트랙(track)

트랙이란 디스크 원반의 한 면(surface)에서 중심으로부터 같은 거리에 있는 섹터들의 집합을 의미한다. 즉, 하나의 트랙은 여러 개의 섹터들로 구성된다.

3) 디스크 원반(platter)

디스크 원반이란 자성체를 입힌 원판의 양면에 자성 물질을 입혀 데이터를 기록하고 판독할 수 있도록 만든 장치로서 일반적으로 오디오(audio) 정보를 저장하는 레코드판과 유사하다고 생각할 수 있다. 다만, 디스크 원반은 오디오 정보를 저장하는 레코드판과 달리 디지털 데이터(digital data)를 저장하는 기록 매체이다. 디스크 원반은 두 개의 표면(surface)으로 구성된다.

4) 표면(surface)

한 장의 디스크 원반에는 윗면과 아래면 등 두 개의 면을 갖는다. 이 각 면을 디스크의 표면이라 한다. 아래 그림과 같이 디스크 원반의 한 표면은 여러 개의 트랙들로 구성된다.[24)]

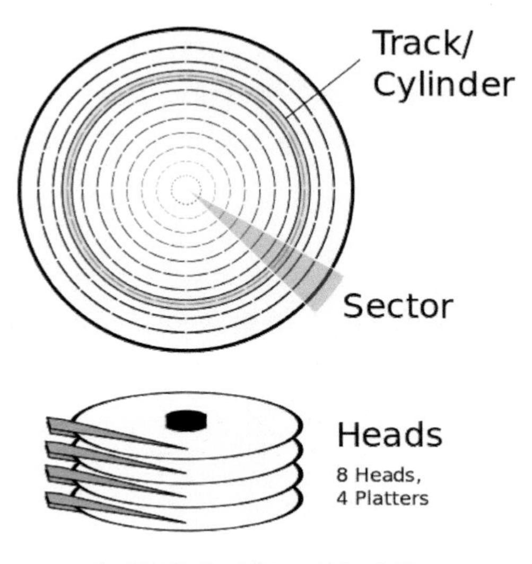

[그림 23] 하드디스크의 논리 구조

5) 디스크 팩

디스크 팩이란 여러 장의 디스크 원반들을 같은 중심축에 쌓아 놓은 것을 의미한다. 디스크 시스템에 따라서는 한 장의 디스크 원반만으로 구성되는 경우도 있으나, 보다 대용량의 디스크 시스템을 만들기 위해서는 여러 개의 디스크 원반들을 하나의 중심축에 묶어 디스크 팩으로 구성하게 된다.

6) 실린더(cylinder)

하나의 디스크 팩에서 같은 반지름을 갖는 트랙들의 집합을 실린더라 한다. 일반적으로 디스크 시스템에 대량의 데이터를 순차적으로 저장할 때에는 실린더 단위로 저장하게 된다. 즉, 하나의 실린더에 데이터를 기록하고 난 후에 다음 실린더에 데이터를 계속 기록하는 방법을 사용하는 것이다.

24) 익명, Wikipedia, "Cylinder–head–sector", 〈en.wikipedia.org/wiki/Cylinder–head–sector〉, (2018.10.7. 방문)

(2) 디스크 드라이브

디스크 드라이브는 디스크 팩에 데이터를 기록하거나 기록된 데이터를 판독하는 장치이다. 이 장치는 스핀들(spindle)과 붐(boom, positioner), 암(arm), 그리고 헤드(head) 등으로 구성된다. 디스크 드라이브의 각 구성 요소들 중 스핀들(spindle)은 디스크 팩을 고정시키는 역할을 하며, 디스크 팩의 회전축의 역할을 한다. 오늘날 데스크탑 PC에서 일반적으로 사용되는 하드디스크의 디스크 팩은 스핀들에 고정되어 분당 7200회전(7200rpm)을 한다. 붐(boom)은 암(arm)과 헤드(head)를 지탱하면서 헤드로 하여금 원하는 트랙에 데이터를 판독하거나 저장할 수 있도록 위치를 이동시키는 역할을 한다. 암은 헤드를 고정시키고 지탱하는 역할을 하며, 헤드는 실제로 디스크 표면으로부터 데이터를 판독하거나 기록하는 역할을 한다. 물론, 헤드가 디스크 표면으로부터 데이터를 판독하거나 기록하는 단위는 섹터 단위이다.

(3) 디스크에서의 물리적 주소

본 절에서는 디스크 시스템에서의 주소 지정 메커니즘을 본다. 디스크 시스템에서의 데이터 전송 단위는 물리적으로 섹터 단위이다. 임의의 디스크 시스템에서 하나의 섹터를 정확히 지정하기 위해서는 실린더 번호(또는 트랙 번호)와 표면 번호, 그리고 섹터번호가 필요하다. 이들을 사용하여 디스크 시스템에서 특정 섹터를 지정하기 위해서 주소를 구성하는 방법은 아래 디스크 시스템에서의 주소 구성 방법 (a)와 (b)에서와 같은 두 가지 방법이 있을 수 있다.

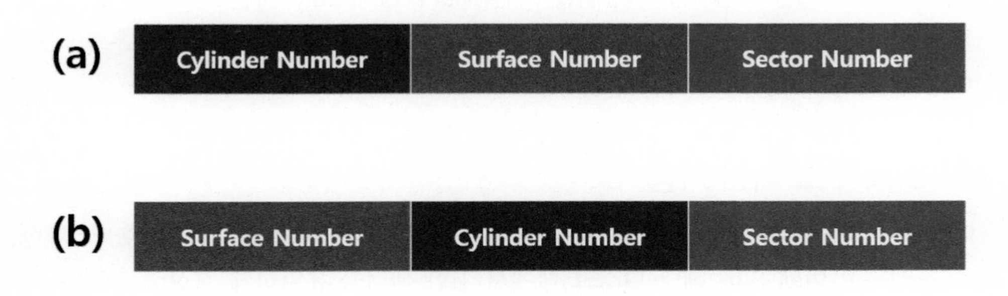

[그림 24] 디스크 시스템에서의 주소 구성 방법

디스크 시스템에서는 대량의 데이터를 순차적으로 저장할 때 실린더 단위로 저장한다. 디스크 시스템에서의 주소를 실린더 단위로 주소가 증가하도록 구성하기 위해서는 그림 (a)의 기법으로 구성하여야 할 것이며 이 형태가 일반적으로 디스크 시스템에서의 주소 형태로 사용된다.

2. 디스크 접근 시간

이제 디스크 시스템과 주기억장치간의 데이터 전송 과정을 보자. 프로세서 측에서 디스크 시스템의 주소를 지정하고 이 부분에 대한 접근을 요청하면 디스크 시스템 측에서는 다음과 같은 단계를 거쳐 원하는 데이터에 접근하게 된다.

(1) 우선 디스크 주소상의 실린더 번호(또는 트랙 번호)를 보고 디스크의 헤드를 필요한 실린더로 이동시킨다. 이 과정을 탐색(seek) 과정이라 하며, 이에 필요한 시간을 탐색시간(seek time)이라 한다.
(2) 디스크 헤드가 지정된 실린더를 찾아간 후에 헤드는 섹터 번호에 따라 지정된 섹터가 헤드 아래에 도착할 때까지 기다리게 되며 이에 필요한 시간을 회전 지연 시간(rotational delay, latency time)이라 한다.
(3) 지정된 섹터가 헤드 아래까지 도착하면 디스크 주소상의 표면 번호에 따라 필요한 헤드가 동작을 시작하여 해당 섹터를 읽어 전송한다. 이에 필요한 시간을 데이터 전송 시간(data transmission time)이라 한다.

즉, 디스크 시스템에서의 데이터 접근 시간(data access time)이란 위 세 가지 시간을 모두 더한 것을 의미한다. 세 가지 시간 중에서 가장 큰 비중을 차지하는 부분은 탐색 시간이며 다음으로 회전 지연 시간이다.

3. 디스크 주소 지정 기법

디스크에서의 물리적인(physical) 주소는 (실린더 번호, 표면 번호, 섹터 번호)의 세 쌍으로 구성되고 이에 의해 해당 디스크 팩에서의 한 섹터를 유일하게 결정하게 된다. 그러나, 이와 같은 물리적인 주소는 표현 방법이 복잡하기 때문에 좀더 간단한 표현 방법을 사용하기도 한다. 그 한 가지 방법이 논리적인 상대 주소(relative address) 표현법이며 이 방법에 의한 디스크 주소 표현 형태를 [그림 25]에서 보인다.

B0	B1	B2	...	Bn−2	Bn−1

[그림 25] 디스크에서의 상대 주소

[그림 25]의 주소지정 기법에서는 디스크 시스템 측의 데이터 전체를 블럭들의 나열(block sequence)로 보고 각 블럭들에 대해 블럭 번호를 부여함으로서 임의의 블럭에 접근할 수 있도록 한다.

4. 디스크 분할

디스크 파티션(disk partition) 작업은 하드디스크 드라이브나 메모리의 기억 공간을 '파티션'이라 알려진 별도의 데이터 영역으로 분할하여 여러 개처럼 인식하게 해 주는 것을 말한다. 하드디스크 드라이브처럼 용량이 비교적 큰 저장매체를 유용하게 쓰기 위해 고안되었다. 즉, 하드디스크 드라이브에 새로운 프로그램을 계속 설치하면 디렉터리로 관리하는 데 한계가 생기며, 컴퓨터바이러스에 감염될 경우 모든 프로그램과 데이터들을 사용하지 못하게 될 수도 있다. 이에 대비하여 하드디스크 드라이브를 나눠 놓으면 운영체제와 프로그램을 별도로 저장할 수 있으며, 컴퓨터 바이러스에 감염되더라도 그 부분만 제거할 수가 있다.[25] 또한 슬랙에 따른 디스크 공간 낭비를 줄일 수 있고, 자주 사용하는 데이터를 포함하는 파티션에 조각모음(defragmentation)하는 시간을 절약할 수 있다.

파티션 편집기(partition editor) 또는 파티셔닝 유틸리티(partitioning utility) 프로그램을 사용하여 이러한 파티션을 만들고 없애고 수정할 수 있다. 한 번 디스크가 여러 개의 파티션으로 나뉘면 다른 카테고리의 디렉터리와 파일들은 다른 파티션에 저장된다. 파티션이 많아질수록 제어권이 더 많아지지만 너무 많으면 다루기 쉽지 않게 된다. 공간 관리, 접근 허가, 디렉터리 검색이 추가되는 방식은 파티션 상에 설치된 파일 시스템의 종류에 달려 있다. 파티션 크기는 파티션에 설치된 파일 시스템에 따라 그 지원 능력이 달라지므로 파티션 크기를 조심스럽게 살피는 것이 필요하다.[26] Fdisk 및 GParted는 디스크 분할에 사용되는 대표적인 파티션 편집기이다.

25) 두산백과, "파티션", 〈doopedia.co.kr/doopedia/master/master.do?_method=view&MAS_IDX=101013000792747〉, (2018.10.7. 방문)

26) 익명, 위키백과, "디스크 파티션", 〈ko.wikipedia.org/wiki/디스크_파티션〉, (2018.10.7. 방문)

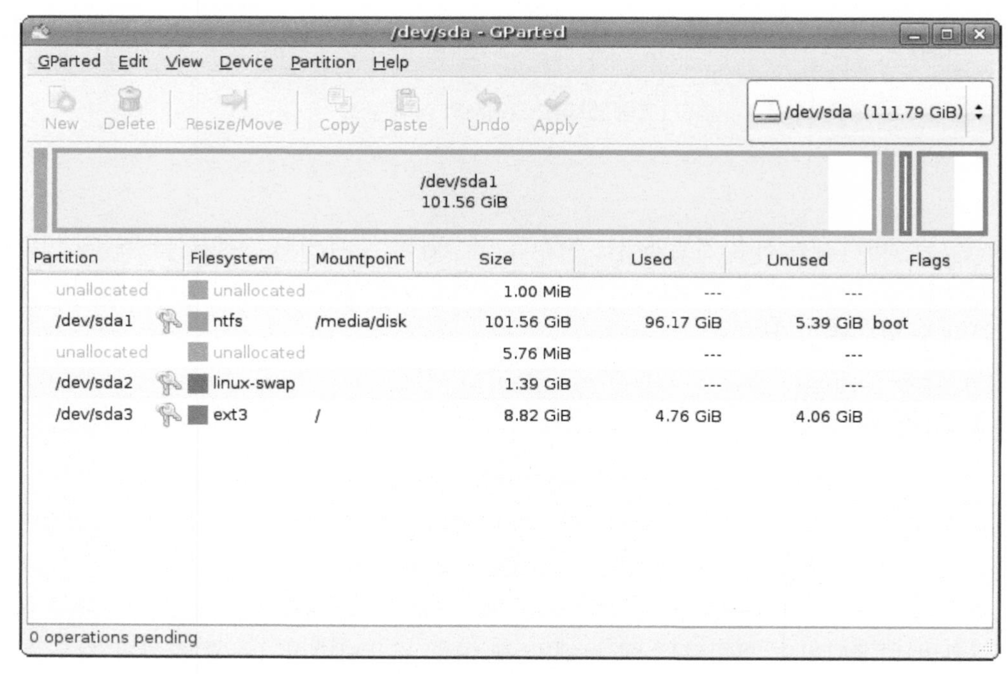

[그림 26] GParted 실행화면

마스트 부트 레코드(Master Boot Record, MBR)

우리가 컴퓨터를 켰을 때, 시스템 내에 어떤 BIOS가 초기 부트 프로그램을 읽어올 수 있는 곳이 어딘가 있어야 한다. 이 정보가 저장되는 장소를 '마스터 부트 레코드(Master Boot Record)' 또는 '마스트 부트 섹터(Master Boot Sector)' 혹은 단순히 '부트 섹터(Boot Sector)'라고 부른다. MBR은 항상 실린더 0, 헤드 0, 섹터 1(디스크 위의 첫 번째 섹터)에 위치해 있다. 이 것은 디스크가 항상 사용하는 일관된 '시작점'이다.[27]

마스터 파티션 테이블(Master Partition Table)

이 테이블에는 하드디스크 드라이브에 포함된 파티션에 대한 설명이 저장되어 있다. 마스터 파티션 테이블에는 파티션 정보 공간이 4개만 있다. 그러므로 하드디스크 드라이브는 단 4개의 진정한 파티션(Primary partition)을 가질 수 있다. 부가적인 파티션은 프라이머리 파티션 중 하나에 링크된 논리 파티션이다. 파티션 중 하나는 active라고 표시되어 있는데 이것은 컴퓨터가 부팅을 위하여 사용하는 것을 가리킨다. 4개 파티

27) 이홍재, "하드디스크 이해", 전자신문사, 2003, 242면

션 중 하나를 확장 파티션(Extended partition)으로 정할 수 있는데 이 파티션은 여러 개의 논리 파티션(Logical partition)으로 세분할 수 있다. 프라이머리 파티션은 부팅 가능(bootable), 활동적(active)이라고 정해질 수 있지만 논리 파티션은 이렇게 정해질 수 없다. 이러한 구조가 사용된 이유는 구형 하드웨어 PC들은 1대의 하드디스크당 최대 4개의 파티션까지만 사용할 수 있는 한계가 있었다. 그러나 하드디스크의 용량이 확대되면서 그 이상의 분할 수로 확장할 필요성이 생겨 원래의 4개 파티션 한계에 기반한 구형 하드웨어의 운영체제와 호환되면서도 단일 시스템에 24개의 디스크 파티션을 가질 수 있었다. 확장 파티션에서 논리 드라이브는 링크된 구조에 저장되며, 확장 파티션의 정보는 마스터 파티션 테이블에 포함된다. 일반적으로 Windows 시스템에서 예를 들면 프라이머리 파티션이 C:드라이브가 되며, 익스텐디드에 속하는 논리적인 드라이브들이 D: E: F: 형태의 드라이브가 된다. CD-ROM은 논리적인 드라이브에 쓰인 마지막 알파벳의 다음 문자로 표시된다.

GUID 파티션 테이블(GUID Partition Table, GPT)

컴퓨터 하드웨어에서 GUID 파티션 테이블(GPT, GUID Partition Table)은 물리적인 하드 디스크에 대한 파티션 테이블 레이아웃 표준이다. BIOS 시스템에서 전통적으로 512바이트 디스크 섹터에 논리블록주소(LBA) 및 크기 정보를 저장하기 위해 32비트를 사용하는 마스터 부트 레코드(MBR) 파티션 테이블의 제한 때문에 새로운 파티션 테이블 형식이 개발되었다. MBR과 마찬가지로 GPT 는 이전의 실린더헤드섹터(CHS) 주소 지정 대신에 논리 블록 주소 지정(LBA)을 사용한다. 최근 대부분의 PC 운영체제는GPT를 지원하고 있다. x86의 Mac OS 및 Microsoft Windows를 포함하여 일부는 EFI펌웨어가 있는 시스템에서만 GPT 파티션에서의 부팅을 지원하지만 FreeBSD 및 대부분의 Linux 배포판에서는 기존 BIOS 펌웨어 인터페이스와 EFI를 모두 갖춘 시스템의 GPT 파티션에서 부팅할 수 있다. MBR 파티션 테이블의 경우 하나의 디스크 파티션 크기를 최대 2.2 TB (232 × 512bytes)로 제한한다. GPT는 최대 디스크 및 파티션 크기를 9.4 ZB(9.4 × 1021bytes)까지 허용한다.[28]

---

28) 익명,Wikipedia, "GUID Partition Table", 〈en.wikipedia.org/wiki/GUID_Partition_Table〉, (2018.10.7. 방문)

파일시스템과 운영체제

제 1 편
파일시스템

파일시스템에 들어가기전에

컴퓨터 시스템 내에 저장되는 정보 중 보조기억장치 등에 파일(File)의 형태로 저장되는 정보의 관리를 담당하는 것을 파일시스템(File system)이라고 한다. 컴퓨터 시스템 내에는 운영체제가 사용하는 시스템 파일도 존재하며, 일반 사용자들이 생성하여 저장하는 사용자 파일도 존재한다. 어떤 종류의 파일이든 모두 운영체제의 관리 대상이다. 파일시스템이라고 하는 것은 이러한 파일들 즉 데이터를 읽고 쓰는 방식과 어떻게 관리 할 것인가에 대한 약속이다. 당연히 파일시스템의 종류에 따라 데이터를 관리하는 방식은 다르며 디지털포렌식 분석가라고 한다면 기본적인 파일시스템에 대한 구조와 동작 원리에 대해서는 알고 있어야 한다. 물론 많은 자동화된 포렌식 도구들이 상당 부분 자동 분석을 해주기 때문에 이러한 원리들이 불필요하다고 할 수 있으나 어디까지나 디지털포렌식 프로그램은 도구일 뿐이다. 원리를 알아야 더 많은 부분과 깊게 분석할 수 있으니 기초부터 차근차근 공부해 나가는 것이 중요하다. 따라서 본 장에서는 아주 기초적인 수준의 파일시스템 소개와 구조에 대해 알아보도록 하겠다.

제1장 파일의 기본개념

파일(File)이란 개념적으로 정보의 집합 또는 관련된 정보의 집합으로 정의할 수 있다. 물리적으로는 바이트의 나열(Sequence of Bytes)이라 정의할 수 있으며 논리적으로는 컴퓨터 등의 기기에서 의미 있는 정보를 담는 단위로 표현할 수 있다. 운영체제는 파일 조작에 관련된 기능을 API로 제공한다. 일반적으로 파일의 이름과 확장자로 식별하며, 운영체제에 따라 대소문자를 구별하거나 구별하지 않는다.

1. 파일의 유형

파일에 저장되는 내용 또는 저장 정보의 형태에 따라 파일을 다음과 같이 분류할 수 있다.

(1) 텍스트 파일(Text file)

일반 문자열이 들어가는 파일이지만, 저장 정보의 해석 방식, 운영체제와 연결되는 프로그램의 방식에 따라 이진 파일과 구분한다. 텍스트 파일은 사람이 인지할 수 있는 문자열 집합으로부터 문자열로만 이루어진다. 잘 알려진 문자열 집합으로는 ASCII 문자열 집합과 유니코드 문자열 집합이 있으며, Windows 계열 운영체제에서 사용하는 메모장이나 UNIX 계열의 vi와 같은 텍스트 편집기에서 열람이 가능하다.

(2) 이진 파일(Binary file)

이진 파일 또는 바이너리 파일은 컴퓨터 파일로 컴퓨터 저장과 처리 목적을 위해 이진 형식으로 인코딩된 데이터를 포함한다. 예를 들면 hwp, doc, xls, ppt와 같은 확장자의 컴퓨터 문서 파일을 들 수 있다. 많은 이진 파일 형식은 문자열로 해석될 수 있는 부분을 포함하고 있다. 포맷 정보가 없는 문자열 데이터만 포함하는 이진 파일은 완전한 텍스트 파일이라고 한다. 텍스트로만 이루어진 파일은 보통 이진 파일과 구분 짓는데 이진 파일은 완전한 텍스트 이상의 무언가를 더 포함하고 있기 때문이다. 이진 파일을 메모장과 같은 대부분의 문서 편집기로 열면 다음과 같이 글자가 깨어져 보인다.

[그림 1] 이진파일을 메모장으로 연 모습

이 이외에도 이진 파일에는 그림 및 사진 파일, 동영상 파일, 압축파일, 프로그램 실행 파일(Executable file), 프로그램 실행 시 생성되는 각종 데이터 파일 등 다양한 종류가 있다.

2. 파일의 선별

파일의 유형에서 대략적으로 텍스트 파일과 이진 파일 형태로 나누어 설명하였지만 이를 관리하는 파일시스템에는 별다른 영향을 주지 않는다. 즉, 한 파일 내에 저장되는 정보의 내용이나 저장 형식에 대해서는 파일시스템에서 관리하지 않고, 사용자나 운영체제 및 응용 프로그램에서 고려해야 할 부분인 것이다. 파일시스템에서 고려해야 할 부분은 이러한 파일들이 생성되었을 때 이를 디스크의 어느 곳에 저장할 것인가 하는 점과 후에 이 파일에 접근하고자 할 때 어떤 방법으로 또는 얼마나 효과적으로 찾아낼 것인가 하는 점 등이다.

사용자의 입장에서 특정 파일에 접근하고자 할 때 어떤 기준으로 자신이 원하는 파일을 찾을 수 있도록 지원할 것인가 하는 점과 크게는 사용자에게 파일시스템 전체가 어떠한 형태로 보여지게 할 것인가 하는 점 등은 운영체제와 파일에서 고려되는 사항이다. 사용자는 파일의 이름과 파일의 확장자(Extensions)를 통해 파일의 종류를 식별할 수 있는데 운영체제와 응용 소프트웨어에 따라서 이와 동일한 방법으로 파일의 종류를 식별하는 경우도 있고, 파일의 서명 또는 파일의 내용을 참조하여 구분하는 경우도 있다. 특히 각각의 응용 소프트웨어들은 고유한 파일 포맷(Format)[1]을 사용하는데 매번 파일시스템에 저장된 모든 파일들의 포맷 전체를 확인하는 것은 비효율적이므로 파일 포맷을 구분하고 식별하기 위한 특정 위치의 고유정보를 이용한다.

이와 같이 파일의 형식을 식별하기 위해 일반적으로 파일의 시작(Header) 또는 끝(Footer) 부분에 배치된 2~4Bytes 정도의 고유한 값 또는 정보를 파일 시그니처(File signature)[2]라고 하며 매직넘버(Magic Number)[3]라고도 한다. 예를 들면 jpg 포맷의 이미지 파일은 FF D8 FF DB 또는 FF D8 FF E0와 같은 고유한 값을 파일의 시작 부분에 나타내고 있다. 만일 test.jpg 파일의 확장자를 test.txt 로 변경하면 Microsoft Windows 운영체제에서는 확장자 기반으로 파일을 인식하기 때문에 메모장과 같은 텍스트 편집기에서 열 수 있는 텍스트 파일 형태의 아이콘으로 표시된다. [4]

파일의 확장자를 변경하는 것만으로 원하지 않는 응용 소프트웨어에서 파일이 실행될 수 있고, 확장자는 언제든지 임의로 변경할 수 있어 주의가 필요하다. 파일의 유형을 선별할 때에는 파일의 확장자와 시그니처를 함께 사용하여야 한다. 파일의 포맷과 더불어 파일 시그니처는 파일의 식별 뿐만 아니라 파일 복구, 악성코드 탐지 등을 위한 필수적인 정보로 디지털포렌식 관점에서 상당히 중요한 요소이다.

---

1) https://en.wikipedia.org/wiki/List_of_file_formats

2) https://en.wikipedia.org/wiki/List_of_file_signatures

3) https://en.wikipedia.org/wiki/Magic_number_(programming)

4) Microsoft Windows 운영체제에서는 파일확장자에 따라 사용할 프로그램을 레지스트리에서 관리한다.

3. 파일의 상태 정보

모든 파일은 그 파일 내에 저장되는 실질적인 내용(데이터) 이외에도 그 파일에 대한 상태 정보(메타 데이터)도 같이 저장한다. 이와 같은 파일의 상태 정보로는 대표적으로 다음과 같은 것들이 있다.

- 파일 이름(File name)
- 파일 종류(File type)
- 파일의 크기(File Size)
- 파일 생성 시간(Created time)
- 최근 파일 접근 시간(Last Accessed time)
- 최근 파일 갱신 시간(Modified time)
- 파일의 소유자(File owner)
- 파일 속성(Attributes) 또는 접근 권한(Access rights)
- 파일의 저장 위치(Physical location)

파일시스템에서는 저장되는 모든 파일들에 대해 파일의 내용뿐만 아니라 위에서 언급한 각 파일들에 대한 상태 정보도 저장하고, 필요할 때 이에 접근하여 필요한 정보를 추출할 수 있도록 지원해야 한다. 운영체제에 따라 파일의 상태 정보들은 디렉토리에 저장되기도 하며, UNIX 운영체제에서와 같이 별도의 공간을 배정하여 저장되기도 한다.

1. 파일의 구성

일반적으로 데이터는 레코드 형태로 구성되며 각 레코드는 연관된 데이터 항목들로 구성된다. 각 항목은 여러 개의 바이트로 구성되며 레코드의 특정 필드에 해당한다. 한 필드의 데이터 타입은 프로그래밍에서 사용하는 표준 데이터 타입들인 정수, 긴 정수, 부동소수점 등의 수치형과 고정 길이, 가변 길이의 문자열, 날짜, 시간 등이 있다. 이 밖에도 이미지, 비디오, 오디오, 텍스트 등을 표현하는 방대한 용량의 비구조적인 데이터 타입이 제공된다. 이런 타입들을 BLOB(Binary Large Object)라고 하며 자신이 속한 레코드와는 별도로 디스크 블록들의 풀에 저장되며 BLOB의 포인터를 레코드에 포함한다.

하나의 파일은 여러 개의 레코드들로 구성되며, 대부분의 경우 한 파일내의 모든 레코드는 같은 레코드 타입을 갖는다. 파일 내의 각 레코드의 크기가 모두 같을 때 이를 고정 길이라고 한다. 이 경우 각 레코드는 같은 필드들을 가지며 필드 길이는 고정되어 있다. 따라서 레코드의 시작 위치를 기준으로 각 필드의 상대적인 위치를 식별할 수 있다.

반면에 레코드를 구성하는 하나 이상의 필드의 길이가 서로 다르거나, 다중값을 가질 경우 이를 가변 길이라고 한다. 이 경우 각 레코드는 가변 길이 필드에 대해서 값을 갖지만 필드 값의 정확한 길이는 알지 못한다. 특정 레코드 내에서 가변 길이 필드의 바이트 수를 결정하기 위해 필드의 끝을 나타내는 특수문자를 사용하거나 필드 값 앞에 그 필드의 바이트 크기를 저장한다.

2. 블록킹 및 레코드 저장 방식

(1) 블록킹의 개념

디스크와 주기억장치 사이의 데이터 전송 단위가 하나의 블록(block)이므로 한 파일의 레코드들을 디스크 블록들에 할당하여야 한다. 이 경우 블록의 크기(B)가 고정 길이 레코드의 크기(R)보다 크다고 가정한다면, 각 블록에 Bf = B/R 개의 레코드들을 저장 할 수 있으며, Bf를 블로킹 인수(Blocking factor)라고 한다. 즉 Bf 각 블록에 저장할 수 있는 레코드의 평균 개수를 의미하며, B/R의 나머지 값이 각 블록에서의 사용하지 않는 여유 공간이 된다. 만약 r개의 레코드들로 구성되는 파일이 필요로 하는 블록의 수는 b = r/

Bf개다. 예를 들면, 레코드 크기(R)를 100 바이트, 레코드 개수(r)를 10,000개, 블록 크기(B)를 1,024 바이트라고 한다면, 블로킹 인수(Bf)는 B/R = 10이고, 필요한 블록들의 갯수(b)는 r/Bf = 1,000개다.

일반적으로 블록킹을 하는 이유는 디스크에서 주기억 장치 버퍼로의 데이터 전송 회수와 밀접한 관련이 있다. 만약 블록의 크기를 크게 하면, 상대적으로 필요한 블록의 개수는 줄어들게 되므로, 이에 따라 전송 회수는 줄어들게 될 것이다. 그러나 블록의 크기는 버퍼의 크기에 제한을 받게 되고, 또한 원하는 데이터가 블록의 일부에만 있는 경우 이 블록을 버퍼로 저장했을 때 불필요한 공간의 낭비를 발생하게 된다. 즉 블로킹은 I/O 시간을 감소시키는 장점(bulk read & write)이 있는 반면에 단편화(fragmentation)에 의해 저장 공간이 감소하는 단점이 있다.

(2) 레코드 저장 방식

레코드들을 디스크 블록들에 저장할 때 레코드가 각 블록의 경계를 넘지 않도록 하는 방식을 비신장(unspanned) 조직이라고 한다. 이런 방식에서는 각 레코드는 블록 내에서 이미 알려진 위치에서 시작하기 때문에 B 〉 R 인 고정 길이 레코드에 사용되며 각 블록은 사용하지 않은 여유 공간을 갖게 된다. 반면에 블록의 사용하지 않은 공간을 활용하기 위해 레코드의 일부분을 한 블록에 저장하고 나머지 부분을 다른 블록에 저장할 수 있다. 이와 같은 블록이 디스크 상에 인접해 있지 않으면 레코드의 나머지 부분을 저장하고 있는 블록을 가리키는 포인터를 처음 블록의 마지막에 둔다. 이러한 방식을 신장(spanned) 조직이라고 하며, B 〈 R 인 경우 주로 사용된다. 파일 내의 레코드들을 접근하는 프로그램이 필요로 하는 정보를 파일 헤더에 저장한다. 이러한 헤더에는 블록들의 디스크 상의 주소를 결정하기 위한 정보와 레코드 형식에 대한 정보를 유지한다. 레코드 형식에 대한 정보로 고정 길이 비신장 레코드에 대해서는 필드 크기, 필드들의 순서 등이 있고, 가변 길이 레코드에 대해서는 필드유형코드, 분리특수문자, 레코드 타입 코드 등이 있다.

3. 버퍼링의 개념

디스크에서 검색된 블록(혹은 섹터)들을 주기억장치로 전송할 때 전송 속도를 높이기 위해서 주기억장치 내의 여러 개의 버퍼(buffer)를 예약하여 사용할 수 있다. 하나의 버퍼를 판독하거나 기록하는 동안 CPU는 다른 버퍼 내의 데이터를 처리할 수 있다. 이는 CPU 처리와 병렬로 주기억장치와 디스크 간에 데이터 블록을 독립적으로 전송할 수 있기 때문이다. 일단 디스크 블록이 주기억장 장치로 전송되면 CPU는 그 블록에 대한 처리를 시작한다. 동시에 디스크 I/O 처리기는 다음 블록을 판독하고 다른 버퍼로 전송한다. 이런 기법을 이중 버퍼링(buffering)이라고 하며, 큐(Queue)라고도 표현한다. 버퍼링은 연속적인 블록들을 주기억 장치에서 디스크로 기록하기 위해서도 사용한다. 이중 버퍼링 기법을 사용하여 연속적인 디스크 블록상의 데이터를 판독/기록하면, 첫 번째 블록에 대한 탐색시간(seek time)과 회전 지연 시간(rotational dely time)을 제거할 수 있다.

제3장 파일시스템의 구조

본 절에서는 컴퓨터 시스템에서 제공하는 파일시스템의 구조에 대해 설명한다. 컴퓨터 시스템의 사용자는 누구나 자신이 사용하는 정보들을 파일의 형태로 보조기억장치에 저장해 놓고 사용하기 마련이다. 운영체제는 사용자들이 생성·저장하고 사용하는 이러한 파일들을 관리하고 사용자들로 하여금 보다 쉽게 이러한 작업을 할 수 있도록 지원 및 관리하는 역할을 해야 하며, 이러한 기능을 담당하는 부분이 파일시스템(filesystem)이다.

파일시스템의 구조는 실제로 사용자의 파일들이 디스크 등의 보조기억장치에 어떻게 저장되고 후에 이에 접근하는 과정이 물리적으로 어떻게 이루어지는가에 따라 물리적인 구조(physical structure)가 존재하며, 또한 이러한 물리적인 구조와 관계없이 사용자의 관점에서 파일 시스템의 구조를 어떻게 보고 이를 사용할 수 있는지, 즉, 사용자들에게 어떠한 인터페이스가 제공되는지에 따라 논리적 구조(logical structure)가 존재한다.

1. 논리적 구조

파일시스템의 논리적 구조란 사용자에게 파일시스템이 어떻게 보이는지에 대한 구조를 말한다. 대부분 운영체제는 지정된 파일들을 보관·저장할 수 있는 디렉토리(directory) 또는 폴더(folder)라는 개념을 지원한다. 파일시스템의 논리적 구조는 이러한 디렉토리들의 구조가 논리적으로 어떻게 보여지는가에 따라 결정된다. 지금까지 제안되어 있는 논리적 구조로는 다음과 같은 구조들이 있다.

(1) 평면 디렉토리 구조

이 구조는 파일시스템 전체에 하나의 디렉토리만이 존재하고 모든 파일들을 이 하나의 디렉토리에 저장하도록 하는 구조이다. 단일 사용자 환경의 경우에는 시스템 파일들과 사용자의 모든 파일들이 한 디렉토리에 존재해야 하므로 이들의 이름을 모두 다르게 해야 한다는 문제점을 가지며 다중 사용자 환경의 경우에는 여러 사용자 파일들이 모두 한 디렉토리에 존재해야 하기 때문에 이러한 문제는 더욱 커진다는 단점이 있다.

(2) 2단계 디렉토리 구조

다중 사용자 환경에서 평면 디렉토리 구조를 사용할 경우 여러 사용자들의 파일들이 하나의 디렉토리에 저장되어 혼잡성을 증가시키는 문제점이 발생한다. 이를 해결하기 위하여 2단계 디렉토리 구조가 제안되었으며, 이 구조에서는 각 사용자마다 디렉토리를 하나씩 배정한다. 각 사용자들은 자신에게 배정된 디렉토리에 자신의 파일들을 저장하고 관리하게 되며 더 이상의 하부 디렉토리 생성은 불가능하다.

(3) 계층 디렉토리 구조

2단계 디렉토리 구조를 사용하는 경우에도 각 사용자마다 자신의 모든 파일들을 하나의 디렉토리에 저장하고 관리해야 하므로 사용자들이 자신의 파일들에 대해서 그 이름을 모두 달리 해야하는 등의 불편이 따른다. 사용자들로 하여금 자신의 파일들을 나름대로의 기준으로 분류하여 이를 별도의 디렉토리에 유지할 수 있도록 하고, 한 디렉토리 내에 다른 디렉토리의 생성 및 삭제가 동적으로 이루어질 수 있도록 하는 개념이 계층 디렉토리 구조의 개념이다. UNIX와 MS-DOS, 그리고 Windows 등의 대부분의 운영체제에서는 이러한 구조를 채택하고 있다. 계층 디렉토리 구조를 갖는 파일시스템에서는 루트 디렉토리(root directory)라는 특별한 최상위 디렉토리가 존재하며 그 하부에 다시 여러 개의 디렉토리 또는 파일들이 존재한다. 이 구조에서는 임의의 디렉토리에 일반 파일뿐만 아니라 다시 여러 개의 하부 디렉토리(sub-directory)가 생성될 수 있도록 지원함으로서 사용자의 편리성을 높인다.

(4) 그래프 디렉토리 구조

여러 사용자들이 공유하고자 하는 파일들을 하나의 디렉토리 또는 일부 서브트리에 저장해 놓고 여러 사용자들이 이를 같이 사용할 수 있도록 지원하기 위해서는 그래프 디렉토리 구조가 매우 효율적이다. 이 구조는 사실상 계층 디렉토리 구조를 기반으로하여 이를 확장한 것으로 볼 수 있다. 계층 디렉토리 구조에서 임의의 디렉토리를 다른 디렉토리와 연결되게 하여 이를 거칠 경우 같은 내용에 접근하게 되는 결과를 낳게 하는 것이다.

2. 물리적 구조

위에서는 사용자가 보는 관점에서 파일 시스템의 구성을 살펴보았다. 대부분의 운영체제에서는 계층적 모델 또는 이를 확장한 모델을 사용하고 있으며, 사용자는 파일 시스템이 이와 같이 계층적인 형태로 구성되어 있다고 보고 자신이 원하는 작업을 수행하게 된다. 하지만 디스크는 블록들의 나열로 이루어져 있으며 파일들은 디스크 상의 여러 블록들에 저장되는 것이다. 하나의 파일을 저장하기 위해 필요한 공간을 디스크상의 연속된 블록에 저장하는 연속 할당(continuous allocation) 기법을 사용할 수도 있으며, 이를 디스크상에 흩어져 있는 여러 블록들에 저장하는 비연속 할당(discontinuous allocation) 기법을 사용할 수도 있다.

파일을 디스크에 저장할 때 연속 할당 기법을 사용하는 것이 간단해 보이지만 이는 디스크 공간 관리의 측면에서 매우 비효율적일수 있다. 보다 효율적으로 융통성있게 디스크 공간을 관리하기 위해서는 일반적으로 비연속 할당 기법을 사용한다.

파일에 대한 디스크 공간 할당과 관련하여 중요한 점은 어느 파일의 내용이 어느 디스크 블록에 할당되었는지와 또한 비어 있는 디스크 블록들에 대한 정보도 유지되어야 한다. 각 파일에 할당된 디스크 공간, 즉, 블록을 유지하는 일은 디렉토리나 파일의 상태 정보를 유지하는 부분에서 이루어진다. 그러나, 디스크 상의 빈 공간(free space)들을 관리하는 일은 파일시스템 전체적으로 수행되어야 할 일이며 이를 위한 구체적인 방법들은 다음과 같다.

(1) 비트 벡터(bit vector) 기법

파일시스템 내의 모든 데이터 블록에 대해 각 디스크 블록이 현재 사용 중인지 아닌지를 표시하는 1비트의 플래그를 둔다. 물론 이 비트 벡터는 커널(kernel)의 파일시스템 측에서 유지하고 관리한다.

(2) 연결 리스트(linked list) 기법

디스크 상의 모든 빈 블록을 연결 리스트로 연결하고 이중 첫 번째 빈 블록에 대한 포인터만을 커널에서 유지하도록 한다. 즉, 각 빈 블록에는 다음 빈 블록에 대한 포인터(또는 블록 번호)를 유지하도록 하는 것이다.

(3) 그룹화(grouping)에 의한 기법

각 빈 블록에서 n개의 빈 블록 번호들을 유지하도록 한다. 이중 n-1개의 번호는 빈 블록들의 번호이며, 나머지 하나의 번호는 다음번 n개 빈 블록 번호를 갖는 블록의 번호이다. 즉, 이 기법은 위에서 언급한 연결 리스트를 기본적으로 사용하고 있으나 연결 리스트의 각 노드에 n개의 빈 블록 번호들이 유지된다는 차이점을 갖는다. 따라서 연결 리스트에 연결되는 노드의 수가 위 기법에 비해 약 1/n 정도로 적어지게 될 것이다.

(4) 카운팅(counting)에 의한 기법

이 기법은 디스크의 빈 공간을 블록 단위로 관리하지 않고 연속된 빈 블록들을 하나로 묶어 관리하는 기법이다. 즉, 커널에서는 빈 공간을 유지·관리하는 테이블에 각 빈블록의 묶음에 대하여 첫 번째 빈 블록의 번호와 그 묶음 내의 빈 블록의 수를 같이 저장함으로서 빈 공간 관리의 효율성을 높이고자 하는 것이다. 이 기법은 디스크 공간을 연속 할당하는 시스템에서 보다 유용한 기법이다.

제4장 파티션(Partition)

1. 파티션의 개념

파일시스템의 유형과 종류를 이해하기 전에 저장장치의 기본구조인 파티션에 대한 이해가 필요하다. 시스템과 운영체제별로 사용되는 다양한 파티션 종류 중 개인 사용자가 가장 많이 사용하는 Windows 및 MS-DOS의 기본 파티션에 대해 설명하겠다.

파티션이란 것은 기술적인 개념보다 단순하게 제한된 저장매체 공간(볼륨)을 보다 효과적으로 사용하기 위한 수단이라고 생각하면 된다. 우리가 넓은 사무실에서 각기 다른 공간 활용을 위해 파티션과 같은 사무용 가구를 배치하는 것과 같은 원리이다.

디스크에서 파티션이란 '연속된 저장 공간을 하나 이상의 연속되고 독립된 영역으로 나누어서 사용할 수 있도록 정의한 규약'으로 정의하고 있다. 즉, 저장장치내의 공간을 사용자 목적에 맞게 논리적으로 나누어 사용한다고 생각하면 된다. 가령 1TB 용량의 저장매체를 500GB씩 2개로 나누어 각각 C 드라이브 및 D 드라이브로 설정하여 사용할 때 파티션의 개념이 필요한 것이다. 또한, 이렇게 나눈 각각의 파티션에는 파일시스템이 설치된다. 파일시스템을 이해하기 위해서는 파티션의 개념을 확실히 알고 있어야 한다. 디스크를 파티셔닝하지 않고 즉, 논리적으로 나누어 사용하는 것 없이 그냥 사용하는 것을 단일 파티션이라 하고 디스크를 2개 이상의 파티션으로 나눈 것을 다중 파티션이라 한다. 보통 파티션을 나누어 사용하는 이유는 시스템 파티션과 구분하여 사용자 데이터를 저장하거나 백업용으로 관리하기 위해 많이 사용한다. 또는 하나의 시스템에 2개 이상의 운영체제를(예를 들어 하나는 윈도우, 하나는 리눅스) 설치하여 사용할 때 파티션을 활용하기도 한다. 이 외에도 다양한 목적과 효율적인 저장장치 사용을 위해 파티션을 사용한다. 또한 파티션을 나누어 사용할 경우 파일 탐색 시 헤드의 이동 소요 감소로 탐색 시간이 향상되어 성능 면에서도 향상되는 이점이 있다.

VBR	C: FAT32(1TB)

[그림 2] 단일 파티션 개념도

MBR	VBR	C: FAT32(500GB)	VBR	D:NTFS(500GB)

[그림 3] 다중 파티션 개념도

위 개념도를 보면 단일 파티션과 다중 파티션에서 구조적으로 가장 큰 차이점은 디스크의 맨 앞의 영역에 MBR이라는 영역의 존재 여부다. MBR(Master Boot Record)에 대하여 쉽게 설명하자면 하나의 볼륨에 여러 파티션이 존재할 경우 필요한 영역이다. 관리대상인 파티션 테이블과 부팅이 가능한 부트 프로그램 등을 저장한다. MBR에 대해서는 뒤에서 자세히 설명하도록 하겠다.

2. 파티션과 볼륨

디지털포렌식에 관해 관심이 있거나 파일시스템을 한 번이라도 공부한 경험이 있는 분들은 파티션과 볼륨의 차이에 대해 생각해본 적이 있을 것이다. 파티션도 하나의 볼륨으로 표현할 수 있어 두 개념간의 큰 차이를 느끼지 못해 종종 헷갈린다. 또한, 파티션은 물리적인 개념이고 볼륨은 논리적인 개념으로 이해하는 분도 있을 것이다. 이러한 해석이 반드시 틀렸다는 것은 아니다. 어떻게 보면 옳은 정의라고 할 수도 있으나 엄밀하게 파티션과 볼륨의 관계를 정의하자면 파티션 또한 볼륨의 개념 중의 하나라고 보는 것이 더욱 정확할 것이다.

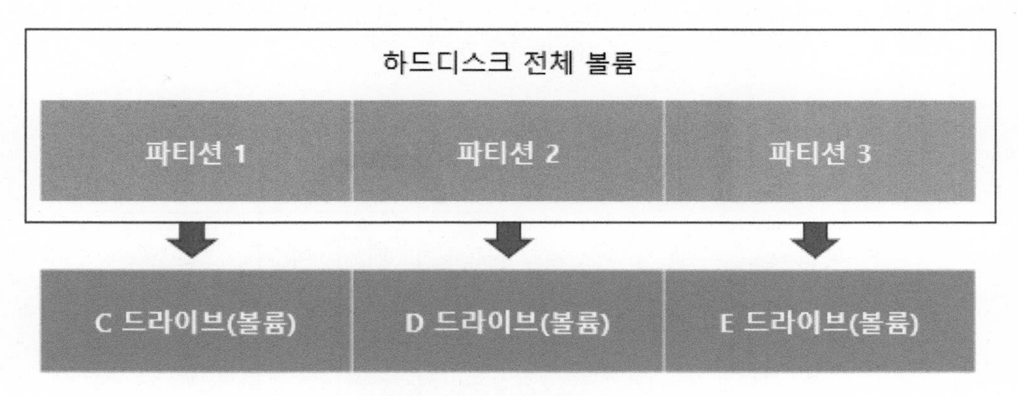

[그림 4] 파티션과 볼륨 관계 개념도

위 개념도는 하나의 하드디스크 전체 볼륨에서 C, D, E 드라이브라는 더 작은 볼륨 3개로 분할되어 할당된 것을 나타낸다. 볼륨과 파티션을 구분하자면 볼륨은 운영체제가 사용 가능한 섹터(Sector)들의 집합이라고 생각하면 된다. 즉, 볼륨은 물리적으로 연속된 공간의 사용 여부와 관계없이 섹터들의 집합 개념인 것이다. 예를 들어, 여러 개의 물리적인 하드디스크를 묶어 마치 하나의 공간으로 인식하여 사용하는 것을 떠올리면 되겠다. 즉, 하드디스크는 2개 이상이지만 실제 사용자가 사용하며 인식하는 볼륨은 하나인 것이다. 하지만 파티션은 볼륨과는 달리 반드시 연속된 섹터들로 구성되어야 한다는 차이가 있다.

3. MBR(Master Boot Record)

(1) 개 념

먼저 앞서 설명한 단일 파티션과 다중 파티션의 개념을 다시 생각해보자. 단일 파티션과 다중 파티션의 구조적인 면을 비교했을 때 가장 큰 차이점은 디스크 영역 제일 첫 번째이다. 단일 파티션에는 MBR이 없고 다중 파티션의 경우에는 MBR이 존재한다. 공통적으로 각 파티션의 첫 번째 섹터에는 VBR이라는 Volume Boot Record가 위치한다. VBR은 뒤에서 살펴보겠지만 파티션에 설치된 OS를 부팅 해주는 역할을 담당한다. 즉, OS 실행을 위한 부트로더(Boot Loader)를 호출한다. 단일 파티션의 경우, 파티션을 나누지 않았기 때문에 VBR이 MBR의 위치에 바로 기록되는 것이고 다중 파티션의 경우 각각의 파티션의 VBR 위치 정보를 저장하는 MBR 영역이 필요한 것이다. 즉, VBR이 2개 이상으로 구성되었을 때 MBR은 이름 그대로 각각의 VBR을 대표하는 영역인 것이다. 따라서 MBR은 부팅에 필요한 부트 코드와 각각의 파티션에 대한 정보를 저장하는 파티션 테이블을 저장하는 아주 중요한 영역이다.

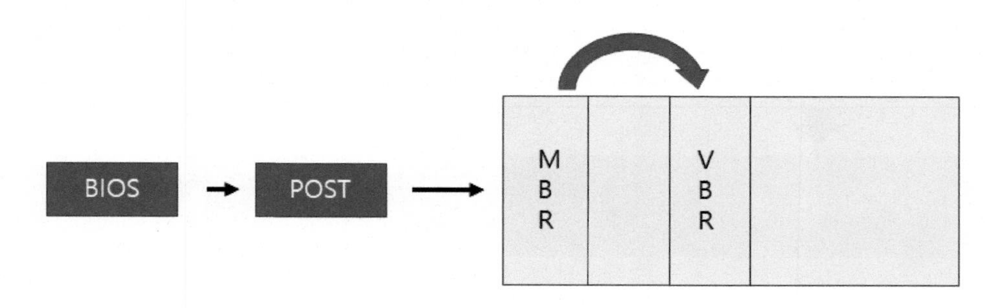

[그림 5] MBR과 VBR 호출 과정

위 그림은 MBR과 VBR이 호출되는 전체과정을 개략적으로 나타낸다. 먼저 컴퓨터에서 전원을 켜면 맨 처음 컴퓨터의 제어를 맡아 가장 기본적인 시스템 내의 장치들을 점검하는 BIOS가 실행되고 시스템이 정상적으로 가동되면 저장장치의 맨 앞부분으로 점프하여 MBR이 위치한 첫 번째 섹터로 이동한다. 만약 단일 파티션 시스템이라면 첫 번째 섹터에 MBR이 아닌 VBR이 위치하여 바로 부팅이 가능하도록 할 것이다.

다중 파일시스템이라면 부팅시 먼저 MBR로 이동하게 되고 MBR의 파티션 테이블을 읽어 부팅이 가능한 VBR을 찾아 그 위치로 이동시켜 부팅이 가능하도록 하는 것이다. 그렇다면 MBR은 어떻게 구성이 되어 있는지 살펴보겠다.

(2) 구 조

디스크의 첫 번째, 즉 0번 섹터에 있는 MBR의 일반적인 구조는 부트코드(Boot Code, 446Bytes), 파티션테이블(Partition Table, 64Bytes), 시그니처(Signature, 2Bytes)로 총 512 Bytes로 구성되어 있다.

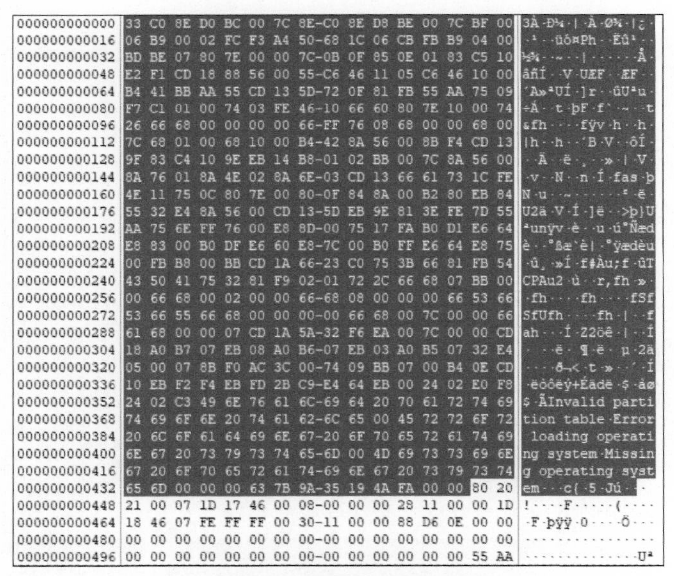

[그림 6] MBR 부트코드 영역

MBR의 부트코드는 프로그램 영역으로 에러 메시지와 같은 상수 값들이 기록되어 있어 디지털 포렌식 과정에서 불필요하게 분석해야 할 필요는 없다. 다만 정상적인 MBR 구조인지만 확인하면 된다. 컴퓨터는 부팅시 POST(Power On Self Test) 과정 후 저장매체 첫 섹터인 MBR을 호출하고 호출된 MBR은 기록된 부트코드를 수행한다. 부트코드의 역할은 MBR에 저장된 파티션 테이블에서 부팅 가능한 파티션을 검색하여 부팅이 가능한 파티션이 존재할 경우 해당 파티션의 VBR로 점프시키는 역할을 담당한다. 만약 부팅 가능한 파티션이 없을 경우 부트코드에 저장된 다음과 같은 오류 메시지가 출력된다.

- Invalid partition table
- Error loading operating system
- Missing operating system

MBR 영역에서 디지털포렌식 분석관이 주목해야 할 곳은 파티션 테이블이다. 파티션 테이블 영역은 총 64Bytes로 16Bytes씩 총 4개의 파티션 정보를 표현할 수 있다. 물론 확장 파티션을 만들어서 더 많은 수의 파티션 표현도 가능하다.

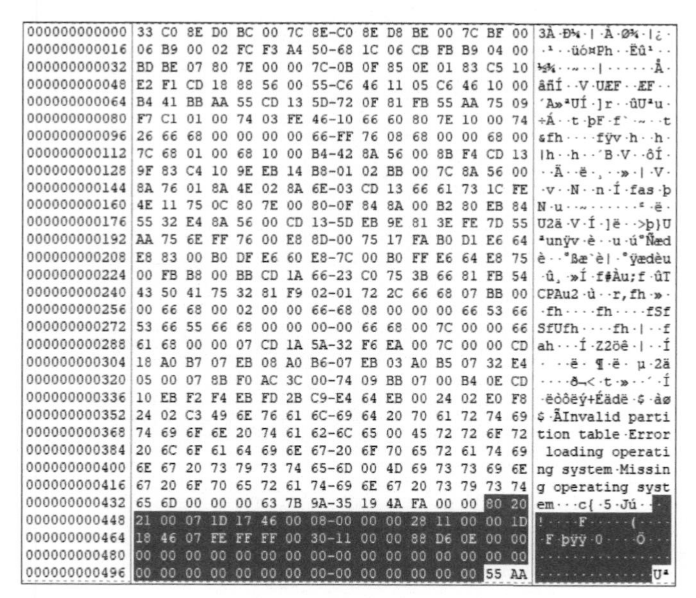

```
000000000000  33 C0 8E D0 BC 00 7C 8E-C0 8E D8 BE 00 7C BF 00
000000000016  06 B9 00 02 FC F3 A4 50-68 1C 06 CB FB B9 04 00
000000000032  BD BE 07 80 7E 00 00 7C-0B 0F 85 0E 01 83 C5 10
000000000048  E2 F1 CD 18 88 56 00 55-C6 46 11 05 C6 46 10 00
000000000064  B4 41 BB AA 55 CD 13 5D-72 0F 81 FB 55 AA 75 09
000000000080  F7 C1 01 00 74 03 FE 46-10 66 60 80 7E 10 00 74
000000000096  26 66 68 00 00 00 00 66-FF 76 08 68 00 00 68 00
000000000112  7C 68 01 00 68 10 00 B4-42 8A 56 00 8B F4 CD 13
000000000128  9F 83 C4 10 9E EB 14 B8-01 02 BB 00 7C 8A 56 00
000000000144  8A 76 01 8A 4E 02 8A 6E-03 CD 13 66 61 73 1C FE
000000000160  4E 11 75 0C 80 7E 00 80-0F 84 8A 00 B2 80 EB 84
000000000176  55 32 E4 8A 56 00 CD 13-5D EB 9E 81 3E FE 7D 55
000000000192  AA 75 6E FF 76 00 E8 8D-00 75 17 FA B0 D1 E6 64
000000000208  E8 83 00 B0 DF E6 60 E8-7C 00 B0 FF E6 64 E8 75
000000000224  00 FB B8 00 BB CD 1A 66-23 C0 75 3B 66 81 FB 54
000000000240  43 50 41 75 32 81 F9 02-01 72 2C 66 68 07 BB 00
000000000256  00 66 68 00 02 00 00 66-68 08 00 00 00 66 53 66
000000000272  53 66 55 66 68 00 00 00-00 66 68 00 7C 00 00 66
000000000288  61 68 00 00 07 CD 1A 5A-32 F6 EA 00 7C 00 00 CD
000000000304  18 A0 B7 07 EB 08 A0 B6-07 EB 03 A0 B5 07 32 E4
000000000320  05 00 07 8B F0 AC 3C 00-74 09 BB 07 00 B4 0E CD
000000000336  10 EB F2 F4 EB FD 2B C9-E4 64 EB 00 24 02 E0 F8
000000000352  24 02 C3 49 6E 76 61 6C-69 64 20 70 61 72 74 69   $·ÃInvalid parti
000000000368  74 69 6F 6E 20 74 61 62-6C 65 00 45 72 72 6F 72   tion table·Error
000000000384  20 6C 6F 61 64 69 6E 67-20 6F 70 65 72 61 74 69    loading operati
000000000400  6E 67 20 73 79 73 74 65-6D 00 4D 69 73 73 69 6E   ng system·Missin
000000000416  67 20 6F 70 65 72 61 74-69 6E 67 20 73 79 73 74   g operating syst
000000000432  65 6D 00 00 00 63 7B 9A-35 19 4A FA 00 00 80 20   em···c{·5·Jú··
000000000448  21 00 07 1D 17 46 00 08-00 00 00 28 11 00 00 1D
000000000464  18 46 07 FE FF FF 00 30-11 00 00 88 D6 0E 00 00
000000000480  00 00 00 00 00 00 00 00-00 00 00 00 00 00 00 00
000000000496  00 00 00 00 00 00 00 00-00 00 00 00 00 00 55 AA
```

[그림 7] MBR 파티션 테이블 영역

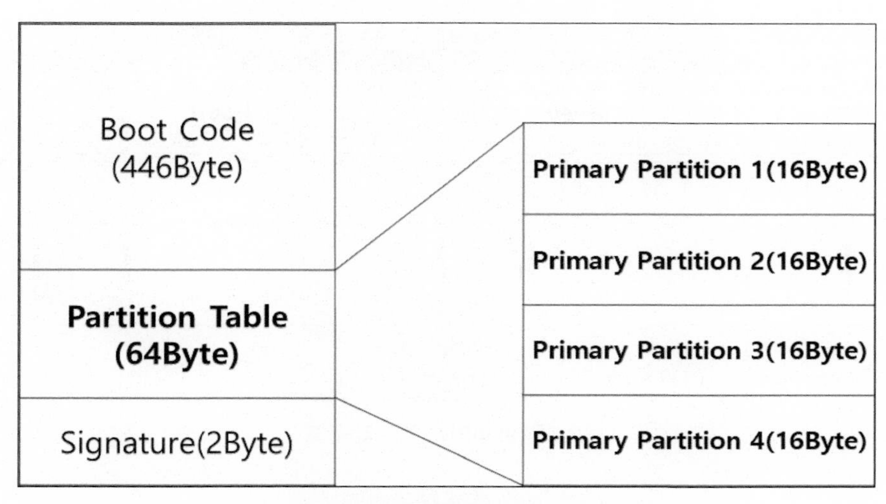

[그림 8] MBR 구조와 파티션 테이블 개념

MBR은 부트코드에서 부팅이 가능한 파티션을 찾는 과정을 파티션 테이블에 저장된 정보를 기반으로 수행한다. 따라서 파티션 테이블이 어떠한 정보를 가졌는지 정확한 분석을 해야 한다. 파티션 테이블은 하나당 16Bytes 크기의 파티션 엔트리의 집합으로 구성되며 파티션 엔트리 한 개는 하나의 파티션 정보를 가진다. 만약 시스템이 2개의 파티션으로 구성되어 있다면 파티션 엔트리 1과 2에만 파티션 정보가 저장되고 나머지는 3, 4 파티션 엔트리는 0으로 채워진다. [그림 7]의 MBR 영역을 보면 파티션이 2개로 구성되어 있다. 또한, 앞서 언급했지만 단일 파티션이라면 MBR이 위치할 필요가 없으므로 바로 VBR로 시작되고 당연히 파티션 테이블도 없다는 것을 주의해야 한다. 다음은 파티션 엔트리 한 개(16Bytes) 구조에 대한 설명이다.

다만 때로는 단일 파티션으로 구성되었지만 MBR이 있는 경우도 있다. 반드시 없는 것은 아니기 때문이다. 이런 경우에는 MBR의 파티션 테이블도 1개로 저장되어 있고 나머지 파티션 테이블은 0으로 저장되어 있다. 따라서 구조만 보고도 MBR인지 VBR인지 구분할 줄 알아야 하고 상황에 맞는 분석을 정확하게 할 줄 알아야 한다.

```
000000000432  65 6D 00 00 00 63 7B 9A-35 19 4A FA 00 00 80 20  em···c{·5·Jú···
000000000448  21 00 07 1D 17 46 00 08-00 00 00 28 11 00 00 1D  !····F·····(···
000000000464  18 46 07 FE FF FF 00 30-11 00 00 88 D6 0E 00 00  ·F·þÿÿ·0····Ö···
000000000480  00 00 00 00 00 00 00 00-00 00 00 00 00 00 00 00  ················
000000000496  00 00 00 00 00 00 00 00-00 00 00 00 00 00 55 AA  ··············Uª
```

00	01	02	03	04	05	06	07	08	09	10	11	12	13	14	15
														Boot Flag	
Starting CHS Addr		Part Type	Ending CHS Addr			Starting LBA Addr				Size in Sector					

[그림 9] 파티션 엔트리 구조

- Boot Flag : 부팅이 가능한 파티션 인지를 구분하기 위한 값이 저장된다. 만약 부팅이 가능하다면 0x80의 값을 저장하고 부팅이 불가능하면 0으로 표시된다.

- Starting CHS Address : CHS(Cylinder, Head, Sector) 모드로 표현하는 파티션의 시작 주소를 의미한다. 윈도우 2000 이상에서는 항상 CHS 주소를 무시하기 때문에 최근들어 CHS 모드는 사실상 무의미해진 상태이다. 참고적으로 알면 된다.

- Partition Type : 파티션에 존재하는 파일시스템의 종류를 나타낸다. 0x01에서부터 0x0F까지 아주 다양한 파티션 종류가 있는데 세부 설명은 다음 표와 같다.

파티션 타입	설 명
0x00	비어 있음(파일시스템을 사용하지 않는 경우)
0x01	FAT 12, CHS
0x04	FAT 16, 16~32MB, CHS
0x05	마이크로소프트 확장 파티션, CHS
0x06	FAT 16, 32MB-2GB, CHS

0x07	NTFS
0x0B	FAT32, CHS
0x0C	FAT32, LBA
0x0E	FAT 16, 32MB−2GB, LBA
0x0F	마이크로소프트 확장 파티션, LBA
0x11	숨김 FAT 12, CHS
0x14	숨김 FAT 16, 16~32MB, CHS
0x16	숨김 FAT 16, 32MB~2GB, CHS
0x1B	숨김 FAT32, CHS
0x1C	숨김 FAT32, LBA
0x1E	숨김 FAT 16, 32MB−2GB, LBA
0x42	마이크로소프트 MBR, 동적 디스크
0x82	솔리리스 x86, 리눅스 스왑
0x83	리눅스
0x84	최대 절전 모드
0x85	리눅스 확장
0x86	NTFS 볼륨 세트
0x87	NTFS 볼륨 세트
0xA0	최대 절전 모드
0xA1	최대 절전 모드
0xA5	FreeBSD
0xA6	OpenBSD
0xA8	Mac OS X
0xA9	NetBSD
0xAB	Mac OS X 부트
0xB7	BSDI

0xB8	BSDI 스왑
0xEE	EFI GPT 디스크
0xEF	EFI 시스템 파티션
0xFB	Vmware 파일시스템
0xFC	Vmware 스왑

[표 1] 파티션 타입별 설명

위의 표와 같이 아주 다양한 파티션의 종류가 존재한다. 뿐만 아니라 사용하는 모드가 CHS인지, LBA 모드인지도 정의하기 때문에 분석하는데 많은 도움이 된다. 이 모든 파티션 타입을 외울 필요는 없다. 자주 사용하는 NTFS, FAT 파일시스템 등에 대해서는 파티션 타입을 자연스럽게 외울 수 있다. 하지만 파일시스템을 분석하다가 자주 등장하지 않거나 처음 보는 파티션 타입이 있으면 표를 참고하면 된다.

- **Ending CHS Address** : CHS 모드로 표현하는 파티션의 끝 주소를 의미한다. 앞선 시작 CHS 모드와 매칭시켜 참고하면 된다.

- **Starting LBA(Logical Block Address)** : LBA 모드로 표현하는 파티션의 시작 주소이다. LBA 방식은 CHS의 3차원적인 방법(Cylinder, Head, Sector)을 사용하는 것과는 달리 하드디스크 한 섹터를 블록 단위로 하여 첫 번째 섹터를 0번으로 부여하여 순서대로 주소를 관리하는 방식이다.

- **Size in Sector** : 파티션에서 사용하는 LBA의 총 개수를 의미하는 것으로 해당 파티션의 총 섹터 개수이다. LBA 블록 하나는 512Bytes이므로 'Size in Sector × 512'를 하면 해당 파티션의 총 용량을 구할 수 있다.

4. 확장 파티션(Extended Partition)

(1) 개 념

MBR 영역의 파티션 테이블에서 4개까지만 파티션이 표현되었다. 4개 이상의 파티션 정보를 표현하기 위해서 확장 파티션(Extended Partition) 구조를 사용할 수 있다. 기존 파티션 엔트리를 주 파티션이라 하고 마지막의 파티션 엔트리가 바로 확장 파티션 엔트리가 되며 확장 파티션 엔트리에는 추가로 생성되는 파티션 정보를 확인할 수 있는 주소 등이 기록된다.

주 파티션 엔트리 #1	주 파티션 엔트리 #2	주 파티션 엔트리 #3	확장 파티션 엔트리

[그림 10] 확장 파티션 구조

(2) 구 조

확장 파티션은 주 파티션을 4개 이상 만들면 자동으로 확장 파티션이 생성된다. 확장 파티션도 기존 파티션 엔트리와 구조는 동일하다. 대신 파티션 타입 값이 특정 파일시스템(FAT 혹은 NTFS)을 나타내는 것이 아닌 '0x05' 이거나 '0x0F'로 되어 있다면 확장 파티션 구조로 생각하고 추가적인 파티션에 대한 분석이 필요하다. 그 다음 확장 파티션 엔트리의 LBA Addr 값의 위치를 찾아가면 그곳에 확장 파티션에 대한 파티션 엔트리가 있다. 즉, 확장 파티션 엔트리의 LBA Addr는 추가 파티션의 시작 주소가 아닌 확장 파티션에 대한 정보가 있는 곳을 저장한다.

주 파티션 엔트리 #1	주 파티션 엔트리 #2	주 파티션 엔트리 #3	확장 파티션 엔트리

00	01	02	03	04	05	06	07	08	09	10	11	12	13	14	15
														Boot Flag	
Starting CHS Addr		Part Type	Ending CHS Addr			Starting LBA Addr				Size in Sector					

따라서 확장 파티션 엔트리는 파티션에 대한 정보를 저장하는 것은 아니며 확장 파티션 엔트리 존재를 알려줌과 동시에 실제 파티션 엔트리가 저장된 곳의 위치를 알려주는 역할을 한다. 다음은 주 파티션 3개와 확장파티션 3개를 구성했을 때 확장파티션이 어떻게 구성되는가에 대한 그림이다.

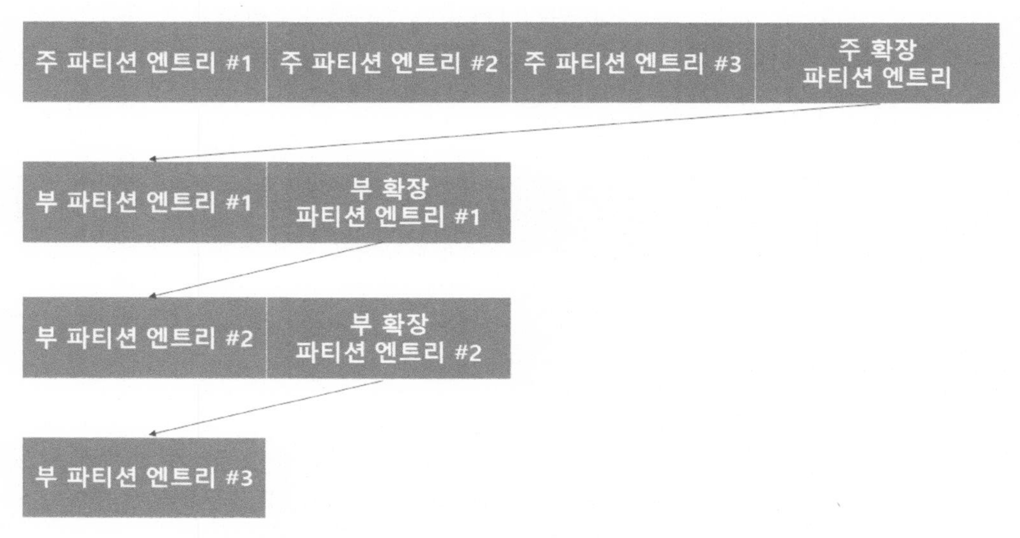

[그림 11] 주 파티션 3개와 확장파티션 3개 구성 개념도

주 파티션 테이블의 마지막에 존재하는 엔트리는 주 확장 파티션 엔트리이며 부 파티션 테이블에 존재하는 확장 파티션 테이블 엔트리를 부 확장 파티션 엔트리라고 한다. 부 파티션 테이블도 확장 파티션 테이블 엔트리를 가질 수 있기 때문에 파티션은 개수에 제한 없이 꼬리에 꼬리를 물 듯 계속 파티션을 생산할 수 있는 개념이다. 다만, 실질적으로 Windows에서는 주 파티션을 포함해서 최대 24개(C 드라이브 ~ Z 드라이브) 까지 생성되도록 해놓았다.

5. GPT(GUID Partition Table)

(1) 개 념

GPT 파티션 테이블은 기존 BIOS 기반 동작에서 개선된 EFI(Extensible Firmware Interface)에서 지원하는 파티션 테이블 형식이다. EFI란 기존 BIOS(Basic Input/Output System)를 대체하는 운영체제와 하드웨어 펌웨어 사이의 새로운 인터페이스로 현재는 통합 UEFI(Unified EFI)로 발전하였다. 즉, GPT는 EFI라는 좀 더 개선된 펌웨어에서 사용하는 디스크 형식이다. 기존 MBR과 유사하게 단순한 파티션 테이블 정보도 저장하며 그 외 다양한 디스크 정보도 저장한다. 주소체계 사용 방식에 있어서 MBR은 32bit를 사용하여 하나의 디스크가 최대한 인식할 수 있는 용량이 2TB에 불과하였지만 GPT는 64bit 주소체계를 사용하여 산술적으로 최대 9ZB까지 지원이 가능하다. 즉, 2TB를 넘어서는 디스크를 지원하기 위해서는 GPT 파티션 테이블 사용이 필요한 것이다. 또한, MBR에서는 주 파티션을 최대 4개까지 생성할 수 있었지만 GPT는 최대 128개의 주 파티션 생성이 가능하다. 또한, CRC를 이용해 파티션 테이블을 보호하고 GPT의 중요 데이터 구조에 대해 볼륨의 끝부분에 복제본을 저장하여 장애 발생 시 복구 기능도 지원한다.

(2) 구 조

GPT는 기존 MBR의 단점을 보완하였기 때문에 MBR의 구조와 비교하여 분석하면 좀 더 이해하기 쉽다. 기존 MBR의 파티션 테이블 엔트리 하나의 크기가 16Bytes였으나 GPT에서는 128Bytes로 확장되었다. 전체 파티션 테이블의 크기도 MBR은 64Bytes(16Bytes * 4)에 불과하였으나 GPT는 16,384Bytes(128Bytes * 128)로 최대 128개의 파티션을 생성할 수 있다.

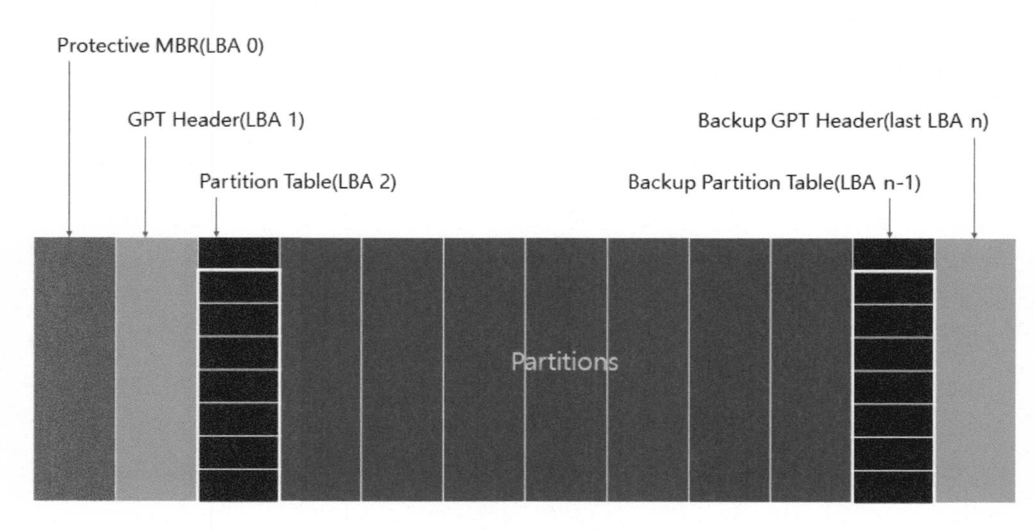

[그림 12] GPT 디스크 구조

GPT 디스크는 LBA(Logical Block Address) 주소체계를 사용한다. GPT 디스크의 가장 첫 번째에 위치한 LBA 0에도 MBR이 위치해 있다. 정식 명칭은 Protective MBR로 이름 그대로 시스템 보호 목적용이다. 만약 MBR 디스크만을 인식하는 시스템이 해당 디스크가 비어 있는 것으로 착각하고 GPT 디스크를 인식하지 못하거나 임의로 수정하는 것을 방지하는 역할을 한다. LBA 1에는 GPT Header가 위치하며 LBA 2~33에는 각각 128Bytes 크기의 파티션 엔트리가 위치한다. 또한 GPT는 제일 마지막 부분에 GPT 헤더 및 파티션 테이블을 백업 저장하는 구조를 가진다.

제5장 파일시스템의 유형

본격적으로 파일시스템의 종류와 유형을 소개하기에 앞서 파일시스템을 왜 사용하는지 알아야 하겠다. 컴퓨터 시스템의 데이터는 파일 형태로 저장 장치에 저장이 되는데 효과적으로 많은 양의 파일을 관리하기 위해 파일시스템이라는 것을 사용한다. 저장 장치 공간이 커질수록 저장되는 파일의 수는 늘어나고 관리의 필요성이 커지기 때문에 파일시스템이라는 것을 사용하는 것이다. 따라서 파일시스템의 유형에 따라 이러한 파일 등을 관리하는 기법이 다르고 지원하는 기능들도 각각 다르다. 또한 운영체제 종류에 따라 호환되는 파일시스템이 다르기 때문에 운영체제에 맞는 파일시스템을 사용해야 한다. 본 장에서는 가장 널리 사용하는 Windows, Linux 등에 사용되는 파일시스템 위주로 알아보겠다. 다음은 운영체제별로 호환되는 파일시스템 종류이다.

운영체제	파일시스템 종류
Windows	FAT(FAT12/16/32/exFAT), NTFS
Linux	Ext 2/3/4
Unix	UFS
OS-2	HPFS
Mac OS	HFS, HFS+
Solaris	ZFS
AIS	JFX

[표 2] 운영체제별 호환되는 파일시스템

1. FAT 파일시스템

(1) 소 개

FAT(File Allocation Table) 파일시스템은 이름 그대로 파일 할당 테이블이다. 1976년에 Microsoft사의 빌 게이츠가 최초로 구현하였다. 빌 게이츠가 FAT 파일시스템을 구현한 목적은 자신의 회사 제품인 BASIC에서 플로피 디스크를 관리하는데 이용하기 위해서였다. 이것이 FAT 파일시스템의 최초 버전인 FAT12의 시작이다. 이런 FAT 파일시스템이 정작 PC 환경에서 널리 쓰이게 된 계기는 Tim Paterson이 QDOS라는 운영체제를 개발하면서 매우 단순한 구조를 가진 FAT 파일시스템을 사용하였기 때문이다. 이를 계기로 FAT 파일시스템은 자연스럽게 PC에서 가장 많이 쓰이는 파일시스템으로 자리를 잡게 되었다. 또한, 단순한 구조이기 때문에 메모리 카드, 디지털카메라, 플래시 메모리 등에도 널리 사용되었다. FAT의 최고 장점은 가볍고 심플한 것이다. 다만, 파일시스템에서 사용하는 부가 기능 측면에서 다른 파일시스템보다 다소 부족한 면이 있다. 또한, FAT 파일시스템은 연결 리스트를 사용한 자료 구조인데 이는 검색 시간을 오래 걸리게 하며 시간이 지날수록 단편화 현상이 심해진다. 단편화 현상이 심해지면 파일의 데이터를 읽어 들이는데 디스크 헤드가 단편화된 만큼 여러 번 이동해야 하며 이와 같은 현상이 누적되면 전체적으로 시스템을 느려지게 만든다. 이러한 문제점들을 개선하기 위해 FAT 파일시스템 이후에 많은 파일시스템들이 등장하게 된다. 대표적으로 FAT의 단점을 보완한 exFAT(extended FAT)는 윈도우 Embedded CE 6.0부터 사용되었다. 클러스터 표현 비트를 64bit로 확장하여 이전의 FAT보다 더 큰 대용량 파일을 지원할 수 있게 되었다. 따라서 최근에는 개선된 exFAT를 많이 사용한다. 하지만 사용량이 많이 없다고 해서 FAT32를 분석할 줄 모르면 안 된다. 여전히 소용량의 USB와 같은 저장매체는 FAT32 파일시스템을 사용하고 있다. 또한 디스크포렌식 분석의 가장 기초가 FAT 파일시스템 분석이기도 하다. 따라서 본서에서는 FAT 32 위주로 분석 내용을 설명한다.

(2) 특 징

FAT 12

- FAT 파일시스템의 최초의 표준으로 현재 FAT 파일시스템의 기본 구조
- 플로피디스크에 파일을 저장하기 위해 개발되었으며 계층형 디렉터리 구조 지원

FAT16

- 하드디스크를 지원하기 위한 파일시스템으로 구조는 FAT 12와 유사한 형태
- 클러스터를 표현하는 비트 수가 12개에서 16개로 늘어나 2^{16}, 즉 최대 클러스터 개수가 65,535개로 늘어남(클러스터 크기를 32KB로 할 경우, 최대 2GB 표현 가능)

VFAT

- 32bit 보호 모드에 적합하도록 코드를 재작성하여 성능 향상, 독점 모드 추가 등 기능 향상
- LFNs(Long File Names) 지원하여 최대 255자까지 파일명 작성 가능

FAT32

- VFAT를 수정하여 클러스터를 표현하는 비트 수를 32개로 늘림, 다만 32bit 중 4bit는 예약 영역으로 사용하지 않아 총 28bit를 이용해 클러스터를 표현(클러스터 크기를 16KB로 할 경우, 최대 파일 크기 4GB 지원)
- 최대 볼륨 크기 2TB 지원

exFAT(Extended FAT)

- FAT32의 한계를 극복하고자 개발되었으며 고용량의 플래시 메모리 미디어를 위한 파일시스템
- 여유 공간 계산과 파일 삭제 등 전체적인 기능 향상
- exFAT는 특허 출원 중인 사유 파일시스템으로, Microsoft사가 Windows CE 6.0 장치와 Windows Vista 서비스 팩 1 및 Windows 7 이상의 데스크톱 운영체제 그리고 자사의 Windows 서버 2008 이상의 서버 운영체제에 도입하기 위해 만들어짐
- exFAT는 NTFS 파일시스템이 자료 구조 오버헤드 등의 문제로 적절치 못할 경우, 또는 이전 버전인 FAT 파일 시스템의 파일 크기/디렉터리 제약이 문제가 되는 경우에 사용 가능
- Windows XP와 Windows Server 2003 사용자들은 Microsoft사로부터 업데이트 KB955704를 내려받아 설치하면 exFAT 사용 가능
- 볼륨 크기 : 16EB (이론적으로 최대 64ZB, Microsoft 최대 512TB 권장)
- 파일 크기 : 128PB (이론적으로 최대 64ZB, Microsoft 최대 512TB 권장)
- UTC 시간표 지원 (Windows Vista SP2부터 지원)으로 시간 정밀도가 10 ms
- 한 디렉터리에 최대 2,796,202개의 파일을 담을 수 있음

(3) 구 조

FAT16(FAT12와 동일)과 FAT32의 기본 구조는 대부분 비슷하다. 다만, 가장 큰 차이점은 FAT16에서 Root Directory 영역이 FAT #2 영역 바로 뒤에 독립적으로 존재한다. 하지만 FAT32의 경우는 데이터 클러스터 안의 일반 디렉터리로 간주하기 때문에 데이터 클러스터 영역 안에서 가변적 형태로 존재한다. 현재는 FAT 12와 16 파일시스템은 잘 사용하지 않기 때문에 구체적으로 알아야 할 필요성은 없다. 다만, 디스크 포렌식 기초로 FAT 파일시스템을 분석할 줄 알아야 하기 때문에 본서에서는 FAT32 파일시스템에 대한 구조를 자세히 설명하겠다.

FAT의 기본 구조는 크게 예약된 영역과 FAT 영역, 데이터 영역으로 나눌 수 있다. FAT 12/16는 예약된 영역이 1 섹터이며 FAT32는 32 섹터이다.

[그림 13] FAT 기본 구조

FAT 형식	Reserved Area 크기(섹터)
FAT12	1
FAT16	1
FAT32	32

[표 3] FAT 형식별 예약된 영역 섹터 크기

1) 예약된 영역(Reserved Area)

FAT32의 예약된 영역은 다른 구조와는 달리 32 섹터를 사용한다. 예약된 영역 안에는 Boot Sector, FSINFO, Boot Strap 등이 있는데 구체적으로 살펴보겠다.

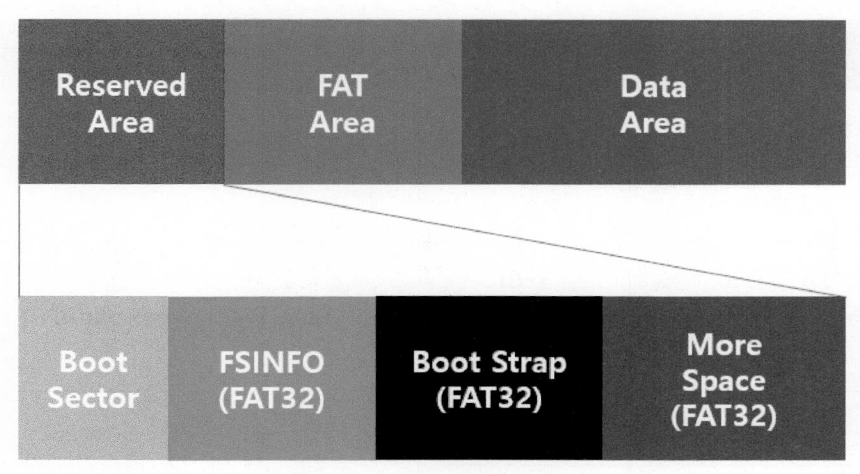

[그림 14] FAT32 예약된 영역

가. 부트섹터(Boot Sector)

부트섹터는 FAT 파일시스템의 첫 번째 섹터에 위치한다. 부트섹터의 첫 36Bytes는 FAT 12/16과 FAT32가 같다. 이후부터는 저장되는 정보가 다르므로 구조도 당연히 달라진다.

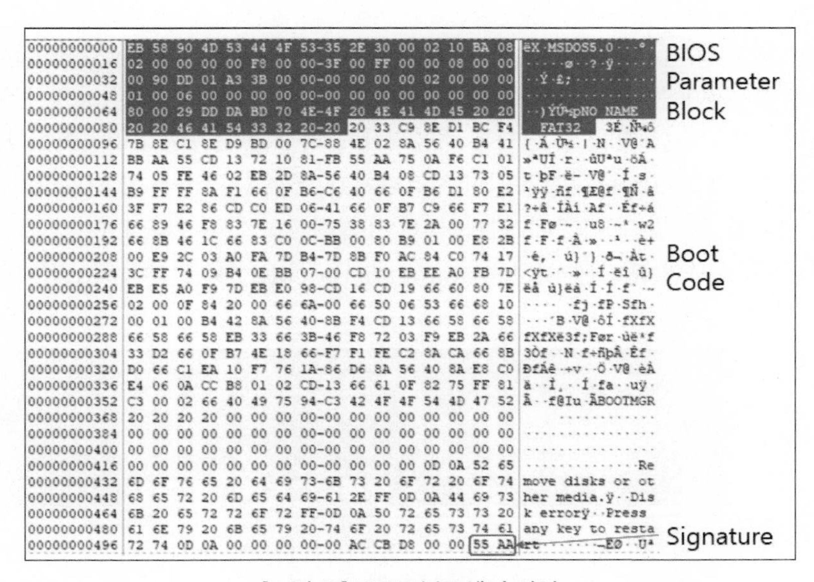

[그림 15] FAT32 부트섹터 영역

형 식	범위(Bytes)	설 명
FAT 12/16	0-2	부트 코드로 점프하라는 명령어
FAT32		
FAT 12/16	3-61	BIOS Parameter Block(BPB)
FAT32	3-89	
FAT 12/16	62-509	부트 코드와 오류 메시지 저장
FAT32	90-509	
FAT 12/16	510-511	시그니처(0x55 AA)
FAT32		

[표 4] FAT 12/16과 FAT32 부트섹터 차이

위 표는 FAT 12/16과 FAT32가 부트섹터에서 가지는 값들을 비교하였다. 공통적으로 첫 번째 값 0-2byte는 부트 코드로 점프하라는 명령어는 같다. 이 값은 운영체제가 부팅하는데 필요한 코드를 찾을 수 있도록 컴퓨터에 알려주는 어셈블리 명령어이다. 그리고 맨 마지막인 510-511byte에는 동일한 시그니처 0x55 AA가 있다. 이 시그니처는 NTFS 첫 번째 섹터에서도 같다. 나중에 NTFS 분석 시에 참고하기 바란다. FAT32 파일시스템에 대한 중요 정보가 포함된 BIOS Parameter Block(BPB)을 분석해보겠다.

```
00000000000  EB 58 90 4D 53 44 4F 53-35 2E 30 00 02 10 BA 08   ëX·MSDOS5.0···º·
00000000016  02 00 00 00 00 F8 00 00-3F 00 FF 00 00 08 00 00   ·····ø··?·ÿ·····
00000000032  00 90 DD 01 A3 3B 00 00-00 00 00 00 02 00 00 00   ··Ý·£;··········
00000000048  01 00 06 00 00 00 00 00-00 00 00 00 00 00 00 00   ················
00000000064  80 00 29 DD DA BD 70 4E-4F 20 4E 41 4D 45 20 20   ··)ÝÚ½pNO NAME
00000000080  20 20 46 41 54 33 32 20-20 20 33 C9 8E D1 BC F4     FAT32   3É·Ñ¼ô
```

[그림 16] FAT32 부트섹터 영역의 BIOS Parameter Block

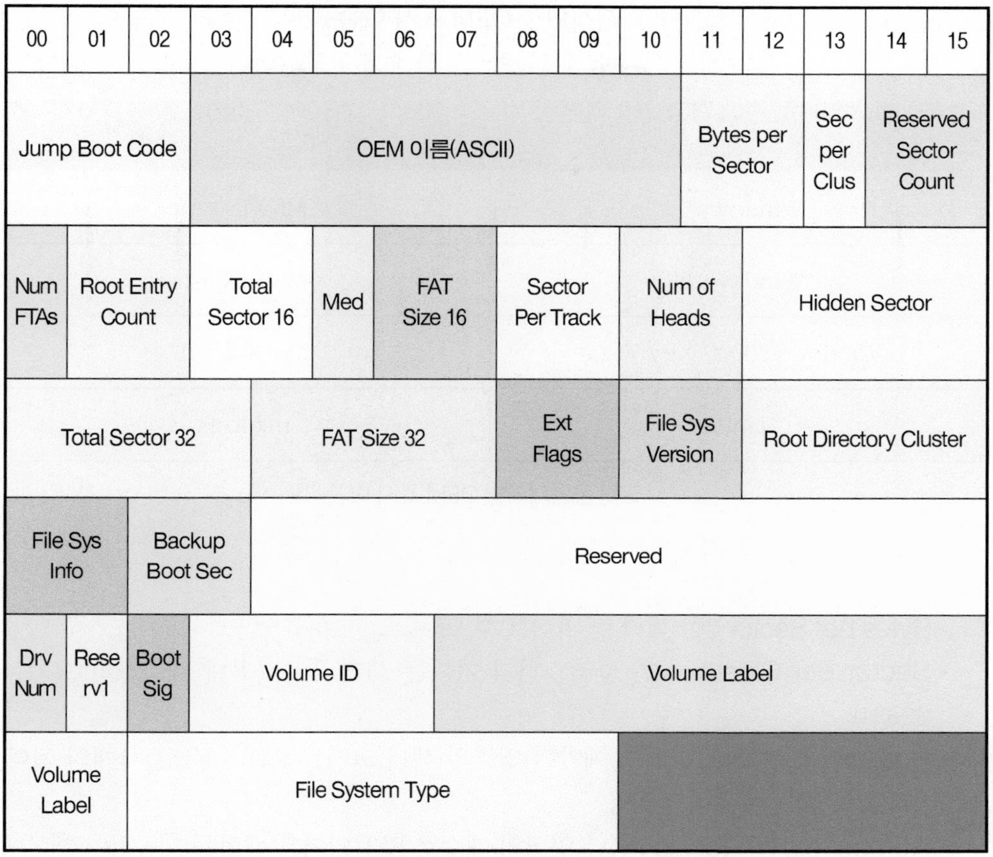

<table>
<tr><td>00</td><td>01</td><td>02</td><td>03</td><td>04</td><td>05</td><td>06</td><td>07</td><td>08</td><td>09</td><td>10</td><td>11</td><td>12</td><td>13</td><td>14</td><td>15</td></tr>
<tr><td colspan="3">Jump Boot Code</td><td colspan="8">OEM 이름(ASCII)</td><td colspan="2">Bytes per Sector</td><td>Sec per Clus</td><td colspan="2">Reserved Sector Count</td></tr>
<tr><td>Num FTAs</td><td colspan="2">Root Entry Count</td><td colspan="2">Total Sector 16</td><td>Med</td><td colspan="2">FAT Size 16</td><td colspan="2">Sector Per Track</td><td colspan="2">Num of Heads</td><td colspan="4">Hidden Sector</td></tr>
<tr><td colspan="4">Total Sector 32</td><td colspan="4">FAT Size 32</td><td colspan="2">Ext Flags</td><td colspan="2">File Sys Version</td><td colspan="4">Root Directory Cluster</td></tr>
<tr><td colspan="2">File Sys Info</td><td colspan="2">Backup Boot Sec</td><td colspan="12">Reserved</td></tr>
<tr><td>Drv Num</td><td>Rese rv1</td><td>Boot Sig</td><td colspan="4">Volume ID</td><td colspan="9">Volume Label</td></tr>
<tr><td colspan="2">Volume Label</td><td colspan="8">File System Type</td><td colspan="6"></td></tr>
</table>

[그림 17] FAT32 부트섹터 영역의 BIOS Parameter Block 분석

- **Jump Boot Code** : 기본값 0xEB5890으로 부트 코드로 점프하라는 명령어
- **OEM 이름(ID)** : 운영체제 버전별로 생성되는 값이 달라진다. 예를 들어 'MSDOS 5.0'으로 되어 있다면 Windows 2000이나 XP, Vista 시스템이 생성한 것이다.

다음의 [표 5]는 운영체제별로 생성되는 OEM 표시 이름을 나타낸다.

운영체제	OEM 이름
Windows 95	MSWIN 4.0
Windows 98	MSWIN 4.1
Windows 2000 / XP / Vista	MSDOS 5.0
Linux	mkdosfs

[표 5] 운영체제별 OEM 표시 이름

- Bytes per Sector : 한 섹터 당 바이트 수
- Sector per Cluster : 한 클러스터가 가지는 섹터의 수 (최대 클러스터 크기는 32KB)
- Reserved Sector Count : 예약된 영역의 섹터 크기로 FAT 12/16는 1개의 섹터, FAT32는 32개의 섹터를 사용
- Number of FAT Tables : FAT 영역의 개수로 FAT 영역은 백업을 제공하기 때문에 일반적으로 2개 사용 (드물게 매우 작은 용량의 저장 장치는 1개 사용)
- Root Directory Entry Count : 루트 디렉터리에 있을 수 있는 최대 파일 개수를 의미하는데 FAT 12/16에만 해당하며 일반적으로 512 저장 (FAT32는 해당 사항이 없어 항상 0)
- Total Sector 16 : 파일시스템에 있는 총 섹터 수를 표시 (2바이트로 표현하는데 공간이 부족할 경우 Total Sector 32 사용)
- Media Type : 미디어 유형(0xF8이면 고정된 매체, 0xF0/F9/FD/FF/FC/FE 등은 이동식 매체를 의미)
- FAT Size 16 : FAT 12/16의 FAT 영역의 섹터 수 (FAT 32의 경우는 0)
- Sectors Per Track : 저장 장치의 트랙 당 섹터 수로 보통은 0x3F(63)
- Number of Heads : 장치의 헤더 수
- Hidden Sectors : 파티션 시작 전 섹터 수

- **Total Sector 32** : 파일시스템에 있는 총 섹터의 수를 나타내는 것으로 4바이트로 표현 (2바이트 크기로 표현하는 Total Sector 16 값과 둘 중 하나는 반드시 0)

앞서 언급한 것과 같이 여기까지는 FAT 12/16과 FAT32는 같다.

지금부터는 FAT 32의 구조에 대한 설명이다.

- **FAT Size 32** : FAT 영역의 섹터 수, 주의할 점은 FAT 전체(FAT #1, #2)가 아닌 FAT 하나의 영역이 가지는 섹터 수를 의미
- **Ext Flags** : 여러 개의 FAT 영역을 사용할 경우 설정값을 표시하는 것으로 비트로 표현했을 때 비트 7의 위치가 1이면 FAT 구조체 중 1개만 활성화되며 활성화할 FAT 번호는 비트 0~3의 위치에 표시
- **File System Version** : 파일시스템의 주 버전과 하위 버전 번호
- **Root Directory Cluster** : 루트 디렉터리가 있는 클러스터 위치로 FAT32는 FAT 12/16과는 다르게 가변적임. 따라서 위치값을 보고 찾아갈 수 있지만, 일반적으로 클러스터 2번 사용
- **File System Information** : FSINFO 구조체가 있는 섹터 위치 (보통 0x01)
- **Backup Boot Record** : 부트섹터 복사본이 있는 섹터 위치 (보통 0x06)
- **Reserved** : 예약된 공간
- **Drive Number** : BIOS INT13h 드라이브 번호
- **Reserv1** : 사용하지 않음
- **Boot Signature** : 확장 부트 시그니처 (보통 0x29). 확장 부트 시그니처가 존재할 경우, 다음에 있는 Volume ID, Label, File System Type이 유효하다는 의미
- **Volume ID** : 볼륨 시리얼 번호
- **Volume Label** : 볼륨 레이블 (값이 없으면 'NO NAME'으로 표시)
- **File System Type** : 파일시스템 형식 표시 (일반적으로 FAT32 표시)

나. FSINFO(FAT32)

FSINFO는 운영체제가 새로운 클러스터를 어디에 할당하는지 설명하는 구조체이다.

```
00000000512 52 52 61 41 00 00 00 00-00 00 00 00 00 00 00 00 RRaA············
00000000528 00 00 00 00 00 00 00 00-00 00 00 00 00 00 00 00 ················
00000000544 00 00 00 00 00 00 00 00-00 00 00 00 00 00 00 00 ················
00000000560 00 00 00 00 00 00 00 00-00 00 00 00 00 00 00 00 ················
00000000576 00 00 00 00 00 00 00 00-00 00 00 00 00 00 00 00 ················
00000000592 00 00 00 00 00 00 00 00-00 00 00 00 00 00 00 00 ················
00000000608 00 00 00 00 00 00 00 00-00 00 00 00 00 00 00 00 ················
00000000624 00 00 00 00 00 00 00 00-00 00 00 00 00 00 00 00 ················
00000000640 00 00 00 00 00 00 00 00-00 00 00 00 00 00 00 00 ················
00000000656 00 00 00 00 00 00 00 00-00 00 00 00 00 00 00 00 ················
00000000672 00 00 00 00 00 00 00 00-00 00 00 00 00 00 00 00 ················
00000000688 00 00 00 00 00 00 00 00-00 00 00 00 00 00 00 00 ················
00000000704 00 00 00 00 00 00 00 00-00 00 00 00 00 00 00 00 ················
00000000720 00 00 00 00 00 00 00 00-00 00 00 00 00 00 00 00 ················
00000000736 00 00 00 00 00 00 00 00-00 00 00 00 00 00 00 00 ················
00000000752 00 00 00 00 00 00 00 00-00 00 00 00 00 00 00 00 ················
00000000768 00 00 00 00 00 00 00 00-00 00 00 00 00 00 00 00 ················
00000000784 00 00 00 00 00 00 00 00-00 00 00 00 00 00 00 00 ················
00000000800 00 00 00 00 00 00 00 00-00 00 00 00 00 00 00 00 ················
00000000816 00 00 00 00 00 00 00 00-00 00 00 00 00 00 00 00 ················
00000000832 00 00 00 00 00 00 00 00-00 00 00 00 00 00 00 00 ················
00000000848 00 00 00 00 00 00 00 00-00 00 00 00 00 00 00 00 ················
00000000864 00 00 00 00 00 00 00 00-00 00 00 00 00 00 00 00 ················
00000000880 00 00 00 00 00 00 00 00-00 00 00 00 00 00 00 00 ················
00000000896 00 00 00 00 00 00 00 00-00 00 00 00 00 00 00 00 ················
00000000912 00 00 00 00 00 00 00 00-00 00 00 00 00 00 00 00 ················
00000000928 00 00 00 00 00 00 00 00-00 00 00 00 00 00 00 00 ················
00000000944 00 00 00 00 00 00 00 00-00 00 00 00 00 00 00 00 ················
00000000960 00 00 00 00 00 00 00 00-00 00 00 00 00 00 00 00 ················
00000000976 00 00 00 00 00 00 00 00-00 00 00 00 00 00 00 00 ················
00000000992 00 00 00 00 72 72 41 61-0D BB 15 00 24 4F 00 00 ····rrAa·»··$O··
00000001008 00 00 00 00 00 00 00 00-00 00 00 00 00 00 55 AA ··············Uª
```

[그림 18] FAT32 예약된 영역의 FSINFO

범 위	설 명
0-3	시그니처 (0x41615252)
4-483	미사용
484-487	시그니처 (0x61417272)
488-491	비할당 클러스터 수(Num of Free Clusters)
492-495	다음 비할당 클러스터(Next Free Cluster)
496-508	미사용
508-511	시그니처 (0x55AA)

[표 6] FAT32 예약된 영역의 FSINFO 분석

2) FAT 영역

FAT 영역은 FAT 파일시스템에서 가장 중요한 역할을 담당한다. 클러스터의 할당 상태를 판단하고 파일이나 디렉터리 다음에 할당할 클러스터를 찾는데 사용한다.

[그림 19] FAT 영역 구조

FAT 영역은 예약된 영역 바로 다음부터 시작되어 2개의 FAT가(FAT #1, FAT #2) 존재한다. 두 개의 FAT는 서로 백업 관계로 동일하다. 두 번째 FAT는 첫 번째 FAT가 끝나는 다음부터 바로 위치한다. FAT32의 FAT는 같은 크기의 엔트리(32bit)들로 구성된다. 참고로 FAT 12는 12bit 엔트리, FAT 16은 16bit 엔트리로 구성된다. 각각의 엔트리는 같은 주소의 클러스터와 매칭되는데 만약 클러스터가 할당되어 있지 않으면 엔트리의 값은 0이다. 만약 클러스터가 할당되면 그 엔트리에는 파일이나 디렉터리의 다음 클러스터 주소가 포함된다. 파일이나 디렉터리에 있는 마지막 클러스터라면 엔트리에는 마지막이라는 표시를 남기는데 보통은 0x?FFFFFFF의 값을 가진다. 만약 엔트리의 값이 0x0FFFFFF7이라면 손상된 클러스터라는 표시이고 할당되지 않는다.

엔트리 값	설 명
0x0000 0000	미할당 상태(사용 가능)
0x?FFF FFFF	마지막 클러스터 표시(End of Marker
0xFFFF FFF7	Bad Cluster

[표 7] FAT 엔트리 값 설명

```
00001143808 F8 FF FF 0F FF FF FF FF-FF FF FF 0F FF FF FF 0F øÿÿ·ÿÿÿÿÿÿ·ÿÿÿ·
00001143824 FF FF FF 0F 06 00 00 00-FF FF FF 0F 08 00 00 00 ÿÿÿ·····ÿÿÿ·····
00001143840 09 00 00 00 0A 00 00 00-0B 00 00 00 0C 00 00 00 ················
00001143856 0D 00 00 00 0E 00 00 00-0F 00 00 00 10 00 00 00 ················
00001143872 11 00 00 00 12 00 00 00-13 00 00 00 14 00 00 00 ················
00001143888 15 00 00 00 16 00 00 00-17 00 00 00 18 00 00 00 ················
00001143904 19 00 00 00 1A 00 00 00-1B 00 00 00 1C 00 00 00 ················
00001143920 1D 00 00 00 1E 00 00 00-1F 00 00 00 20 00 00 00 ·············  ···
00001143936 21 00 00 00 22 00 00 00-23 00 00 00 24 00 00 00 !···"···#···$···
00001143952 25 00 00 00 26 00 00 00-27 00 00 00 28 00 00 00 %···&···'···(···
00001143968 29 00 00 00 2A 00 00 00-2B 00 00 00 2C 00 00 00 )···*···+···,···
00001143984 2D 00 00 00 2E 00 00 00-2F 00 00 00 30 00 00 00 -···.···/···0···
00001144000 31 00 00 00 32 00 00 00-33 00 00 00 34 00 00 00 1···2···3···4···
00001144016 35 00 00 00 36 00 00 00-37 00 00 00 38 00 00 00 5···6···7···8···
00001144032 39 00 00 00 3A 00 00 00-3B 00 00 00 3C 00 00 00 9···:···;···<···
00001144048 3D 00 00 00 3E 00 00 00-3F 00 00 00 40 00 00 00 =···>···?···@···
00001144064 41 00 00 00 42 00 00 00-43 00 00 00 44 00 00 00 A···B···C···D···
00001144080 45 00 00 00 46 00 00 00-47 00 00 00 48 00 00 00 E···F···G···H···
00001144096 49 00 00 00 4A 00 00 00-4B 00 00 00 4C 00 00 00 I···J···K···L···
00001144112 4D 00 00 00 4E 00 00 00-4F 00 00 00 50 00 00 00 M···N···O···P···
00001144128 51 00 00 00 52 00 00 00-53 00 00 00 54 00 00 00 Q···R···S···T···
00001144144 55 00 00 00 56 00 00 00-57 00 00 00 58 00 00 00 U···V···W···X···
00001144160 59 00 00 00 5A 00 00 00-5B 00 00 00 5C 00 00 00 Y···Z···[···\···
00001144176 5D 00 00 00 5E 00 00 00-5F 00 00 00 60 00 00 00 ]···^···_···`···
00001144192 61 00 00 00 62 00 00 00-63 00 00 00 64 00 00 00 a···b···c···d···
00001144208 65 00 00 00 66 00 00 00-67 00 00 00 68 00 00 00 e···f···g···h···
00001144224 69 00 00 00 6A 00 00 00-6B 00 00 00 6C 00 00 00 i···j···k···l···
00001144240 6D 00 00 00 6E 00 00 00-6F 00 00 00 70 00 00 00 m···n···o···p···
00001144256 71 00 00 00 72 00 00 00-73 00 00 00 74 00 00 00 q···r···s···t···
00001144272 75 00 00 00 76 00 00 00-77 00 00 00 78 00 00 00 u···v···w···x···
00001144288 79 00 00 00 7A 00 00 00-7B 00 00 00 7C 00 00 00 y···z···{···|···
00001144304 7D 00 00 00 7E 00 00 00-7F 00 00 00 80 00 00 00 }···~···········
```

[그림 20] FAT 영역

<table>
<tr><td>00</td><td>01</td><td>02</td><td>03</td><td>04</td><td>05</td><td>06</td><td>07</td><td>08</td><td>09</td><td>10</td><td>11</td><td>12</td><td>13</td><td>14</td><td>15</td></tr>
<tr><td colspan="4">Media Type</td><td colspan="4">Partition Status</td><td colspan="4">Cluster 2</td><td colspan="4">Cluster 3</td></tr>
<tr><td colspan="4">Cluster 4</td><td colspan="4">Cluster 5</td><td colspan="4">Cluster 6</td><td colspan="4">Cluster 7</td></tr>
<tr><td colspan="4">Cluster 8</td><td colspan="4">Cluster 9</td><td colspan="4">Cluster 10</td><td colspan="4">Cluster 11</td></tr>
<tr><td colspan="4">Cluster 12</td><td colspan="4">Cluster 13</td><td colspan="4">Cluster 14</td><td colspan="4">Cluster 15</td></tr>
<tr><td colspan="4">Cluster 16</td><td colspan="4">Cluster 17</td><td colspan="4">Cluster 18</td><td colspan="4">Cluster 19</td></tr>
</table>

[그림 21] FAT 엔트리 구조

FAT 엔트리 0번은 보통 매체 유형의 복사본을 저장하고 1번은 파일시스템의 불량 상태를 저장한다. 따라서 실질적으로 파일시스템의 주소를 지정할 수 있는 첫 번째 클러스터는 #2이다.

3) 데이터 영역(Data Area)

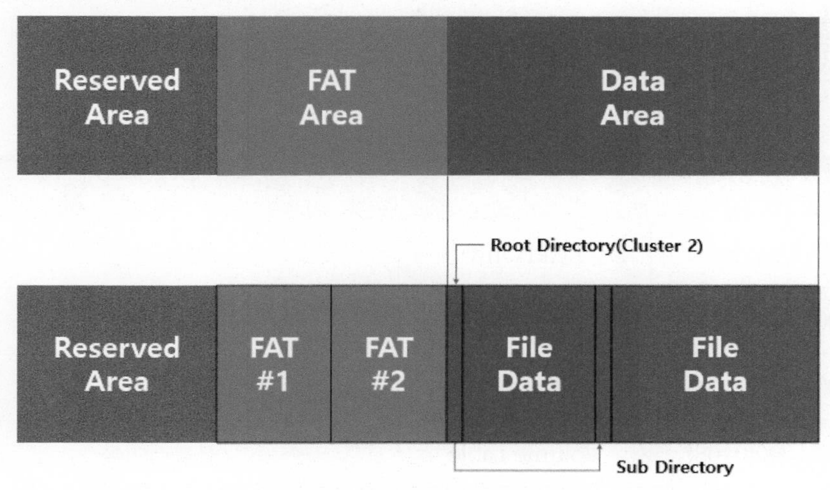

[그림 22] FAT 데이터 영역 구조

가. 디렉터리 엔트리(Directory Entry)

디렉터리 엔트리는 파일시스템에 저장된 각각의 파일과 디렉터리마다 할당된 데이터 구조체이다. 각각의 엔트리 크기는 32 bytes이며 보통 파일 속성, 크기, 클러스터 시작, 날짜, 시간 정보를 포함하는데 세부 구조는 다음과 같다.

<table>
<tr><td>00</td><td>01</td><td>02</td><td>03</td><td>04</td><td>05</td><td>06</td><td>07</td><td>08</td><td>09</td><td>10</td><td>11</td><td>12</td><td>13</td><td>14</td><td>15</td></tr>
<tr><td></td><td colspan="7">Name</td><td colspan="3">Extension</td><td>Attr</td><td>Rese rved</td><td>Creat Time Tenth</td><td colspan="2">Created Time</td></tr>
<tr><td colspan="2">Created Date</td><td colspan="2">Last Accessed Date</td><td colspan="2">Starting Cluster HI</td><td colspan="2">Last Written Time</td><td colspan="2">Last Written Date</td><td colspan="2">Starting Cluster Low</td><td colspan="4">File Size</td></tr>
</table>

[그림 23] 디렉터리 엔트리 구조

- **파일 이름 첫 문자(할당 상태) 표시** : 할당 상태라면 파일명의 첫 글자가 저장되겠지만 삭제된 파일이면 0xE5, 비어 있으면 0x00으로 표시된다.
- **Name** : 8Bytes 크기의 파일 이름을 표시한다. 영문(ASCII) 및 한글로 표시되며 공백은 0x20(ASCII, space)로 표시된다.
- **Extension** : 3Bytes 크기의 파일 확장자를 표시한다.
- **Attributes** : 해당 파일의 속성 플래그 값을 나타낸다. 전체 8bit로 표시되며 상위 2bit는 예약되어 있다. 플래그 값에 따른 속성 설명은 다음과 같다.

플래그 값	속 성	설 명
0000 0001(0x01)	Read Only	읽기 전용
0000 0010(0x02)	Hidden File	숨김 파일
0000 0100(0x04)	System File	운영체제 시스템 파일
0000 1000(0x08)	Volume Lable	볼륨레이블
0000 1111(0x0F)	Long File Name	긴 파일 이름 엔트리
0001 0000(0x10)	Directory	디렉토리
0010 0000(0x20)	Archive	일반 파일

[표 8] 속성 값별 설명

- **Create Time(Tenth of second)** : 파일의 생성 시간(10분의 1초, 0.1초 단위)
- **Created Time** : 파일 생성 시간(시, 분, 초)
- **Created Date** : 파일 생성 날짜
- **Last Accessed Date** : 마지막 접근 날짜
- **Starting Cluster High** : 파일이 위치한 첫 번째 클러스터 주소의 상위 2바이트
- **Last Written Time** : 마지막 수정 시간(시, 분, 초)
- **Last Written Data** : 마지막 수정 날짜

- Starting Cluster Low : 파일이 위치한 첫 번째 클러스터 주소의 하위 2바이트
- File Size : 파일 크기(디렉터리의 경우 0), Bytes 단위로 표시

```
4E 45 57 20 20 20 20 20-54 58 54 20 10 1F 3A 98  NEW     TXT ··:·
94 4D 94 4D 00 00 3B 98-94 4D 00 00 00 00 00 00  ·M·M··;··M······
```

[그림 24] NEW.TXT 파일의 디렉토리 엔트리

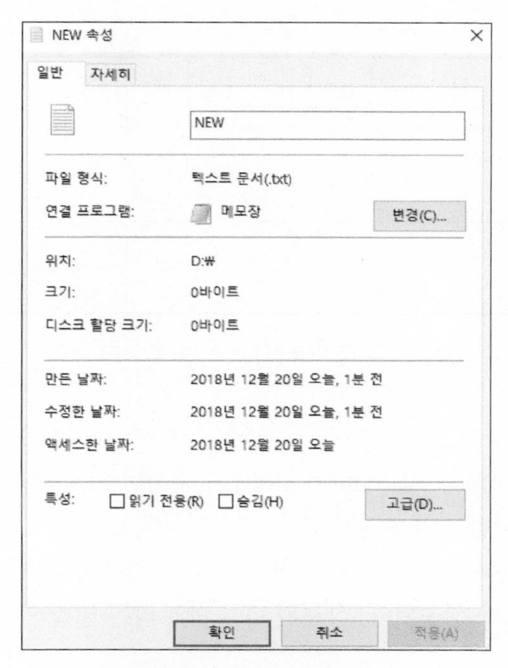

[그림 25] NEW.TXT 파일 속성

실제 NEW.txt이라는 파일의 디렉터리 엔트리와 파일 속성을 나타낸 것이다. NEW 파일의 디렉터리 엔트리에 대해 위의 구조 분석을 참고하면 파일 속성에 나타난 정보를 (파일명, 속성, 각종 시간 값, 크기) 확인할 수 있다.

나. 긴 파일명 디렉터리 엔트리(Long File Name Directory Entry)

앞서 살펴본 것과 같이 일반적인 디렉터리 엔트리는 이름 8자와 3글자 확장자를 지원하였다. 만약 더 긴 이름의 파일을 저장하기 위해서는 긴 파일명 엔트리가 필요하다. 하나의 LFN 엔트리는 총 13문자(Unicode)까지 표현할 수 있으며 LFN 엔트리 14개를 사용하여 최대 255문자까지 표현할 수 있다.

긴 파일명 엔트리의 세부 구조는 다음과 같다.

<table>
<tr><td>00</td><td>01</td><td>02</td><td>03</td><td>04</td><td>05</td><td>06</td><td>07</td><td>08</td><td>09</td><td>10</td><td>11</td><td>12</td><td>13</td><td>14</td><td>15</td></tr>
<tr><td>Seq Num</td><td colspan="10">Name 1</td><td>Attr</td><td>Rese rved</td><td>Che Sum</td><td colspan="2"></td></tr>
<tr><td colspan="10">Name 2</td><td colspan="2">Reserved</td><td colspan="4">Name 3</td></tr>
</table>

[그림 26] 긴 파일명 디렉터리 엔트리 구조

- **Sequence Number / Allocation Status** : 순서번호와 할당 상태를 나타낸다. 255자 이하의 파일 이름을 표현하기 위해 하나 이상의 LFN 엔트리를 사용하는데 처음 1부터 시작하여 하나씩 차례로 증가한다. 마지막 값은 "증가 값과 0x40이 OR 연산한 값으로 순서번호가 생성된다. 삭제된 LFN 엔트리는 일반 엔트리와 동일하게 0xE5로 표현된다.
- **Name 1** : 파일 이름 1 – 5문자(Unicode)
- **Attribute** : 파일 속성을 나타내는 것으로 긴 파일 이름이므로 항상 긴 파일 이름 속성을 나타내는 값인 0x0F로 표시
- **Reserved** : 예약된 영역
- **Checksum** : 파일 이름의 체크섬 값
- **Name 2** : 파일 이름 6 – 11문자(Unicode)
- **Reserved** : 예약된 영역
- **Name 3** : 파일 이름 12 – 13문자(Unicode)

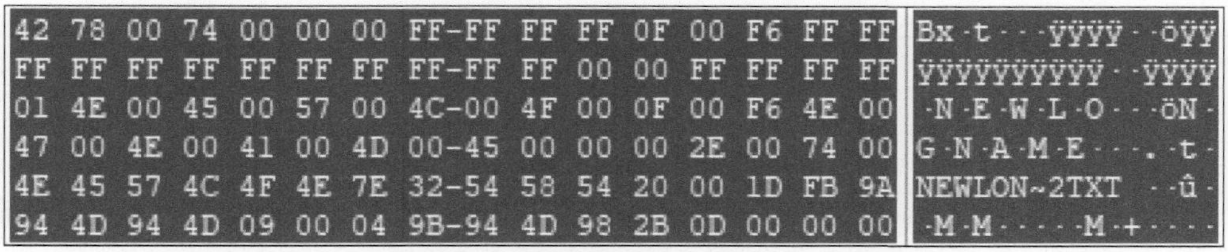

```
42 78 00 74 00 00 00 FF-FF FF FF 0F 00 F6 FF FF  Bx·t···ÿÿÿÿ··öÿÿ
FF FF FF FF FF FF FF FF-FF FF 00 00 FF FF FF FF  ÿÿÿÿÿÿÿÿÿÿ··ÿÿÿÿ
01 4E 00 45 00 57 00 4C-00 4F 00 0F 00 F6 4E 00  ·N·E·W·L·O···öN·
47 00 4E 00 41 00 4D 00-45 00 00 00 2E 00 74 00  G·N·A·M·E···.·t·
4E 45 57 4C 4F 4E 7E 32-54 58 54 20 00 1D FB 9A  NEWLON~2TXT ··û·
94 4D 94 4D 09 00 04 9B-94 4D 98 2B 0D 00 00 00  ·M·M····M·+····
```

[그림 27] NEWLONGFILE.TXT 파일의 디렉터리 엔트리

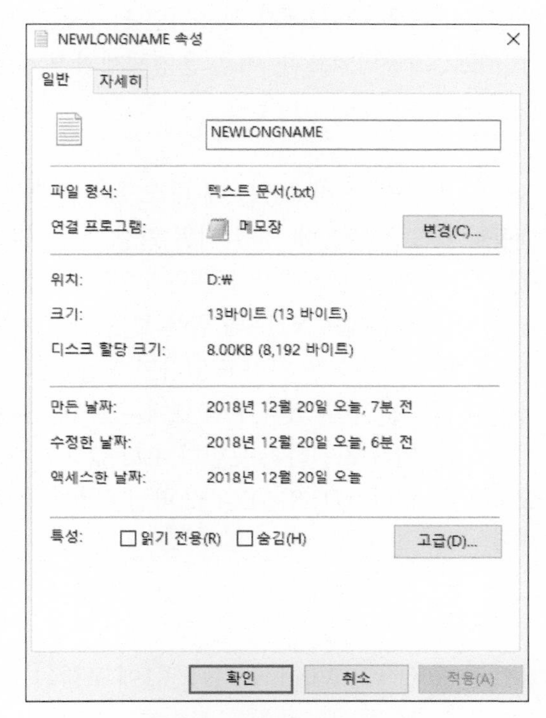

[그림 28] NEWLONGFILE.TXT 파일 속성

실제 NEWLONGFILE.txt 이라는 긴 파일 이름의 디렉터리 엔트리와 파일 속성을 나타낸 것이다. 파일 정보가 저장되어 있는 엔트리에는 파일 이름을 8Bytes까지 저장할 수 있기 때문에 NEWLON~2로 끊어져 표시되고 추가 엔트리를 할당 받아 긴 파일명을 표시한다. 긴 파일명 엔트리 맨 앞을 보면 시퀀스 번호를 확인할 수 있고 속성을 보면 0x0F로 표시되어 긴 파일명 속성이란 것을 알 수 있다.

2. NTFS 파일시스템

(1) 소 개

NTFS(New Technology File System)는 Windows NT부터 XP, 2000, 2003, 2008, Vista, 7, 8, 10에 이르기까지 사용되고 있다. Windows NT는 Windows 95, 98에서 개인 사용자를 위한 Microsoft사가 최초로 출시한 서버형 운영체제이다. Windows NT가 개발되면서 FAT의 구조상의 한계점을 개선하기 위한 새로운 파일시스템인 NTFS가 함께 개발되었다. NTFS는 FAT와 OS/2에서 사용되던 HPFS(High Performance File System)의 내용을 기반으로 개발되었으며, 이후 운영체제의 발전에 따라 많은 변화를 거쳐왔다.

NTFS는 이전 FAT32 파일시스템과 비교했을 때 디스크 관련 오류로부터 자동으로 복구할 수 있는 기능, 대용량 하드 디스크에 대한 지원 확장, 사용 권한 및 암호화를 통해 특정 파일에 대한 특정 사용자의 액세스 제한과 같은 보안 기능 강화 등 여러 기능을 제공한다. 예를 들어 FAT 파일시스템에는 NTFS와 같은 보안 관련 기능이 없어 Windows 7에서 FAT32 하드 디스크 또는 파티션을 가지고 있다면 사용자의 컴퓨터에 액세스하는 사람은 누구나 컴퓨터의 파일을 읽을 수 있다. FAT32에는 인식 가능한 파일의 용량 제한도 있어 대용량 저장매체 및 파일을 지원하지 못한다. FAT32 파티션에 저장하는 파일 하나의 크기가 4GB를 초과할 수 없다. NTFS는 FAT32 파일 시스템에서 NTFS로 변환할 수 있는 호환성도 제공한다.

NTFS 1.0

Windows NT의 최초 판매 버전인 Windows NT 3.1에 포함된 것으로 최초로 공개된 버전이다.

NTFS 1.2

Windows NT 4.0에 포함된 버전으로 NT 4.0이 나온 뒤 Windows NT가 많이 사용되기 시작하면서 실질적으로 가장 널리 쓰인 버전이다.

NTFS 3.0(NTFS 5.0)

Windows 2000(Windows NT 5.0)에 포함된 것으로 다음과 같은 여러 기능이 추가된 버전이다.

- Reparse Point 지원
- 개선된 보안과 권한
- 변경 일지(Change Journals) 기능
- 암호화
- 디스크 쿼터(Disk Quota) 기능
- Sparse 파일 지원
- 디스크 조각 모음 지원

NTFS 3.1(NTFS 5.1)

Windows XP와 Windows Server 2003에 포함된 것으로 기본적으로 5.0 버전과 거의 같으며 호환이 가능하다.

(2) 구 조

NTFS 구조의 가장 큰 특징은 모든 데이터를 파일 형태로 관리한다는 점이다. 사용자 데이터를 비롯하여 파일시스템을 관리하기 위한 데이터 또한 데이터 영역에 파일 형태로 저장한다. 따라서 다른 파일 시스템과의 차이점은 정형화된 볼륨 레이아웃이 존재하지 않는다는 것이다. 이는 이론적으로 파일시스템을 관리하는 파일도 일반 파일과 동일한 파일 형태이기 때문에 볼륨의 어느 곳에 있던지 상관없기 때문이다. 다만, Windows 운영체제에서 안정성을 위해 실제로는 어느 정도 구조를 정해두었기 때문에 이론처럼 레이아웃이 제각각인 경우는 거의 없다고 보면 된다.

NTFS의 볼륨 구조는 크게 VBR(Volume Boot Record), MFT(Master File Table), Data 영역으로 크게 세 군데로 나눌 수 있지만 앞서 이야기한 것처럼 모든 데이터가 파일 형태로 관리되기 때문에 즉, MFT 영역도 파일 형태로 존재하면서 Data 영역에 포함된다고 할 수 있다.

NTFS에서 유일하게 위치가 고정된 영역은 VBR 영역으로 다른 파일시스템과 동일하게 반드시 볼륨의 첫 번째 섹터에 위치한다. VBR은 운영체제가 가동될 때 볼륨이 인식되도록 하는 역할을 담당한다.

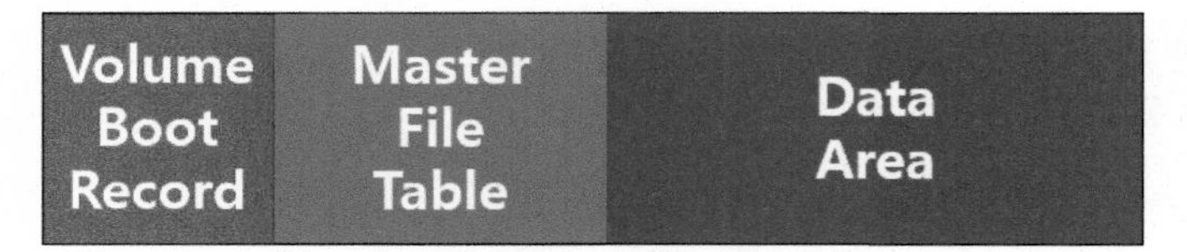

[그림 29] NTFS의 전체 구조

1) VBR(Volume Boot Record)

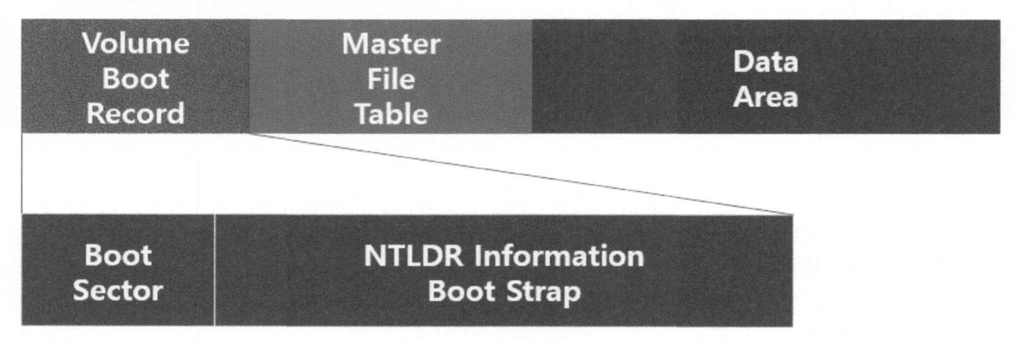

[그림 30] VBR 영역 구조

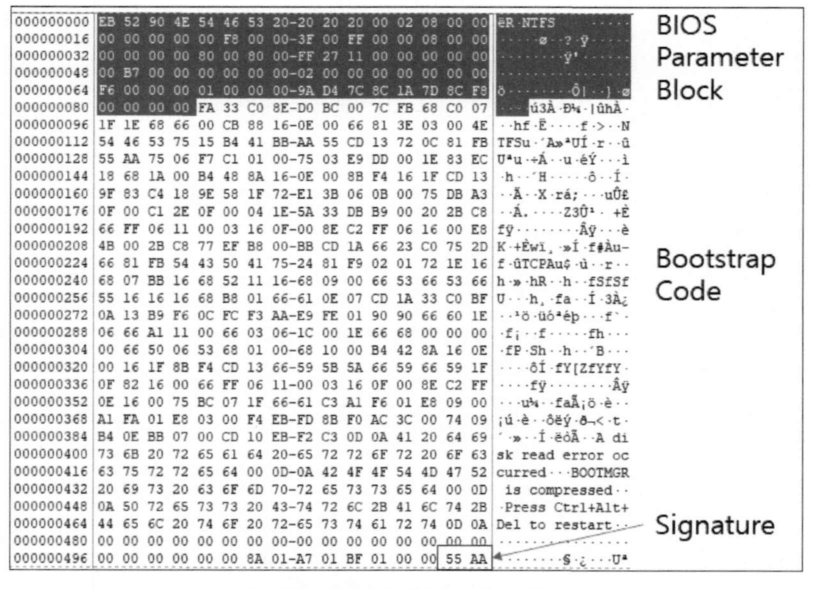

[그림 31] NTFS의 부트섹트 영역

VBR 영역은 반드시 볼륨의 첫 번째 섹터에 위치해야 한다. NTFS로 포맷된 볼륨의 가장 앞부분에 위치하는 영역으로 이해하면 된다. VBR 영역에는 부트 섹터, NTLDR 위치 정보 및 추가적인 부트코드가 저장되어 있다. 부트 섹터 영역 분석을 통해 볼륨의 크기, 클러스터 크기, MFT의 시작 주소와 같은 볼륨의 중요한 정보를 알 수 있다. VBR 영역의 크기는 실제 사용하는 섹터는 1개뿐이지만 이어지는 섹터들도 Boot Record 용으로 비어있는 채로 예약된 것을 확인할 수 있다. 보통 VBR 영역의 크기는 볼륨 클러스터 크기에 따라 서로 다르게 존재한다.

클러스터 크기	VBR 크기(섹터)
512 Bytes	1
1KB	2
2KB	4
4KB	8

[표 9] 클러스터 크기와 VBR 크기

앞서 언급한 것과 같이 VBR 부트 섹터에는 파일시스템의 여러 중요 정보들이 저장된다고 하였다. 따라서 디지털 포렌식 분석가는 VBR 영역의 세부 구조에 대해 분석할 줄 알아야 한다. 다음은 VBR 부트 섹터 영역 가운데 BIOS Parameter Block 세부 구조를 분석한 내용이다.

VBR영역의 BIOS Parameter Block 분석을 통해 볼륨의 크기, 클러스터의 크기, MFT의 시작 주소와 같은 정보를 알 수 있다.

```
000000000 EB 52 90 4E 54 46 53 20-20 20 20 00 02 08 00 00  ëR·NTFS    ·····
000000016 00 00 00 00 00 F8 00 00-3F 00 FF 00 00 08 00 00  ·····ø··?·ÿ·····
000000032 00 00 00 00 80 00 80 00-FF 27 11 00 00 00 00 00  ········ÿ'······
000000048 00 B7 00 00 00 00 00 00-02 00 00 00 00 00 00 00  ················
000000064 F6 00 00 00 01 00 00 00-9A D4 7C 8C 1A 7D 8C F8  ö·······Ô|··}·ø
000000080 00 00 00 00 FA 33 C0 8E-D0 BC 00 7C FB 68 C0 07  ····ú3À·Ð¼·|ûhÀ·
```

<table>
<tr><td>00</td><td>01</td><td>02</td><td>03</td><td>04</td><td>05</td><td>06</td><td>07</td><td>08</td><td>09</td><td>10</td><td>11</td><td>12</td><td>13</td><td>14</td><td>15</td></tr>
<tr><td colspan="3">Jump Boot Code</td><td colspan="8">OEM ID</td><td colspan="2">Bytes Per Sector</td><td>Sec Per Clus</td><td colspan="2">Reserved Sectors</td></tr>
<tr><td colspan="5">Unused</td><td>Med</td><td colspan="10">Unused</td></tr>
<tr><td colspan="8">Unused</td><td colspan="8">Total Sectors</td></tr>
<tr><td colspan="8">Start Cluster for $MFT</td><td colspan="8">Start Cluster for $MFTMirr</td></tr>
<tr><td>Clus per Rec</td><td colspan="3">Unused</td><td>Clus Per Index</td><td colspan="3">Unused</td><td colspan="8">Volume Serial Number</td></tr>
<tr><td colspan="4">Unused</td></tr>
</table>

[그림 32] VBR BIOS Parameter Block

- Jump Boot Code : 부트 코드로 점프하기 위한 명령어로 0xEB5290 값 저장
- OEM ID : 제조사 식별 값으로 NTFS 파일 시스템은 "NTFS____" 저장
- Bytes Per Sector : 파일시스템이 가지는 한 섹터 당 바이트 수
- Sectors Per Cluster : 한 클러스터가 가지는 섹터 수
- Reserved Sectors : FAT 파일시스템에서 발전된 구조 흔적을 나타내는 것으로 NTFS에는 Reserved 영역이 존재하지 않기 때문에 반드시 0으로 기록
- Media Descriptor : 고정식 디스크면 값이 0xF8이며 나머지 값은 플로피 디스크를 구분하기 위한 값이 저장
- Total Sectors : 볼륨이 가지는 전체 섹터 수
- Start Cluster for $MFT : $MFT의 LBA 주소
- Start Cluster for $MFTMirr : $MFTMirr($MFT 백업)의 LBA 주소
- Clusters Per MFT Record : MFT Record 크기
- Clusters Per Index Buffer : 폴더 구조에 사용되는 인덱스 버퍼의 크기
- Volume Serial Number : 볼륨 시리얼 번호

2) MFT(Master File Table)

NTFS에서 가장 핵심적인 부분이다. NTFS는 파일, 디렉터리, 메타 정보를 모두 파일 형태로 관리한다. MFT는 MFT Entry라는 구조체의 집합으로 구성된다. MFT Entry는 볼륨에 저장된 각각의 파일 또는 디렉터리에 대한 이름, 시간 정보, 위치, 크기 등의 정보를 저장한다. 즉, MFT는 NTFS에 존재하는 모든 파일과 디렉터리의 MFT Entry의 집합체이다. 파일시스템에 파일이나 디렉터리가 증가하면 당연히 MFT Entry도 증가한 파일 및 디렉터리 개수만큼 늘어나게 된다. MFT 영역은 일반적으로 VBR 이후에 위치하지만 크기가 커지면 데이터 영역에 추가로 할당되어 저장된다. 즉, 바로 이러한 점도 NTFS의 레이아웃이 고정되어 있지 않다고 하는 이유이다. MFT 영역은 일반적으로 볼륨의 12.5% 정도로 기본 할당된다.

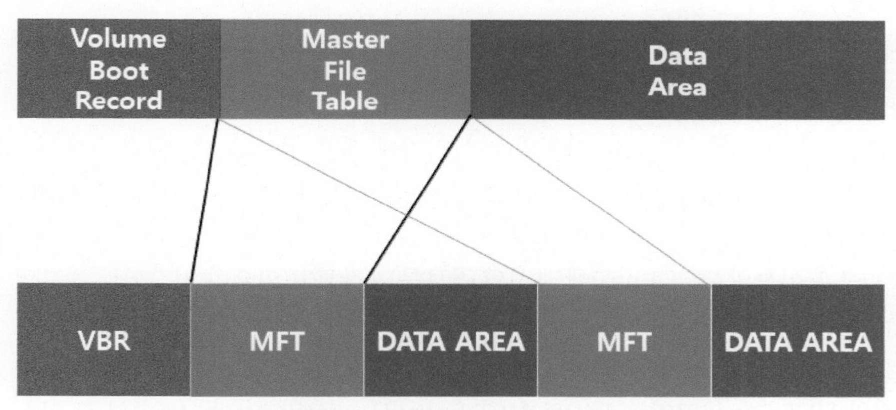

[그림 33] 추가적인 MFT가 데이터 영역에 추가 할당된 개념도

MFT를 구성하는 MFT Entry의 구조에 대해 살펴보자. 각각의 MFT Entry는 0번부터 시작하는 고유한 주소를 가지며, 0번부터 15번까지의 16개 MFT Entry는 시스템 파일용으로 예약되어 있어 일반 사용자의 파일은 기록할 수 없다. MFT Entry 0번부터 15번까지 총 16개의 MFT Entry 파일은 시스템 파일로 메타 데이터 파일이라고도 한다. 메타 데이터 파일은 일반 사용자의 파일과 구별하기 위해 파일명 앞에 '$' 표시가 되는 특징이 있다. 이러한 내용은 뒤에서 자세히 다루도록 하겠다.

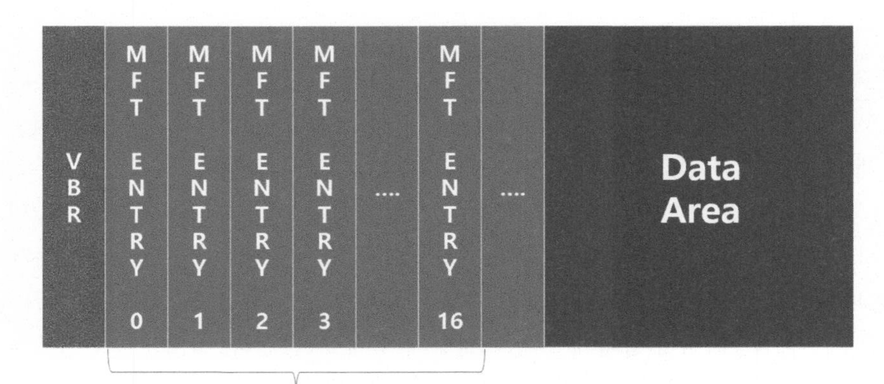

[그림 34] 메타 데이터 파일 MFT Entry

가. MFT Entry

MFT는 볼륨에 저장된 모든 파일과 디렉터리에 대한 정보를 저장한다. MFT는 MFT Entry라는 구조의 집합으로 구성된 MFT Entry의 집합체이다. 각각의 MFT Entry는 하나의 파일 또는 디렉터리에 대한 정보를 저장한다. 즉, 저장된 모든 파일과 디렉터리는 최소한 1개 이상의 MFT Entry에 자신의 정보를 저장하고 있으며 저장되는 정보의 양이 많으면 여러 개의 MFT Entry에 나누어 저장하기도 한다.

1개의 MFT Entry 크기는 1KB로 MFT Entry Header와 Attribute(속성)로 구성된다. MFT Entry Header의 크기는 42Bytes이며 MFT Entry의 정보와 상태를 기록한다. 전체 1KB에서 Header 부분의 크기를 제외하고는 속성들이 저장된다. 속성은 파일이나 디렉터리의 정보를 저장하는 것으로 여러 가지 속성이 MFT Entry에 동시에 저장될 수도 있다. 다음 그림은 MFT Entry 영역과 구조를 그림으로 표현한 것이다.

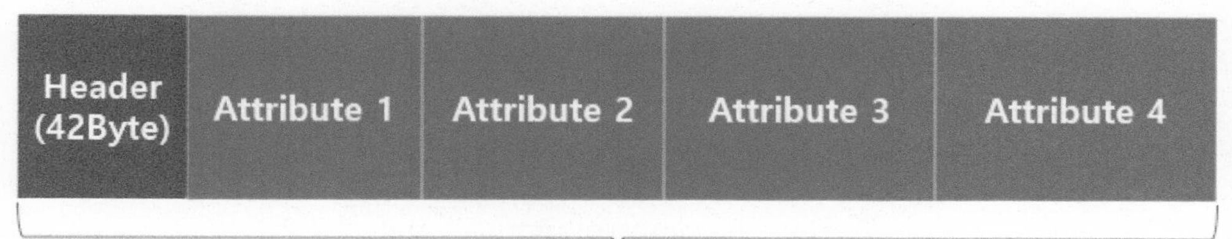

[그림 35] MFT Entry 구조

```
000002000 46 49 4C 45 30 00 03 00-CC 12 80 00 00 00 00 00  FILE0···Ì·······
000002010 01 00 01 00 38 00 01 00-A0 01 00 00 00 04 00 00  ····8··· ·······
000002020 00 00 00 00 00 00 00 00-07 00 00 00 00 00 00 00  ················
000002030 02 00 00 00 00 00 00 00-10 00 00 00 60 00 00 00  ············`···
000002040 00 00 18 00 00 00 00 00-48 00 00 00 18 00 00 00  ········H·······
000002050 28 4A 35 DF 50 98 D4 01-28 4A 35 DF 50 98 D4 01  (J5ßP·Ô·(J5ßP·Ô·
000002060 28 4A 35 DF 50 98 D4 01-28 4A 35 DF 50 98 D4 01  (J5ßP·Ô·(J5ßP·Ô·
000002070 06 00 00 00 00 00 00 00-00 00 00 00 00 00 00 00  ················
000002080 00 00 00 00 00 01 00 00-00 00 00 00 00 00 00 00  ················
000002090 00 00 00 00 00 00 00 00-30 00 00 00 68 00 00 00  ········0···h···
0000020a0 00 00 18 00 00 00 03 00-4A 00 00 00 18 00 01 00  ········J·······
0000020b0 05 00 00 00 00 00 05 00-28 4A 35 DF 50 98 D4 01  ········(J5ßP·Ô·
0000020c0 28 4A 35 DF 50 98 D4 01-28 4A 35 DF 50 98 D4 01  (J5ßP·Ô·(J5ßP·Ô·
0000020d0 28 4A 35 DF 50 98 D4 01-00 40 00 00 00 00 00 00  (J5ßP·Ô··@······
0000020e0 00 40 00 00 00 00 00 00-06 00 00 00 00 00 00 00  ·@··············
0000020f0 04 03 24 00 4D 00 46 00-54 00 00 00 00 00 00 00  ··$·M·F·T·······
000002100 80 00 00 00 48 00 00 00-01 00 40 00 00 00 06 00  ····H·····@·····
000002110 00 00 00 00 00 00 00 00-3F 00 00 00 00 00 00 00  ········?·······
000002120 40 00 00 00 00 00 00 00-00 00 04 00 00 00 00 00  @···············
000002130 00 00 04 00 00 00 00 00-00 00 04 00 00 00 00 00  ················
000002140 31 40 00 00 0C 00 00 00-B0 00 00 00 50 00 00 00  1@······°···P···
000002150 01 00 40 00 00 00 05 00-00 00 00 00 00 00 00 00  ··@·············
000002160 01 00 00 00 00 00 00 00-40 00 00 00 00 00 00 00  ········@·······
000002170 00 20 00 00 00 00 00 00-08 10 00 00 00 00 00 00  · ··············
000002180 08 10 00 00 00 00 00 00-31 01 FF FF 0B 31 01 26  ········1·ÿÿ·1·&
000002190 00 F4 00 00 00 00 00 00-FF FF FF FF 00 00 00 00  ·ô······ÿÿÿÿ····
0000021a0 00 00 04 00 00 00 00 00-00 00 04 00 00 00 00 00  ················
0000021b0 00 00 04 00 00 00 00 00-31 40 00 00 0C 00 00 00  ········1@······
0000021c0 B0 00 00 00 50 00 00 00-01 00 40 00 00 00 05 00  °···P·····@·····
0000021d0 00 00 00 00 00 00 00 00-01 00 00 00 00 00 00 00  ················
0000021e0 40 00 00 00 00 00 00 00-00 20 00 00 00 00 00 00  @········ ······
0000021f0 08 10 00 00 00 00 00 00-08 10 00 00 00 00 02 00  ················
000002200 31 01 FF FF 0B 31 01 26-00 F4 00 00 00 00 00 00  1·ÿÿ·1·&·ô······
000002210 FF FF FF FF 00 00 00 00-00 00 00 00 00 00 00 00  ÿÿÿÿ············
```

[그림 36] MFT Entry

나. 속 성 (Attribute)

MFT Entry에서 속성은 매우 중요한 역할을 한다. 저장된 각 파일과 디렉터리의 이름, 시간 정보, 속성, 실제 저장된 내용까지도 모두 속성 형태로 저장하기 때문이다. 속성 부분만 파헤쳐 보면 속성도 다시 헤더와 내용 부분으로 구성되어 있다. 속성 간의 헤더(Header)는 구조가 같지만 내용(Content) 부분은 당연히 속성의 종류에 따라 다르게 구성된다. 속성이 2개인 MFT Entry 구조는 다음과 같이 표현된다.

MFT Entry Header (42Byte)	Attribute 1 Header	Attribute 1 Content	Attribute 2 Header	Attribute 2 Content

[그림 37] 속성이 2개인 MFT Entry 구조

속성 내용 부분이 커지면 한정된 크기의 MFT Entry 안에 모두 저장할 수가 없게 된다. 따라서 속성 내용 크기에 따라 Resident와 Non-Resident 속성으로 다시 구분할 수 있는데 Resident와 Non-Resident의 개념에 대해 살펴보자.

〈Resident와 Non-Resident〉

먼저 Resident 방식은 앞서 설명한 것과 같이 속성 헤더 뒤쪽에 바로 속성의 내용 부분이 위치하는 형식이다. 즉, 속성의 내용이 크지 않아 MFT Entry 안에 속성 전체를 완전하게 저장할 수 있는 방식이다. 반면, Non-Resident 방식은 속성의 내용이 너무 커서 MFT Entry 안에 전부 다 기록할 수 없을 때 사용하는 방식이다. MFT Entry의 크기는 고정된 반면 속성의 내용의 크기는 얼마든지 커질 수 있으므로 이와 같은 Non-Resident 방식이 필요하다. Non-Resident 방식은 MFT Entry 안에 속성 헤더만 존재하고 속성 내용은 별도의 클러스터를 할당받아 저장한다. 따라서, MFT Entry에는 속성 내용이 실제 저장된 즉 할당받아 내용을 별도로 저장한 클러스터의 위치 정보를 저장한다.

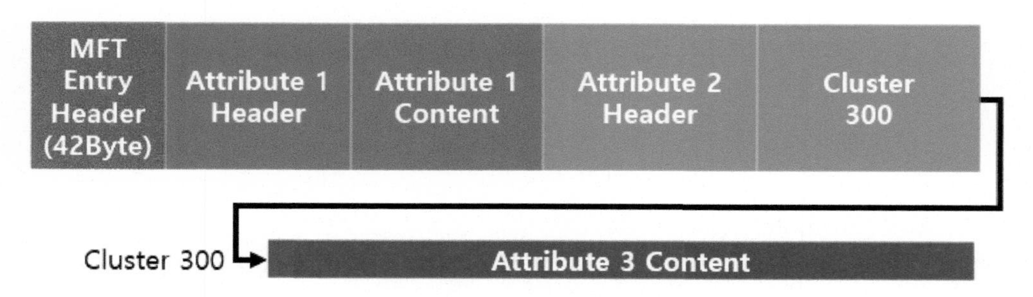

[그림 38] Non-Resident 개념도

〈Cluster Run〉

위의 그림처럼 속성 2의 헤더는 MFT Entry 안에 저장되고 속성 내용은 Cluster 300이라는 클러스터 위치만 담는 Non-Resident 방식의 구조를 가진다. 하지만 그림은 단지 이해를 돕기 위한 것이지 그림처럼 클러스터 주소가 적혀있는 것은 아니다. 실제로는 Cluster Runs 라는 데이터 구조로 되어 있고 Cluster Runs 구조체가 실제 속성 내용이 저장된 클러스터 위치로 연결해준다. Cluster Runs 구조는 속성 내용이 저장된 클러스터의 시작 위치와 클러스터의 길이가 저장된다.

예를 들어 속성 2의 내용이 클러스터 200, 201, 202와 300, 301, 302에 나누어 저장되어 있다고 가정하자. 그러면 위의 그림과 같이 Cluster Runs에는 Run Data가 2개 생성되며 첫 번째 Run Data에는 200(시작) / 3(길이), 두 번째 Run Data에는 300(시작) / 3(길이)이 기록된다. Cluster Runs 방식으로 저장하게 되면 속성 내용이 아무리 많은 클러스터를 사용하더라도 클러스터 시작과 길이만 표시하면 되기 때문에 Cluster Runs가 커질 우려가 없다. 다만, 속성 내용이 연속되지 않은 클러스터, 즉 볼륨의 여기저기 분산되어 있다면 Run Data도 많아질 수밖에 없다.

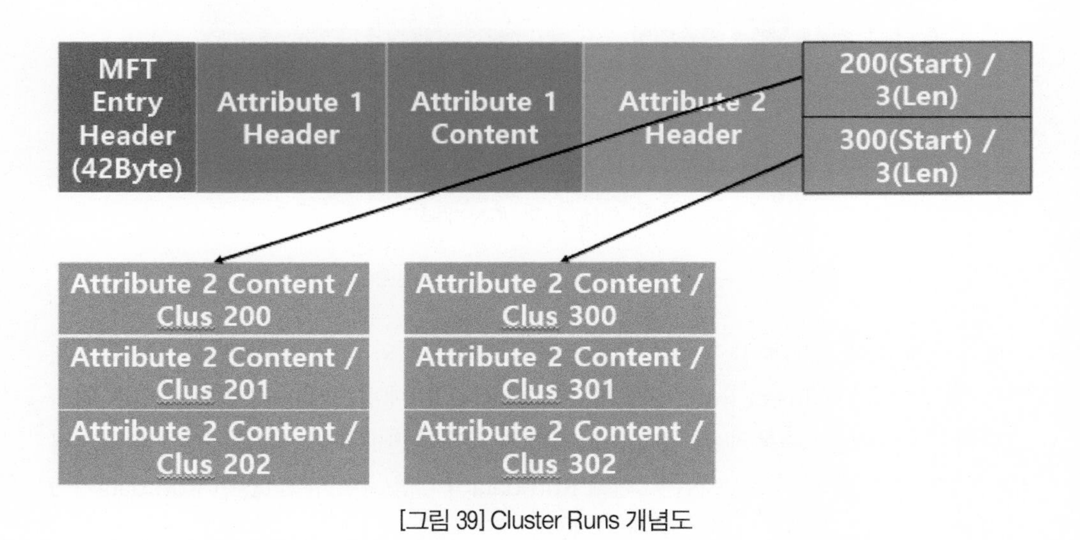

[그림 39] Cluster Runs 개념도

〈 LCN과 VCN 〉

NTFS는 LCN과 VCN이라는 주소 방식을 사용한다. LCN(Logical Cluster Number)은 볼륨의 첫 번째 클러스터부터 차례로 지정하는 주소를 의미하며 VCN(Virtual Cluster Number) 파일의 첫 번째 클러스터부터 차례로 지정하는 주소를 의미한다. 따라서 LCN은 하나의 볼륨에서 고유한 값을 나타내기 때문에 볼륨 안에서는 절대로 중복된 주소가 있을 수 없다. 하지만 VCN은 하나의 파일 안에서 중복되는 주소가 없지만 볼륨 안에서는 중복된 주소가 존재한다. 즉, LCN 값은 모든 파일을 통틀어 고유한 값이지만, VCN 값은 같은 파일 내에서만 고유하다.

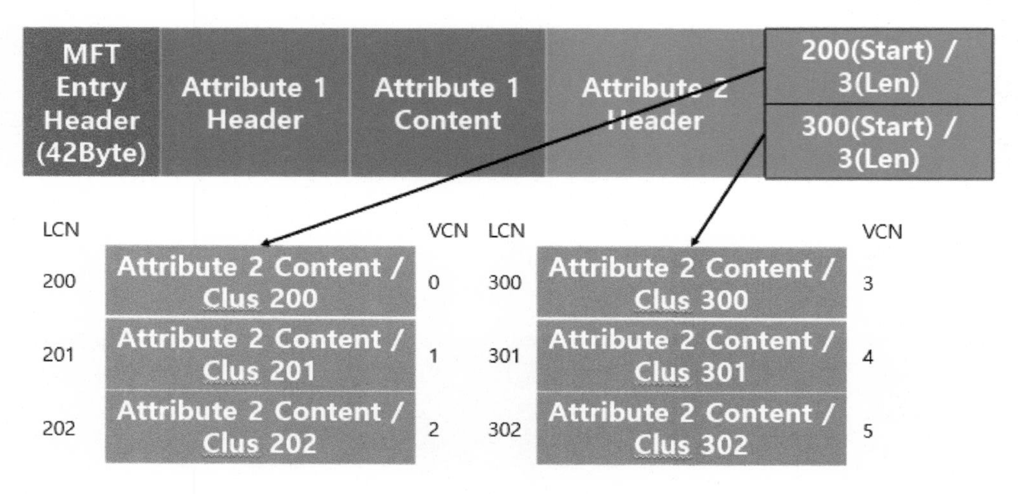

[그림 40] LCN과 VCN 개념도

LCN과 VCN의 개념적인 부분을 그림으로 표현하면 위와 같다. LCN과 VCN이라는 개념이 생긴 이유는 Cluster Runs 구조체는 VCN to LCN 매핑을 이용하기 때문이다. 위의 그림과 같이 속성 2 내용의 세 번째 Run data가 추가되면 LCN은 실제 저장된 클러스터의 주소가 기록될 것이고 VCN은 2번째 Run data의 다음 주소인 6 (앞선 Run data가 5까지 지정되었으므로)부터 시작하게 된다.

〈 속성의 종류 〉

NTFS에는 여러 가지 속성이 있다. 일반적인 파일은 다음과 같은 3가지 속성을 기본으로 가진다. 첫 번째는 생성·접근·수정 시간, 소유자 등의 정보를 저장하는 $STANDARD_INFORMATION, 두 번째는 파일 이름, 생성·접근·수정 시간을 저장하는 $FILE_NAME, 세 번째는 실제 파일 내용을 담는 $DATA 속성을 기본적으로 가진다.

속 성	설 명
$STANDARD_INFORMATION	생성, 접근, 수정 시간과 같은 일반적인 정보
$FILE_NAME	파일 이름
$DATA	실제 파일의 내용

[표 10] 파일의 기본 속성

속성 이름을 분석할 때는 주의해야 할 사항이 있다. 속성 이름 앞에는 '$' 표시를 하는데 속성뿐만 아니라 메타 데이터 파일도 동일하게 이름 앞에는 '$' 표시를 한다. 따라서 속성과 메타 데이터 파일을 혼동하기 쉽다. 하지만 속성의 이름은 '$' 표시 이후 이름을 모두 대문자로 표기한다. 단, 예외적으로 $MFT는 모두 대문자로 적혀있어도 속성의 이름이 아닌 메타 데이터 파일이므로 혼돈해서는 안 된다. 메타 데이터 파일도 맨 앞에 $로 표시되는데 첫 글자만 대문자로 표기하고 나머지는 소문자이다. 즉, $MFT 메타 데이터 파일을 제외하고 모두 대문자이면 속성 이름, 첫 글자만 대문자면 메타 데이터 파일이다. 다음은 NTFS 주요 속성에 대한 설명이다.

• $STANDARD_INFORMATION(Type ID : 16)

MFT Entry에는 여러 가지 속성이 같이 저장될 수 있다. 속성별로 Type ID라는 고유 식별 번호가 있는데 MFT Entry안에 여러 속성이 함께 기록될 때에는 Type ID가 낮은 순서대로 앞에 위치하게 된다. $STANDARD_INFORMATION은 속성 중에서 가장 낮은 Type ID 16을 가지고 있어 언제나 MFT Entry 맨 앞쪽에 위치한다. 이 속성은 모든 파일과 디렉터리에 존재하는 기본 속성이다. 시간 정보를 비롯하여 파일 소유자와 보안, 할당량에 관한 정보를 담고 있다. 나타내는 시간 정보로는 Creation Time, Modified Time,

MFT Modified Time, Accessed Time을 저장하는데 주의해야 할 것은 파일 내용이 수정되면 Modified Time 변경이 이루어지고 MFT의 내용이 변경되면 MFT Modified Time이 갱신된다. 우리가 흔히 Windows 창에서 확인 가능한 수정 시간은 Modified Time이다. 디지털 포렌식 분석 시에는 Modified Time과 MFT Modified Time을 혼동해서는 안 된다.

- $ATTRIBUTE_LIST(Type ID : 32)

이 속성은 모든 파일이나 디렉터리에 필수로 존재하는 것은 아니다. 이 속성이 존재하는 경우는 어떤 파일이나 디렉터리의 속성 크기가 너무 크거나 많아서 MFT Entry 한 개에 모든 속성을 저장할 수 없는 경우 추가적인 MFT Entry를 생성하여 나누어 저장할 때 존재한다. 이러한 경우 $ATTRIBUTE_LIST 속성을 통해 어떤 속성이 어느 MFT Entry에 기록되어 있는지 알 수 있다. 즉, 나누어 저장된 속성에 시스템이 더욱 빠르게 접근하기 위해 사용하는 구조이다. Type ID 32로 $STANDARD_ INFORMATION 속성 바로 다음에 있지만 MFT Entry의 개수에 따라 있을 수도 있고 없을 수도 있으므로 분석 시에 유의해야 한다.

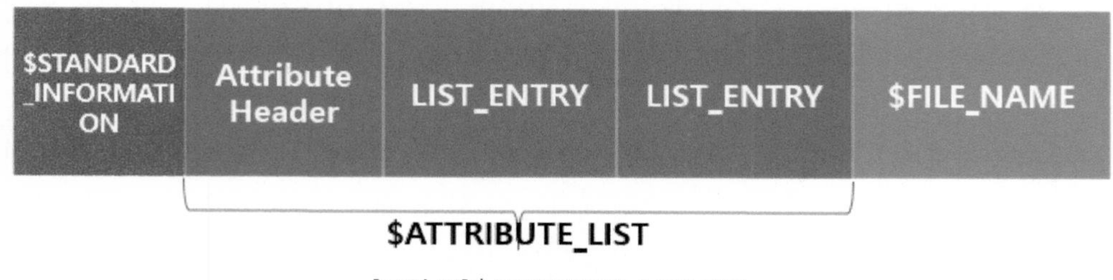

[그림 41] $ATTRIBUTE_LIST 구조

위 그림과 같이 일반적인 속성과 유사하게 앞에는 헤더가 존재하고 그 뒤로 LIST_ENTRY가 위치한다. 하나의 LIST_ENTRY는 각각의 속성에 대한 정보를 담고 있으며 속성의 Type ID, 시작 VCN, 저장된 MFT Entry 번호 등이 저장된다.

• $FILE_NAME(Type ID : 48)

파일이나 디렉터리의 이름을 저장하는 속성이다. 이 속성에 이름이 저장 될 때는 유니코드(UTF-16)로 인코딩되어 저장된다. 일반적으로 $STANDARD_INFORMATION 속성 바로 뒤에 위치한다. ($ATTRIBUTE_LIST 속성이 존재하지 않을 경우) $FILE_NAME 속성은 MFT Entry뿐만 아니라 추가로 탐색을 위한 구조인 $I30 인덱스에도 저장된다. 또한, 이 속성은 파일 이름 이외에도 Creation Time, Modified Time, MFT Modified Time, Accessed Time 등의 시간 정보도 저장한다.

• $DATA(Type ID : 128)

파일 데이터, 즉 실제 파일의 내용을 저장하는 속성이다. 특별한 구조 없이 속성 헤더 이후에 바로 속성 내용인 파일 데이터 스트림이 위치한다. 파일 데이터의 크기에 따라 Resident 혹은 Non-Resident로 존재하는 방식에 대해 앞에서 살펴보았다. 일반적으로 데이터의 크기가 보통 600 ~ 700Byte 정도가 넘어가면 Resident에서 Non-Resident 속성으로 전환된다. 또한, 대체 데이터 스트림(ADS, Alternate Data Stream)을 통해 하나의 파일 혹은 디렉터리가 2개 이상의 데이터 스트림으로 표현하는 것도 가능하다. ADS에 대해서는 NTFS의 특징에서 설명하겠다. $DATA 속성은 MFT Entry 속성 맨 마지막에 위치한다.

• $BITMAP(Type ID : 172)

NTFS에는 할당 정보를 관리해야 하는 데이터들이 많이 있다. 이 속성을 통해 MFT와 Index의 할당 정보를 관리한다. 참고로 클러스터의 할당 정보를 관리하는 것은 메타 데이터 파일인 $Bitmap이다. 이 속성은 어디에 존재하느냐에 따라 어떤 할당 정보를 관리하는지가 달라진다. 예를 들어 $MFT 메타 데이터 파일에 존재하는 $BITMAP 속성은 MFT의 할당 정보를 관리하는 속성이며 디렉터리 정보를 담고 있는 MFT Entry에 존재한다면 해당 디렉터리의 Index 할당 정보를 관리한다.

이 속성은 특별한 구조 없이 0과 1로 할당, 비할당 상태를 나타낸다. 속성값이 03 00 00 00 00 00 00 00 으로 저장되어 있다면 이는 1번째, 2번째 MFT Entry가 사용 중임을 의미한다.

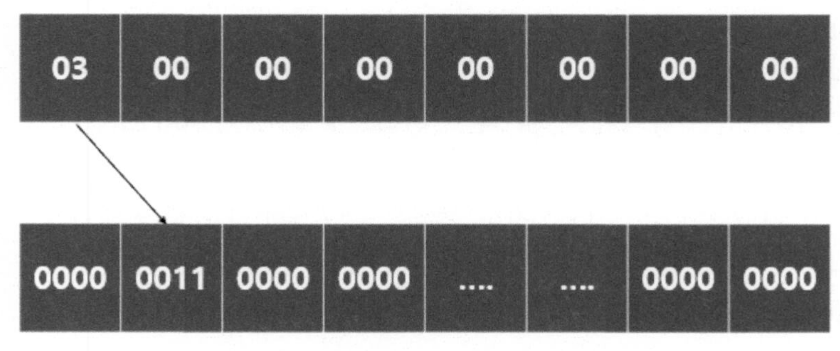

[그림 42] $BITMAP 할당 정보 관리 방법 개념도

• 이외에도 다음과 같은 속성 정보들이 존재한다.

Type ID	이 름	설 명
64	$VOLUME_VERSION	볼륨 정보
80	$SECURITY_DESCRIPTOR	접근제어, 보안 정보
96	$VOLUME_NAME	볼륨 이름 정보
144	$INDEX_ROOT	인덱스 Tree Root 노드 정보
160	$INDEX_ALLOCATION	인덱스 Tree와 연결된 노드 정보

다. 메타 데이터 파일

메타 데이터 파일(Meta Data File)이란 NTFS가 볼륨을 관리하기 위한 시스템 파일을 의미한다. NTFS 파일시스템은 시스템을 관리하기 위한 메타 데이터도 파일의 형태로 관리한다. MFT Entry 0번 $MFT부터 메타 데이터 파일을 위해 예약되어 있고 메타 데이터 파일 또한 속성과 같이 파일 이름 앞에는 $를 붙여 표시한다. 앞서 설명한 것과 같이 분석간 속성과 메타 데이터 파일을 혼동하기 쉬운데 속성은 모두 대문자로 표시하고 메타 데이터 파일은 첫 글자만 대문자로 표시하고 나머지는 소문자로 표시한다. 단, 예외적으로 MFT Entry 0번인 메타 데이터 파일인 $MFT는 모두 대문자로 표시한다. MFT 0~15번까지는 시스템용으로 예약되어 있어 일반 사용자 파일은 위치할 수 없다.

(가) $MFT

이 메타 파일은 MFT에 대한 정보를 담고 있는 것으로 자기 자신에 대한 정보를 저장한다. 즉, MFT 영역 자체의 정보를 담고 있는 셈이다. NTFS는 MFT 영역 자체도 하나의 파일로 보기 때문이다. 따라서 $MFT는 MFT 파일의 메타 정보를 유지하고 있는 엔트리라 할 수 있다. $MFT 엔트리 정보를 분석하면 전체 MFT가 할당하고 있는 클러스터 정보를 확인 할 수 있다. MFT 영역이 조각이나 서로 떨어져 있을 때 조각난 MFT에 대한 정보를 바로 $MFT를 통해 얻을 수 있다. 저장된 속성으로는 모든 파일에 존재하는 기본 속성인 $STD_INFO, 파일 이름을 표시하는 $FILE_NAME, 실제 MFT를 저장하는 $DATA, MFT Entry의 할당 정보를 관리하는 $BITMAP으로 구성된다. $BITMAP 속성의 bit가 1로 되어 있으면 MFT Entry가 할당되었음을 의미하며 0이면 비어있는 것이다. 예를 들어 $BITMAP 속성의 내용이 'FF FF 00 FF FF FF'로 되어 있으면 MFT Entry 16~23번은 비어있음을 나타낸다. 자세한 할당 방법은 위의 $BITMAP 속성 부분을 참조하기 바란다.

(나) $MFTMirr

NTFS 파일시스템에서 $MFT는 핵심적인 파일이다. 만약 $MFT가 손상되면 심각한 오류와 같은 문제가 발생한다. 그러므로 MFT Entry의 복사본을 별도로 저장하고 있는 것이 $MFTMirr이다. 이 파일은 최소한 처음 4개 MFT Entry 이상의 복사본을 자신의 $DATA 속성에 저장한다. 백업 데이터라 해서 메타 데이터 파일의 전체 내용을 복사해서 가지고 있는 것은 아니다. 단지 중요한 MFT Entry 내용의 사본만을 가진다. 따라서, 문제 발생 시 저장된 MFT Entry의 내용만 복구할 수 있다.

(다) $LogFile

MFT Entry 2번에 저장되는 $LogFile은 볼륨에서 발생하는 트랜잭션에 대한 정보를 저장한다. 즉, 저널링(journaling)이라고 하는 데이터베이스에서 데이터의 안정성을 위한 기법과 같으며 NTFS에서는 이를 로깅(Logging)이라 한다.

$LogFile 파일은 로깅 정보를 자신의 $DATA 속성에 저장한다. $DATA 속성은 항상 Non-Resident 형태로 재시작 구역과 로깅 구역으로 구성되는데 재시작 구역은 NTFS가 마지막으로 수행했던 작업이 무엇인지에 대한 정보를 담고 있고 로깅 구역은 발생한 트랜잭션의 기록을 저장한다. MFT Entry Header에 기록되는 LSN(Logical Sequence Number) 값을 통해 로깅 구역에 존재하는 자신의 MFT Entry에 관련된 트랜잭션을 찾아가서 데이터의 안정성을 보장하는 역할을 수행한다.

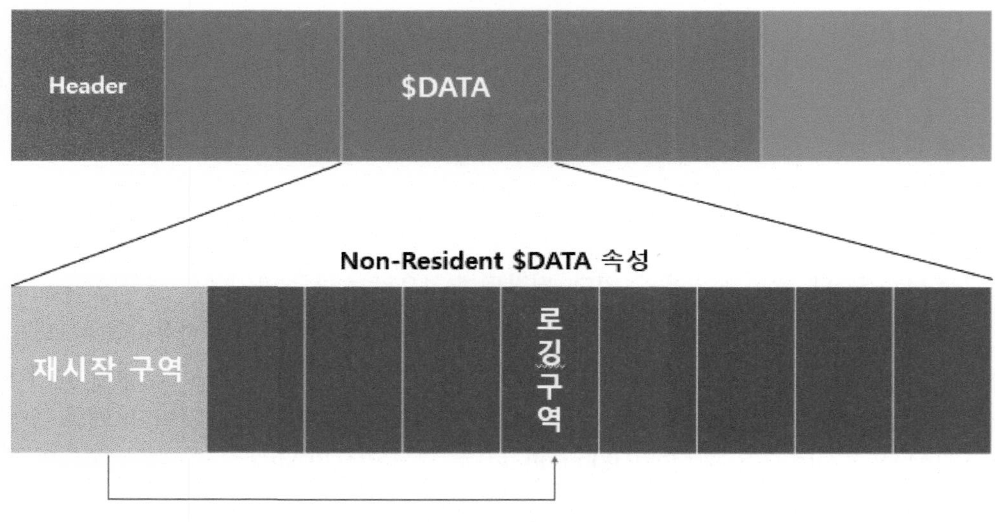

[그림 43] $LogFile 구조

(라) $Volume

이 메타 데이터 파일은 이름 그대로 볼륨에 대한 정보를 담고 있으며 MFT Entry 3번에 저장된다. $Volume 파일은 다른 파일에 없는 유일한 속성 2가지가 저장된다. $VOLUME_NAME 속성과 $VOLUME_INFORMATION 속성이다. $VOLUME_NAME 속성에는 볼륨 이름을 저장하는데 볼륨 이름이 가질 수 있는 최대 길이는 128문자이다. $VOLUME_INFORMATION 속성은 볼륨의 버전과 정보를 담고 있다. 볼륨의 버전은 메이저 버전, 마이너 버전이 각각 저장된다.

(마) $AttrDef

이 파일은 볼륨에서 사용되는 모든 속성에 대한 여러 가지 정보를 저장한다. 이 파일의 $DATA 속성을 분석하면 AttrDef Entry의 모음으로 구성되어 있는데 AttrDef Entry에는 속성 Type ID, 이름, 크기 등과 같은 정보를 확인할 수 있다. 뿐만 아니라 인덱스에 담기는 속성인지 Resident나 Non-Resident와 같은 형태를 취할 수 있는지에 대한 속성의 특징 정보도 담고 있다. 이러한 AttrDef Entry는 각각의 속성마다 하나씩 존재한다.

(바) $. (루트디렉터리)

MFT Entry 5번에 위치하며 파일시스템의 최상위인 루트 디렉터리에 대한 정보를 담고 있다. 루트 디렉터리의 위치가 최상위인 것 빼고는 일반적인 디렉터리와 같다.

(사) $Bitmap

MFT Entry 6번에 위치하며 볼륨의 클러스터 할당 상태 정보를 $DATA 속성에 담고 있다. 혼동해서는 안 되는 것이 NTFS 파일시스템에서 할당 관련 정보를 관리하는 속성은 $BITMAP이다. 이름이 같으므로 대문자, 소문자로 구분해야 한다. $BITMAP 속성 분석과 같이 클러스터가 할당되어 있다면 1로 표시되고 비어있다면 0으로 표시된다. 예를 들어 $Bitmap 파일의 $DATA 속성의 값이 01 01 00 00 00 00... 라면 bit로 풀어 표시하면 0000 0001 0000 0001 0000 0000 0000 0000...로 표시할 수 있다. 이를 해석하자면 0번째 클러스터와 8번째 클러스터가 할당되어 있다고 분석할 수 있다.

(아) $Boot

MFT Entry 7번으로 $DATA 속성 안에 부트 레코드 영역을 저장한다. 볼륨의 0번째 클러스터에는 부트 레코드가 담겨 있으므로 $DATA 속성은 Non-Resident 형태로 항상 LCN이 0번째 클러스터로 고정되어 있다.

(자) $BadClus

MFT Entry 8번으로 볼륨의 배드 클러스터에 관한 정보를 $DATA 속성에 저장한다. 즉, 이 메타 데이터 파일을 사용해서 파티션의 배드 클러스터를 관리한다. 볼륨에 배드 클러스터가 생길 때마다 배드 클러스터 주소를 Cluster Run에 추가하여 접근을 차단하는 방법이다.

(차) $UsnJrnl

이 파일은 MFT Entry 위치가 지정된 것은 아니며 Windows 2000 이상부터 존재한다. 이 파일의 목적은 파일이나 디렉터리의 변경이 있으면 그 기록을 담아 놓는 파일이다. 기록을 남겨 놓는다는 점에서 앞서 설명한 $LogFile과 유사하나 엄밀히 말하자면 $LogFile은 수행되는 작업을 트랜잭션 단위로 저장하면서 재시작 구역과 로깅 구역을 구분하여 오류 발생 시 복구하는 역할을 담당한다. 반면, $UsnJrnl 파일은 단순하게 작업이 끝난 후 어떤 작업이 일어났는지에 대한 정보만을 기록한다. 또한, 작업이 있었다는 사실만 기록할 뿐 세부적으로 어떤 작업이 어떻게 진행되었는지에 대해서는 기록하지 않는다.

$UsnJrnl은 이러한 기록을 $J, $MAX라는 이름을 가진 $DATA 속성 두 군데에 나누어 저장한다. $J 속성은 Journal Entry의 모음으로 구성된다. Journal Entry는 파일이나 디렉터리의 변경 정보를 차례로 기록한다. 예를 들어 A라는 파일이 생성되고 B라는 파일의 내용으로 변경되었다면 A라는 파일을 생성한 Journal Entry가 앞쪽에 생성되고 B라는 파일의 변경 기록 정보를 담는 Journal Entry가 뒤에 저장된다. $J 분석을 통해 시간 순서대로 어떠한 파일이나 디렉터리가 변경되었는지를 조사하면 유의미한 정보를 얻을 수 있다. $J는 시스템을 사용할수록 변경 정보가 지속 늘어나게 되고 데이터의 양도 지속 증가하게 된다. 이러한 문제를 해결하기 위해서 $J 속성의 최대 허용 범위를 설정하고 최대 허용 범위 도달 시 데이터 앞쪽의 클러스터를 할당 해제하고 실제 저장되는 클러스터를 Sparse 형태로 변경한다. 이러한 방법을 써서 $J 속성은 계속 커지지만, 실제 사용 클러스터의 개수는 최대 허용 범위 안에서 더 이상 늘지 않는다. 이러한 $UsnJrnl 파일의 원리를 그림으로 표현하면 다음 [그림 44]와 같다.

두 번째 $MAX 속성은 저널데이터인 $J의 관리 정보를 담고 있는 속성으로 저널데이터의 기본적인 정보를 저장한다.

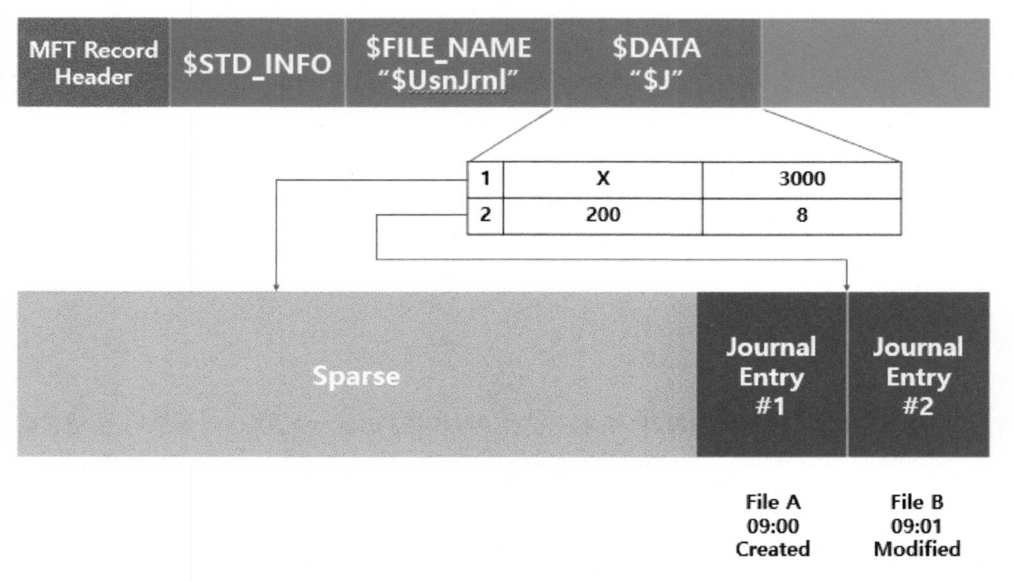

[그림 44] $UsnJrnl 파일 구조 및 개념도

3) Data Area

NTFS의 마지막 구조인 Data 영역이다. Data 영역에는 실제 파일 내용과 디렉터리를 담는 영역으로 FAT 파일시스템과 같이 클러스터 단위로 읽기/쓰기가 이루어진다. 앞서 기술한 대로 NTFS는 영역 분할 없이 볼륨 전체를 데이터 영역으로 사용되어 있기 때문에 첫 번째 섹터부터 마지막 섹터까지 전부 클러스터 단위로 읽기/쓰기가 이루어진다.

(3) 특 징

NTFS는 FAT 파일시스템과 비교했을 때 다양한 기능이 포함되어 있다고 언급했다. 또한 최초 개발 버전 이후 지속적으로 많은 기능들이 추가되기도 하였다. 다음은 NTFS의 주요 기능에 대한 간략한 설명이다.

1) 데이터 복구 기능

NTFS는 데이터의 신뢰성을 높이기 위해서 볼륨에 수행하는 모든 작업에 대해 트랜잭션 단위로 기록하고 있다. 이는 작업 도중에 어떤 문제가 발생하였을 경우 $LogFile 등의 메타 데이터 파일과 같은 저장된 기록을 분석하여 볼륨의 상태를 정상적으로 복구할 수 있게 한다.

2) 암호화 기능

NTFS 5.0 이후 버전부터 암호화 기능을 지원하는데 이를 EFS(Encrypting File System)라고 부른다. EFS는 인증 받지 않은 사용자나 프로그램으로부터 사용자의 데이터를 보호해 주는 역할을 한다. 파일을 암호화할 때는 암호화 키(FEK)로 암호화한다. 이 FEK를 파일을 암호화한 사용자가 가진 공개 키로 암호화해 암호화된 파일의 $EFS 대체 데이터 스트림(Alternate Data Stream, ADS)에 저장한다. 파일을 복호화 할 때는 EFS 컴포넌트 드라이버가 파일 암호화에 사용했던 EFS 인증서에 맞는 개인 키로 $EFS 스트림에 저장된 암호화된 FEK를 복호화한다. 그 다음 암호화가 풀린 FEK 대칭 키로 파일을 복호화한다. 암호화와 복호화가 NTFS 단계 아래에서 이루어지기 때문에 사용자와 프로그램은 암호화된 파일을 일반 파일처럼 쓸 수 있다. 또한, 파일 시스템에서 폴더에 암호화 속성을 걸 수 있다. EFS 컴포넌트 드라이버는 이 암호화 속성을 NTFS의 권한 상속처럼 다룬다. 예를 들어 암호화 속성이 걸린 폴더가 있는데 그 안에 새로운 파일이나 폴더를 만들면 기본적으로 모두 암호화가 걸린다. 암호화된 파일을 NTFS 볼륨 안에서 옮겨도 암호화 속성은 유지된다.

3) ADS(Alternate Data Stream)

하나의 파일이나 디렉터리는 $DATA 속성에 내용을 저장한다. 이렇게 기본적인 $DATA 외에 추가적으로 존재하는 $DATA 속성을 ADS 속성이라 한다. 즉, ADS는 추가적으로 생성되는 데이터 스트림을 의미하는데 일반적으로 하나의 파일은 하나의 데이터 스트림을 가진다. 하지만 NTFS는 ADS라는 기능을 통해 파일이 하나 이상의 데이터 스트림을 가질 수 있도록 해준다. 쉽게 설명하자면 데이터 스트림이 여러 개라는 것은 파일이 하나 이상의 데이터를 담을 수 있다는 것이다. 물론 FAT 파일시스템에서는 하나의 데이터 스트림만 존재했다. 하지만 NTFS는 앞에서 설명한 것과 같이 메인 스트림 외에도 여러 개의 데이터 스트림이 존재할 수 있다. 또한, ADS 속성은 파일 크기에 포함되지 않는다. 이러한 ADS의 특징을 활용하여 데이터를 은닉할 수 있고 일반 탐색기에서도 검색이 되지 않는 점을 이용하여 ADS를 사용한 악성코드가 유행하기도 했다. 이러한 이유로 바이러스 백신 프로그램들이 ADS를 검사하기도 하였고 Windows XP 이후에는 ADS에서 실행 파일이 실행되지 않도록 조치하였다. 따라서 ADS에서는 더 이상 실행 파일이 실행되지는 않는다.

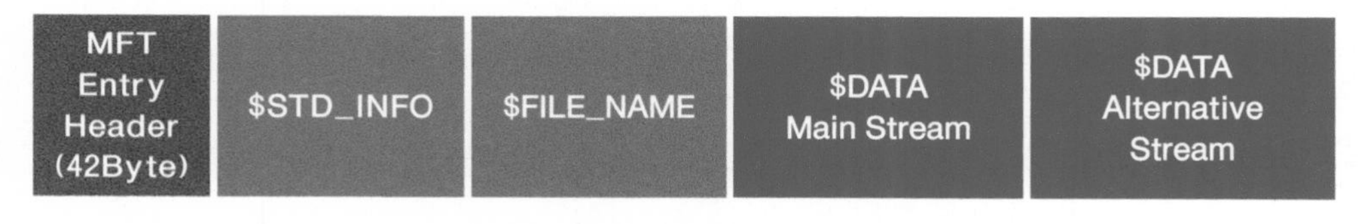

[그림 45] ADS(Alternate Data Stream) 속성 구조

4) 압 축

NTFS는 파일시스템 수준의 압축 기능을 제공한다. 압축 알고리즘은 ZIP 파일 포맷으로 유명한 'LZ77'의 변형된 방식을 사용한다. 파일 및 디렉터리 속성 → 고급항목에서 압축 기능을 사용할 수 있다. 파일 및 디렉터리를 압축하게 되면 접근할 때마다 압축을 해제해야 한다. 따라서 시스템 성능 하락을 가져올 수 있다. 따라서 Microsoft에서도 파일 이동이나 공유가 빈번한 시스템에서는 압축 사용을 권하지 않고 있다. 저장매체 용량 부족 등 부득이한 경우가 아니라면 사용할 필요가 없다.

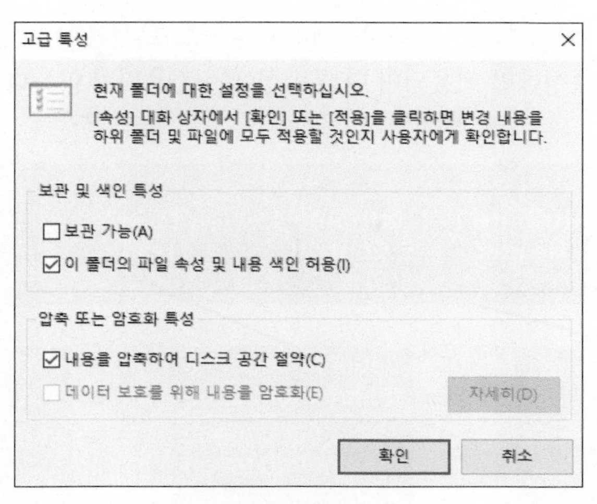

[그림 46] 압축 방법

5) 디스크 쿼터

여러 명의 사용자가 하나의 시스템을 사용할 때 사용자 마다 디스크 사용량을 제한 하는 기능이다. NTFS는 다수의 사용자들이 하나의 컴퓨터를 쓰는 것을 기본으로 설계했다. 따라서 특정한 사람이 디스크 용량을 모두 사용하는 것을 방지하기 위해 관리자가 사용자별로 사용 가능한 용량을 할당하는 기능이다. 만약 특정 사용자가 자신에게 할당된 용량 이상을 사용하고자 할 경우 용량 초과에 대한 경고 메시지가 생성된다.

6) Sparse

파일의 내용이 대부분 0으로 저장되어 있을 경우 해당 파일의 내용을 그대로 볼륨에 저장하지 않고 0으로 저장되어 있다는 정보만을 유지하는 파일을 말한다. 0이 아닌 영역 즉, 실제 데이터가 기록된 영역에 대해서만 물리적 디스크 공간을 할당하고 나머지 0인 영역은 실제적으로 할당하지 않는다. 예를 들어 어떤 파일이 데이터를 저장하기 위해 10개의 클러스터를 사용한다고 가정한다. 첫 번째 클러스터에만 의미있는 데이터를 기록하고 나머지 9개 클러스터에는 0으로 채워져 있다. 이럴 때 Sparse 속성을 사용하게 되는데 해당 속성의 Cluster Run List에 9개의 클러스터가 0으로 채워져 있다는 것만 기록하고 실제 저장장치에는 클러스터를 할당하지 않는다.

이러한 Sparse 기능은 저장 공간을 보다 효율적으로 사용할 수 있도록 해준다. 단, Sparse는 $DATA 속성에만 적용되며 다른 속성에는 적용되지 않는다.

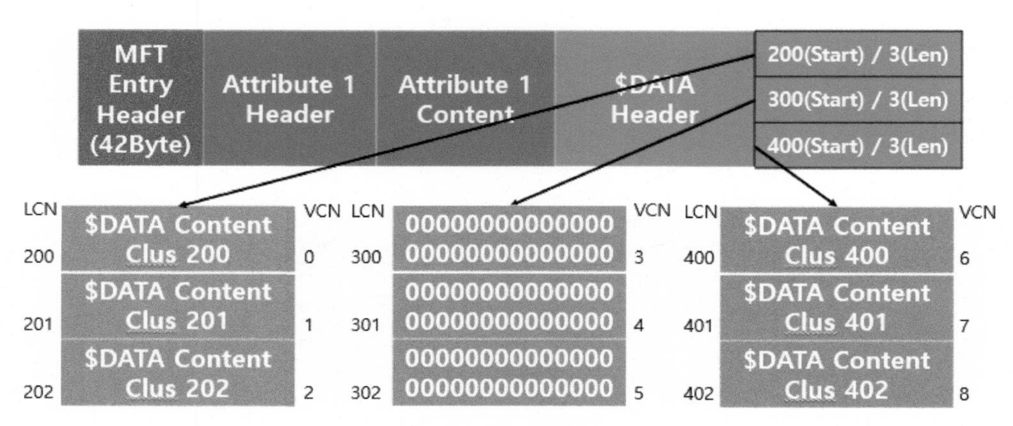

[그림 47] Sparse 기능 원리(Sparse 처리 전)

일반적은 형태의 $DATA 속성의 Cluster Runs를 그림으로 표현하면 위와 같다. 그림과 같이 Cluster 300~302의 위치는 0으로 채워져 있고 불필요한 물리적 디스크 할당까지 이루어진 상태이다. 이것을 Sparse 형태를 적용하면 다음 그림과 같다.

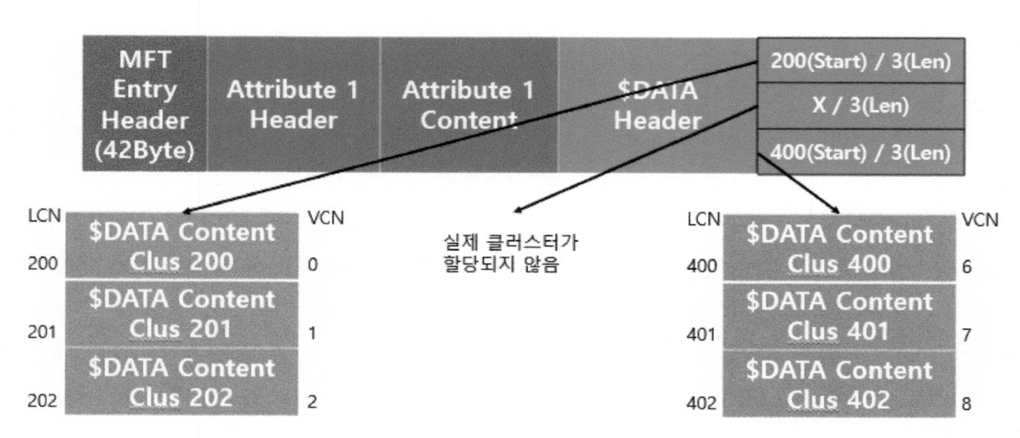

[그림 48] Sparse 기능 원리(Sparse 처리 후)

7) Unicode 지원

NTFS는 파일, 디렉터리, 볼륨 등의 이름을 저장할 때 유니코드를 사용해 처리한다.

8) 대용량 파일 지원

NTFS는 이론상 Exa Bytes(2^{64})까지 용량을 표현 할 수 있다. 그러나 어디까지나 이것은 이론상의 값이며, 실제 최대 표현 가능한 용량은 2^{44} 약 16TB 정도이다.

9) 동적 Bad Cluster 재할당

Bad Sector가 발생한 클러스터는 사용할 수 없다. 따라서 시스템 사용 중 Bad Sector가 발생한 경우 자동으로 새로운 클러스터를 할당해 정상 데이터를 복사하는 기능을 지원한다. 또한, Bad Sector가 발생한 클러스터는 $BadClus 파일에 기록되어 더 이상 사용되지 않도록 관리한다.

8) VSS(Volume Shadow Copy Service) 지원

시스템에 새롭게 수정된 파일 및 폴더에 대해 백업본을 유지하는 기능이다. 특정한 시각의 파일, 폴더 또는 특정한 볼륨의 수동 및 자동 복사본이나 스냅샷으로 백업본을 저장한다. 쉽게 설명하면 VSS는 시스템 복원시 운영체제의 재설치 없이 볼륨 백업본을 이용하여 과거의 특정 시점으로 복원하는 기능이다. 저장된 백업본은 비정상적인 종료시 부팅 과정에서 시스템의 저널 정보와 함께 안전한 복구를 가능하게 해준다. 백업본의 생성 시점은 사용자가 직접 생성하는 방법 이외에도 초기 시스템 검사시, 자동 업데이트 등 시스템적으로 자동 생성되는 방법이 있다. 설정 방법은 시스템 등록 정보 → 고급 시스템 설정 → 시스템 보호에서 할 수 있다.

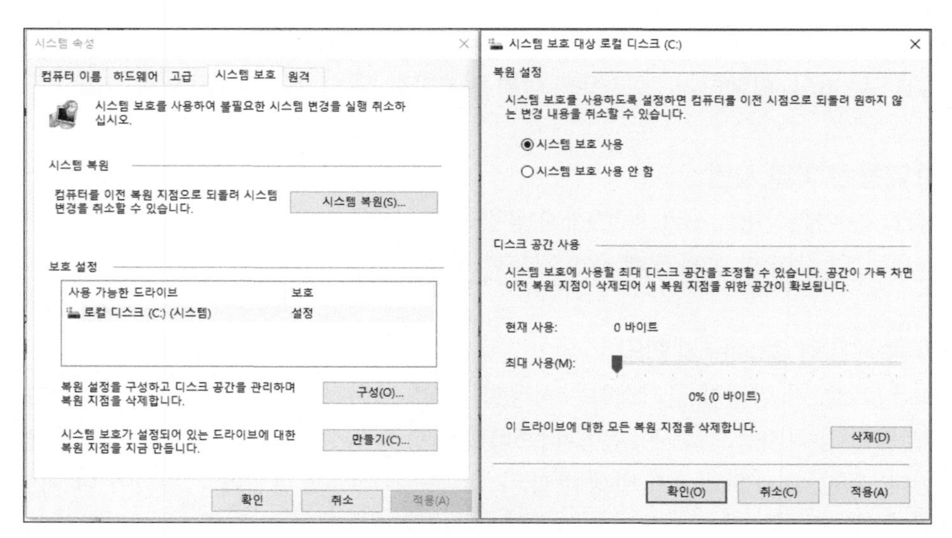

[그림 49] VSS 설정 방법

3. UFS 파일시스템

(1) 소 개

UFS(Unix File System)는 Unix 및 Unix 계열 운영체제에서 널리 사용되는 파일시스템이다. UFS는 다양한 종류가 있으며 FreeBSD, HP-UX, NetBSD, OpenBSD, Apple OS X, Sun Solaris 같은 유닉스 시스템에서 사용하는 파일시스템이다. 이 파일시스템은Berkeley Fast File System, BSD Fast File System 또는 줄여서 FFS라고도 불리운다. UFS의 초창기 버전은 매우 간단한 구조로 되어있었다. 이것은 UNIX 초기의 작은 디스크에서는 매우 효율적으로 동작 하였지만, 디스크가 점점 커지면서 성능 저하를 가져 오는 문제가 있었다. Berkeley의 대학원생이었던 Marshall KirkMcKusick은 실린더를 그룹화 하는 기술을 통해 4.2BSD의 FFS를 최적화해 UFS의 성능을 향상 시켰다.

Solaris

Sun Microsystems사는 UFS에 Logging기능을 포함시켜 UFS를 Journaling 파일 시스템으로 개량하였다.

BSD 4.4 및 BSD[5] 계열 UNIX

UFS의 구현을 두 계층으로 분할하였다. 상위 계층은 디렉터리 구조와 권한 및 소유와 같은 메타 데이터를 관리하는 계층이고, 하위 계층은 inode 및 실제 데이터를 저장하는 계층으로 사용된다. 이렇게 함으로써 UFS에 전통적인 FFS(Fast File System)은 물론 LFS(Log-structured) 파일시스템까지 다양하게 적용 가능하게 되었다.

Linux

Linux 역시 다른 유닉스 운영체제와의 바이너리 호환성을 위해 UFS를 지원하지만 이것은 Read 동작에 국한된 것으로 UFS에 Writing하는 작업은 완벽하게 지원하지 않는다(Not provide full support).

(2) 구 조

UNIX 파일시스템은 다음 [그림 50]와 같은 구조를 갖는다.

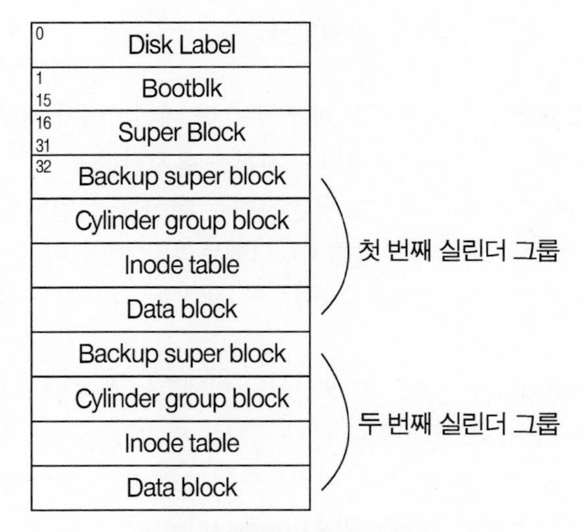

[그림 50] UFS 파일시스템 구조

5) Berkeley Software Distribution

부트 블록(Boot Block)

디스크의 가장 처음 저장되는 데이터 영역으로 UNIX 운영체제의 Bootstrap을 위한 블록이다. 부트 로더(boot loader)라고도 불린다.

슈퍼 블록(Super Block)

디스크 파일시스템의 식별을 위한 Magic number 등 전체 디스크에 대한 정보가 저장되어 있는 블록으로 파일시스템을 기술하는 정보를 저장한다. 슈퍼 블록의 자료 구조, 파일 시스템의 크기, 블록의 수, 이용 가능한 빈 블록 목록, 빈 블록 목록에서 그 다음의 빈 블록을 가리키는 인덱스, 아이노드(inode) 목록의 크기, 빈 아이노드의 수, 빈 아이노드 목록, 빈 아이노드 목록에서 그 다음의 빈 아이노드를 가리키는 인덱스, 빈 블록과 빈아이노드 목록들에 대한 록 필드들, 슈퍼 블록들이 수정되었는지 나타내는 플래그, 파일시스템의 상태 플래그, 파일시스템의 이름, 마운트 지점의 이름 정보 등이 저장된다.

실린더 그룹(Cylinder Group)

실린더 그룹은 다음과 같은 정보를 포함한다.

- **슈퍼 블록의 복제본** : 슈퍼 블록은 매우 중요한 데이터이기 때문에 추후 문제 발생 시 복구를 위해 모든 실린더 그룹마다 복사본을 유지한다.
- **실린더 그룹 블록** : 각 실린더 그룹에 존재하는 테이블, 실린더 그룹의 정보, 아이노드 수, 실린더 그룹 내의 데이터 블록 수, 디렉토리의 수, 실린더 그룹 내에서 사용가능한 블록, 아이노드 정보, 사용된 아이노드 정보 등 각각의 실린더 그룹에 대한 정보를 포함한다.
- **아이노드(inode) 테이블** : 개개의 파일이나 디렉토리에 대한 정보를 저장하고 있는 구조체이다. 즉, 아이노드는 파일에 관한 정보를 담고 있는 번호이다. 파일들은 각자 1개의 아이노드를 가지고 있으며, 아이노드는 소유자 그룹, 접근 모드(읽기, 쓰기, 실행 권한), 파일 형태, 아이노드 번호(inode number, i-number) 등 해당 파일에 관한 정보를 가지고 있다. 파일들은 고유한 아이노드 숫자를 통해 식별 가능하다.
- **데이터 블록** : 실제 데이터가 파일의 형태로 저장되는 공간이다.

(3) 특 징

UFS의 사용자적 특징

- UFS는 계층적 파일시스템이며 완전한 사용자 기반 파일접근 허가 메커니즘을 사용한다.
- 프로세스관리와 마찬가지로 시스템상의 각 파일을 특정 사용자에게 소유되며(Owned), 원칙적으로는 해당 사용자만이 해당 파일에 대한 조작을 수행할 수 있다.
- Root 사용자와 같은 특권이 있는(privileged) 사용자는 예외적으로 파일시스템의 모든 파일에 대한 권한을 가진다.
- 예외적으로 특권이 없는(Unprivileged) 일반 사용자들이 Super User(SetUID)와 같은 특수권한을 통해 해당 파일에 접근할 수 있도록 한다.

UFS의 구조적 특징

UFS(특히, BSD FFS)는 실린더 그룹(Cylinder group)을 이용하여, 전체적인 파일시스템을 관리하게 된다. 각각의 실린더에는 Book-Keeping information(BKI)를 두고 이를 이용해 실린더를 관리하며, Super Block의 백업본, 사용가능한 블록 리스트를 나타내는 BitMap(Free List), 할당된 아이노드(Inode) 개수 등의 정보를 포함한다. 이러한 실린더 그룹은 파일시스템의 기본 단위가 된다. 디스크 할당의 경우는 4Kbytes의 블록을 사용하지만, 실제 사용단위는 block보다 작은 fragment를 도입하여 fragment단위로 할당 받을 수 있게 하였고, 이에 더하여 할당에 제약을 가함으로써 성능이 떨어지지 않도록 하였다.

UFS에서 파일 할당은 블록을 기본 단위로 하여 필요할 때 동적으로 할당된다. 그러므로 파일 블록들이 하드디스크 상에 연속적으로 있을 필요가 없다. 색인 기법을 통해 파일의 아이노드에 저장된 색인을 유지한다. 아이노드는 3Bytes 짜리 주소 13개, 또는 포인터로 구성된 39Bytes 주소 정보 1개를 가진다. 처음 10개의 주소는 파일에서 맨 처음 10개의 데이터 블록을 가리킨다. 만약 파일이 블록 10개보다 크면 하나 이상의 간접 수준이 사용된다.

실린더 그룹을 이용한 파일시스템은 다음과 같은 특징을 갖는다.

파일당 데이터 블록들의 분산 감소

실린더 그룹을 사용하더라도 파일들의 단편화(fragment)는 여전하겠지만, 이전의 유닉스 파일시스템에서 발생하는 심각한 분산화(scattering) 현상은 나타나지 않을 것이다. 이는 파일시스템이 디렉터리와 그에 속한 파일들을 동일 실린더 그룹 내에 할당하여 주기 때문이다. 즉, 같은 디렉터리에 있는 파일은 같은 실린더 그룹으로, 같은 파일과 연관된 데이터 블록도 같은 실린더 그룹으로 최대한 할당되도록 한다.

파일 탐색시간(seek time) 향상

앞서 설명한 바와 같이 관련된 디렉터리와 파일들이 최대한 같은 실린더 그룹에 할당되도록 하기 때문에 한 파일의 데이터 블록을 찾을 때 최악의 경우라도 16개 이상의 실린더를 넘지 않는다.

큰 파일의 실린더 그룹 독점 방지

큰 파일들이 할당될 때 실린더 그룹 당 2Mbytes를 할당하며 여러 실린더 그룹에 분산되게 된다. 이는 긴 탐색(seek) 후에야 단지 2Mbytes씩을 Read/Write 할 수 있게 되는 단점이 생긴다. 이를 해결하기 위해 클러스터링(clustering) 기법을 추가하여 큰 파일에 대한 읽기와 쓰기를 순차적(sequentially)으로 하도록 한다.

4. EXT 파일시스템

(1) 소 개

EXT(Extended File System) 파일시스템을 직역하면 확장된 파일시스템을 의미한다. Linux를 지원하는 최초의 파일시스템은 Minix 파일시스템이었지만 여러 문제를 해결하고자 Linux를 위한 Extended File System(EXT)을 개발하게 되었다. Remy Card가 설계한 첫 번째 EXT는 1992년 4월 Linux에 채택되었다. EXT 파일시스템은 0.96c 커널에 구현된 VFS(Virtual File System) 스위치를 최초로 사용하였으며 최대 2GB까지 저장할 수 있었고 최대 파일명의 길이를 255Bytes까지 사용할 수 있었다.

이후 EXT 파일시스템의 성능, 확장성 및 신뢰성 등을 향상하기 위한 EXT2, EXT3, EXT4 등이 차례로 개발되었다.

EXT 파일시스템은 UFS에서 불필요한 기능을 제거하고 복잡한 구조에서 보다 단순화하였기 때문에 구조적으로 가벼운 것이 특징적이다.

구 분	ext2	ext3	ext3cow	ext4
연 도	1993년	1999년	2003년	2006년
최대 볼륨 크기	32TB			1EB
최대 파일명 크기	255Bytes			
최대 파일 크기	2TB			16TB
최대 파일 수	1018	다양	다양	40억
타임스탬프 정밀도	sec			ns
저널링	–	지원	지원	지원

[표 11] EXT 파일시스템 종류별 특징

EXT1

위의 표에는 나타나지 않았지만 EXT1 파일시스템도 존재하였다. 1992년 UFS(UNIX File System)에 기초해 만들어진 리눅스용 파일시스템으로 현재 거의 사용되지 않기 때문에 자세한 설명은 생략한다.

EXT2

현재 사용하고 있는 EXT 파일시스템의 기본 바탕이 된 구조이다. EXT2는 EXT1의 단점을 보완하여 재구성한 것으로 Remy Card에 의해 개발되어 1993년 1월에 발표되었다. 데비안, 레드햇 등 다양한 Linux 배포판의 파일시스템으로도 사용되었다. EXT2에서는 지원되는 파일시스템 크기가 2TB로 확장되었으며 2.6 커널에서는 EXT2 파일시스템 크기가 32TB로 확장되었다. EXT1 파일시스템에서 지원하지 않던 아이노드(Inode) 수정 및 타임스탬프 기능을 지원한다.

EXT3

EXT3 파일시스템에서는 예기치 않게 시스템이 중단될 때 파일시스템의 신뢰성을 높여주는 저널링(Journaling)을 도입하였다. Stephen Tweedie에 의해 개발되었으며 2001년 11월 Linux 커널 2.4.15 버전에서 처음으로 모습을 드러냈다. EXT3는 EXT2와 호환성을 제공하기 때문에 EXT2에서 자료 삭제 및 손실 없이 EXT3로 변경할 수 있으며 저널링을 지원한다. 저널링 파일시스템은 쓰기 명령이 수행될 때 메인 파일시스템에 바로 업데이트하지 않고 미리 지정된 저널에 메타 데이터 또는 파일 컨텐츠를 기록한다. 따라서 파일을 읽거나 쓰는 과정에서 시스템 전원이 꺼지거나 오류가 발생했을 때 복구하는 기능을 제공한다.

EXT4

EXT4의 주요 기능들은 병렬 분산 파일시스템인 Lustre file system을 위해 저장공간을 늘리고 성능 향상을 목적으로 2003년도부터 2006년도까지 CFS(Cluster File Systems)에 의해 개발되었다. 2006년도에 EXT4로 명명되어 EXT3 메인테이너에 의해 개발 계획이 발표되었다. EXT3 파일시스템을 기반으로 대용량 파일을 지원하고 저널링 체크섬 기능을 추가하여 파일 시스템 손상 가능성을 감소시켰다.

또한, EXT2, 3에서 블록 맵핑(Block Mapping) 방식 대신 인접한 물리적 블록의 묶음인 extent 방식을 사용하여 파일 조각화 현상을 최소화했다. EXT4는 1EB(exabyte) 크기의 파일시스템을 지원하며 Linux 커널 버전 2.6.19부터 EXT4가 포함되었다. 2010년 1월 15일, 구글은 자사의 스토리지 인프라를 EXT2에서 EXT4로 업그레이드한다고 발표하였으며, 스마트폰에서도 안드로이드(Android) 2.3 (Gingerbread) 부터 공식 파일시스템으로 지정되어 Google Nexus S 이후 많은 안드로이드 폰에서 사용되는 파일시스템으로 자리 잡았다.

(2) 구 조

EXT2/3/4 파일시스템의 전체적인 구조를 살펴보면 다음과 같다.

Boot Sector	Block group 0	Block Group 1	...	Block Group N	Unused Sectors

[그림 51] EXT 파일시스템 구조

EXT 파일시스템은 크게 부트 섹터(Boot Sector)와 블록 그룹(Block Group)들로 구성된다. 블록이란 EXT 파일시스템에서 기본적으로 데이터를 저장하는 단위를 의미한다. FAT과 NTFS의 클러스터와 유사한 개념이다. 하나의 블록 크기는 1KB~4KB까지 파일시스템을 생성할 때 설정할 수 있다. 하나하나의 블록이 모여 있는 것을 블록 그룹이라고 한다. 파일시스템이 관리 목적으로 모든 블록을 여러 개의 그룹으로 나눠 관리한다. 파일시스템의 모든 블록 그룹의 크기는 같으며 1개 블록 그룹은 최대 32,768개의 블록까지 구성할 수 있다.

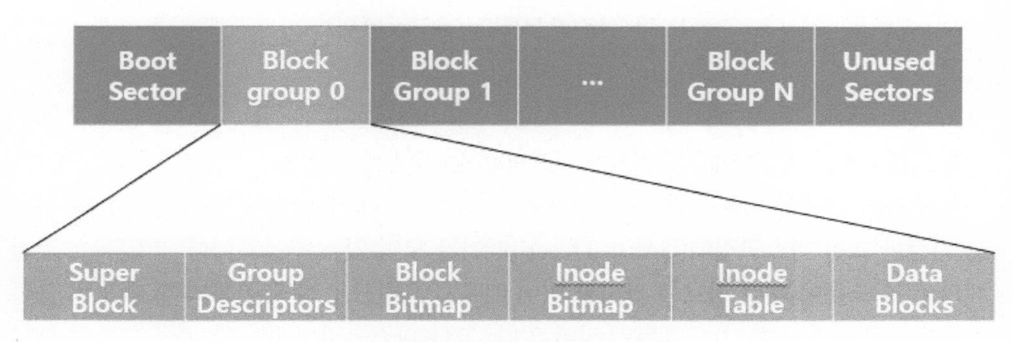

[그림 52] EXT 파일시스템 블록 그룹 구조

1) 블록 그룹(Block Group)

위에서 설명한 것과 같이 하나의 블록 그룹은 여러 개의 블록들의 집합체이다. 하나의 블록 그룹에는 파일 시스템의 전체적인 정보를 저장하는 슈퍼 블록(Super Block)과 그룹 디스크립터 테이블(Group Descriptor Table)를 비롯하여 그룹 내의 블록 할당 정보를 저장하는 블록 비트맵(Block Bitmap), 그 밖의 아이노드 비트맵(Inode Bitmap), 아이노드 테이블(Inode Table), 파일 데이터 블록(File Data Blocks)들로 구성된다.

2) 슈퍼 블록(Super Block)

슈퍼 블록은 블록 그룹의 가장 첫 번째 1개 블록에 위치하며 파일시스템의 크기와 환경 설정값 등 파일시스템의 전체적인 정보를 저장한다. 이름대로 파일시스템의 블록을 대표하는 블록이다. 슈퍼 블록은 블록 그룹의 시작부터 1024Bytes 내에 기록되어야 하고 1024Bytes 크기로 저장된다. 마치 NTFS의 VBR(Volume Boot Record)과 유사한 기능을 한다고 할 수 있다. 저장되는 주요 내용으로는 블록 하나의 크기(1KB, 2KB, 4KB),

전체 블록의 개수, 블록 그룹의 개수, 각 블록 그룹당 블록의 개수, 아이노드 테이블 크기 및 블록 그룹당 아이노드 테이블 개수를 저장한다. 슈퍼블록과 이어 나오는 GDT는 파일시스템에서 아주 중요한 정보를 저장하고 있으므로 데이터 손상이 발생하면 심각한 문제가 발생할 수 있다. 따라서 각 블록 그룹마다 복사본을 가지고 있다.

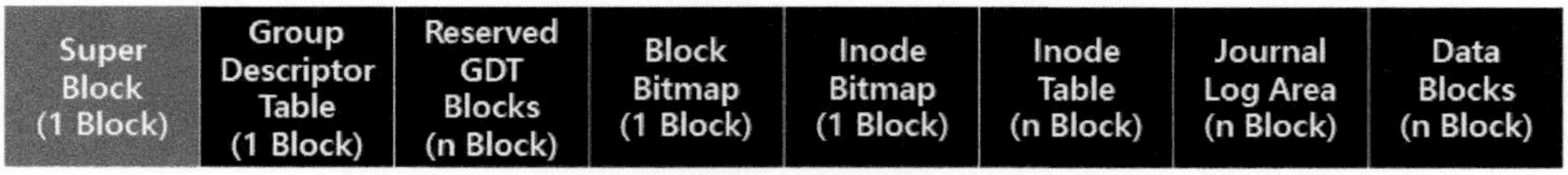

Super Block (1 Block)	Group Descriptor Table (1 Block)	Reserved GDT Blocks (n Block)	Block Bitmap (1 Block)	Inode Bitmap (1 Block)	Inode Table (n Block)	Journal Log Area (n Block)	Data Blocks (n Block)

[그림 53] 슈퍼 블록(Super Block) 위치

3) 그룹 디스크립터 테이블(Group Descriptor Table)

슈퍼 블록 다음에 있는 1개 블록은 그룹 디스크립터 테이블이다. 각 블록 그룹의 정보를 저장한 그룹 디스크립터(Group Descriptor)가 모여 있는 구조체이다. 파일시스템 전체의 블록 그룹에 대한 정보를 가지고 있어 매우 중요하므로 슈퍼 블록과 함께 모든 블록 그룹에 동일하게 중복 기록되는 특징이 있다. 그룹 디스크립터에는 각 블록 그룹의 블록 비트맵, 아이노드 비트맵, 아이노드 테이블의 시작 블록 주소, 디렉터리 개수 등이 저장된다. GDT 영역 뒤에는 n개 블록의 Reserved GDT 영역이 존재한다.

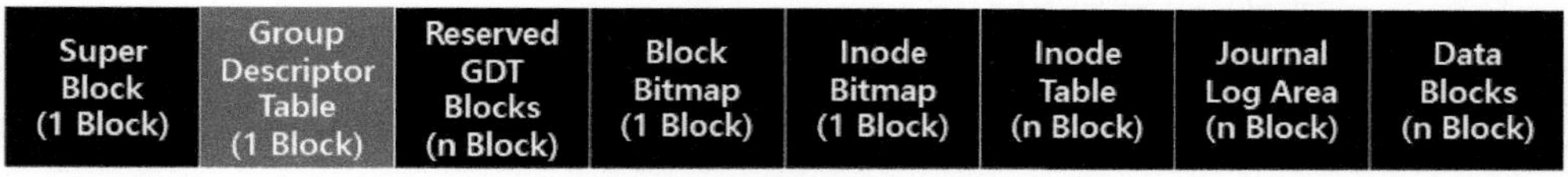

Super Block (1 Block)	Group Descriptor Table (1 Block)	Reserved GDT Blocks (n Block)	Block Bitmap (1 Block)	Inode Bitmap (1 Block)	Inode Table (n Block)	Journal Log Area (n Block)	Data Blocks (n Block)

[그림 54] 그룹 디스크립터 테이블(Group Descriptor Table) 위치

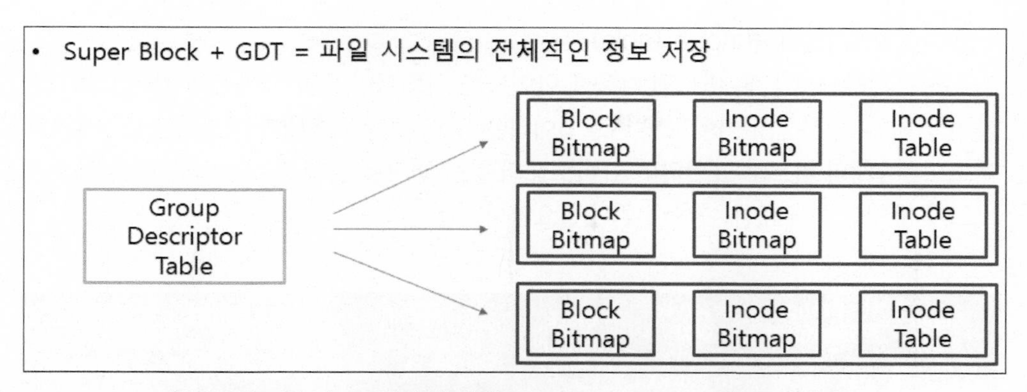

[그림 55] 그룹 디스크립터 테이블(Group Descriptor Table) 구조 개념도

위의 그림과 같이 슈퍼 블록과 그룹 디스크립터 테이블을 종합하여 분석하면 EXT 파일시스템의 전체적인 정보를 얻을 수 있다.

4) 블록 비트맵(Block Bitmap)

블록 비트맵은 위치상으로 그룹 디스크립터 테이블 다음에 존재한다. 그룹 디스크립터 테이블의 크기가 정해진 것이 아니므로 블록 비트맵의 위치도 정해진 것은 아니다. 대신 그룹 디스크립터에 블록 비트맵의 주소가 저장되어 있으므로 이를 이용하여 위치를 찾아갈 수 있다. 블록 비트맵은 블록 그룹 안의 블록의 할당 현황을 저장한다. 즉, 어떤 블록이 사용 중인지 아니면 비어있는지를 나타낸다. 블록 사용현황을 리틀 엔디안 방식으로 표현하는데 1블록을 1bit로 표현한다. 블록이 사용 중이면 1, 비어있으면 0으로 표시한다. 블록 비트맵을 통해 블록 그룹 내의 블록 사용현황을 쉽게 알 수 있고 새로운 블록을 할당하고자 할 때 좀 더 빠르게 처리하도록 해준다.

Super Block (1 Block)	Group Descriptor Table (1 Block)	Reserved GDT Blocks (n Block)	Block Bitmap (1 Block)	Inode Bitmap (1 Block)	Inode Table (n Block)	Journal Log Area (n Block)	Data Blocks (n Block)

[그림 56] 블록 비트맵(Block Bitmap) 위치

5) 아이노드 테이블(Inode Table)

블록 순서상으로 블록 비트맵 다음에 아이노드 비트맵이 오고 그다음에 아이노드 테이블이 위치한다. 사실상 아이노드 비트맵이라는 것도 블록 비트맵과 마찬가지로 1개의 아이노드를 1개의 비트로 표현하여 아이노드의 할당 현황을 알려주는 것이다. 따라서 아이노드가 무엇인지에 대한 이해가 우선 필요하다.

Super Block (1 Block)	Group Descriptor Table (1 Block)	Reserved GDT Blocks (n Block)	Block Bitmap (1 Block)	Inode Bitmap (1 Block)	Inode Table (n Block)	Journal Log Area (n Block)	Data Blocks (n Block)

[그림 57] 아이노드 테이블(Inode Table) 위치

아이노드란 파일시스템에 저장된 모든 파일 혹은 디렉터리에 대한 메타 데이터를 저장하는 구조체이다. 파일시스템에 저장된 파일 혹은 디렉터리는 각각 1개의 아이노드를 가진다. 아이노드에 저장되는 정보는 해당 파일의 크기, 수정(Modification), 접근(Access), 속성 변경(Change), 삭제(Delete) 등의 시간 정보를 비롯하여 파일 크기, 파일 모드와 접근 권한, 파일을 저장하는데 필요한 블록의 수 등의 정보가 있다. 이러한 아이노드 테이블의 할당 여부를 아이노드 비트맵에서 관리하는 것이다.

또한, 실제 데이터가 위치한 블록에 대한 포인터도 저장한다. 블록 포인터는 (i_Block 변수)로 저장되는데 데이터 블록을 가리키는 포인터 배열 형태로 아이노드 당 int형 배열 15개를 가진다. i_block[0]부터 i_block[11]까지의 배열은 파일 데이터가 저장된 블록을 바로 가리켜 직접 포인터라고 하며 i_block[12]부터 i_block[14]까지는 실제 저장된 데이터 블록을 직접 가리키는 것이 아니라 파일 블록을 가리키고 있는 위치 블록을 가리켜 간접 포인터라고 한다.

예를 들어 블록 크기를 4KB로 가정하고 48KB의 크기를 가진 파일이 있다고 한다면 I_block[0] ~ I_block[11] 총 12개의 배열이 파일 블록을 직접 가리키는 형태로 표현할 수 있다. 즉, 직접 포인터로는 최대 48KB(4KB * 12개 = 48KB) 까지 표현할 수 있다. 최대 표현 가능한 파일이 48KB라면 실용성이 없어 EXT 파일시스템을 사용할 이유가 없는 것이다. 이러한 문제를 해결하기 위해 간접 포인터라는 개념을 함께 사용하는 것이다.

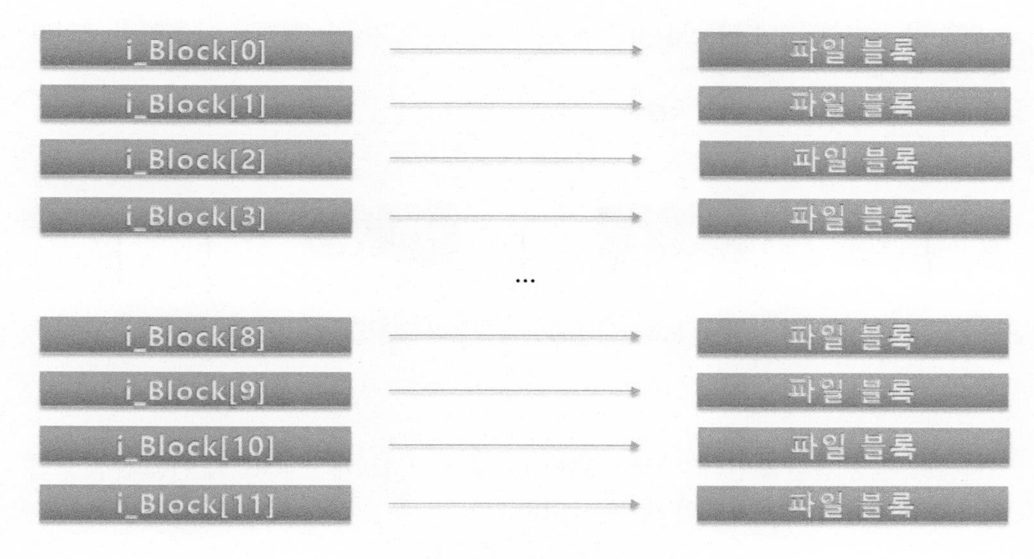

[그림 58] 직접 포인터 개념도

앞서 언급한 것과 같이 만약 한 개의 블록 크기는 4KB로 똑같은 상황에서 48KB가 넘는다면 어떤 식으로 표현할 수 있을까? 이때부터는 간접 포인터를 사용하여 표현할 수 있다. I_block[12]부터는 간접 포인터로 파일 블록을 직접 가리키는 것이 아니라 파일 블록을 가리키고 있는 위치 블록을 중간에 두고 이를 거쳐서 가리키게 된다. 하나의 위치 블록을 가지는 형식을 단일 간접 블록이라고 한다. 블록 크기가 4KB인 경우, 위치 블록 하나는 1,024개의 파일 블록을 추가로 가리킬 수 있다. 위와 동일한 조건으로 산술적으로 계산하면 한 개의 블록이 4KB * 1,024 = 4MB가 된다. 즉, 표현 가능한 최대 파일의 크기는 4MB이다.

[그림 59] 단일 간접 포인터 개념도

위와 같은 방식으로 I_block[13]은 위치 블록을 두 번 거치는 형태로 이중 간접 포인터를 사용한다.

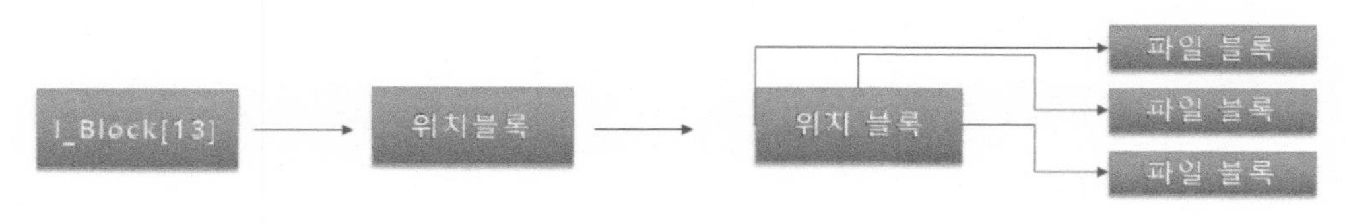

[그림 60] 이중 간접 포인터 개념도

따라서, 이중 간접 포인터의 경우 4KB * 1,024개 * 1,024개 = 4GB, 즉 이중 간접 포인터로 표현 가능한 최대 파일의 크기는 4GB이다.

I_block[14]은 위치 블록을 세 번 가르치는 형태인 삼중 간접 포인터를 사용한다. 마찬가지로 삼중 간접 포인터를 계산하면 4KB * 1,024개 * 1,024개 = 4TB, 즉 최대 표현 가능한 파일의 크기는 4TB가 되는 것이다. 위와 같은 간접 포인터 형식을 통해 파일 크기가 큰 파일도 저장할 수 있는 것이다. 하지만 이론적으로 최대 4TB까지 파일을 지원할 수 있지만 실제로 리눅스 커널 내부의 파일 관련 함수들이 사용하는 인자들이 32bit로 구현되어 있어 최대 표현 가능한 크기는 4GB이다.

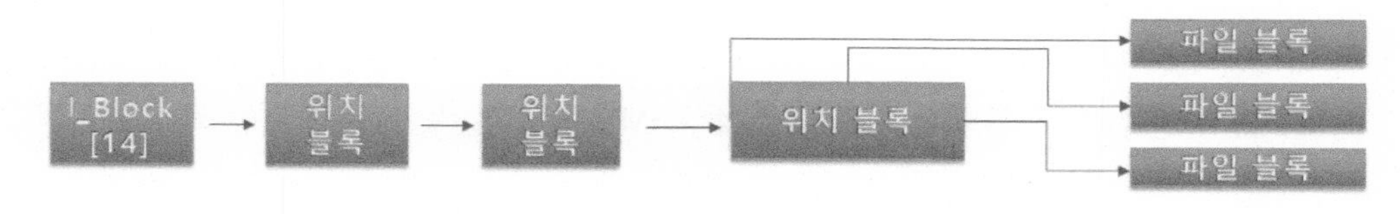

[그림 61] 삼중 간접 포인터 개념도

위와 같은 아이노드에서 포인터 배열 방식은 ext2/3에서 사용하였고 ext4에서는 extents 방식을 사용한다. extents 방식은 포인터 배열 방식의 비효율적인 문제를 해결하기 위한 것으로 NTFS 파일시스템의 클러스터와 유사한 방식이다. extents는 한 번에 예약하여 처리할 수 있는 연속된 물리적 블록을 의미한다. extents를 활용하면 파일을 직접 가리키고 있는 아이노드의 수를 줄일 수 있고 데이터의 단편화를 감소시킬 수 있다. 또한, 대용량 파일 접근 성능을 향상할 수 있다.

6) 데이터 블록(Data Blocks)

Super Block (1 Block)	Group Descriptor Table (1 Block)	Reserved GDT Blocks (n Block)	Block Bitmap (1 Block)	Inode Bitmap (1 Block)	Inode Table (n Block)	Journal Log Area (n Block)	Data Blocks (n Block)

[그림 62] 데이터 블록(Data Blocks) 위치

데이터 블록은 디렉터리 엔트리(Directory Entry)와 실제 데이터 내용이 저장되는 블록이다. 당연히 저장되는 데이터의 양에 따라 블록의 수는 가변적이다. 디렉터리 엔트리라는 것은 하나의 파일에 해당하는 메타 정보를 저장하고 있는 것으로 Inode 번호, 파일 타입, 파일 이름 등이 저장된다. 여기서 주의해야 할 것은 시간 정보, 파일모드, 파일 크기, 데이터 블록의 위치와 같은 메타 정보는 디렉터리 엔트리가 아닌 앞서 살펴본 아이노드 테이블에 존재한다는 것이다. 따라서 아이노드 테이블에 저장된 메타 정보와 결합하여 완전한 메타 정보를 획득해야 한다.

(3) 특 징

하위 호환성

EXT4 파일시스템은 이전 버전인 EXT3와의 상호 호환성을 제공하여 현재 Linux에서 가장 많이 사용되고 있는 파일시스템인 EXT3에서 EXT4로 큰 어려움 없이 마이그레이션 할 수 있도록 지원한다. 즉, 옮기지 않은 기존 파일을 기존 EXT3 형식으로 유지하면서 새 파일, 또는 복사한 기존 파일을 새로운 EXT4 데이터 구조로 관리할 수 있다. 이러한 방법을 통해 온라인으로 EXT3 파일시스템을 EXT4 파일시스템으로도 마이그레이션 할 수 있다.

시간 소인 정밀도 및 범위 향상

EXT4 이전의 EXT 파일시스템에서는 초 단위의 시간 소인을 사용하고 있다. 이 시간 소인은 많은 설정에서 효과적으로 사용되었다. 하지만 최근 시스템의 프로세서 처리 속도가 빨라지고 멀티코어 프로세서 등 통합 기능이 향상되었을 뿐만 아니라 고성능 컴퓨팅과 같은 다른 애플리케이션 도메인에서 Linux가 사용되면서 그 한계가 드러나고 있다. EXT4의 시간 소인은 기본적으로 나노초 LSB로 확장되어 후속 버전과의 호환성을 보장한다.

파일시스템 확장

EXT3에 비하여 EXT4에서는 파일시스템 볼륨, 파일 크기 및 서브디렉토리 제한에 대한 지원이 향상되었다. EXT4는 최대 1EBytes의 파일시스템을 지원한다. EXT4에서 허용되는 최대 파일 크기는 16TB이며, 이는 EXT3의 최대 파일 크기의 8배에 해당한다. 서브디렉토리 제한도 32KB 디렉터리 깊이에서 거의 무한대로 확장되었다. 디렉터리 인덱싱도 해시 된 B 트리 형태의 구조로 최적화되었다. 따라서 제한이 크게 확장되었음에도 EXT4에서는 매우 빠른 탐색이 가능하다.

익스텐트(Extent)

EXT3의 주요 단점 중 하나는 할당 방법에 있었다. 여유 공간에 대한 비트맵을 통해 파일이 할당되었는데 이 방법은 빠르지도 않고 확장성도 좋지 않았다. EXT3의 형식은 작은 파일에 매우 효율적이지만 큰 파일에는 비효율적이다. EXT4에서는 할당 기능을 향상하고 더욱 효율적인 스토리지 구조를 지원하기 위해 EXT3의 메커니즘을 익스텐트(extent)로 대체했다. 익스텐트는 연속되는 블록 시퀀스를 나타낸다. Extent는 EXT2와 EXT3에서 쓰이던 전통적인 블록 매핑(block mapping) 방식을 대체하기 위한 것이다. Extent는 인접한 물리적 블록의 묶음으로, 대용량 파일 접근 성능을 향상하고 단편화를 줄인다. 이처럼 익스텐트를 사용하게 되면 블록의 저장 위치에 대한 정보를 유지하는 대신 연속 블록으로 구성된 긴 목록의 저장 위치에 대한 정보가 유지되기 때문에 저장되는 전체 메타 데이터의 용량이 줄어든다.

파일 레벨 사전 할당

데이터베이스 또는 콘텐츠 스트리밍과 같은 특정 애플리케이션에서는 드라이브에 대한 순차 블록 읽기 최적화를 사용하고 블록에 대한 읽기 명령 비율을 최대화하기 위해 연속 블록에 저장되는 파일을 사용한다. EXT4에서는 지정된 크기의 파일을 사전 할당 및 초기화하는 새로운 시스템 호출을 통해 구현하였다. 필요한 데이터를 기록한 후 데이터에 대한 제한적인 읽기 성능을 제공할 수 있다.

블록 할당 지연

할당 지연은 파일 크기를 기반으로 하는 최적화 방법이다. 이 방법은 블록을 디스크에 강제로 기록할 때까지 디스크의 물리적 블록을 할당하지 않고 기다린다. 이에 따라 더 많은 블록을 연속 블록에 할당 및 기록할 수 있게 된다. 따라서 실제 파일 크기에 기반하여 블록 할당을 결정함으로 향상된 블록 할당이 가능하게 되고 하나의 파일에 대한 블록이 여러 곳으로 분산되는 현상을 막는다. 이는 다시 디스크 이동을 최소화시켜 시스템 성능 향상으로도 이어진다. 이 방법은 파일시스템에서 작업이 자동으로 수행된다는 점을 제외하면 지속적인 사전 할당과 유사하다. 하지만 파일 크기가 미리 알려진 경우에는 지속적인 사전 할당이 가장 효과적인 방법이다. 지연된 할당은 프로그래머가 EXT3에서 의도했던 동작을 변경하기 때문에, 이 특성은 모든 데이터가 디스크에 기록되기 전에 발생한 시스템 충돌이나 전원 차단 시 추가적인 데이터 유실 위험을 일으킨다. 그래서 2.6.30 이상의 커널에서는 자동으로 이런 경우를 알아차리고 이전의 동작으로 되돌린다.

멀티 블록 할당

EXT3에서 블록 할당자는 한 번에 하나의 블록을 할당하는 방식으로 동작하였다. 여러 개의 블록이 필요한 경우, 연속 데이터를 연속되지 않은 블록에서 찾을 수 있었다. EXT4에서는 디스크에 연속되어 있을 수 있도록 여러 블록을 동시에 할당하는 블록 할당자를 사용하여 이 문제를 해결했다. 또한, EXT3의 경우에는 블록 할당을 수행하기 위해 블록마다 한 번의 호출이 필요했지만, 여러 블록을 동시에 할당하는 경우에는 블록 할당자에 대한 호출 횟수가 많이 줄어들기 때문에 할당 속도가 빨라지고 필요한 처리 리소스의 양도 줄어든다.

파일시스템 저널에 대한 체크섬 검사

EXT3과 마찬가지로 EXT4도 저널링 파일시스템이다. 저널링 파일시스템의 경우, 작업 중에 시스템 오류 또는 전원 문제가 발생하더라도 일관성을 유지하며, 파일시스템의 손상 가능성이 줄어드는 효과를 얻을 수 있다. 하지만 저널링을 사용하더라도 올바르지 않은 항목이 저널에 있다면 손상 가능성은 여전히 존재한다. 이 문제를 해결하기 위해 EXT4에서는 저널에 대한 체크섬 기능을 구현하여 올바른 변경 사항만 기본 파일시스템에 적용하도록 한다.

온라인 조각 모음

EXT4에는 파일시스템 내의 조각을 줄여 주는 기능이 통합되어 있기는 하지만 파일시스템을 장기간 사용할 경우 어느 정도의 조각이 발생하는 것은 피할 수 없다. 이 문제를 해결하여 성능을 향상하기 위해 파일시스템 및 개별 파일에 대한 조각 모음을 수행하는 온라인 조각 모음 도구를 제공한다. 온라인 조각 모음 도구는 인접한 익스텐트를 참조하는 새 EXT4 inode에 파일을 복사하는 단순한 도구이다.

참고문헌) File System Forensic Analysis(Brian Carrier 지음, 주필환 옮김)
임베디드 개발자를 위한 파일시스템의 원리와 실습(정준석, 정원용 공저)

제2편

운영체제

제1장 운영체제의 역할 및 기능
제2장 운영체제의 분류
제3장 컴퓨팅 환경 별 운영체제
제4장 운영체제의 기능
제5장 Windows 기반 시스템
제6장 UNIX 기반 시스템
제7장 Linux 기반 시스템
제8장 OS X 기반 시스템

운영체제에 들어가기전에

전자저장장치에 저장된 데이터는 기계가 이해하고 처리하기 쉬운 형태로 구성되어 있다. 기계가 이해하고 처리하기 쉬운 데이터 형태는 사람이 이해하고 사용하기에는 매우 어렵기 때문에 사람이 이해할 수 있는 형태로 데이터를 해석[6]해주는 과정이 필요하다.

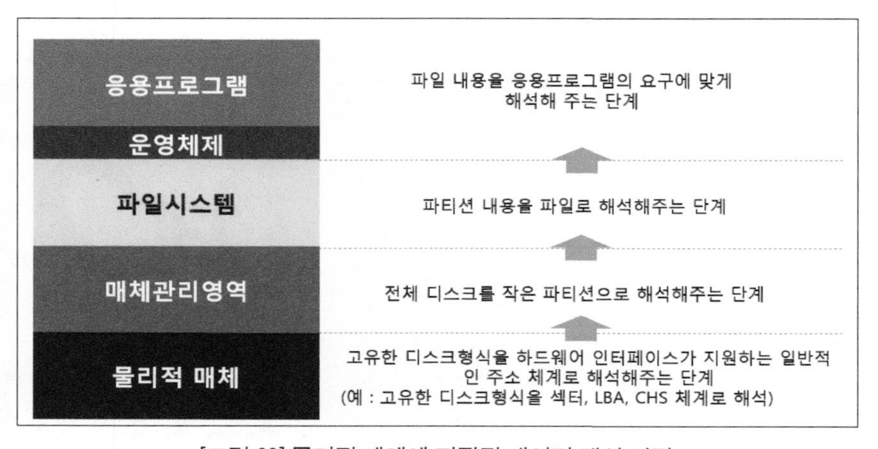

[그림 63] 물리적 매체에 저장된 데이터 해석 과정

이처럼 사용자가 물리적매체에 저장된 데이터에 접근하기 위해서는 적절한 해석과정과 시스템이 필요하며, 이러한 시스템 운영에 필요한 기본 기능들의 집합 프로그램을 운영체제(Operating System)[7]라 한다. 운영체제는 응용프로그램과 물리적 매체 사이의 인터페이스 역할을 하며, 가상화 기술의 발전으로 물리적 매체가 아닌 가상화 된 논리적 플랫폼 상에서 구동되기도 한다.[8]

6) Brian Carrier (2013), "Defining Digital Forensic Examination and Analysis Tools Using Abstraction Layers", International Journal of Digital Evidence, Winter 2003, Volume 1, Issue 4 참고

7) 원용기(2018), "디지털 증거의 계층화 연구", 형사법의 신동향 통권 제59호(2018·6), 150면

8) 익명, "운영체제", 위키피디아, 〈ko.wikipedia.org/운영_체제〉, (2018. 11. 30. 방문).

조사인은 디지털포렌식을 통해 사용자의 행위 및 의도 등을 분석하고자 한다. 위에서 언급했듯 사용자는 물리적매체를 직접 제어하는 것이 아닌, 여러 해석 단계를 거쳐 응용프로그램을 사용하는 것이다. 따라서 물리적매체와 응용프로그램의 인터페이스 역할을 하는 운영체제 상에는 관리를 위한 여러 정보들이 기록되게 된다. 이렇듯 운영체제가 시스템 관리를 위해 기록한 정보는 본래증거[9)]라고 표현할 수 있으며, 디지털포렌식 분석관은 운영체제가 기록한 사용자 행위 관련 본래증거 및 설정 관련 본래증거를 분석하여 사용자의 행위 및 의도를 증명할 수 있다.

9) 김영철(2018), "디지털 전문증거 진정성립을 위한 디지털 본래증거 수집 방안", 형사법의 신동향 통권 제58호(2018 · 3), 272-276면. "행위 관련 본래증거는 컴퓨터 시스템 내에서 특정 행위가 발생될 대마다 저장되는 아티팩트를 말한다. 보통 로그 또는 로그 파일이라고 하는 것들이 이에 속한다. (중략) 디지털 전문증거의 성립의 진정을 하는 방법은 크게 두 가지로 나눌 수 있다. 하나는 '작성자가 해당 디지털 전문증거를 작성하였음을 입증'하는 것이고, 다른 하나는 '작성자 외에 다른 사람이 해당 파일을 작성할 수 없었음을 입증'하는 것이다. (중략) 레지스트리는 윈도우 운영체제의 대표적인 설정 관련 본래증거로 이러한 정황을 입증하는 데에 사용된다."

제1장 운영체제의 역할 및 기능

운영체제의 역할은 크게 두 가지로 구분할 수 있다.

[그림 64] 운영체제의 역할

사용자 인터페이스는 사용자의 입장에서 본 운영체제의 역할이라 할 수 있으며, 이는 운영체제가 사용자들로 하여금 컴퓨터 시스템을 사용하는데 있어서 편리함을 제공하는 역할을 담당한다는 것을 의미한다. 예를 들어, 사용자가 컴퓨터의 하드디스크에 저장되어 있는 'A 파일'의 내용을 프린터로 출력하고자 하는 경우를 생각해 보자. 사용자는 우선 'A 파일'이 정확히 하드디스크의 어느 주소에 저장되어 있는 지를 파악해야 할 것이다. 즉, 어느 디스크 드라이브에 있는 디스크 팩(Disk Pack)의 어느 실린더, 어느 트랙, 어느 섹터에 저장되어 있는지 그 위치를 정확히 알아야 한다. 그리고 주소를 알았다면 해당 주소에 있는 'A 파일'을 이를 읽기 위해 입출력 처리기에 어떤 방법으로 명령을 내려야 하는지 알아야 할 것이며, 또한 이를 프린터로 출력하기 위해서는 프린터의 작동 과정 및 제어 방법에 대해 알아야 한다.

하지만 현대의 컴퓨터 시스템에서는 이러한 복잡한 작업들을 운영체제가 모두 대신해준다. 따라서 사용자들은 키보드를 이용한 간단한 명령의 입력이나 마우스를 이용한 메뉴의 선택 또는 클릭으로 이러한 복잡한 과정을 간단히 지시하고 프로그램을 사용할 수 있게 된다. 즉, 운영체제의 사용자 인터페이스 기능 덕에 사용자들은 하드웨어의 구조나 작동 과정에 대한 충분한 지식이 없이도 편리하게 컴퓨터를 사용할 수 있는 것이다.

과거 운영체제가 제공하는 사용자 인터페이스는 사용자가 텍스트(Text) 형태의 명령어를 입력하여 사용하는 CLI(Command Line Interface) 환경이었다. 하지만 근대에는 사용자들에게 메뉴(Menu)나 아이콘(Icon) 등의 형태로 각종 작업들을 제시하여 사용자가 원하는 작업을 실행하기 편리한 GUI(Graphical User Interface)로 변화되어 왔으며, 최근에는 NUI(Natural User Interface) 환경을 갖춘 스마트워치(Smart Watch), 스마트 글래스(Smart Glasses) 등과 같은 웨어러블(Wearable) 기기로 인해 다양한 형태의 사용자 인터페이스가 등장하고 있다.

다음으로 운영체제가 제공하는 또 다른 중요한 기능으로 자원 관리 기능이 있다. 이는 다수의 사용자들이 동시에 하나의 컴퓨터 시스템을 사용하는 다중 사용자 시스템(Multi-User System)에서 특히 중요한 기능이다. 여러 사용자들이 한 컴퓨터를 사용하는 경우 그 컴퓨터 시스템의 주기억장치에는 여러 사용자들이 실행시킨 프로그램들이 동시에 적재 되어야 한다. 이 경우 각 프로그램들은 서로 겹치지 않는 메모리 주소를 할당 받아야 하며, 각 프로그램이 저장된 메모리 주소를 구분할 수 있어야 한다. 그리고 할당된 메모리 주소 관리를 통해 각 프로그램이 다른 프로그램 영역을 침범하지 않도록 해야 한다. 이러한 일을 담당하는 기능을 메모리 관리(Memory Management) 기능이라 하며, 이는 운영체제가 담당하는 자원 관리의 한 예시이다.

이 외에도 운영체제는 중앙처리장치, 입출력 장치, 보조 기억 장치 등 하드웨어 자원(Hardware Resource)과 시스템 내에 존재하는 각종 파일, 프로그램 등의 소프트웨어 자원(Software resource)를 관리하는 기능을 제공한다. 운영체제는 컴퓨터 시스템을 보다 효율적으로 운영하기 위해 컴퓨터 시스템 내의 각종 자원들을 관리하며, 자원 관리를 통해 컴퓨터 시스템의 성능을 최적화한다. 운영체제의 자원 관리 기능은 다음과 같다.

[그림 65] 운영체제의 자원 관리 기능

참고 : 용 어

▶ **자 원(resource)**

컴퓨터 시스템에서의 자원은 크게 하드웨어 자원과 소프트웨어 자원으로 구분된다. 하드웨어 자원이란 컴퓨터 시스템 내에 존재하는 각종 하드웨어 장치들을 의미하며, 이에는 프로세서(processor),주기억 장치(main memory), 하드 디스크(hard disk), 프린터(printer) 등이 모두 포함된다. 소프트웨어 자원이란 컴퓨터 시스템 내에 저장되어 있는 각종 정보들 또는 컴퓨터 시스템 내에서 하드웨어 장치간 또는 다른 컴퓨터 시스템으로 전송되고 있는 정보들을 의미한다. 소프트웨어 자원으로는 컴퓨터시스템의 하드 디스크에 저장되어 있는 각종 파일(프로그램 파일, 데이터 파일 등)들이나 주기억장치에 적재되어 있는 각종 정보들, 그리고, 메모리 버스나 입출력 버스를 통해 전송되고 있는 각종 시그널(signal)들과 컴퓨터 통신망을 통해 전송되는 각종 메시지 등을 예로 들 수 있다.

다음 그림은 컴퓨터 시스템의 구성을 컴퓨터 하드웨어, 운영체제, 시스템 소프트웨어, 응용프로그램, 사용자 등을 기준으로 표현한 것이다.

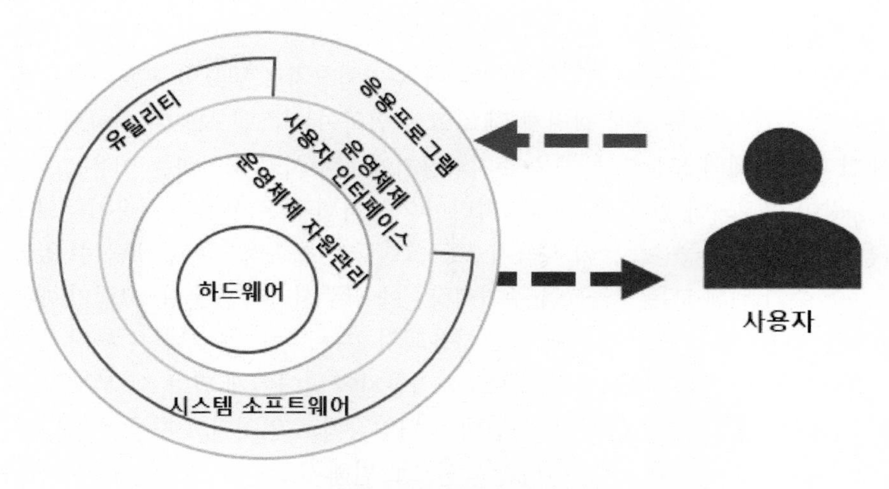

[그림 66] 컴퓨터 시스템 구성

앞서 언급했듯, 사용자가 응용프로그램을 사용하고 하드웨어를 사용하기 위해서는 운영체제 기능의 지원을 받는다. 그리고 운영체제의 가장 중요한 요소 중 하나는 커널(Kernel)이다. 커널은 운영체제에 속해 있는 각종 기능들 중 사용자 및 실행 프로그램들을 위하여 가장 빈번히 사용되는 기능들을 담당하는 부분으로서 컴퓨터 시스템이 처음 부팅(Booting)될 때에 주기억장치에 적재되어 시스템의 운영이 종료(Shutdown)될 때까지 계속해서 주기억장치에 남아 있게 된다. 즉, 커널은 운영체제의 핵심이 되는 부분이며 이를 다른 말로는 핵(Nucleus), 관리자(Supervisor), 상주 프로그램(Resident program)이라고도 부른다. 또한 운영체제의 기능 중 하나인 자원의 관리 부분을 커널이 대부분 맡고 있다하여 커널을 제어 프로그램(Control program)이라 부르기도 한다.

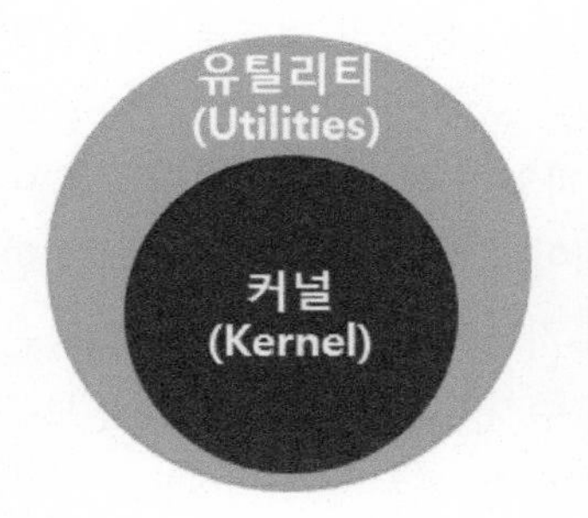

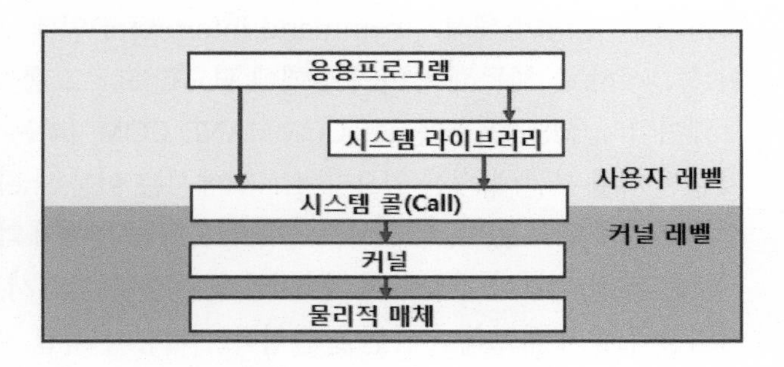

[그림 67] 운영체제의 구성

운영체제 중에서 빈번히 사용 되는 부분을 주기억장치에 상주시키는 이유는 이들이 사용될 때마다 디스크 등의 보조 기억장치에서 주기억장치로 필요한 프로그램들을 읽어올 경우 그 시간이 매우 오래 걸리게 되고 그로 인하여 시스템 성능이 저하되기 때문이다. 또한 운영체제의 모든 모듈들을 주기억장치에 상주시키지 못하는 이유는 주기억장치의 용량이 한정되어 있기 때문이다. 따라서 가능하면 많은 용량을 사용자들의 프로그램들을 위해서 남겨 놓음으로써 사용자 프로그램들이 효과적으로 실행될 수 있는 환경을 만들어 주기 위해 모든 모듈들을 주기억장치에 상주시키지 않는다. 그렇기 때문에 시스템이 운영되는 동안 커널에 비해 자주 사용되지 않는 유틸리티 부분은 부팅 시에 주기억장치에 적재되지 않고 디스크 등의 보조기억장치에 남아있게 되며, 이 부분의 특정 기능이 호출되는 경우에는 필요한 부분만이 주기억장치로 읽혀지고 사용이 끝나면 다시 주기억장치에서 지워지게 된다. 이러한 특성으로 인해 유틸리티 프로그램은 일반적으로 비상주 프로그램(Transient Program)이라고도 하며, 이 유틸리티 부분이 주로 운영체제의 기능 중 사용자 인터페이스 기능을 담당하여 이를 서비스프로그램(Service Program)이라고도 한다.

MS-DOS의 예를 보자. MS-DOS 운영체제에는 수많은 파일들이 존재한다. 그 중 IO.SYS, MSDOS.SYS, COMMAND.COM세 파일이 커널 부분에 속하며 부팅 시에는 이 세 파일들이 디스크의 지정된 위치(루트 디렉토리에 속함)로부터 읽혀져 그 때부터 주기억장치에 상주하게 된다. 그 외의 나머지 파일들은(PRINT.EXE, FORMAT.COM, XCOPY.EXE, BACKUP.EXE, CHKDSK.EXE 등) 유틸리티 부분에 속하며, 이 프로그램들은 디스크 등의 보조기억장치에 상주하다가 필요할 때에만 주기억장치로 적재되는 것이다.

UNIX의 경우에도 운영체제가 이렇게 두 부분으로 나누어져 있는 상황은 같으며 커널 부분이 주기억장치에 상주하는 것도 마찬가지이다. 단, MS-DOS와 UNIX가 크게 서로 다른 점은 명령어 해석기(command interpreter)인데 이는 사용자의 명령을 받아들여 이를 분석하고, 해독하며 이의 실행에 필요한 프로그램들을 호출하는 역할을 하는 소프트웨어이다. MS-DOS에서는 COMMAND.COM이라는 파일이 이 역할을 담당하며 이 파일이 커널 부분에 속해 있으나, UNIX에서는 이를 Shell이라 하며 이를 유틸리티의 한 종류로 간주하고 있다. 앞에서도 설명했듯이 운영체제의 커널 부분이 담당하는 기능은 대부분 자원의 관리 기능이라 할 수 있다. 이는 프로세서, 주기억장치, 입출력장치, 보조기억장치 등의 하드웨어 자원을 관리하는 기능과 파일, 메시지, 프로세스(Process) 등의 소프트웨어 자원을 관리하는 기능으로 구분해 볼 수 있다.

제2장 운영체제의 분류

모든 컴퓨터 시스템들은 나름대로의 운영체제를 가지고 있으며, 과거에는 하드웨어 제조업체가 다른 컴퓨터 시스템들은 당연히 서로 다른 운영체제를 가지고 있는 것으로 인식되어 오기도 했다. 운영체제가 다르다는 것은 앞 절에서 설명한 대로 사용자 인터페이스가 다르다는 말이 되므로 사용자의 입장에서는 당연히 그 컴퓨터 시스템들의 사용 방법이 서로 다르다는 의미가 되는 것이다. 또한 운영체제가 다른 컴퓨터 시스템들은 그 시스템 내의 각종 자원들에 대한 관리 방법도 다를 것이므로 이 역시 사용자들에게 성능이나 사용 환경의 면에서 어느 정도 영향을 미치게 된다.

근대에 와서는 UNIX 운영체제처럼 개방형(Open) 운영체제의 표준안이 제시되어 컴퓨터 하드웨어의 종류나 제조업체에 관계없이 같은 운영체제를 사용하는 경우도 있어, 사용자들이 컴퓨터 하드웨어가 바뀌는 환경에서도 새로이 사용법을 배울 필요가 없고 기존에 사용하던 원시 프로그램들도 그대로 이식하여 사용할 수 있는 환경도 제공되고 있다. 현재 다양한 종류의 운영체제들이 개발되어 사용되고 있으며, 이러한 운영체제들은 다음과 같은 몇 가지 형태로 분류해 볼 수 있다.

기 준	구 분
동시 사용 가능 사용자 수	단일 사용자 시스템 (Single-User System)
	다중 사용자 시스템 (Multi-User System)
동시 실행 가능 태스크(Task) 수 기준	단일 태스킹 시스템 (Single-Tasking System)
	다중 태스킹 시스템 (Multi-Tasking System)
사용자에게 나타나는 컴퓨팅 환경 기준	일괄 처리 시스템 (Batch System)
	시분할 시스템 (Time-Sharing System)
	분산 시스템 (Distributed System)
	실시간 시스템 (Real-Time System)

[표 12] 운영체제 유형 구분

1. 단일 사용자 시스템과 다중 사용자 시스템

동시 사용 가능 사용자 수 기준

단일 사용자 시스템 (Single-User System)

다중 사용자 시스템 (Multi-User System)

[그림 68] 동시 사용 가능 사용자 수 기준 시스템 구분

단일 사용자 시스템이란 하나의 컴퓨터 시스템을 동시에 한 사용자만이 사용할 수 있도록 제한하는 시스템을 의미한다. 이러한 시스템에서는 항상 한 사용자만이 시스템을 사용하고 있고 그 시스템의 모든 자원들이 해당 사용자에게 귀속되어 있다. 단일 사용자 시스템의 운영체제는 한 사용자에 대해서만 자원 관리를 하면 되며, 따라서 보호(Protection) 등의 문제를 어렵지 않게 해결할 수 있다. 단일 사용자 운영체제는 다시 단일 태스킹 시스템(Single-Tasking System)과 다중 태스킹 시스템(Multi-Tasking System)으로 나누어 볼 수 있으며 이에 대해서는 다음 절에서 설명한다. 단일 사용자 시스템은 주로 소형 컴퓨터(Micro Computer)나 개인용 컴퓨터(Personal Computer)에서 많이 사용되고 있으며, 근대에 많이 사용되었던 MS-DOS와 같은 운영체제가 이 단일 사용자 시스템의 한 예라 할 수 있다.

다중 사용자 시스템은 한 컴퓨터 시스템을 동시에 여러 사용자들이 사용할 수 있도록 구성된 시스템이라 할 수 있다. 이 경우 여러 사용자의 파일들이 하나의 컴퓨터 시스템에 저장된다. 따라서 각 파일의 소유자를 구분하거나, 한 사용자가 다른 사용자의 파일에 허락없이 접근하지 못하도록 하는 등의 기능이 추가로 필요하게 된다. 또한, 다중 사용자 시스템은 대부분 다중 태스킹 기능을 지원하기 때문에 다음 절에서 언급할 다중 태스킹 시스템의 특성도 갖는다고 볼 수 있다. 따라서 다중 사용자 시스템의 운영체제는 단일-사용자 시스템의 운영체제에 비해 복잡하고 그 규모가 커지게 된다. 다중 사용자 시스템 운영체제의 대표적인 예는 UNIX, Linux, MVS, Windows Server 계열 운영체제 등을 들 수 있으며, 이들은 주로 슈퍼마이크로 컴퓨터(Super Micro Computer)나 중소형 컴퓨터(Mini Computer) 이상의 컴퓨터 시스템에서 사용된다. 여러 명의 원격 사용자가 UNIX 셸 프롬프트에 동시에 접속하는 UNIX 서버가 대표적인 예이다.

2. 단일 태스킹 시스템과 다중 태스킹 시스템

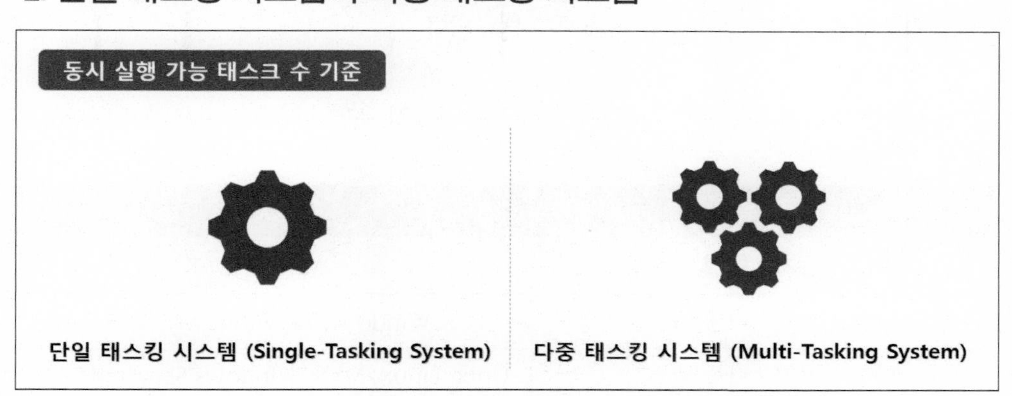

[그림 69] 동시 실행 가능 태스크 수 기준 시스템 구분

단일 태스킹 시스템이란 한 번에 한 가지 작업만을 수행할 수 있는 시스템을 말한다. 다시 말해 하나의 작업이 완전히 완료되고 난 후 다음 작업을 수행할 수 있게 되는 시스템을 말한다. 단일 태스킹 시스템은 모두 단일 사용자 시스템이라 할 수 있으며, 이러한 시스템에서는 대부분의 경우 주기억장치에 한 프로그램만이 적재된다. 또한 프로세서(Processor)에서도 한 프로그램만이 실행될 것이며, 그 외의 모든 자원들도 한 사용자(또는 그 사용자가 실행시킨 프로그램)에 귀속되어 있다고 볼 수 있으므로 운영체제 입장에서는 자원 관리가 매우 수월해 진다. 예를 들어 주기억장치에 프로그램들을 배치하고 메모리를 할당할 때 고려해야 할 요소가 적어진다. 단일 태스킹 시스템은 주로 소형 컴퓨터나 개인용 컴퓨터에서 많이 사용되어 왔으며, Microsoft사에서 개발한 MS-DOS 운영체제가 단일 태스킹 운영체제의 한 예라 할 수 있다.

다중 태스킹 시스템은 한 컴퓨터 시스템에서 동시에 여러 프로그램들이 실행될 수 있도록 구성된 시스템이라 할 수 있다. 이 경우에는 다중 사용자 시스템에서 언급한 바와 같이 여러 프로그램들이 동시에 주기억장치에 적재되어야 하므로 주기억장치의 관리가 더욱 복잡해진다. 또한 여러 프로그램들이 하나의 프로세서에서 번갈아 실행되어야 하므로 이에 대한 스케줄링(Scheduling) 문제도 고려해야 한다. 그 외에도 각 프로그램들이 수시로 발생시키는 입출력을 관리하는 등 운영체제에서 관리해야 할 사항들이 많아 지기 때문에 다중 태스킹 시스템 운영체제는 단일 태스킹 시스템 운영체제에 비해 복잡하고 그 규모가 커지게 된다. 다중 태스킹 운영체제의 대표적인 예로는 Unix, Linux, MVS[10] 등을 들 수 있으며, 특히 PC에서 최근 많이 사용되고 있는 운영체제인 Windows 계열 운영체제도 다중 태스킹 운영체제로 분류된다.

아래 표는 지금까지 설명한 두 가지 구분으로 대표적 운영체제들을 구분한 것이다.

분 류	운영체제
단일 사용자 / 단일 태스킹	MS-DOS
단일 사용자 / 다중 태스킹	Windows 95, Windows 98 등
다중 사용자 / 다중 태스킹	Unix, Linux, MVS, Windows Server 계열 등

[표 13] 각 유형 별 운영체제 예시

컴퓨팅 환경을 기반으로 한 운영체제의 분류는 다음 장에서 소개한다.

10) MVS(Multiple Virtual Storage)는 과거 시스템/370, 시스템/390IBM 메인프레임 컴퓨터에서 가장 흔히 쓰였던 운영체제이다

제3장 컴퓨팅 환경 별 운영체제

1. 일괄처리 시스템

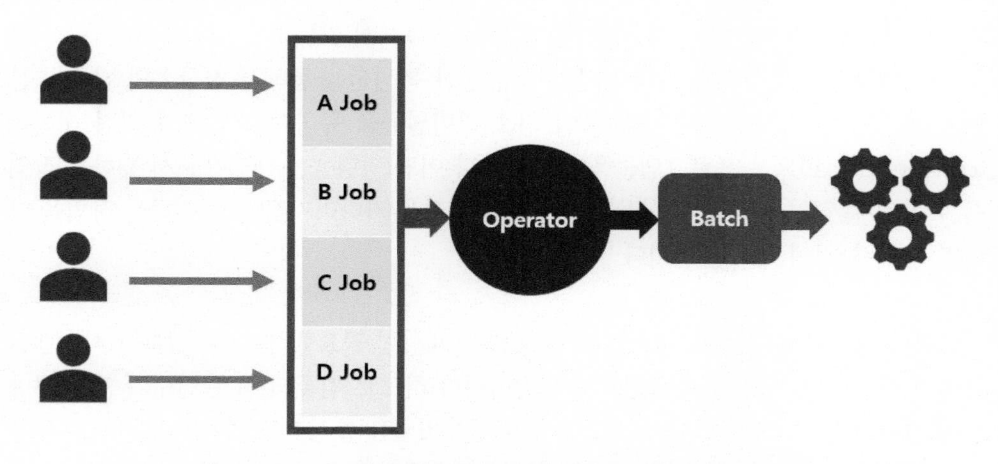

[그림 70] 일괄처리 시스템은 여러 개의 작업 요청을 종합하여 처리

일괄처리 시스템(Batch System)이란 사용자들의 작업 요청을 일정한 분량이 될 때까지 모아 두었다가 한꺼번에 종합하여 처리하는 방식의 시스템을 말한다. 통신망으로 연결되어 있지 않던 초기의 컴퓨터 시스템들은 대부분이 일괄처리 시스템이었으며, 전자계산소에 컴퓨터 본체, 카드리더, 프린터, 플로터, 하드디스크, 자기 테이프 등의 입출력 장치 및 보조기억장치까지 위치시켜 놓고 운영하였다. 초기에 이와 같이 중앙 집중적으로 시스템을 구성한 이유는 CRT 터미널 기술, 시분할 처리 기술, 통신 기술 등이 미숙한 탓이었다. 물론 이와 같이 운영을 하면, 컴퓨터 시스템이 최소의 경비로 운영될 수 있다는 장점이 있었다. 그러나 이와 같이 시스템을 운영하면 최종 사용자의 번거로움과 생산성(Productivity) 저하 문제라는 단점이 있다. 따라서 이러한 시스템의 운영체제는 일괄적으로 입력된 프로그램들을 다중 태스킹(Multi-Tasking) 방식으로 처리했으며 시스템 전체의 효율성, 즉, 작업 처리량(throughput)이나 자원 사용도(Resource utilization)을 높이는 데에 초점을 맞추고 있다. 따라서 초기 컴퓨터 이용 형태임에도 불구하고 컴퓨터 처리 효율을 높이거나, 일정 시점 단위로 업무(Job)을 수행해야 하는 경우에는 현대에도 유용한 방법으로 사용되고 있다.

2. 시분할 시스템

일괄처리 시스템의 사용에서 느끼는 사용자들의 불편을 해소하기 위하여 시분할 시스템이 출현하게 되었으며, 이는 통신 기술, 운영체제의 시분할 처리 기술 등의 발전과 CRT 터미널이라고 하는 입출력장치의 출현을 통해서 가능하게 되었다. 초기의 시분할 시스템에서는 다량의 CRT 터미널들이 일정한 통신선을 통해서 전산소의 컴퓨터 본체와 연결되어 있으며, 사용자들이 이 CRT 터미널들을 통하여 컴퓨터와 직접 대화식(conversational)으로 프로그램들을 입력하거나 어떤 명령들을 내림으로서 원하는 작업을 수행할 수가 있게 되었다. 사용자들이 오랜 시간을 기다리지 않고도 원하는 작업을 마칠 수 있는 환경이 제공된 것이다.

그러나 이와 같은 시분할 시스템도 아직 많은 개선이 필요했다. 우선 시분할 시스템은 본체와 각 터미널 사이를 통신선으로 연결하여야 하므로 컴퓨터 사용 인구가 많은 곳에는 비경제적인 시스템이었다. 수백, 수천 개의 터미널용 통신선을 설치한다는 것은 매우 비경제적인 방법이기 때문이다. 또한 시분할 시스템의 컴퓨터 본체에는 기껏해야 몇 십 대 정도의 터미널 밖에는 연결할 수 없는 경우도 다수 존재했으므로, 다수의 사용자들이 컴퓨터 시스템을 사용해야 하는 환경으로의 시스템 확장에 한계를 가지고 있었다.

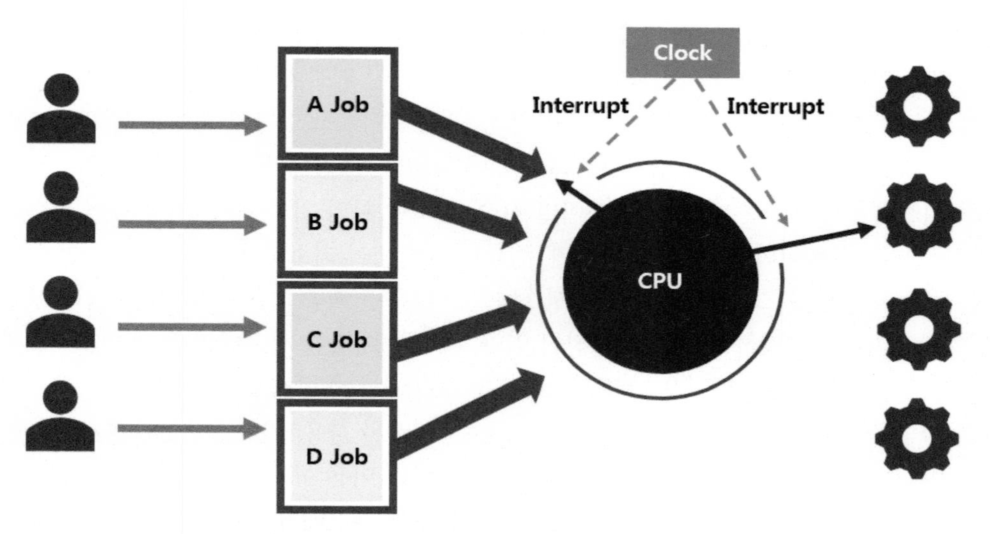

[그림 71] 시분할 시스템은 자원 사용 순서 배분을 통해 다중 사용자의 요청을 처리

시분할 시스템의 운영체제는 대부분 다중 사용자, 다중 태스킹 환경을 지원하므로 터미널을 사용하고 있는 모든 사용자들을 관리해야 한다. 또한 각 사용자들이 컴퓨터 시스템을 사용할 권한이 있는지를 검사하고 사용자들이 다른 사용자들의 영역을 침범하지 못하도록 보호해야 한다. 그리고 프로세서를 각 사용자들이 공평하게 배분하여 사용할 수 있도록 시분할 기법을 지원할 수 있어야 한다. 이러한 이유들로 인하여 시분할 시스템의 운영체제는 일괄처리 시스템의 운영체제보다 운영이 복잡해진다. 일반적으로 사용자들에게 좀더 편리한 기능을 지원하기 위해서는 운영체제의 기능이 복잡해질 수밖에 없다는 사실을 독자들은 이미 알게 되었을 것이라 믿는다.

3. 분산 시스템

시분할 시스템에서의 컴퓨터 시스템 본체와 터미널들 간의 통신선의 문제는 통신선을 LAN(Local Area Network)으로 대체함으로써 해결할 수 있게 되었다. 컴퓨터 시스템 본체와 터미널들을 각각의 통신선으로 연결하는 대신 LAN이라고 하는 근거리 통신망을 전체적으로 설치하고, 각 터미널들을 이 고속통신 기능을 갖는 LAN에 연결함으로써 컴퓨터 시스템 본체와 터미널들 간의 교신이 가능하게 되는 것이다. 또한 터미널 뿐만 아니라 개인용 컴퓨터, 워크스테이션(Workstation), 프린터 등 각종 시스템들을 모두 통신망에 연결시킬 수 있게 되었다.

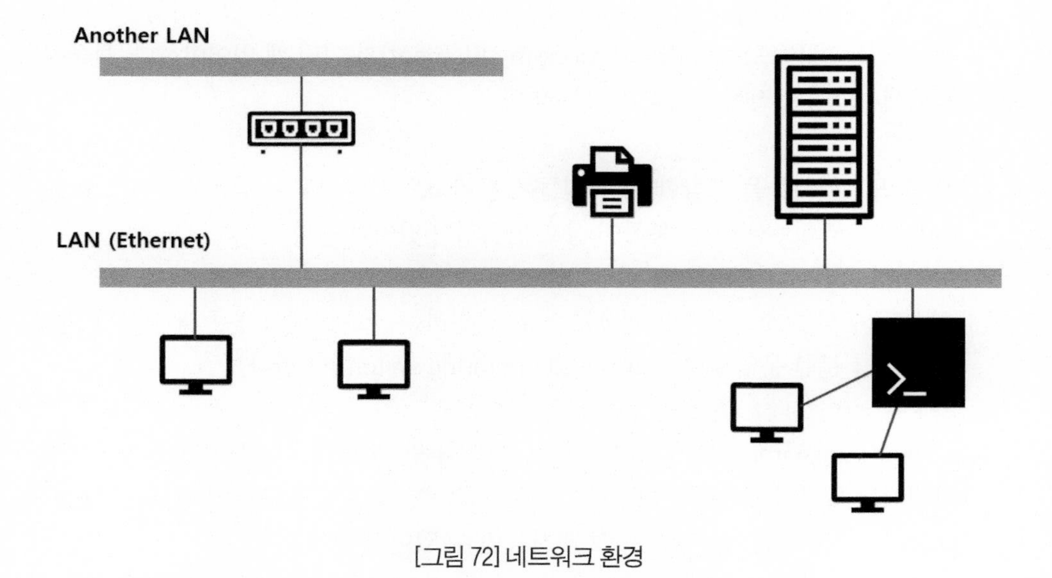

[그림 72] 네트워크 환경

또한 LAN 등의 통신 기술이 보급된 것과 같은 시기에 소형 개인용 컴퓨터와 워크스테이션이 개발되어 널리 보급되기 시작하였다. 이에 따라 사용자들은 일반적인 단순한 연산은 각자의 개인용 컴퓨터나 워크스테이션에서 행하고, 초고속 연산을 수행해야 하는 경우, 매우 값비싼 주변 장치를 사용해야 하는 경우, 가격이 비싸고 희귀한 소프트웨어를 사용해야 하는 경우, 중앙 데이터베이스를 사용해야 하는 등의 경우에만 중·대형 컴퓨터 시스템인 서버와 교신을 하는 형태로 바뀌게 되었다.

통신망의 발전에 의하여 시분할 시스템에 비해 훨씬 효과적인 시스템의 구성이 가능해진 것은 사실이나 컴퓨터 본체와 터미널 간의 통신선을 단순히 LAN으로만 대치하는 경우 사용자들의 입장에서는 아직도 많은 불편을 느낄 수 있다. 우선 사용자들은 통신망에 연결되어 있는 시스템을 사용하기 위해서 각 시스템들의 사용법을 미리 공부해야 하며, 해당 시스템의 주소나 호스트 이름(host name) 등도 미리 숙지하고 있어야 하고, 통신망의 컴퓨터 시스템들간에 정보를 전송하고자 할 경우에는 각 컴퓨터 시스템의 자료 표현법(data representation method) 등도 미리 염두에 두고 있어야 한다. 이와 같은 번거로움을 해소하고 모든 사용자들에게 일관되고 통일된 환경을 구축해주기 위해서 구성되는 시스템을 분산 시스템(distributed system)이라 하며, 분산 시스템은 일반적으로 다음의 특성을 갖는 시스템으로 정의된다.

(1) 물리적(physical)·논리적(logical) 자원(resource)을 포함한 임의의 작업들이 할당될 수 있는 범용 프로세서(PE: Processing Element)가 여러 개 있어야한다. 물론 이 프로세서들이 동질성을 가질 필요는 없다.

(2) 범용 프로세서들을 포함한 이 자원들은 물리적으로 분산되어 있고 통신망 (communication network)을 통하여 상호 연결되어 있어야 한다.

(3) 분산된 구성 요소들을 전체적으로 통합 운영하는 소프트웨어가 존재한다. 일반적으로 이를 분산 운영체제(distributed operating system)라 한다.

(4) 은폐성(transparency)을 갖는다. 즉 프로세서들을 포함해서 분산된 자원들이 사용자에게는 보이지 않으며, 사용자는 이 시스템을 가상의 단일 프로세서(virtual uniprocessor)를 가진 시스템으로 보고 사용할 수 있어야 한다.

(5) 각 구성 요소들은 독립성(autonomy)을 가지며, 이들이 시스템의 관리 하에 주어진 작업들을 공동으로 처리할 수 있어야 한다.

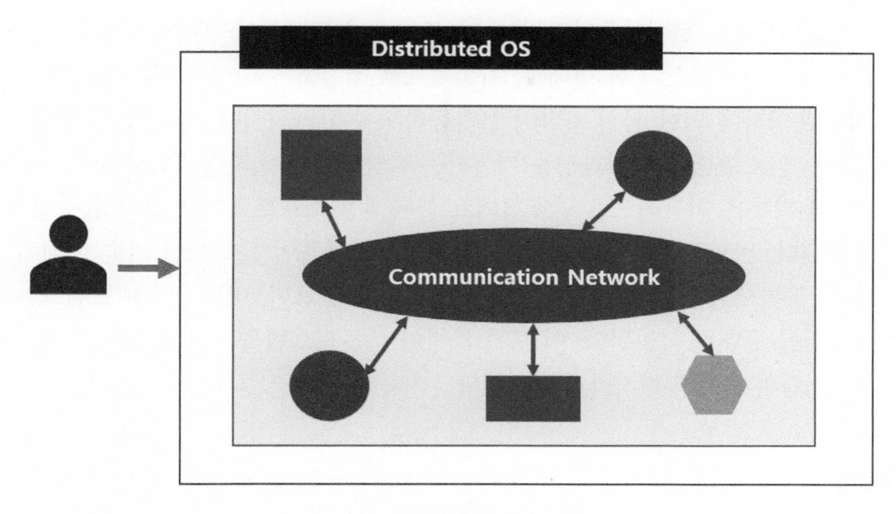

[그림 73] 분산 시스템

이러한 특성을 갖는 분산 시스템을 구성하는 경우 적은 비용으로 좋은 성능을 낼 수 있다. 또한 추가로 성능의 증대가 필요할 경우 새로운 시스템을 통신망에 연결시키고 이를 시스템 전체에 알리면 되므로 시스템의 확장이 쉽고, 어느 한 시스템이 고장 난 경우에도 나머지의 정상적인 시스템들에 의하여 전체 시스템은 정상적으로 운영되므로 신뢰성(reliability)도 높아지는 장점을 갖는다. 사용자의 입장에서는 통신망에 연결된 시스템들에 대한 정확한 정보가 없이도 시스템의 사용에 불편을 느끼지 않고 쉽게 사용할 수 있다는 장점을 갖는다.

물론 이러한 분산 시스템의 운영체제는 본래의 업무 외에도 통신 기능의 지원, 보다 고급의 사용자 인터페이스 지원 등 더 많은 기능을 가져야 하므로 이의 구현이 쉽지 않은 것이 사실이다. 현재 미국의 매사추세츠공과대학교(MIT)나 카네기멜론대학교(CMU) 등에서 분산 운영체제 개념을 이용한 분산 시스템 환경을 구축해 놓고 사용 중에 있으며, 국내에서는 다수의 기업이나 금융기관 등에서 클라이언트-서버 환경(Client-Server environment)의 형태로 분산 시스템을 구축하여 사용하고 있다. 최근에는 블록체인(Blockchain) 기술을 이용해 전세계 사용자들이 보유한 컴퓨팅 자원을 기반으로 분산시스템을 구축하고, 이를 통해 새로운 해외송금, 전자화폐, P2P대출, 거래인증, 공인인증, 크라우드펀딩, 전자상거래, 디지털자산, 주식 발행, 부동산 계약, 전자투표, 게임, 데이터 저장 및 보호 등의 다양한 분산 애플리케이션(Distributed applications)을 개발하고 구동할 수 있는 플랫폼으로 활용되고 있다. 오픈소스 소프트웨어 형태로 만들어진 블록체인은 분산 데이터베이스의 한 형태로, 지속적으로 성장하는 데이터 기록 리스트로서 분산 노드의 운영자에 의한 임의 조작이 불가능하도록 고안되었다. 잘 알려진 블록체인의 응용 사례는 암호화폐의 거래과정을 기록하는 탈중앙화된 전자장부로서 비트코인이 있다. 이 거래 기록은 의무적으로 암호화되고 블록체인 소프트웨어를 실행하는 컴퓨터상에서 운영된다. 비트코인을 비롯한 대부분의 암호화폐들이 블록체인 기술 형태에 기반하고 있다. 블록체인에는 모든 거래내역들이 포함돼 있으며, 비트코인 네트워크는 이러한 블록체인을 토대로 작동된다. 이 모든 과정이 분산시스템을 통해 수행되기 때문에 위조, 변조, 해킹의 위험이 현저하게 감소한다.

4. 실시간 시스템

실시간 시스템이란 입력되는 작업이 제한 시간(deadline)을 갖는 경우가 있는 시스템을 의미한다. 제한 시간을 갖고 입력되는 작업의 경우 작업 수행이 제한 시간 내에 끝나야 하며, 이를 끝마치지 못하는 경우 치명적인 결과를 초래하게 된다. 이의 대표적인 예로는 실시간 시스템 컴퓨터로 공장의 공정제어를 수행하는 경우, 군사적인 목적으로 시스템을 사용하는 경우 등을 들 수 있다. 실시간 시스템 운영체제에서는 각종 시스템 자원들에 대한 스케줄링(scheduling) 문제 해결을 가장 중요하게 여긴다.

제4장 운영체제의 기능

운영체제의 기능 중 일반적으로 커널에 의해 지원되는 자원 관리 기능은 크게 다음의 몇 가지로 분류해 볼 수 있으며, 본 장에서는 이들에 대해 좀 더 자세히 소개한다.

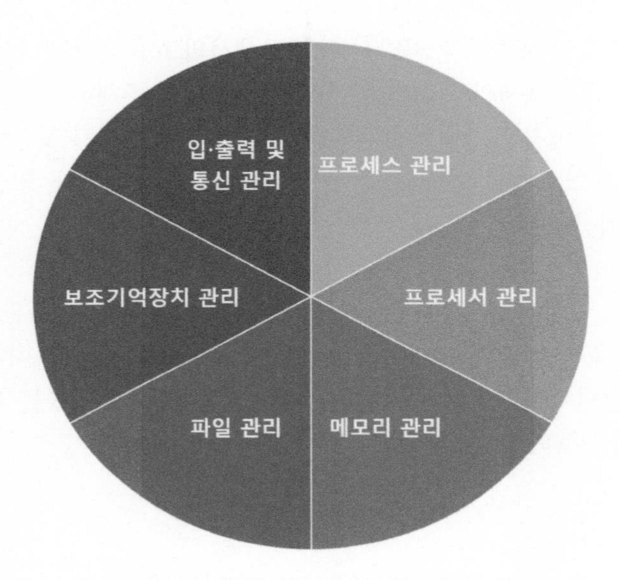

[그림 74] 운영체제의 자원 관리 기능

1. 프로세스 관리

프로세스(process)란 일반적으로 수행 중인(executing) 프로그램을 의미한다. 여기서 '수행 중'이란 의미는 프로그램이 컴퓨터 시스템에 입력되어 운영체제에 등록이 되고 운영체제가 그 프로그램의 실행 과정을 제어, 감독하고 있음을 의미한다. 운영체제는 사용자 프로그램이 입력될 때 이에 대한 각종 정보, 즉, 사용자 ID, 프로그램 이름, 입력 시간 등의 정보를 기록하고 이를 프로세스로 생성한다. 이후 운영체제는 이렇게 생성된 각 프로세스들에 대해 이의 상태를 제어하고 관리하게 되는 것이다. 예를 들어, 특정 프로세스가 주기억장치 공간을 요구할 경우 주기억장치 공간의 가용성 등을 고려하여 이를 할당해 주고 프로세스가 계속 진행할 수 있도록 하거나 또는 이의 할당을 보류하여 프로세스로 하여금 진행을 멈추고 대기하도록 할 수도 있는 것이다.

2. 프로세서 관리

프로세서(processor)란 중앙처리장치(CPU)를 칭하는 현대의 용어이다. 현대에는 마이크로 프로세서 기술의 발전에 의해 하나의 컴퓨터 시스템에 중앙처리장치가 여러 개 존재하는 병렬 처리 시스템이 많이 개발되었으며, 이로 인하여 중앙처리장치라는 용어보다는 프로세서라는 용어를 더 많이 사용하고 있다. 프로세서는 프로그램을 실행시키는 컴퓨터의 핵심적인 자원이며, 따라서 이 프로세서의 효율적인 관리는 매우 중요한 문제라 할 수 있다. 프로세서의 관리란 컴퓨터 시스템 내에 존재하는 많은 프로세스들 중 어느 프로세스에게 먼저 프로세서를 할당해 주고 이를 실행시킬 것인가를 결정하는 일이며, 이를 프로세스 스케줄링(process scheduling)이라고도 한다. 또한 운영체제 중에서 이 스케줄링 기능을 하는 부분을 스케줄러(scheduler)라 한다.

또한, 프로세서가 여러 개 존재하는 컴퓨터 시스템에서는 실행 가능 프로세스들에게 어느 프로세서를 할당해 줄 것인가 하는 결정을 할 수도 있으며, 더불어 하나의 프로그램 상에 동시에 실행되어도 관계없는 명령들이 존재하는 경우 각 명령들을 서로 다른 프로세서에 할당하여 실행되도록 하는 일도 가능하다.

3. 기억장치 관리

사용자 프로그램을 실행하기 위해서는 해당 프로그램을 보조기억장치로부터 읽어서 주기억장치에 적재해야 한다. 주기억장치는 그 용량이 작고 가격이 비싸기 때문에 실행하고자 하는 모든 프로그램들과 데이터를 주기억장치에 적재하는 것은 불가능하다. 최근 주기억장치 하드웨어의 가격이 낮아지고 그 용량이 많아지는 경향을 보이고 있으나 이에 따라 응용 프로그램의 규모와 데이터의 규모도 같이 증가하여 아직 필요한 모든 정보들을 주기억장치에 적재하기에는 이른 시점이다. 따라서 주기억장치를 효율적으로 관리하는 것은 프로세서의 효율적인 관리만큼 중요한 일이라 할 수 있다.

사용자들은 단지 자신의 프로그램을 입력하고 이를 실행시킬 뿐 자신의 프로그램이 주기억장치의 어느 부분에 적재되어 실행되는지를 알지 못하며 이를 알 필요도 없다. 사용자의 프로그램이 입력되었을 때 이를 받아 주기억장치의 빈 공간에 적재하고 이의 실행이 끝난 후에 이를 다시 제거하는 일은 운영체제의 책임이며, 운영체제는 여러 사용자들의 프로그램들이 입력되었을 때에도 이들 각각에 주기억장치를 배분하는 일을 담당해야 한다. 다중 사용자, 다중 태스킹 시스템에서 주기억장치의 관리를 위해서 운영체제가 해야 할 일들을 요약하면 다음과 같다.

- 각 프로세스에게 주기억장치를 얼마나 할당할 것인가를 결정하고, 할당된 부분을 기록하며, 실행이 끝났을 때 이를 반환 받는 일
- 주기억장치의 빈 공간이 어디에 얼마나 있는지를 기록 및 유지하는 일
- 프로세스들의 요구가 많아 주기억장치의 용량이 부족할 때 이들 중 일부를 보조기억장치로 잠시 옮겨 놓고, 후에 다시 이를 주기억장치로 적재하는 일
- 각 프로세스가 자신에게 할당된 영역이 아닌 다른 부분에 접근할 때 이를 보호하는 일

4. 파일 관리

파일(File)이란 연관된 데이터의 모임이라 정의할 수 있으며, 이에는 프로그램 파일, 데이터 파일 등이 있을 수 있다. 사용자가 프로그램이나 데이터를 작성, 입력하는 경우 운영체제는 이를 받아 보조기억장치의 주어진 영역에 저장하여야 하고 사용자가 후에 이를 다시 보거나 변경하기를 원하는 경우 해당 파일을 보조기억장치에서 다시 찾아 사용자로 하여금 이에 접근할 수 있도록 해야 한다. 이와 같이 사용자의 파일들을 관리하고 유지하는 일 역시 운영체제의 책임 중 하나이다. 이러한 일들이 쉽게 이루어지게 하기 위하여 컴퓨터 시스템에 저장되는 모든 파일들은 이름(File Name)을 갖게 되며 운영체제는 각 파일 이름과 보조기억장치에의 저장 영역을 기억해 두었다가 필요할 때 이를 접근하게 된다.

현대의 대부분의 운영체제들은 사용자들에게 파일 관리의 편리성을 제공하기 위하여 디렉토리 계층구조(hierarchical directory structure)의 개념을 사용하는데 단일-사용자 시스템인 MS-DOS나 Windows 기반시스템, 그리고 다중 사용자 시스템인 Unix의 경우 모두 이 개념을 사용하고 있다. 디렉토리 계층구조의 개념은 루트 디렉토리(Root Directory)에서부터 계속 서브 디렉토리(Sub-Directory)를 생성할 수 있도록 지원함으로써 사용자들이 자신의 파일을 관리하기 쉽도록 지원하는 개념이다. 다음 그림은 디렉토리 계층구조의 한 예를 보여 준다.

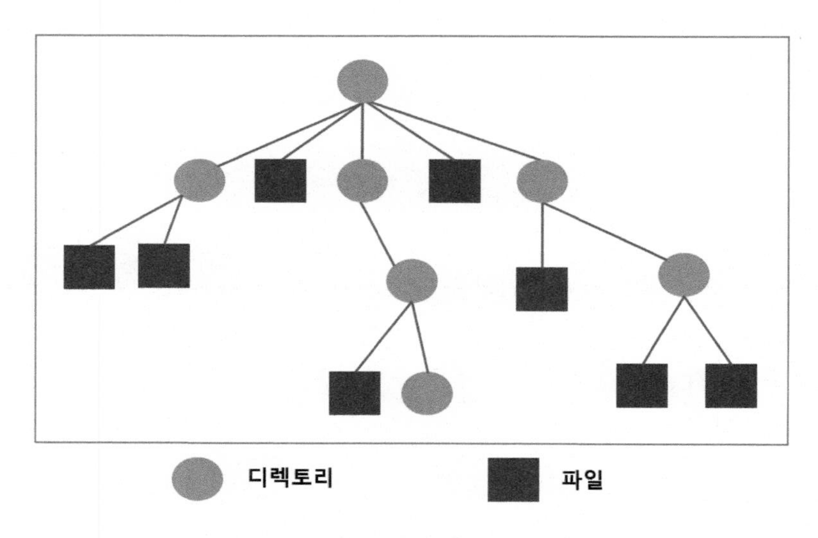

[그림 75] 디렉토리 계층구조

다중 사용자 시스템에서 특히 주의할 사실은 여러 사용자들이 한 컴퓨터 시스템을 같이 사용한다는 점이다. 단일 사용자 시스템처럼 시스템에 저장되어 있는 파일들이 한 사용자의 소유가 아니라는 것이다. 따라서 다중-사용자 시스템의 운영체제는 각 사용자들이 자신의 소유가 아닌 파일을 접근하려 할 때 이를 금지하기 위한 보호정책 등을 추가로 가져야 한다.

5. 보조기억장치 관리

운영체제에서 관리하여야 할 가장 대표적인 보조기억장치는 파일시스템이 저장되어 있는 하드디스크이다. 컴퓨터 시스템에서 실행중인 여러 프로세스들에 의해 디스크 파일 등에 대한 접근 요구가 발생하는 경우 운영체제의 보조기억장치 관리 모듈은 어느 프로세스의 요청을 먼저 처리할 것인가, 그리고 그 요청들을 어떤 순서로 처리할 것인가 등에 대한 정책을 가지고 있어야 하며, 디스크 시스템 등의 성능 향상을 위하여 이러한 요청들에 대한 효과적인 스케줄링 기법을 지원해야 한다.

6. 입·출력 및 통신 관리

실행 중이던 프로세스(process)가 입·출력 또는 다른 프로세스와의 통신 서비스를 요청하게 되면 이 프로세스는 해당 요청에 대한 서비스가 완료될 때까지는 더 이상 실행할 수 없게 되며, 시스템 내에서 대기 상태에 들어가게 된다. 그렇다면 이와 같이 대기 상태로 전이된 프로세스는 어떻게 자신이 요구한 입·출력 또는 통신 서비스가 완료되었다는 사실을 알 수 있는가? 현대의 컴퓨터 시스템에서 프로세스가 입·출력 또는 통신 서비스를 요청하는 경우 이 요청은 운영체제에 전달되어 운영체제가 관리하게 된다.

운영체제는 프로세스의 입·출력 및 통신 서비스 요청을 입·출력 처리장치(I/O processor 또는 I/O interface)에 전달하고 실행 가능한 다른 프로세스에게 프로세서를 할당하여 이를 실행시킨다. 입·출력 처리장치는 이후 해당 입·출력이 완료되었을 때 이를 운영체제에 알리게 되는데 이를 인터럽트(interrupt)라 한다. 인터럽트가 발생하면 운영체제는 실행 중이던 프로세스를 잠시 중단시키고 입·출력 완료 사실을 대기 상태에 있는 프로세스에게 알려 이 프로세스를 다시 실행 가능 상태로 전이 시킴으로써 이후 이 프로세스가 계속해서 실행될 수 있도록 한다.

사용자가 터미널의 키보드에서 한 문자를 누르는 경우에도 그 사실이 입·출력 처리 장치를 통하여 운영체제에 알려지고 운영체제는 이를 다시 해당 프로세스에게 알리는 복잡한 과정을 거치게 되는 것이다. 이러한 상황은 프로세스가 터미널(모니터와 키보드)과 입·출력을 하는 경우나 디스크, 자기 테이프 등의 보조기억장치와 입출력을 하는 경우 모두 비슷한 처리 과정을 거치게 된다. 이와 같이 모든 입·출력 서비스는 운영체제에 의해 수행되며, 프로세스들은 단순히 운영체제에 자신이 원하는 입·출력을 요청함으로써 해당 서비스를 받을 수 있게 된다. 이러한 입·출력 처리 과정을 전체적으로 운영체제의 입·출력 관리 기능이라 한다.

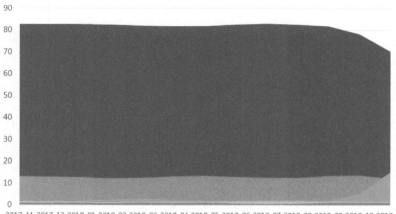

[그림 76] 전세계 데스크탑 PC 운영체제 시장점유율[11)]

전세계 데스크탑 PC에 설치되어 있는 운영체제 시장 점유율을 살펴보면, Windows 운영체제가 압도적으로 높은 점유율을 가지고 있는 것을 확인할 수 있다. 이를 통해 우리는 실무에서 상대적으로 Windows 운영체제를 분석할 일이 많다는 것을 유추할 수 있다. 본 장에서는 Windows 기반 시스템의 발전과정에 대해 살펴보고, Windows 운영체제에서 분석할 수 있는 디지털포렌식 아티팩트(Artifacts)를 살펴보도록 한다.

1. DOS (Disk Operation System)

DOS는 대표적인 단일 사용자, 단일 task 운영체제이며, MS-DOS, IBM의 PC DOS 등이 대표적이다. 현재는 거의 사용되지 않지만, Windows 시리즈의 운영체제에 많은 영향을 준 운영체제이다.

11) Statcounter GlobalStats, "Desktop Operating System Market Share Worldwide", 〈gs.statcounter.com/os-market-share/desktop/worldwide〉, (2018.12.08 방문)

1981년 초 16비트 개인용 컴퓨터인 IBM PC를 개발한 IBM에서는 자신들의 PC를 운영할 소프트웨어 개발을 위해 BASIC을 개발한 Microsoft사와 협력, 운영제제를 개발하게 된다. MS-DOS는 1981년에 최초로 개발되었고[12], 1994년 버전 6.22를 마지막으로 개발을 중단하게 된다.

DOS의 특징은 초기의 IBM PC를 위해서 만들어졌고, 텍스트 기반 명령어를 직접 입력해서 명령을 구현했다. 저용량 PC를 기준으로 만들어져서 여타 운영체제 보다 속도가 빠르다. 하지만 사용자가 명령어를 일일이 기억해야 한다는 어려움이 있고, 메모리 640KB 이상, 디스크 2GB이상에서 사용할 수 없다는 한계가 있다. 또한 단일 사용자, 단일 Task 운영체제로 다양한 작업을 동시에 진행할 수 없는 단점도 가지고 있었다.

2. Windows

Microsoft사는 MS-DOS의 단점을 극복하고자 1981년 다중 태스킹(Multi-Tasking)을 지원하는 그래픽 사용자 인터페이스(Graphical User Interface, GUI) 기반 운영 프로그램 개발에 착수하였다. 이 프로그램의 프로젝트명은 인터페이스 매니저(Interface Manager)이었다. 당시 Microsoft사의 마케팅 담당자는 이 프로젝트 이름이 너무 평범해서 소비자들의 흥미를 끌지 못할 것이라고 판단하였다. 그리고 운영진을 설득하여 창문을 뜻하는 Windows라는 명칭으로 변경하였다고 한다. 실행화면이 창문의 격자를 닮았기 때문에 이것을 효과적으로 묘사하기 위해서였다. 이렇게 탄생한 Windows 1.0은 16비트의 그래픽 운영 환경으로 1985년 11월 20일[13]에 출시되었다.

Windows 1.0은 Microsoft 사가 PC 플랫폼에서 다중 태스킹 GUI 운영 환경을 처음으로 시도한 것이기도 하다. 하지만 MS-DOS 기반이기 때문에 운영체제라고 보기는 어렵고 일종의 소프트웨어였다. 또한 인터페이스도 이후 버전의 Windows와는 엄청난 차이가 있었다. 다중 태스킹 환경을 지원하지만 창을 겹쳐 넣거나, 화면 창을 최대화하는 것이 불가능했다. Windows 1.0은 MS-DOS Executive로 알려져 있는 셸 프로그램을 실행시킬 수 있었으며, 계산기, 달력, 클립보드 표시기, 시계, 카드파일, 제어판, 메모장, 그림판, 터미널, 그리고 명령 프롬프트가 포함되어 제공되었다.

12) Microsoft, 〈web.archive.org/web/20160611182917/http://windows.microsoft.com/en-in/windows/history#T1=era0〉, (2018.12.1 방문)

13) Microsoft, 〈https://web.archive.org/web/20160611182917/http://windows.microsoft.com/en-in/windows/history#T1=era1〉, (2018.12.1 방문)

전체적으로 당시의 MAC OS와 매우 유사하였다. 이는 당시 Microsoft사가 초기 매킨토시 소프트웨어 개발에 깊이 관여하고 있었고, 매킨토시용 소프트웨어를 업그레이드 해주는 대신 MAC OS 디자인을 일부 차용할 수 있는 라이선스 계약을 애플(Apple)과 맺었기 때문이다. 당시 계약서는 모호한 표현으로 작성됐는데, 이 치명적인 실수로 인해 애플사는 나중에 뼈아픈 후회를 하였다고 한다. 물론 윈도우 1.0이 MAC OS의 디자인을 완전히 옮겨 사용한 것은 아니었다. Microsoft사는 라이선스를 준수하기 위해 윈도우 GUI 중 일부를 MAC OS와 다르게 꾸몄다. 예를 들어 윈도우 1.0의 창은 타일을 나열한 형태로, 창을 여러 겹으로 겹치게 할 수는 없었다. 파일을 삭제할 수 있는 '휴지통'도 없었다.

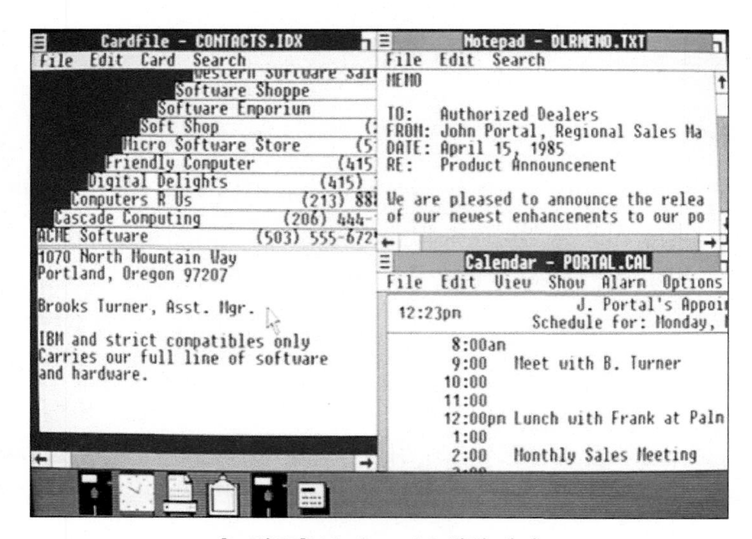

[그림 77] Windows 1.0 화면 예시

그러나 1987년 12월 9일에 출시된 Windows 2.0[14]부터는 Microsoft Word와 Microsoft Excel이 구동되기 시작했고 다른 개발사(third party)들의 응용 프로그램도 점차 늘어났다. 또한 MAC OS의 창 겹치기와 같은 기능을 추가했다. 하지만 여전히 MS-DOS를 기반으로 하고 있었고, 시장 반응 역시 미지근했다. Windows가 상업적인 성공을 거두게 된 시점은 1990년 5월 22일에 발표된 Windows 3.0[15]부터였다. 이전 버전에

14) Microsoft, 〈web.archive.org/web/20160611182917/http://windows.microsoft.com/en-in/windows/history#T1=era2〉, (2018.12.1 방문)

15) Microsoft, 〈web.archive.org/web/20160611182917/http://windows.microsoft.com/en-in/windows/history#T1=era3〉, (2018.12.1 방문)

비해 사용자 인터페이스 부분에서 상당히 바뀌었으며, Intel의80286과 80386 프로세서의 메모리 관리기능을 더 효율적으로 사용하기 위한 기술적 개선이 이루어졌다는 점이 특징이었다. 하지만, Windows 3.0은 계속 DOS 접근을 필요로 하는 대다수 게임과 기타 오락용 프로그램들 때문에, 가정용 시장에서는 그다지 많이 사용되지 않았다. 한글판은 1991년 7월에 한글 윈도우 3.0으로 출시되었으며 5.25인치 플로피 디스크에 1.2MB 형태로 5장이 제공되었고 5장의 추가 글꼴 파일이 구성되어 있었다.

1991년 가을에는 멀티미디어 확장이 출시되었는데, 사운드카드 지원뿐만 아니라 널리 보급되기 시작하던 CD-ROM 드라이브도 지원했다. 멀티미디어 확장은 주로 CDROM드라이브나 사운드카드 제조업체, OEM에게만 제공되었으며 그리고 오디오 입출력을 위한 기본적인 멀티미디어 지원 및 CD 오디오 플레이어 어플리케이션이 추가되었다.

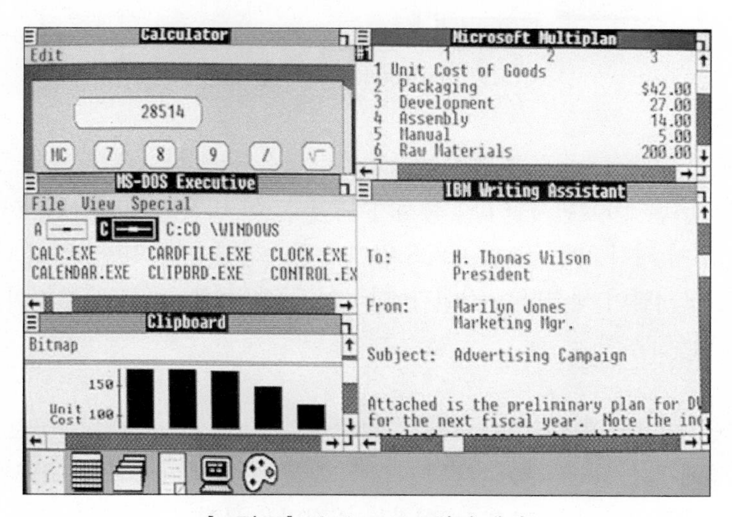

[그림 78] Windows 2.0 화면 예시

Windows 3.0부터는 IBM PC 호환 제조업체들이 Windows 운영체제를 미리 하드디스크 드라이브에 설치하고 고객에게 배송했다. 제니스 데이터 시스템(Zenith Data Systems)사 같은 경우는 Windows 1.0, Windows 2.x 보급 시기에는 운영체제가 담긴 플로피 디스켓들을 컴퓨터와 함께 별도 배송하였다. 하지만 Windows 3.0 개발 초기 시점부터는 미리 컴퓨터에 운영체제를 설치하여 고객에게 배송하기로 결정하였다. 실제로, 제니스사에서는 Microsoft사에게 GUI를 보다 발전시키도록 강하게 압력을 넣었다고 하는데 이유는 대학 시장에서 제니스의 직접적인 경쟁자인 애플을 의식해서였다고 한다.

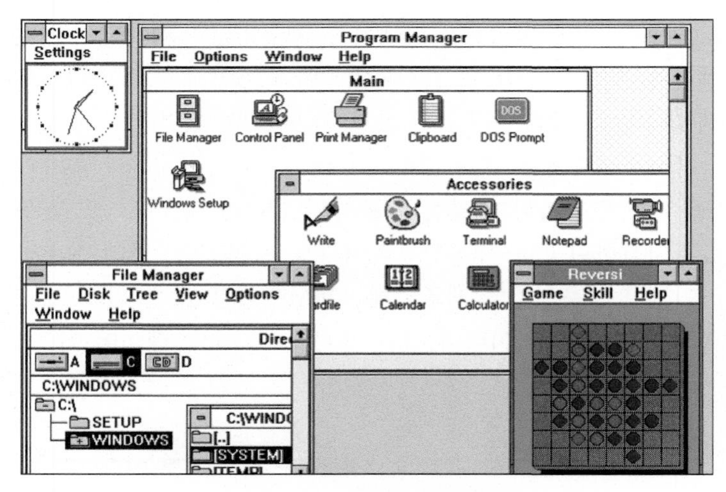

[그림 79] Windows 3.1 화면 예시

Windows 3.1은 1992년 4월 6일 출시가 되었다. 이 버전도 오늘날의 Windows처럼 단독적인 부팅이 되지 않았고 MS-DOS 위에서 작동하였다. 하지만 MS-DOS와의 차이점은 프로세스 개념이 생겼다는 것이다. 한국어 버전은 '한글 윈도우 3.1'이라는 이름으로 출시되었다.

1993년 7월 27일에 출시된 Windows NT 3.1은 Windows NT를 기반으로 만들어진 첫 번째 운영체제다. Windows NT의 NT는 'New Technology'의 머리글자를 따서 만든 것이다. 처음엔 Windows NT 1.0이라는 버전명을 붙이려고 하였으나 Windows 3.1과의 API 유지를 위해 대신 Windows NT 3.1이라는 버전명을 붙였다고 한다. Windows NT 3.1은 Windows 3.1과 비슷한 인터페이스를 가지고 있었으며, Windows NT 3.1 Workstation과 Windows NT 3.1 Advanced Server 두 가지 에디션을 사용할 수 있었다.

Windows NT 3.1은 최초의 32비트 전용 버전으로, 기업용에 맞게 네트워크 기능, 보안성, 안정성을 높인 제품이다. Windows NT 3.5, Windows NT 3.51, Windows NT

4.0이 차례대로 출시되었다. 원래 NT 계열은 기업용에 적합한 고성능 PC를 위한 운영체제였지만, PC의 성능이 전반적으로 발전하면서 개인용으로도 사용되기 시작했다. 또한 MS-DOS를 사용하는 Windows 95와 Windows 98보다 다소 안정적이라는 평을 들었다. 멀티미디어 기능을 강화하고 Windows 9x와 유사한 사용편의성을 갖춘 Windows 2000이 대표적이다.

Windows NT 3.1/3.5/3.51은 인터넷 익스플로러(Internet Explorer)가 내장되지 않았고, Windows NT 4.0버전부터 인터넷 익스플로러 2(한국어 버전의 경우는 인터넷 익스플로러 3)가 내장되기 시작하였다. 또한 Windows NT는 VMS[16] 계열의 운영체제에 영향을 받았으며[17], Windows NT 3.51에서는 처음으로 IIS[18]가 인터넷 기반 서비스의 부가적인 기능으로 공개되었다.

Windows NT 4.0은 Windows NT의 기술을 가지고 있으면서 Windows 95의 인터페이스를 가지고 있었다. Windows NT 4.0은 기업을 대상으로 한 제품으로, 1996년 8월 24일에 출시되었다. 그리고 NT라는 명칭을 가지고 있는 마지막 Windows NT 시리즈이기도 하다.

Windows NT 4.0 서버 에디션은 Microsoft IIS 2.0을 탑재하였으며, Windows 95는 1995년 8월 24일에 출시한 그래픽 사용자 인터페이스 기반의 개인용 컴퓨터 운영체제이다.[19] Windows NT 4.0 서버 에디션은 순수 32비트 응용 프로그램을 직접 실행할 수 있었고 호환성을 위해 16비트 응용프로그램도 혼용할 수 있도록 하였다. 또한 Windows 3.1에 비해 안정성을 높이고, 시작 버튼과 함께 새로운 사용자 인터페이스, 255자까지의 긴 파일 이름 지원, 플러그 앤 플레이를 통한 하드웨어 자동 설치 및 구성, 제어판의 기능 강화, DirectX 적용 등 기술적으로도 여러 가지 큰 변화가 있었다.

---

16) OpenVMS(Open Virtual Memory System, VMS) : VAX, 알파, 아이테니엄 기반 계열의 컴퓨터에서 동작하는 고성능서버 운영 체제

17) ZDNet Korea, "윈도우에 숨은「VMS 기술 유전자」", 〈www.zdnet.co.kr/news/news_view.asp?artice_id=00000039129985&type=det&re=〉, (2018.11.30 방문)

18) 마이크로소프트 인터넷 정보 서비스(Internet Information Services, IIS)는 마이크로소프트 윈도우를 사용하는 서버들을 위한 인터넷 기반 서비스들의 모임이다. 이전 이름은 인터넷 정보 서버(Internet Information Server)였다. 아파치 웹서버에 이어 세계에서 두 번째로 가장 잘 알려진 웹 서버이다

19) Microsoft, 〈web.archive.org/web/20160611182917/http://windows.microsoft.com/en-in/windows/history#T1=era4〉, (2018.12.1 방문)

Windows 95의 경우 OEM 서비스 릴리즈(OSR) 버전이 몇 가지가 있으며 각기 서비스 팩과 비슷한 역할을 하였다. 이후 Windows 95의 후속 버전으로 Windows 98이 1998년 6월 25일에 출시되었으며 Windows 98 Second Edition 버전이 1999년 5월 5일에 출시되었다. 2006년 7월 11일부터 Windows NT 4.0 임베디드, Windows ME, Windows XP RTM과 동시에 기술 지원이 중단되면서, 9x 계열 버전은 역사 속으로 사라지게 된다. 2016년 현재 Windows 98과 호환 되는 프로그램은 거의 남아 있지 않다.

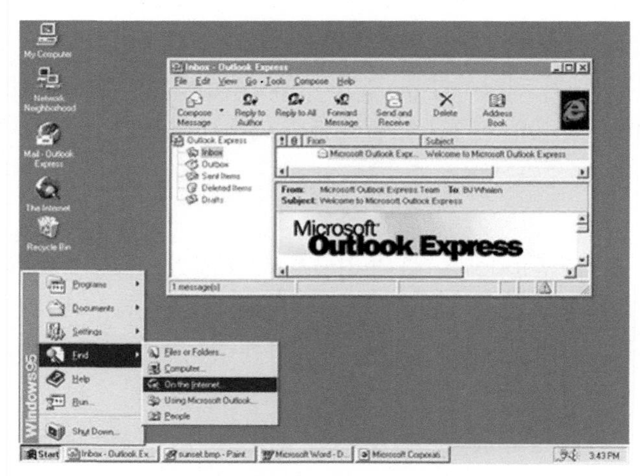

[그림 80] Windows 95 화면 예시

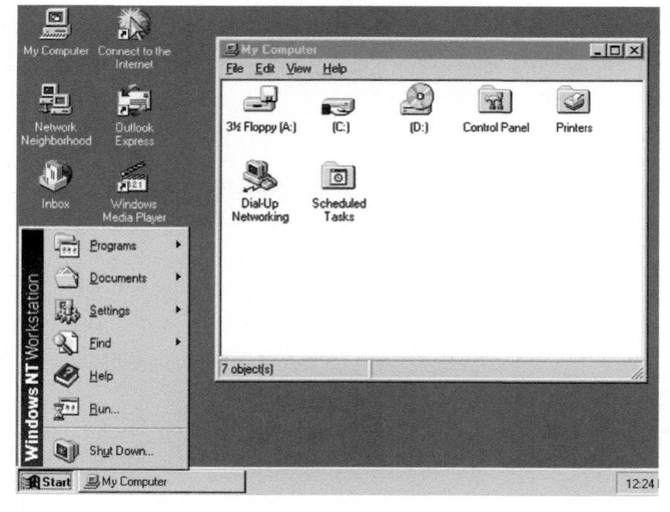

[그림 81] Windows NT 4.0 Workstation 화면 예시

Intel사에서 64비트 프로세서 아이테니엄(IA-64)이 도입되면서 Microsoft사에서는 이를 지원하는 새로운 버전의 Windows를 출시하게 된다. Microsoft는 2005년 4월 25일 x86-64 아키텍처를 위한 Windows XP 프로페셔널 x64 에디션과 Windows 서버 2003 x64 에디션을 공개하였다. 그리고 Microsoft사는 아이테니엄 버전의 Windows XP의 지원을 2005년에 중단하였다.

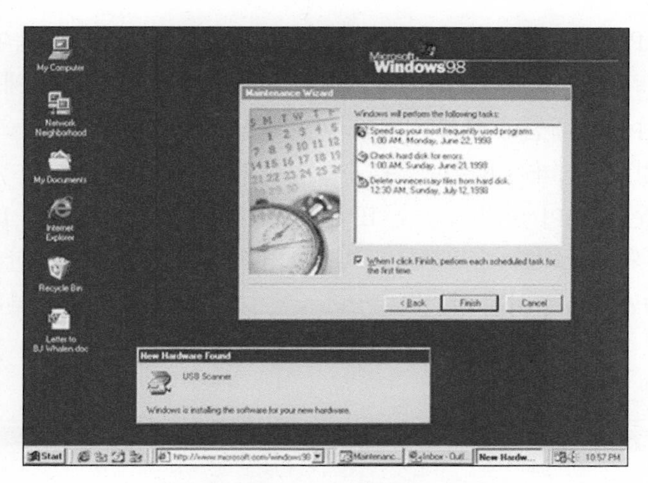

[그림 82] Windows 98 화면 예시

Windows 2000은 Windows NT 4.0의 후속작으로 2000년 2월 17일에 발표한 Windows NT 계열의 32비트 기업용 운영 체제이다. Windows NT 5.0가 베타 버전이던 시기 2000년이 도래하여 Windows 2000으로 실제 년도 때문에 이름을 바꾼 것이다. 그리고 해당 운영체제는 Windows XP 서비스 팩 2와 함께 2010년 7월 13일부터 지원이 중단되었다. Windows 2000은 Windows운영체제의 한 기반인 Windows 9x보다 좋은 안정성을 내세워 출시 당시 관심을 받았으며, 이후 기업과 서버 부분에서 널리 사용되었다. Windows 2000 프로페셔널은 본래 기업 데스크톱 컴퓨터 사용자 및 소프트웨어 개발자를 위하여 출시된 버전이며, Windows 2000 서버 제품군은 Windows 2000 Server, Windows 2000 Advanced Sever, Windows 2000 Datacenter Server 세 버전으로 나뉘어 판매되었다.

Windows XP는 가정용/업무용 컴퓨터, 노트북 컴퓨터, 미디어 센터와 같은 일반 목적의 컴퓨터 시스템에서 사용할 수 있게 Microsoft사에서 개발한 운영체제 가운데 하나로 2001년 10월 25일, 홈 에디션(Home Edition)과 프로페셔널 에디션(Professional Edition)으로 나뉘어 첫 출시되었다. Windows XP는 eXPerience 중 "XP"를 따서 이름 지었으며, 개발 당시에는 휘슬러(Whistler)라는 코드네임(Codename)으로 불렸다.

Windows XP는 Windows ME와 Windows 2000의 뒤를 잇는 제품이며, Windows NT 커널을 기반으로 하는 Microsoft사의 최초의 소비자 지향 운영체제이다. 시작메뉴 및 작업표시줄의 개선과 빠른 사용자 전환, 원격제어 및 원격 데스크탑 기능, 파워쉘(PowerShell)[20], 드라이버 롤백, 윈도우 방화벽, 인터넷 연결공유, 시스템 관리 개선 등의 새로운 기능이 추가되었다. IDC의 분석에 따르면 2006년 1월을 기준으로 400,000,000본의 Windows XP 제품 라이센스가 사용되고 있었다고 한다.[21] Windows XP는 CDROM만으로 출시된 마지막 Windows이며, Windows Vista부터는 DVD로 출시되었다.

[그림 83] Windows XP 화면 예시

20) Windows PowerShell은 Microsoft사가 개발한 확장 가능한 명령줄 인터페이스(CLI) 셸 및 스크립트 언어이다. 객체지향에 근거해 설계되고 있어 닷넷 프레임워크 2.0을 기반으로 하고 있다. Windows XP 이후 Windows Vista/7/8/10,Windows Server 2003/2008/2008 R2를 모두 지원한다.

21) Jeremy Kirk, InfoWorld, "Analyst: No effect from tardy XP service pack", 〈http://www.infoworld.com/article/2657068/operating-systems/analyst--no-effect-from-tardy-xp-service-pack.html〉, (2018.11.24 방문)

Windows Vista는 개인용 버전은 2007년 1월 30일에, 기업용 버전은 2006년 11월 30일에 발매되었다[22]. Windows Vista는 Windows XP가 발매된 지 무려 5년 만에 새롭게 발매된 운영체제였고 윈도우 에어로(Windows Aero), 윈도우 셸(Windows Shell), 비트로커 드라이브 암호화(BitLocker Drive Encryption), 시스템 복원에 볼륨 스냅샷(Volume Shadow Copy), 인터넷 익스플로러 7, 윈도우 사이드 쇼(Windows Side-Show), 색인 데스크톱 검색 플랫폼(Windows Search), 클리어 타입(ClearType)을 지원하는 글꼴 추가 등 새로운 기능들이 많이 추가되었다.

또한 Windows Vista부터 사용된 볼륨 스냅샷(Volume Shadow Copy) 기능은 운영체제 재설치 없이 시스템을 백업한 과거의 특정 시점으로 복원하는 기능이다. 운영체제 설치 시 기본으로 활성화되며 디지털 포렌식 관점에서 과거시점의 파일을 복원을 하거나 분석을 하는데 상당히 의미 있는 역할을 할 수 있다. 또한 비트로커 드라이브 암호화(BitLocker Drive Encryption) 기능은 Windows Vista부터 운영체제에 포함된 완전한 디스크 암호화 기능이다. 볼륨 전체에 암호화를 제공함으로써 자료를 보호하도록 설계되어 있다. 기본적으로 이것은 128비트 키의 CBC 모드에서 AES 암호화 알고리즘을 사용한다.

[그림 84] Windows Vista 화면 예시

22) Microsoft, 〈web.archive.org/web/20160611182917/http://windows.microsoft.com/en-in/windows/history#T1=era7〉, (2018.12.1 방문)

Windows 7은 미국 시간 기준으로 2009년 7월 22일에 컴퓨터 제조회사에 출시 되었으며 2009년 10월 22일에 6가지 에디션의 소매 버전으로 대중에게 출시되었다. 대중에게는 Windows Vista가 출시된 지 3년이 채 되지 않은 날 출시된 것이다. Windows 7의 서버 버전은 Windows Server 2008 R2이며 Windows 7과 같은 시기에 출시되었다. Windows 7은 32비트와 64비트로 개발되었으며 Windows Server 2008 R2는 64비트 버전만 출시되었다.

Windows 8은 가정 및 비즈니스용 데스크톱, 노트북, 넷북, 태블릿 PC, 서버, 미디어 센터 PC를 포함한 개인용 컴퓨터를 대상으로 2012년 10월 26일, 전 세계에 동시 출시하여 4가지 에디션으로 판매하였다. 타일 스타일의 시작화면, 윈도우 스토어, 윈도우 라이브 ID 통합, UEFI 보안부팅[23], 인터넷 익스플로러 10 사용, 윈도우 디펜더에 안티바이러스 기능 추가 등 여러가지 새로운 기능이 포함되었다. 그리고 2013년 10월 17일에는 기존의 Windows 8을 보완한 Windows 8.1이 출시되었으며, 인터넷 익스플로러 11와 윈도우 파워쉘 4.0이 포함되었다.

[그림 85] Windows 8 화면 예시

23) 통일 확장 펌웨어 인터페이스(Unified Extensible Firmware Interface, UEFI)는 운영체제와 플랫폼 펌웨어 사이의 소프트웨어 인터페이스를 정의하는 규격이다. IBM PC 호환 기종에서 사용되는 바이오스 인터페이스를 대체할 목적으로 개발되었다. 인텔이 개발한 EFI(Extensible Firmware Interface) 규격에서 출발하였으며, 현재는 통일 EFI 포럼이UEFI 규격을 관리하고 있다.

Microsoft Windows 10은 2015년 7월 29일에 전 세계 190개국에 공식 출시되었다.[24] 개발 초기의 커널 버전은 NT 6.4였으나 이후에 NT 10.0으로 변경되었다. Windows 10이 이전 버전의 Windows와 가장 다른 점은, 휴대폰, IoT 등 모든 단말에 동일한 운영체제가 올라간다는 것이다. 따라서 기존의 윈도우 폰 등 모바일용 개별 운영체제가 Windows 10으로 통합되었다.

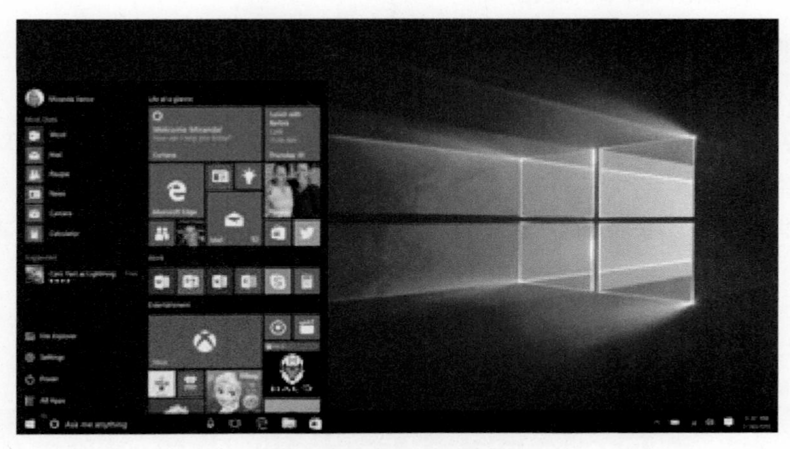

[그림 86] Windows 10 화면 예시

또한 UAP(Universal App Platform) 위에서 구동되는 애플리케이션은 Windows 10이 설치된 모든 기기에서 사용 가능하다(단, 개발자가 해당 기능을 비활성화 할 수 있다). Windows 7, 8, 8.1 이용자는 출시일부터 1년 간 예약 순서대로 무료 업그레이드 받을 수 있었으며, 2015년 8월 10일부터는 사물인터넷용 Windows 10의 배포도 시작되었다. Windows 10에서는 Windows 7의 기존 응용 프로그램에 쉽게 접근할 수 있는 시작 버튼과 Windows 8 계열의 윈도우 스토어 앱에 접근하는 시작 버튼을 혼합 시킨 새로운 형태의 시작 버튼이 적용되고, 코타나(Cortana) 음성인식 지원(한국어 미지원), 새로운 웹 브라우저 엔진으로 마이크로소프트 엣지(Edge) 추가, 다중 데스크톱 환경 등의 새로운 기능이 추가되었다.

24) Microsoft, 〈web.archive.org/web/20160611182917/http://windows.microsoft.com/en-in/windows/history#T1=era11〉, (2018.12.1 방문)

지금까지 Microsoft사의 운영체제 히스토리에 대해 살펴보았다. Microsoft사는 1975년 빌 게이츠와 폴 앨런이 베이직 인터프리터를 개발하여 판매하기 위해 미국 뉴멕시코주 앨버커키에 Microsoft라는 이름으로 이 회사를 세운 이후 다양한 컴퓨터 기기에 사용되는 소프트웨어 및 하드웨어 제품들을 개발, 생산, 판매, 관리하고 있다.

3. 주요 Windows Artifacts

(1) Windows 시스템 폴더 구조

Windows 시스템은 출시된 버전에 따라 폴더의 이름과 구조가 조금씩 다른 부분도 있지만 호환성을 위해 대부분 유사한 형태를 보이고 있다. 디지털포렌식을 위해 Windows 시스템 폴더 구조와 각 폴더에 존재하는 파일들의 특성을 이해하는 것은 필수적이다. 주요 시스템 폴더와 사용자 프로필 폴더를 C: \드라이브 기준으로 정리하면 다음과 같다.

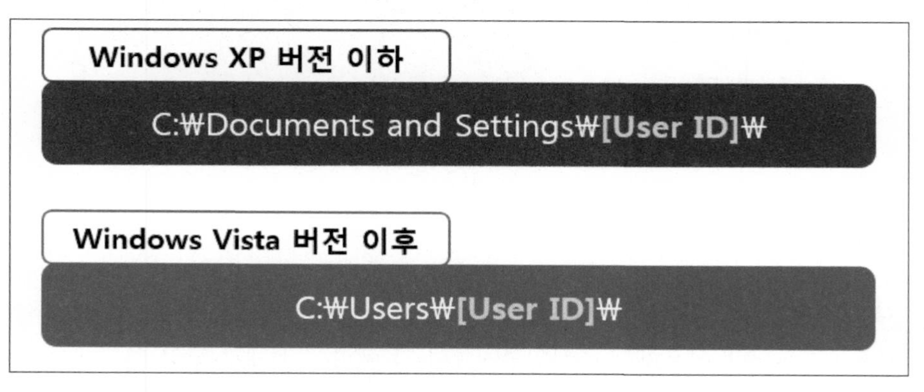

[그림 87] Windows Vista 버전부터는 Documents and Settings가 아닌 Users 디렉터리 하위에 사용자 계정 별 데이터를 관리한다.

Documents and Settings 또는 Users 폴더에는 사용자 계정 별 프로필 설정 및 데이터가 저장된다. 해당 폴더 하위에는 각각 다른 사용자 계정 별 폴더가 존재하며, 각 계정 폴더 하위에는 계정 별 바탕화면, 즐겨찾기, 내 문서, 편지함 등 환경정보가 저장된 파일 및 폴더가 존재한다.

Windows 95/98/Me 버전에서는 개인 사용자용 운영체제 특성상 계정별 폴더가 존재하지 않았으나 Window NT 이후의 버전부터는 다중 사용자 운영체제 기반으로 사용자 별 프로필 폴더가 존재한다. Windows NT에서는 C:\WINNT\Profiles 폴더명으로 Windows XP/2000 에서는 C:\Documents and Settings와 같은 폴더명으로 존재한다. 이후Windows Vista 부터의 Windows 시스템은 C:\Users 폴더명으로 사용되고 있으나 호환성을 위해 C:\Users 폴더에 연결된 심볼릭 링크(Symbolic Link)의 형태로 C:\Documents and Settings 폴더도 존재한다.

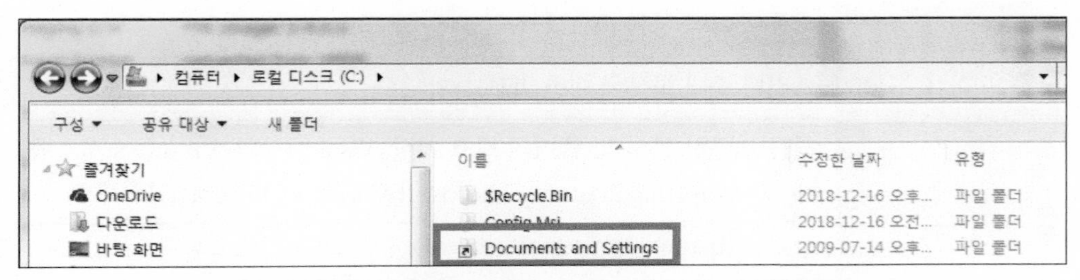

[그림 88] 심볼릭링크 형태로 존재하는 Documents and Settings 폴더

Windows All Users 폴더의 하위 폴더에는 모든 사용자들이 공통적으로 가지고 있는 바탕화면과 시작메뉴에 대한 정보가 존재한다. 각각의 사용자 계정 폴더에서는 아래 표와 같은 하위 폴더들을 살펴볼 수 있다.

Application Data	애플리케이션 별 데이터, 응용 소프트웨어 개발자가 사용자 프로필 폴더에 저장할 데이터를 결정
AppData	Windows Vista 이전 Windows 시스템의 Application Data 폴더 하위 폴더에 Local[25], LocalLow[26], Roaming[27] 폴더 존재.

25) Local : 다른 컴퓨터에서 로그인 시 Roaming 하기에 적합하지 않은 데이터 저장에 사용

26) LocalLow : Integrity Level이 낮을 때에도 사용할 수 있는 폴더. 보안 위협이 큰 인터넷 익스플로러 같은 프로그램이 임시 파일을 저장하거나 기록할 수 있는 경로로 사용. 인터넷 익스플로러 8.0 이상에서 제공하는 보호모드(InPrivateBrowsing)에서는 오직 LocalLow 폴더에만 접근가능. Microsoft, "Designing Applications to Run at a Low Integrity Level", 〈msdn.microsoft.com/en-us/library/bb625960.aspx〉, (2018.11.1. 방문)

27) Roaming : Active Directory 환경에서 다른 컴퓨터에서 로그인할 때 동기화가 필요한 사용자 계정 프로필, 환경 설정 등의 파일을 저장하기 위한 경로로 사용

Cookies	웹사이트 방문 시 저장되는 쿠키 정보
Documents	사용자 문서 (Windows XP에서는 My Documents)
Favorites	인터넷 익스플로러의 즐겨찾기 정보 목록
Local Settings[28]	응용 소프트웨어 데이터, History 기록 및 임시 파일 저장
NetHood	네트워크 환경 항목에 대한 바로 가기
Pictures	사용자 그림 항목 (Windows XP에서는 My Pictures)
PrintHood	프린터 폴더 항목에 대한 바로 가기
Recent	최근 접근한 문서 및 폴더의 링크 저장. Vista 이상의 Windows 시스템에서는 AppData Roaming Microsoft Windows Recent 폴더 사용
SendTo	문서 처리 유틸리티에 대한 바로 가기
시작메뉴	시작 프로그램 항목에 대한 바로가기
Templates	사용자 템플릿 항목

[표 14] 사용자 계정 하위 폴더 구성

다음으로 'Windows XP'와 'Windows Vista 및 7' 의 폴더 구성을 비교하면 다음과 같다.

Windows XP	Windows Vista 및 7
\Documents and Settings	\Users
\Documents and Settings\$USER$\My Documents	\Users\$USER$\Documents
\Documents and Settings\$USER$\My Documents\My Music	\Users\$USER$\Music

28) Vista 이상의 Windows 시스템에서는 \AppData\Local\Microsoft\Windows\History 및 \AppData\Local\Temp 등으로 변경됨

\Documents and Settings\$USER$\My Documents\My Pictures	\Users\$USER$\Pictures
\Documents and Settings\$USER$\My Documents\My Videos	\Users\$USER$\Videos
\Documents and Settings\$USER$\Application Data	\Users\$USER$\AppData\Roaming
\Documents and Settings\$USER$\Cookies	\Users\$USER$\AppData\Roaming\Microsoft\Windows\Cookies
\Documents and Settings\$USER$\Local Settings	\Users\$USER$\AppData\Local
\Documents and Settings\$USER$\NetHood	\Users\$USER$\AppData\Roaming\Microsoft\Windows\Network Shortcuts
\Documents and Settings\$USER$\PrintHood	\Users\$USER$\AppData\Roaming\Microsoft\Windows\Printer Shortcuts
\Documents and Settings\$USER$\Recent	\Users\$USER$\AppData\Roaming\Microsoft\Windows\Recent
\Documents and Settings\$USER$\SendTo	\Users\$USER$\AppData\Roaming\Microsoft\Windows\SendTo
\Documents and Settings\$USER$\Start Menu	\Users\$USER$\AppData\Roaming\Microsoft\Windows\Start Menu
\Documents and Settings\$USER$\Templates	\Users\$USER$\AppData\Roaming\Microsoft\Windows\Templates
\Documents and Settings\$USER$\Local Settings\Application Data	\Users\$USER$\AppData\Local
\Documents and Settings\$USER$\Local Settings\History	\Users\$USER$\AppData\Local\Microsoft\Windows\History
\Documents and Settings\$USER$\Local Settings\Temporary Internet Files	\Users\$USER$\AppData\Local\Microsoft\Windows\Temporary Internet Files
\Documents and Settings\All Users	\ProgramData

\Documents and Settings\All Users\Application Data	\ProgramData
\Documents and Settings\All Users\Desktop	\Users\Public\Desktop
\Documents and Settings\All Users\Documents	\Users\Public\Documents
\Documents and Settings\All Users\Favorites	\Users\Public\Favorites
\Documents and Settings\All Users\Start Menu	\ProgramData\Microsoft\Windows\Start Menu
\Documents and Settings\All Users\Templates	\ProgramData\Microsoft\Windows\Templates
\Documents and Settings\Default User	\Users\Default

[표 15] 'Windows XP' vs 'Windows Vista 및 7' 폴더구성 비교[29)]

C: \Program Files\

각종 응용프로그램들이 설치되는 폴더이다. C: \Program Files\Common Files 폴더에는 시스템 정보파일이 존재한다.

C: \ProgramData\

Windows Vista부터 등장한 폴더로 Windows 시스템에 설치된 프로그램들이 모든 사용자 계정에서 사용할 수 있는 데이터를 저장하는데 사용한다. 기본적으로 숨김 속성을 가지고 있어 윈도우 탐색기의 폴더옵션에서 '숨김 파일 및 폴더 표시' 기능에 체크를 해야 확인이 가능하다.

$RECYCLE.BIN\

Windows 시스템의 휴지통 폴더로 사용자의 SID(Security Identifier)별로 각각의 파일 시스템에 폴더가 생성된다. 사용자의 SID는 레지스트리 HKEY_LOCAL_MACHINE \SOFTWARE\Microsoft\Windows NT\CurrentVersion\ProfileList에서 확인 가능하다.

---

29) Patris_70, "Windows XP Folders and Locations vs. Windows 7 and Vista", https://social.technet.microsoft.com/wiki/contents/articles/6083.windows-xp-folders-and-locations-vs-windows-7-and-vista.aspx, (2018.11.10 방문.)

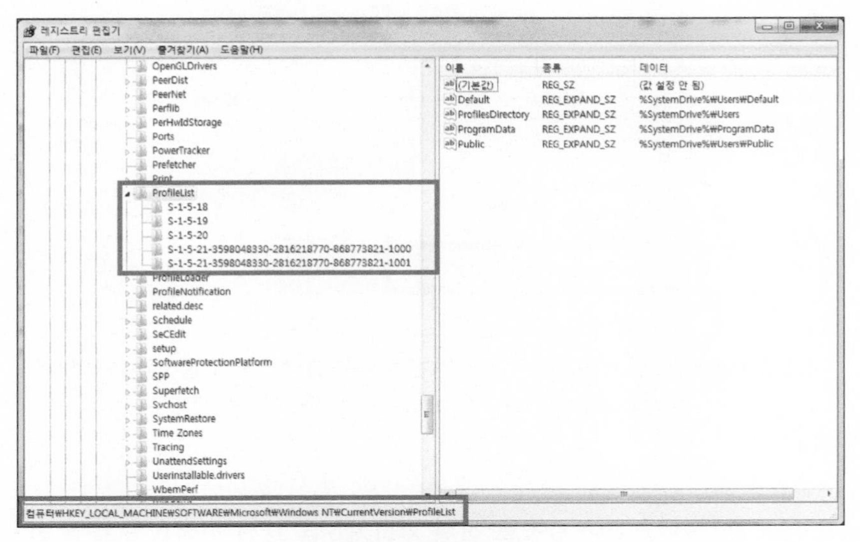

[그림 89] SID 확인 경로

Windows NT/2000/XP에서는 RECYCLER 라는 폴더명을 사용하고, Vista 이상에서는 $RECYCLE.BIN 폴더명을 사용한다. 휴지통에서 삭제된 파일들의 정보를 관리하기 위한 목적으로 INFO2 파일에 원본파일 경로 및 이름, 휴지통 내의 파일 식별자, 원본 파일이 위치하고 있던 드라이브의 번호, 파일이 삭제된 날짜 및 시간, 원본파일의 크기 등이 기록되며 Vista 이상의 Windows 시스템에서는 $I 로 시작하는 파일이 사용된다.

C: \System Volume Information\

Windows Me 이상의 이후부터는 시스템 복원 기능이 존재하며 기본적으로 활성화 되어 있어 Windows 시스템의 시스템 복원 도구가 해당 정보와 복원 지점을 저장하기 위해 사용하는 숨겨진 시스템 폴더이다. System Restore Service가 활성화 된 경우에는 설정된 모든 파일시스템에 System Volume Information 폴더가 생성된다.

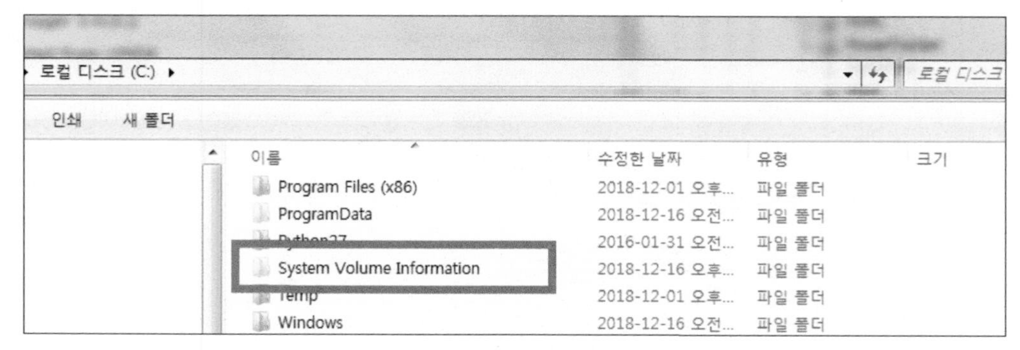

[그림 90] 탐색기 폴더 옵션에서 '보호된 운영 체제 파일 숨기기' 옵션을 해제 하면 System Volume Information 폴더를 확인할 수 있다.

시스템 복원 기능은 시스템 보호를 위해 정기적으로 복원 지점을 만들고 저장한 후, 시스템이 정상적으로 동작하지 않을 경우 복원 지점을 이용해 이전 상태로 시스템 파일과 레지스트리 값을 되돌리게 된다. 기본적으로 복원되는 항목은 레지스트리, filelist.xml 파일의 〈include〉 부분에 확장자가 포함된 파일이다. 사용자가 만든 데이터, 위치가 변경된 폴더, SAM Hive 파일, Windows 시스템 인증정보, filelist.xml 파일에서 〈exclude〉 부분에 포함된 폴더 및 파일은 복원지점에 데이터로 저장하지 않는다. Windows Vista부터는 복원 지점과 백업 기능을 결합한 VSS(Volume Shadow Copy Service)를 이용해 시스템 복원을 수행한다.

VSS에 의해 수행되는 시스템 백업 기능에는 사용자가 생성한 파일 및 폴더가 포함된다. 사용자는 Windows의 이전 버전 복원 기능을 사용하여 복원 지점의 개별 파일이나 폴더를 로컬로 복원할 수 있다.

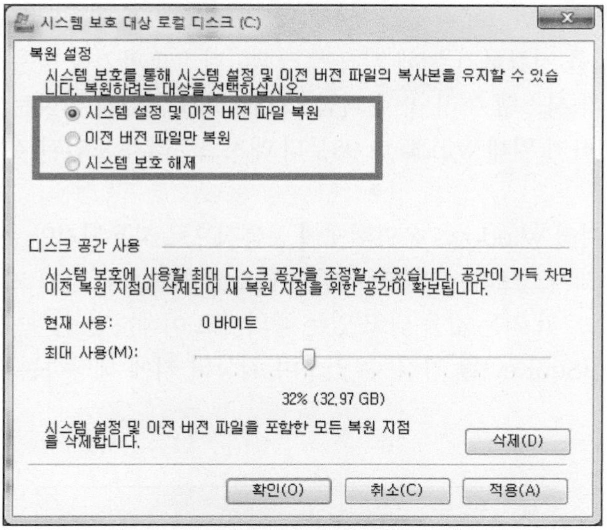

[그림 91] 이전 버전 복원을 사용하여 파일 및 폴더 복구

따라서 Volume Shadow Copy(VSC)를 분석 시 과거의 폴더나 파일의 흔적을 찾을 수 있다. 예를 들어 과거 시점의 레지스트리 하이브, 링크파일, 웹 브라우저 관련 흔적, 휴지통 등을 획득할 수 있으며, 현재 지워진 혐의 관련 파일을 VSC에서 발견할 수도 있다.

(2) 윈도우 레지스트리

윈도우 레지스트리(Windows Registry)는 Windows 기반 시스템에서 하나 이상의 사용자, 응용 프로그램 및 하드웨어 장치에 적합하게 시스템을 구성하는 데 필요한 정보를 저장하는 중앙계층형 데이터베이스이다.[30] 레지스트리는 Windows 시스템의 구성과 제어에서 핵심적인 역할을 한다.

레지스트리에는 각 사용자의 프로필, 컴퓨터에 설치된 응용 프로그램 및 각 응용 프로그램이 생성 가능한 문서 유형, 폴더 및 응용프로그램 아이콘 설정, 시스템이 사용 중인 하드웨어, 사용되고 있는 포트 등 운영체제가 지속적으로 참조하는 정보가 들어 있다. 또한 레지스트리는 Autoexec.bat 및 Config.sys와 같은 Windows 3.x 및 MS-DOS에

30) Microsoft, "고급 사용자를 위한 Windows 레지스트리 정보",〈support.microsoft.com/ko-kr/kb/256986〉,(2018.11.1 방문.)

서 사용되던 텍스트 기반 .ini 파일을 대신한다. Window 95 이전의 Windows 프로그램에서는 구성 설정을 저장하기 위해 각 프로그램마다 INI 파일을 사용하였다. 그리고 다수의 INI 파일들이 시스템 여러 곳에 퍼짐으로써 찾기가 쉽지 않다는 단점이 있었으며, 이러한 점을 개선하기 위해 Windows 95부터 레지스트리가 도입된 것이다.

레지스트리는 여러 Windows 운영체제에 공통적으로 사용되지만 운영체제에 따라 다소 차이가 있다. 레지스트리는 키(Key)와 값(Value)이라는 두 가지 기본 요소를 포함하고 있으며, 레지스트리 키는 값을 담고 있는 폴더라고 이해하면 쉽다. 값과 더불어, 각 키는 수많은 서브키(SubKey)를 가질 수 있으며 최상위 키에 해당하는 것을 루트키(Root Key)라고 한다.

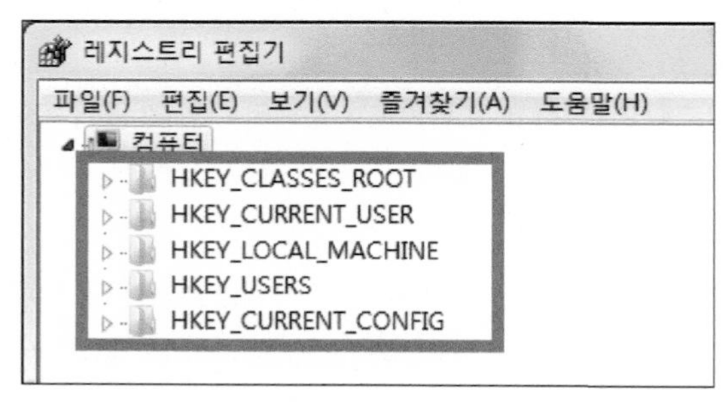

[그림 92] 레지스트리 루트키 예시

키는 계급 수준을 지시하기 위해 백슬래시(\)를 사용하여 경로를 표시한다. 예를 들면 HKEY_LOCAL_MACHINE\Software\Microsoft\Windows는 HKEY_LOCAL_MACHINE 키의 Software 서브키의 Microsoft 서브키의 Windows라는 서브키를 가리킨다.

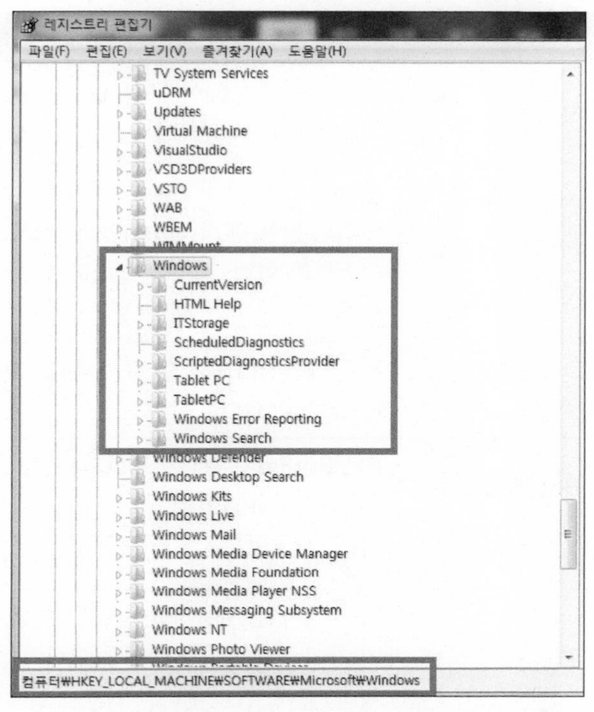

[그림 93] 레지스트리 키는 하위에 서브키를 가질 수 있다.

레지스트리 값은 키 안에 들어 있는 이름 및 자료이며, 여러 키로부터 참조할 수 있다. 또한 값 이름도 백슬래시를 포함할 수는 있지만, 값 이름에 백슬래시를 사용하면 키 경로와 구별하는 것이 어렵게 될 수 있다. 레지스트리 값들은 REG_DWORD, REG_BINARY, REG_SZ와 같은 데이터 유형을 비롯한 여러 가지 데이터 형식으로 저장한다. REG_LINK 데이터 형식은 다른 키나 값을 가리키게 하는 특이한 유형으로 참조할 곳을 알려주는 데이터를 가진 키의 데이터 형식이다.

데이터 형식	설 명
REG_BINARY	대부분의 하드웨어 구성 요소 정보는 이진 데이터로 저장되고 16진수 형식으로 레지스트리 편집기에 표시
REG_DWORD	4Bytes 길이로 표현되는 데이터. 장치 드라이버와 서비스의 많은 매개 변수가 이 형식으로 되어 있으며 레지스트리 편집기에 이진, 16진수 또는 10진수 형식으로 표시
REG_DWORD_LITTLE_ENDIAN	Little Endian 순서로 표현되는 32비트 정수 데이터. REG_DWORD와 동일
REG_DWORD_BIG_ENDIAN	Big Endian 순서로 표현되는 32비트 정수 데이터. REG_DWORD와 동일
REG_EXPAND_SZ	환경변수를 넣을 수 있는 가변길이의 유니코드 문자열
REG_MULTI_SZ	다중 문자열. 사용자들이 읽을 수 있는 형식으로 된 여러 값이나 목록이 포함된 값들이 일반적으로 사용하는 형식. 공백, 쉼표나 다른 기호로 항목 구분
REG_SZ	고정길이의 유니코드 텍스트 문자열
REG_RESOURCE_LIST	하드웨어장치 드라이버나 이 드라이버가 제어하는 물리장치 중 하나에서 사용하는 리소스 목록을 저장할 목적으로 설계된 일련의 중첩배열 시스템은이 데이터를 감지하여 \ResourceMap트리에 기록. 이 값은 레지스트리 편집기에 이진값의 16진수 형식으로 표시됨
REG_RESOURCE_REQUIREMENTS_LIST	장치 드라이버나 이 드라이버가 제어하는 물리 장치 중 하나에서 사용할 수 있는 장치 드라이버의 가능한 하드웨어 리소스 목록을 저장할 목적으로 설계된 일련의 중첩 배열. 시스템은 \ResourceMap 트리로 이 목록의 하위 집합을 사용. 이 데이터는 시스템에 의해 감지되며 레지스트리 편집기에 이진값의 16진수 형식으로 표시

REG_FULL_RESOURCE_DESCRIPTOR	물리 하드웨어 장치에서 사용하는 리소스 목록을 저장할 목적으로 설계된 일련의 중첩 배열. 시스템은 이 데이터를 감지하여 \HardwareDescription 트리에 기록. 이 값은 레지스트리 편집기에 이진값의 16진수 형식으로 표시
REG_NONE	특정한 형식이 없는 데이터. 이 데이터는 시스템과 응용 프로그램에 의해 레지스트리에 쓰여지며 레지스트리 편집기에 이진 값의 16진수 형식으로 표시
REG_LINK	심볼릭 링크의 이름을 지정하는 유니코드 문자열
REG_QWORD	64비트 정수로 표현되는 데이터. 레지스트리 편집기에 이진 값으로 표시되며 Windows 2000에 도입됨
REG_QWORD_LITTLE_ENDIAN	Little Endian 순서로 표현되는 64비트 정수 데이터. REG_QWORD와 동일

[표 16] 레지스트리 키 데이터 형식 유형[31)]

HKEY_LOCAL_MACHINE과 HKEY_CURRENT_USER 노드는 서로 비슷한 구조를 가지고 있다. 응용 프로그램은 보통 'HKEY_CURRENT_USER\Software\제조업체 이름\응용 프로그램 이름\버전 번호\설정 이름' 경로의 설정 항목을 검색하고 설정 값을 찾지 못할 경우 HKEY_LOCAL_MACHINE 키의 같은 위치에서 다시 한 번 검색한다. 또한 로그온한 사용자가 관리자가 아닌 경우 등에 따라 HKEY_LOCAL_MACHINE에 값을 기록하지 못하는 경우, 값을 HKEY_CURRENT_USER에 대신 저장하는 경우도 있다. 레지스트리 루트 키의 종류는 다음 표와 같다. HKEY_CURRENT_USER 키는 'HKCU', HKEY_LOCAL_MACHINE 키는 'HKLM'과 같이 간략히 표시되기도 한다.

31) Microsoft, "고급 사용자를 위한 Windows 레지스트리 정보",〈support.microsoft.com/ko-kr/kb/256986〉, (2018.11.1 방문.)

구분	설명
HKEY_CLASS_ROOT (HKCR)[32]	파일 확장자명과 응용프로그램의 연결정보를 저장
HKEY_CURRENT_USER (HKCU)	현재 로그온 되어 있는 사용자에 따라 달리 적용되는 제어판 설정, 네트워크 연결, 응용 프로그램, 배경화면, 디스플레이 설정 등을 저장
HKEY_LOCAL_MACHINE (HKLM)	개별 사용자 단위가 아닌 시스템 전체에 적용되는 하드웨어와 소프트웨어의 설정 데이터를 저장
HKEY_USERS (HKU)	사용자 프로필을 만들 때 적용한 기본 설정과 사용자별로 정의한 그룹 정책 등을 저장.
HKEY_CURRENT_CONFIG	실행 시에 수집한 자료를 저장. 이 키에 저장된 정보는 디스크에 영구적으로 저장되지 않고 부팅 시 생성
HKEY_PERFORMANCE_DATA	런타임 성능 데이터 정보를 제공. 이 키는 레지스트리 편집기에 보이지않지만 Windows API의 레지스트리 명령어를 통해 열람 가능

[표 17] 레지스트리 루트키 종류

레지스트리 하이브(Hive)는 데이터 백업을 포함한 지원 파일의 집합이며, 키와 하위키 및 값의 그룹이다. HKEY_CURRENT_USER를 제외한 모든 레지스트리 하이브 파일은 %SystemRoot%\System32\Config폴더에 있다[33].

32) Windows 2000 이후로, HKCR은 HKCU\Software\Classes와 HKLM Software Classes를 편집한다. 주어진 값이 위의 서브키 두 곳에 존재하면, HKCU\Software\Classes의 항목을 사용한다.

33) Windows 4.0 이후 버전에 한하여 이 경로에 저장된다.

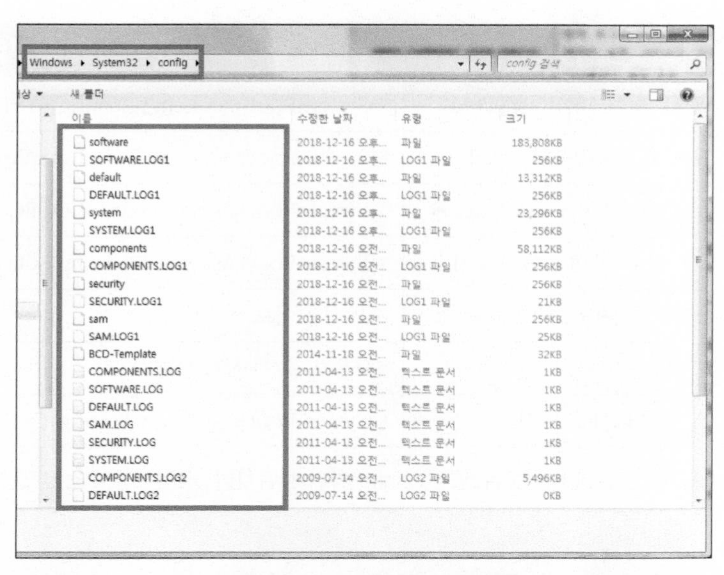

[그림 94] %SystemRoot%\System32\Config 하위에 위치한 하이브 파일

레지스트리는 윈도우의 버전에 따라 여러 개의 파일에 저장된다. 사용자 별로 다른 정보를 담고 있는 HKEY_CURRENT_USER와 같은 사용자 레지스트리 하이브는 C: \Users \〈username〉 \NTUSER.DAT 파일에 저장된다. 만약 사용자가 로밍 파일을 가지고 있으면 이 파일은 로그아웃 시 서버에 복사되고 로그인 시 서버로부터 복사해온다. Windows NT 기반의 운영 체제는 레지스트리를 이진 파일의 하이브 형식으로 저장한다. 또한 Windows 시스템에서 레지스트리를 내보내고(Export) 불러오는(Import) 등의 작업을 할 수 있도록 구성되어 있다. %SystemRoot% \System32 \Config\에 저장 되는 하이브 파일은 다음과 같다.

레지스트리 하이브	하이브 파일 경로 및 파일명
HKEY_LOCAL_MACHINE\SYSTEM	%SystemRoot%\system32\config\SYSTEM
HKEY_LOCAL_MACHINE\SAM	%SystemRoot%\system32\config\SAM
HKEY_LOCAL_MACHINE\SECURITY	%SystemRoot%\system32\config\SECURITY
HKEY_LOCAL_MACHINE\SOFTWARE	%SystemRoot%\system32\config\SOFTWARE
HKEY_LOCAL_MACHINE\HARDWARE	휘발성 하이브
HKEY_USERS\UserProfile	〈사용자 계정〉\NTUSER.DAT
HKEY_USERS\DEFAULT	%SystemRoot%\system32\config\DEFAULT

[표 18] %SystemRoot%\System32\Config 하위에 위치한 하이브 파일 경로 및 파일명

HKEY_CURRENT_USER 키의 지원 파일은 현재 로그인한 사용자의 사용자 프로파일 폴더에 존재한다. HKEY_CURRENT_USER 키에는 로컬로 로그인한 사용자 별 설정 및 소프트웨어 구성에 관한 데이터가 기록되어 있으며, 사용자 프로파일의 데이터는 Windows 3.x 버전에서 Win.ini 파일에 저장된 데이터와 유사하다.

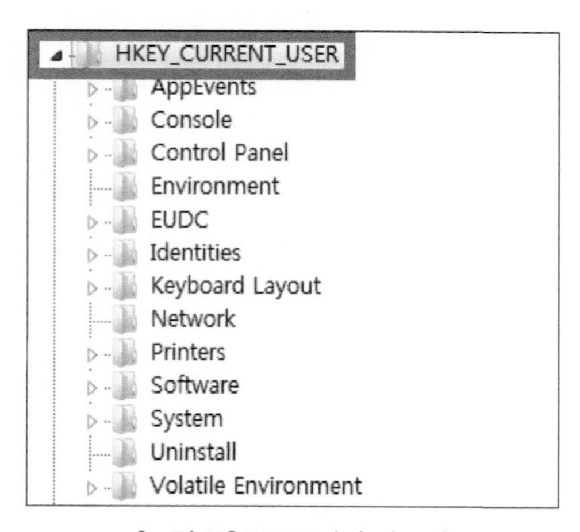

[그림 95] HKCU키와 서브키

HKEY_CURRENT_USER의 서브키 중 일부에 대한 설명은 다음과 같다.

서브키	설 명
AppEvents	사운드/이벤트 관련 키
Console	명령창 설정(예: 너비, 높이, 색상 등)
Control Panel	접근성 및 지역성 설정, 화면보호기, 데스크톱 구조, 키보드, 마우스 설정
Environment	환경 변수 정의
EUDC	사용자가 정의한 문자 정보
Identities	메일 계정 정보
Keyboard Layout	키보드 배치 설정(예: U.S / U.K)
Network	네트워크 드라이브 매핑 및 설정
Printers	프린터 연결 설정
Session Information	현재 세션에서 실행되는 프로그램을 작업 표시줄에 몇 개까지 보이게 할 것인지 여부
Software	사용자 별 소프트웨어 속성
ICODE Program Groups	사용자 별 시작 메뉴 그룹 정의
Volatile Environment	휘발성 환경 변수 정의

[표 19] HKCU 서브키 종류 설명

레지스트리의 HKEY_LOCAL_MACHINE\SYSTEM\CurrentControlSet\Control\hivelist 경로에는 하이브 파일의 위치정보가 저장되어 있다.

이름	종류	데이터
(기본값)	REG_SZ	(값 설정 안 됨)
\REGISTRY\MACHINE\BCD00000000	REG_SZ	\Device\HarddiskVolume1\EFI\M
\REGISTRY\MACHINE\HARDWARE	REG_SZ	
\REGISTRY\MACHINE\SAM	REG_SZ	\Device\HarddiskVolume4\Wind
\REGISTRY\MACHINE\SECURITY	REG_SZ	\Device\HarddiskVolume4\Wind
\REGISTRY\MACHINE\SOFTWARE	REG_SZ	\Device\HarddiskVolume4\Wind
\REGISTRY\MACHINE\SYSTEM	REG_SZ	\Device\HarddiskVolume4\Wind
\REGISTRY\USER\.DEFAULT	REG_SZ	\Device\HarddiskVolume4\Wind
\REGISTRY\USER\S-1-5-19	REG_SZ	\Device\HarddiskVolume4\Wind
\REGISTRY\USER\S-1-5-20	REG_SZ	\Device\HarddiskVolume4\Wind
\REGISTRY\USER\S-1-5-21-2312760091-4276986539-1261066840-1001	REG_SZ	\Device\HarddiskVolume4\Users\
\REGISTRY\USER\S-1-5-21-2312760091-4276986539-1261066840-1001_Classes	REG_SZ	\Device\HarddiskVolume4\Users\

[그림 96] HKLM\SYSTEM\CurrentControlSet\Control\hivelist

하이브 파일로 존재하는 레지스트리는 부팅이 진행되면 메모리로 마운트 되어 다른 구조로 재편된다. Windows 시스템에서는 레지스트리 편집용 GUI 유틸리티인 Regedit.exe를 이용하면 메모리에 마운트 되었을 시의 레지스트리 구조를 확인할 수 있으며, 레지스트리를 이루는 구성요소는 다음과 같다.

구성요소	설명
키 (Key)	레지스트리에서 폴더 형태로 보여지는 부분, 여러 유형의 데이터들을 포함
루트키 (Root Key)	레지스트리의 최상위 키
서브키 (SubKey)	레지스트리의 하위 키
값 (Value)	키의 하위에 위치한 값
데이터형식 (Data Type)	값을 표현하기 위한 데이터 형식
데이터 (Data)	값이 가지고 있는 내용

[그림 97] 레지스트리 구성요소

또한 분석 시 아래와 같이 로그 형식의 하이브 파일을 확인할 수 있다. 이는 운영체제에 의해 생성된 하이브 관련 로그이며, 하이브 파일과 동일한 구조를 가지고 있다. 하지만 동일한 이름의 하이브 파일 내용을 전부 담고 있는 것은 아니며, 일부 내용이 저장되어 있다.

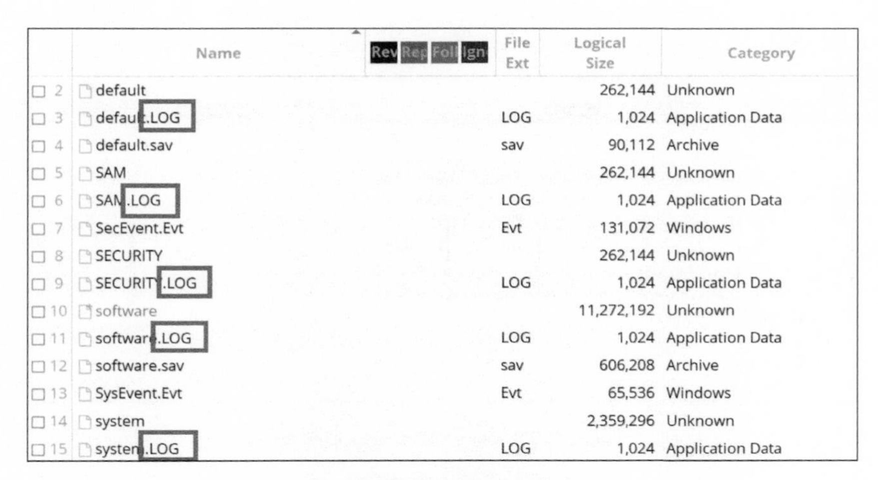

	Name	Rev Rep Fol Ign	File Ext	Logical Size	Category
2	default			262,144	Unknown
3	default.LOG		LOG	1,024	Application Data
4	default.sav		sav	90,112	Archive
5	SAM			262,144	Unknown
6	SAM.LOG		LOG	1,024	Application Data
7	SecEvent.Evt		Evt	131,072	Windows
8	SECURITY			262,144	Unknown
9	SECURITY.LOG		LOG	1,024	Application Data
10	software			11,272,192	Unknown
11	software.LOG		LOG	1,024	Application Data
12	software.sav		sav	606,208	Archive
13	SysEvent.Evt		Evt	65,536	Windows
14	system			2,359,296	Unknown
15	system.LOG		LOG	1,024	Application Data

[그림 98] 하이브 로그 파일

레지스트리에서는 시스템 정보, 시간 정보, 마지막으로 로그온한 사용자, 서비스 및 드라이버 목록, 로그온 자동 시작점, 감사정책, 무선 네트워크 접속정보[34], USB 이동식 저장장치 정보[35] 등 다음과 같은 다양한 사용자 행위를 추적할 수 있다.

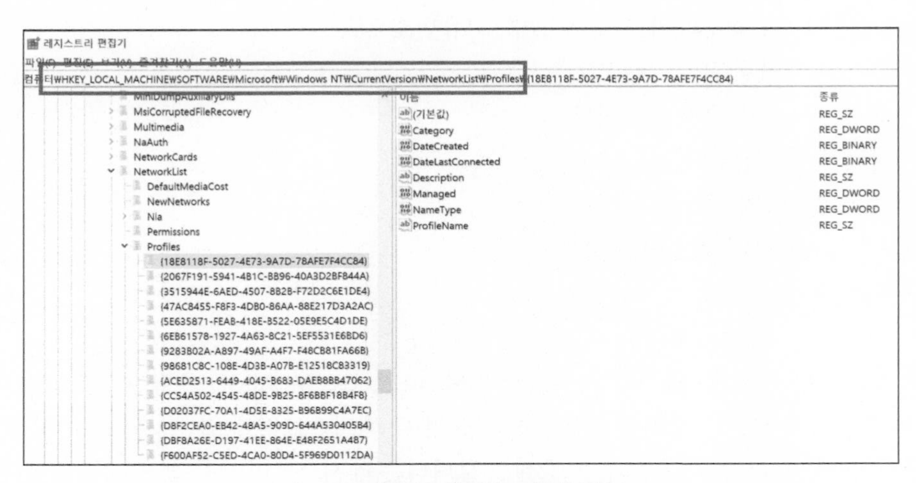

[그림 99] 무선 네트워크 접속 정보

34) HKEY_LOCAL_MACHINE\SOFTWARE\Microsoft\Windows NT\CurrentVersion\NetworkList\Profiles

35) HKEY_LOCAL_MACHINE\SYSTEM\CurrentControlSet\Enum\USBSTOR

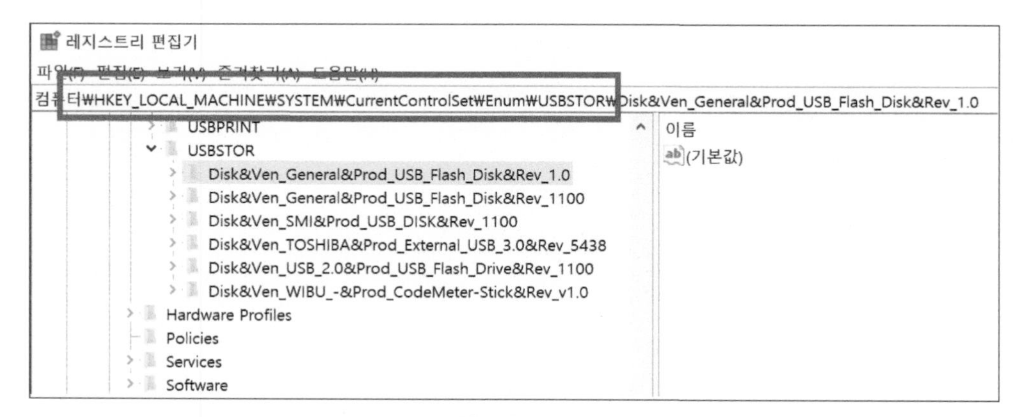

[그림 100] USB 이동식 저장 장치 정보

이외에도 다음과 같이 사건의 단서가 될 수 있는 다양한 정보들을 분석해 볼 수 있다.

- 사용자 계정의 Default 폴더 경로
- 최근 사용한 파일 및 프로그램 목록
- 최근 실행하거나 수정한 문서파일 접근 기록
- 사용한 USB 장치의 제조사, 모델명, 고유번호 정보
- 설치 후 삭제한 프로그램 정보
- 삭제된 사용자 계정 잔류정보
- 메신저 사용 잔류 정보
- 악성코드 감염 정보
- Windows 운영체제 설치 일시
- 공유 폴더 기록 등

Windows Sysinternals[36]의 프로세스 모니터(Process Monitor) 유틸리티를 활용하면 현재 부팅되어 있는 시스템과 응용 프로그램이 각 레지스트리에 접근하는 시각 및 유형, 접근 결과 등을 파악할 수 있다. 프로세스 모니터는 레지스트리의 특정 키나 값과 연관된 행위, 특정 프로세스의 행위 등을 집중 감시할 수 있다.

36) Microsoft, "Windows Sysinternals", 〈docs.microsoft.com/en-us/sysinternals/〉, (2018.11.1. 방문)

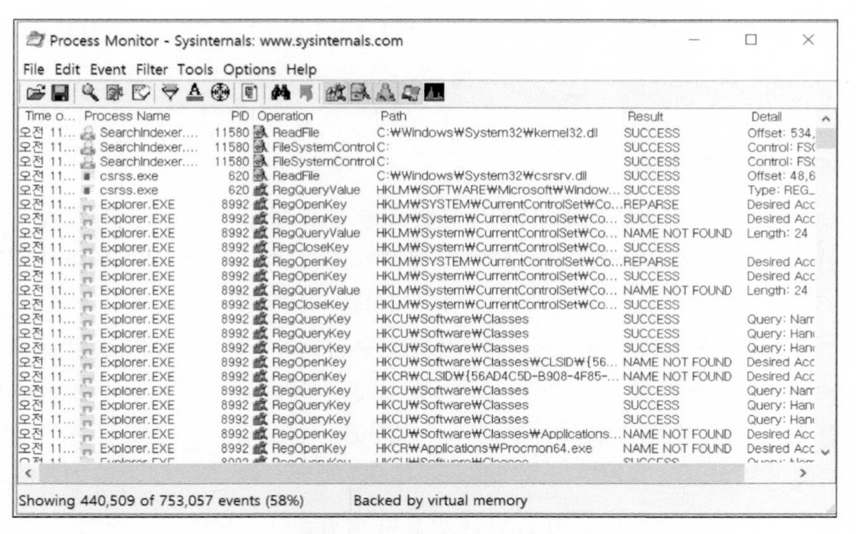

[그림 101] Process Monitor 실행 예

디지털포렌식 분석관이 Windows 시스템의 레지스트리 분석 시 주의해야 할 사항으로는 레지스트리 상 존재하는 휘발성 정보이다. 시스템이 부팅되어 있거나 사용자가 로그인을 한 후에는 시스템의 메모리에만 존재하지만 시스템에 전원이 차단되었을 때 하드디스크에 존재하지 않는, 즉 증거분석용 이미지에서는 발견할 수 없는 레지스트리 정보가 있다는 점을 고려하여 이러한 정보는 시스템이 부팅되어 있는 상태에서 수집되어야 한다.

또한 레지스트리 하이브 파일에 Windows 레지스트리 편집기가 보여주는 내용 이외에도 해당 파일의 비할당 영역에 삭제된 레지스트리 키와 값, 시간정보(Last Written Time) 등이 존재하고 있다는 점은 조사과정에 상당히 의미 있게 활용될 수 있다. 이러한 Windows 시스템의 레지스트리는 운영체제의 버전에 따라 하이브 파일의 저장위치를 비롯한 키와 값들의 명칭과 위치가 차이가 있을 수 있어 디지털 포렌식 조사자는 사전에 레지스트리 구조에 대한 이해가 필요하다.

Windows XP는 기본 설정에 의해 시스템에 새로운 드라이버가 설치되는 등의 변화가 있을 때 시스템 복원지점(System Restore Points)이 생성되고, Winodws Vista를 비롯한 이후 버전의 Windows 시스템은 볼륨 쉐도우 복사본(Volume Shadow Copy)를 생성하므로 디지털 포렌식을 통해 이와 같은 복원지점이나 볼륨 쉐도우 복사본(VSC)에 접근하여 백업된 시점의 레지스트리 정보를 조사할 수도 있다.

(3) Windows 계정 정보

Windows 시스템의 SAM[37]은 사용자의 암호를 통해 로컬 및 원격 사용자를 인증하는 데 사용되고 Windows 2000 서비스팩 4부터는 Active Directory 기반 원격사용자를 인증하는 데에도 사용된다. 디지털포렌식 과정에서는 이와 같은 SAM 하이브 파일 및 레지스트리로부터 사용자 계정과 그룹 대한 정보를 수집할 수 있다. SAM(Security Account Manager)은 사용자 계정 데이터베이스를 레지스트리에 보관하고 사용자 보안을 담당한다. 또한 모든 사용자 및 그룹의 권한과 특정 Windows 도메인에 대한 접근 권한을 담고 있다. 도메인 기반으로 관리되는 Windows 시스템에서 도메인 내의 어느 컴퓨터에 로그온 하더라도 로컬 컴퓨터와 같이 동일한 환경의 작업공간이 나타나도록 하는 것이 SAM의 역할이다.

SAM 하이브 파일은 Windows 시스템의 사용자 계정과 패스워드를 암호화하여 보관하고 있어 UNIX 시스템의 /etc/passwd 파일과 같은 역할을 한다. 때문에 Windows 시스템 해킹 시 공격자의 핵심 공략 대상이 되기도 한다. 공격자들이 SAM을 중요하게 생각하는 이유는 SAM파일을 크래킹 하여 도메인 컨트롤러 접근 힌트나 시스템 권한을 얻는 데 필요한 패스워드 정보를 얻을 수 있기 때문이다. 또한 SAM 파일에는 사용자 계정 이름, 계정 설명, 마지막 로그인, 계정만료, 로그인 실패 등과 같은 시간에 관한 스탬프가 저장되므로 여러 가지 의미 있는 정보를 찾아볼 수 있다.

Windows 시스템은 크게 두 가지의 계정 그룹이 있다. 사용자 계정(Account)은 관리자가 새로 만들거나 Built-In 계정 중에서 사용자에게 할당 가능한 Administrator, Guest와 같은 계정들이며, Built-In 계정은 Windows 시스템이나 IIS 같은 서비스들이 설치될 때 함께 등록되는 기본 계정들이다.

37) SAM(Security Account Manager) : Windows 운영체제에서 사용자의 비밀번호를 저장하는 데이터베이스 파일이다. 사용자의 로컬(local) 또는 원격(remote) 인증에 사용되며, Windows 2000 SP4부터는 액티브 디렉터리가 원격사용자 인증에 사용된다. SAM은 권한 없는 사용자가 시스템에 대한 접근 권한을 획득하는 것을 막기 위해 암호화 방식을 사용한다. 사용자 비밀번호는 레지스트리 하이브에 LM Hash 형식 또는 NTLM Hash 형식으로 저장된다.

• **사용자 계정(Account)** : 관리자가 새로 만든 계정
• **Built-In 계정** : Administrator, Guest, Backup Operator, Replicator 등

SAM 하이브에서 각 사용자에 관한 정보는 SAM\Domains\Account\Users\RID \ 경로에서 확인할 수 있다. 해당 경로의 키 이름 중 네 자리의 "0000" 뒤에 있는 값은 사용자와 관련된 식별자(RID)를 의미하는 16진수 값이다.[38] 관리자 계정의 RID가 500이라면 SAM에서는 000001F4로 나타난다.

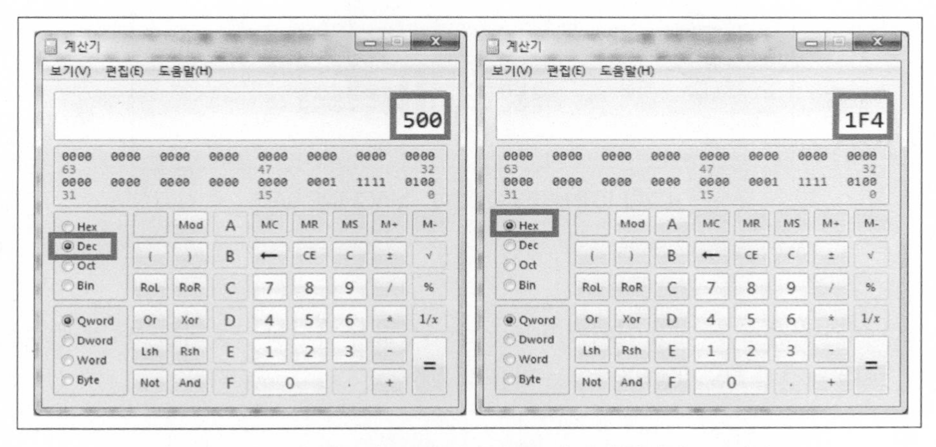

[그림 102] 10진수(Dec) 500을 16진수(Hex)로 변환하면 1F4이다.

각 User 키에는 바이너리 데이터 형식으로 사용자 계정에 관한 정보를 제공하는 "F"와 "V"라는 두 개의 값이 포함되어 있다. F값에는 마지막 로그인 시간, 비밀번호가 변경된 시간, 계정이 만료되는 시간, 로그인 실패시간, RID[39], 계정 활성화 상태, 국가코드, 로그온 실패 횟수, 로그온 성공 횟수 등의 정보가 저장되고, V값에는 사용자 계정이름, 전체 이름, 계정 설명, LM Hash, NTLM Hash[40], NTLMv2 Hash 등이 저장된다.

---

38) 철통보안, 윈도우즈 레지스트리 포렌식, 127면

39) RID(Relative Identifier) : 도메인 내에서 각 사용자 계정 또는 작업 그룹에 대해 부여하는 보안 식별자. Windows 시스템은 사용자 계정 생성 시 자동으로 보안 식별자를 할당하며, 사용권한을 표시하기 위해 사용자 이름을 표시한다. 또한 사용자 계정에 대한 핵심적인 식별자를 부여하기 위해 SID(Security Identifier)를 사용하지만 도메인환경에서는 각각의 시스템에 SID를 부여하기 때문에 SID가 중복될 우려가 있다. 때문에 추가적으로 사용하는 상대적 식별자가 RID이다. 일반적으로 관리자 계정은 500, 사용자 계정은 1000 이상의 값이 부여된다.

40) SAM 하이브에 저장된 Hash 형태 패스워드는 LM(LAN Manager)와 NTLM(NTLAN Manager) 형식이 있다. 그리고 LM Hash는 암호해독 과정에서 무차별 공격에 취약한 것으로 알려져 있다.

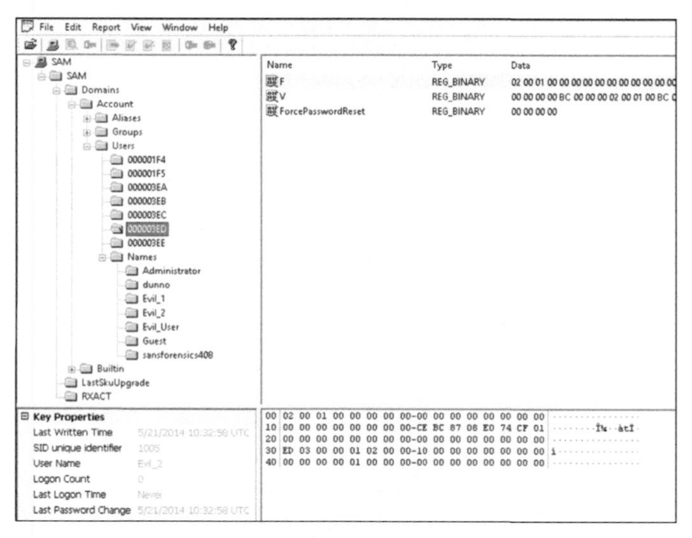

[그림 103] HKEY_LOCAL_MACHINE SAM

또한 이와 같은 로컬 계정 이외에 Windows 8부터 추가되어 사용되는 MS 계정이 존재한다. 로컬 계정과 MS 계정의 차이는 다음과 같다.

- 로컬 계정
  → Windows 7까지 이용했던 방법
  → 마이크로소프트에서 제공하는 게임, 메일, 클라우드 등 서비스를 이용할 수 없음
  → 로컬 계정 비밀번호가 로컬에 저장되어 운영되기에 계정 도난을 당할 우려가 큼
  → Windows 정품 인증은 로컬 계정과 동기화되지 않음

- MS 계정(MSA)
  → Windows 8부터 추가
  → Windows 스토어를 사용해 앱 설치 가능
  → MS 계정을 사용하는 응용프로그램은 자격 증명을 요구하지 않음
  → Windows 및 MS 계정을 사용하는 응용프로그램의 설정 동기화
  → Windows 정품 인증은 MS 계정과 동기화 됨 (디지털 라이선스)

(4) SID (Security Identifiers)

SID는 보안 식별자로서 개개인의 사용자를 식별하기 위한 고유 번호이다. 실제 사용자 계정과 매핑을 하려면 레지스트리 HKEY_LOCAL_MACHINE\SOFTWARE\Microsoft Windows NT\CurrentVersion\ProfileList 키와 하위키를 참조하면 된다.

ProfileList 키는 시스템의 모든 사용자 프로파일 정보와 Windows 시스템에 등록되어 있는 로컬 사용자와 도메인 사용자 등에 대한 다양한 정보가 저장된 데이터베이스이다. 이와 같은 각각의 사용자 계정에 부여된 고유한 번호를 바탕으로 휴지통을 생성하고 이 고유 번호를 통해 다른 사용자의 휴지통에는 접근할 수가 없다. 간단한 예를 통해 SID의 구조는 다음과 같다.

예 : S-1-5-21-16644254174-154150936-313073093-1004

구성요소	설 명
S	SID임을 의미하는 접두사
1	버전 번호
5	SID를 생성할 수 있는 최고 수준의 보안 권한을 식별
21-16644254174-154150936-313073093	하위 권한을 의미하며 집합적으로 계정에 대한 권한이 있는 컴퓨터나 도메인에서 사용
1004	비교 식별자(relative identifier). RID라고 불리며, 이 숫자를 이용하여 특정 사용자와 그룹을 식별함

[표 20] 보안식별자 예시 설명

(5) 윈도우 이벤트로그

Windows 시스템에서 일어나는 일들을 일련의 이벤트(Event)라 표현한다. 윈도우 이벤트 로그는 이벤트 추적 및 로그 아키텍처이며, Windows NT이후부터 도입되었다. Windows Vista부터 윈도우 이벤트 로그는 잘 정의되고 구조화된 XML포맷을 기반으로 기록되었으며, 이로 인해 응용 프로그램들이 이벤트를 더 정확하게 기록할 수 있게 되었다. 이벤트로그는 관리, 운영, 분석, 디버그 로그 유형을 포함한 수많은 유형이 존재한다.

이벤트로그는 다른 시스템에 자동으로 이동되도록 설정할 수도 있으며, 원격으로 다른 컴퓨터에게 감시를 받거나 한 대의 컴퓨터에서 여러 컴퓨터의 이벤트 로그를 기록하고 관리할 수 있다. 또한 하나 이상의 기준이나 표준 XPath 양식에 따라 사용자가 원하는 부분만 표시되도록 분류할 수 있으며, 하나 이상의 이벤트에 사용자 정의 보기를 사용할 수 있다. 이러한 분류 및 고급 필터는 특정 목적을 위한 이벤트 추적에 용이하게 사용된다.

이벤트 로그는 범용 포렌식 소프트웨어나 상용으로 판매되는 이벤트 뷰어 프로그램을 이용해서 분석할 수도 있지만, Windows 시스템에서 기본적으로 제공하는 이벤트 뷰어도 충분히 활용 가능하다.

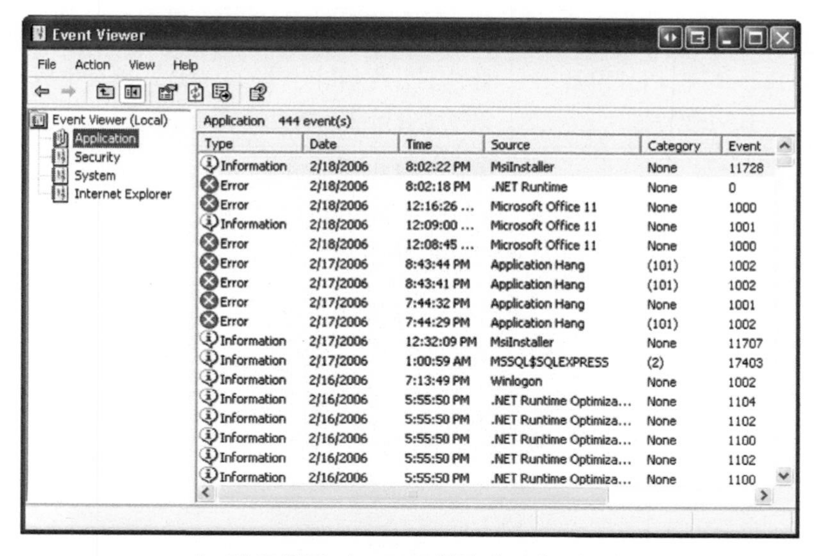

[그림 104] Windows XP 환경의 이벤트 뷰어

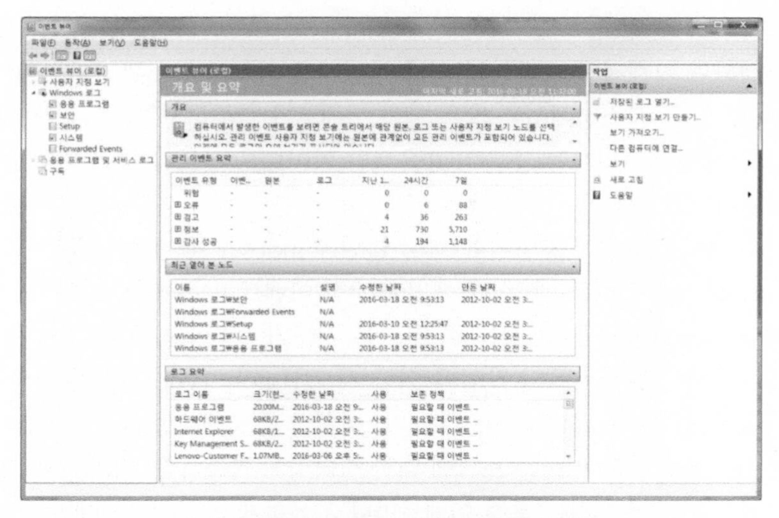

[그림 105] Windows 7 환경의 이벤트 뷰어

예를 들어 이벤트 뷰어(Event Viewer)에서 '응용 프로그램 로그' 노드를 선택하면 수많은 새로운 하위 분류의 이벤트 로그를 확인할 수 있다.

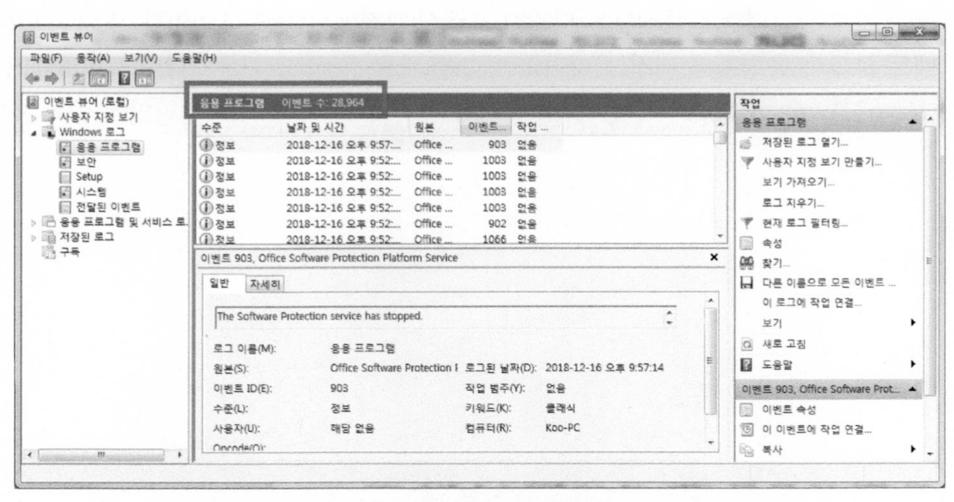

[그림 106] 이벤트 뷰어를 통한 이벤트로그 확인

또한 이벤트 뷰어 프로그램을 활용하여 Windows 시스템의 보안로그에 기록된 이벤트들을 분석하면 잠재적인 보안 위협이나 부정적인 침입시도와 관련된 사항을 찾아낼 수 있다. Windows 시스템에서는 많은 양의 이벤트가 발생하고 있기 때문에 모든 이벤트 로그를 일일이 들여다보는 것은 비효율적인 일이므로 찾고자 하는 키워드가 포함된 이벤트를 필터링하거나 이벤트 ID를 사용하여 필터링을 한 후 찾고자 하는 정보의 범위를 좁혀가는 것이 효과적인 방법이다. 예를 들면 Windows 2003의 이벤트 로그 중 보안로그(Security Log)에서 로그온 실패 에러에 관한 이벤트 ID는 529[41]이다. 또한 해당 이벤트의 설명(Description)에서 실패한 로그온 시도가 인터렉티브 로그온 시도(Logon Type 3)인지, 서비스나 예약된 작업에 의한 시도(Logon Type 4)인지 확인하기 위해 Logon Type을 키워드로 설정해 볼 수 있다. 이처럼 특정 키워드나 이벤트ID를 사용하여 이벤트 뷰어에서 찾고자 하는 로그에 대한 필터링이 가능하다. 이와 같이 효율적으로 이벤트 분석을 하기 위해서는 특정 이벤트마다 고유하게 발생하는 이벤트 ID와 해당되는 설명 및 특징 등을 아는 것이 유용하다[42].

이처럼 디지털포렌식 분석관은 이벤트 로그 분석을 통해 특정 사용자의 로그인 정보, 특정 응용프로그램이 실행된 정보 등 다양한 정보를 알아 낼 수 있다. 하지만 이벤트 로그는 사용자가 삭제할 수도 있기 때문에 때로는 증거를 찾는 데에 어려움이 있으나 복구과정을 거쳐 발견되는 잔류정보는 디지털 포렌식 관점에서 중요한 의미를 가질 수 있다. 이벤트 로그는 운영체제 버전에 따라 evt, evtx와 같은 확장자를 지니며 %WINDIR%\System32\winevt\Logs와 같은 경로에 기록된다. 주요 이벤트 로그 파일의 종류는 다음과 같다.

41) Unknown user name or bad password

42) 이벤트 ID에 대한 기술 자료는 http://www.eventid.net 와 같은 사이트를 참조하면 유용하다.

이벤트 로그명	내 용
System Log	Windows 시스템 구성 요소에서 기록한 이벤트 로그이다. 예를 들어 부팅 시 발생하는 드라이버 또는 기타 시스템 구성 요소의 로드 오류가 System Log에 기록된다. 시스템 구성 요소에서 기록하는 이벤트 유형은 Windows에 미리 정의 되어 있다.
Security Log	파일 생성 또는 개체 생성, 파일 접근 또는 삭제 등의 리소스 사용과 관련한 이벤트가 기록되며, 올바른 로그온 시도 및 잘못된 로그온 시도와 같은 이벤트도 Security Log에 기록된다. 관리자는 보안 로그에 기록할 이벤트를 지정할 수 있다. 예를 들어 로그온 감사를 위해 시스템에 로그온 하려는 시도를 보안 로그에 기록하도록 지정할 수 있다.
Application Log	응용 프로그램이나 프로그램에서 기록한 이벤트가 기록된다. 예를 들어 데이터베이스 프로그램에서 파일 오류를 기록하는 등의 행위를 할 수 있다. 또한 Application Log에 기록할 이벤트는 프로그램 개발자가 결정하기 때문에 일정한 형식이 없다.
Setup Log	응용 프로그램 설치와 관련된 이벤트를 기록한다.
Forwarded Events Log	원격 컴퓨터에서 수집한 이벤트를 기록한다. 원격 컴퓨터로부터 이벤트를 수집하려면 먼저 초기 설정이 필요하다.

[표 21] 주요 이벤트 로그

(6) Windows 시스템 백업

앞서 소개한 시스템 복원 기능 이외에 Windows 8부터 파일 히스토리(File History) 기능이 추가되었다. 해당 기능은 '설정 → 업데이트 및 보안 → 백업' 메뉴에서 확인 가능하다. 이 파일 히스토리 기능은 파일 단위로 백업을 진행해주며, 백업할 소스 데이터가 있는 저장장치를 백업저장용 저장장치로 지정할 수 없다. 아래 그림은 전자저장장치가 한 개 탑재되어 있는 시스템에서, 백업저장장치를 지정하려고 한 경우이다. 이러한 경우, 시스템에서는 백업에 사용 가능한 드라이브가 없다고 표시한다.

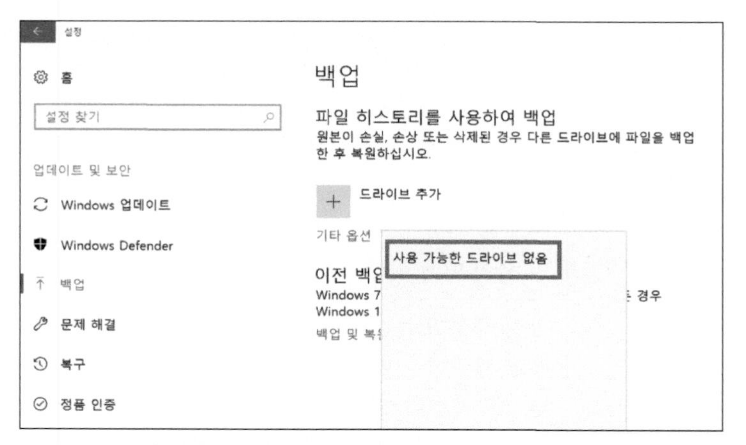

[그림 107] 소스데이터가 있는 저장장치를 백업타겟저장장치로 지정할 수 없다.

하지만 해당 시스템에 외부저장장치를 연결한 후 다시 확인해 보면, 다음과 같이 백업 데이터를 저장할 디스크로 외부저장장치를 선택할 수 있게 된다.

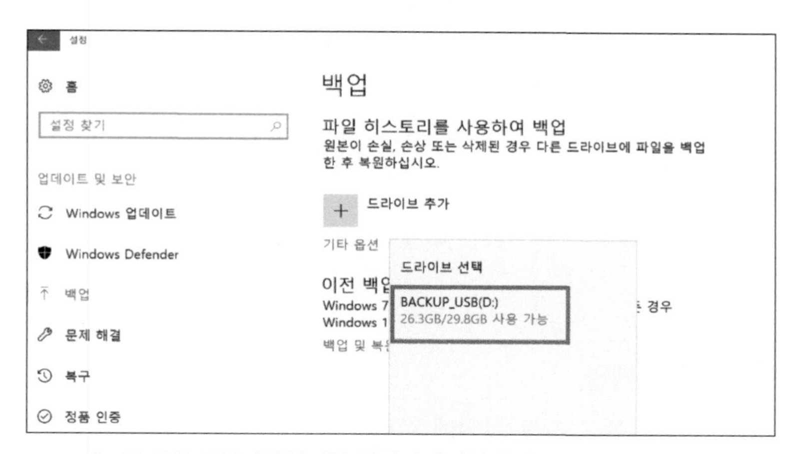

[그림 108] 외부저장장치를 백업타겟저장장치로 지정할 수 있다.

또한 파일 히스토리 기능을 사용하여 네트워크 드라이브 등에 파일을 백업하는 것도 가능하며, 저장장소로 선택 시 해당 드라이브에 자동으로 Configuration 폴더와 Data 폴더가 생성된다.

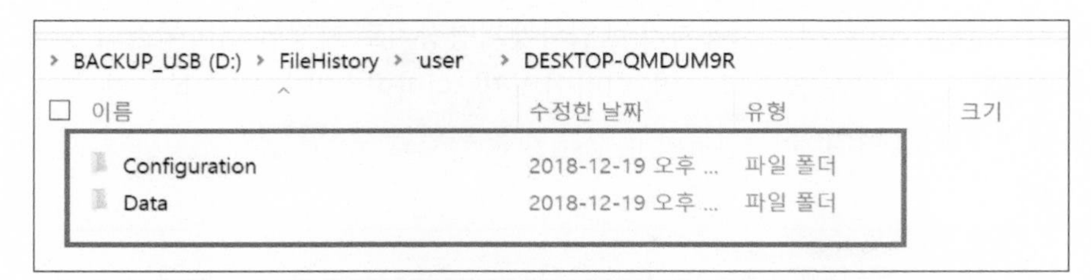

[그림 109] Configuration 폴더와 Data 폴더 생성

Configuration 폴더 하위에는 다음과 같이 Config#.xml 형식의 파일이 생성된다.

BACKUP_USB (D:) › FileHistory › › DESKTOP-QMDUM9R › Configuration

이름	수정한 날짜	유형	크기
Config1.xml	2018-12-19 오후 ...	XML 문서	4KB
Config2.xml	2018-12-19 오후 ...	XML 문서	4KB

[그림 110] Configuration 폴더 하위에 Config#.xml 파일 생성

해당 파일을 열어보면 다음과 같이, 사용자가 백업한 폴더명을 확인할 수 있다.


```
</Library>
- <Library>
    <LibraryName>*a990ae9f-a03b-4e80-94bc-9912d7504104</LibraryName>
    <Folder>C:\Users\thekoo\Pictures</Folder>
  </Library>
  <UserFolder>C:\Users\      \.android</UserFolder>
  <UserFolder>C:\Users\      \.cordova</UserFolder>
  <UserFolder>C:\Users\      \.eclipse</UserFolder>
  <UserFolder>C:\Users\      \.IdeaIC2018.1</UserFolder>
  <UserFolder>C:\Users\      \.p2</UserFolder>
  <UserFolder>C:\Users\      \.tooling</UserFolder>
  <UserFolder>C:\Users\      \eclipse-workspace</UserFolder>
  <UserFolder>C:\Users\      \IdeaProjects</UserFolder>
  <UserFolder>C:\Users\      \source</UserFolder>
  <UserFolder>C:\Users\      \Searches</UserFolder>
  <UserFolder>C:\Users\      \3D Objects</UserFolder>
  <UserFolder>C:\Users\      \Desktop</UserFolder>
  <UserFolder>C:\Users\      \OneDrive</UserFolder>
  <UserFolder>C:\Users\      \Contacts</UserFolder>
  <UserFolder>C:\Users\      \Pictures</UserFolder>
  <UserFolder>C:\Users\      \Favorites</UserFolder>
  <UserFolder>C:\Users\      \Videos</UserFolder>
  <UserFolder>C:\Users\      \Music</UserFolder>
  <UserFolder>C:\Users\      \Downloads</UserFolder>
  <UserFolder>C:\Users\      \Documents</UserFolder>
  <UserFolder>C:\Users\      \Links</UserFolder>
  <UserFolder>C:\Users\      \Saved Games</UserFolder>
  <LocalCatalogPath1>C:\Users\      \AppData\Local\Microsoft\Windows\FileHistory\Configuration\Catalog1.edb</LocalCatalogPath1>
  <LocalCatalogPath2>C:\Users\      \AppData\Local\Microsoft\Windows\FileHistory\Configuration\Catalog2.edb</LocalCatalogPath2>
- <StagingArea>
    <StagingAreaPath>C:\Users\      \AppData\Local\Microsoft\Windows\FileHistory\Data</StagingAreaPath>
    <StagingAreaMaximumCapacity>2555154247</StagingAreaMaximumCapacity>
    <StagingAreaWarningThreshold>1916365685</StagingAreaWarningThreshold>
  </StagingArea>
```


[그림 111] Config#.xml 파일에서 사용자가 백업한 폴더명 확인 가능

또한 Config#.xml에서는 사용자가 백업타겟저장장치로 지정한 디바이스의 상세 정보를 기록하고 있다. 아래 그림을 보면, 디바이스 명, 디바이스가 사용한 볼륨명, 볼륨 시리얼 넘버, 디바이스 타입 등을 기록하고 있는 것을 확인할 수 있다.


```
    </RetentionPolicies>
    <DPFrequency>3600</DPFrequency>
    <DPStatus>DISABLED</DPStatus>
  - <Target>
      <TargetName>BACKUP_USB(D:)</TargetName>
      <TargetUrl>D:\</TargetUrl>
      <TargetVolumePath>\\?\Volume{056035ac-0332-11e9-aad9-9cb6d0d0e2e2}\</TargetVolumePath>
      <TargetDriveType>REMOVABLE</TargetDriveType>
      <TargetConfigPath1>   \DESKTOP-QMDUM9R\Configuration\Config1.xml</TargetConfigPath1>
      <TargetConfigPath2>   \DESKTOP-QMDUM9R\Configuration\Config2.xml</TargetConfigPath2>
      <TargetCatalogPath1   \DESKTOP-QMDUM9R\Configuration\Catalog1.edb</TargetCatalogPath1>
      <TargetCatalogPath2   \DESKTOP-QMDUM9R\Configuration\Catalog2.edb</TargetCatalogPath2>
      <TargetBackupStorePath>   \DESKTOP-QMDUM9R\Data</TargetBackupStorePath>
      <TargetWarningThreshold>98</TargetWarningThreshold>
    </Target>
</DataProtectionUserConfig>
```


[그림 112] Config#.xml 파일에 기록된 타겟디바이스 정보

또한 Config#.xml 파일을 보면, LocalCatalogPath라는 요소가 기록되어 있음을 확인할 수 있다.


```
    <UserFolder>C:\Users\   \Music</UserFolder>
    <UserFolder>C:\Users\   \Downloads</UserFolder>
    <UserFolder>C:\Users\   \Documents</UserFolder>
    <UserFolder>C:\Users\   \Links</UserFolder>
    <UserFolder>C:\Users\   \Saved Games</UserFolder>
    <LocalCatalogPath1>C:\Users\   \AppData\Local\Microsoft\Windows\FileHistory\Configuration\Catalog1.edb</LocalCatalogPath1>
    <LocalCatalogPath2>C:\Users\   \AppData\Local\Microsoft\Windows\FileHistory\Configuration\Catalog2.edb</LocalCatalogPath2>
  - <StagingArea>
      <StagingAreaPath>C:\Users\   \AppData\Local\Microsoft\Windows\FileHistory\Data</StagingAreaPath>
      <StagingAreaMaximumCapacity>2555154247</StagingAreaMaximumCapacity>
      <StagingAreaWarningThreshold>1916365685</StagingAreaWarningThreshold>
```


[그림 113] 로컬에 기록되는 백업 Catalog

이 '%UserProfile%\AppData\Local\Microsoft\Windows\FileHistory\Configuration' 폴더에는 Catalog#.edb 파일뿐 아니라, 타겟저장장치에 저장되는 'Config#.xml 파일의 백업본'도 함께 저장된다. 앞서 설명했듯 Config#.xml 파일에는 데이터가 백업되어 있는 저장장치의 정보가 함께 기록되기 때문에, 이 정보를 활용하면 조사에 도움을 얻을 수 있을 것이다.

또한 추가적으로 파일 히스토리 기능 사용 시 기록되는 이벤트로그는 다음과 같다.

- 응용 프로그램 및 서비스 로그 〉 Microsoft 〉 Windows 〉 FileHistory-Core 〉 WHC
- 응용 프로그램 및 서비스 로그 〉 Microsoft 〉 Windows 〉 FileHistody-Engine 〉 파일 히스토리 백업 로그

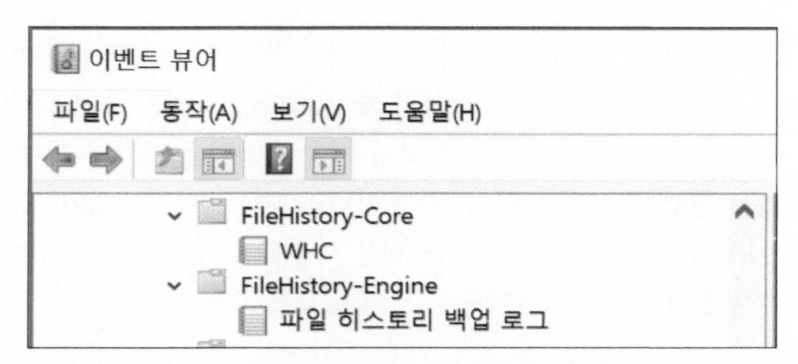

[그림 114] 파일 히스토리 관련 이벤트로그 저장위치

제6장 UNIX 기반 시스템

UNIX는 PC에서 메인프레임까지 여러 기종에서 보편화된 운영체제로 사용되고 있으며, 단순하면서도 강력한 명령과 파일시스템을 보유하여 프로그램의 개발과 통신 환경이 편리하게 설계되었다. UNIX는 다중 사용자와 다중작업을 지원하는 운영체제이며, 현재에는 BSD 버전과 SYSTEM V 버전이 일반화되어 있다.

1. UNIX의 특징

UNIX는 대화식 시분할 운영체제로서 사용자는 단말 장치를 통하여 명령을 보내고, 그에 대한 응답을 받는다. 또한 동시에 여러 가지 작업을 수행하는 다중 태스킹(Multi-Tasking) 운영체제이기 때문에 사용자는 하나 이상의 작업을 백그라운드에서 수행하고 여러 개의 작업을 병행처리 할 수 있다. 뿐만 아니라 다중 사용자(Multi-User) 운영체제로서 두 사람 이상의 사용자가 동시에 시스템을 사용할 수 있어 정보와 유틸리티들을 공유하는 편리한 작업 환경을 제공한다.

UNIX는 AT&T를 통해 상업적으로 허가해주는 SVR(System V Release) 계열과 버클리 대학에서 나온 연구 개발 운영체제인 BSD 계열로 크게 나누어 발전해 왔다. 이후 점차 각자의 고유한 특성을 가지게 되었으며 이후 POSIX를 통하여 SVR, BSD에서 동시에 동작하는 표준을 제공하여 여러 시스템에서 동작하는 프로그램을 만들 수 있게 되었다.

참고 : 용 어

▶ POSIX

서로 다른 UNIX OS의 공통 API를 정리하여 이식성이 높은 유닉스 응용프로그램을 개발하기 위한 목적으로 IEEE가 책정한 애플리케이션 인터페이스 규격이다. 미국 정보기관의 컴퓨터 시스템 도입조건(FIPS)에서 POSIX를 준거할 것을 요구하기 때문에 유닉스 계열 외에 Microsoft Windows NT 이상에서도 POSIX를 지원한다.

출처 : 익명, "POSIX", Wikipedia, 〈en.wikipedia.org/wiki/POSIX〉, (2018. 11. 1. 방문)

2. UNIX의 종류

UNIX 시스템의 종류 예시는 다음과 같다

이 름	설 명
UNIX System V	UNIX의 표준이 되는 버전으로 벨 연구소에서 개발된 유닉스 시스템의 정식 이름
SunOS	Sun Microsystems사의 가장 잘 알려진 BSD 중심의 운영체제
Solaris	Sun Microsystems사의 SVR4 구현
HP-UX	UNIX의 HP 버전은 OSF/1의 많은 특성들을 도입한 SVR4의 변형이다. HP-UX 9 버전은 몇 가지 확장성을 가진 SVR3와 비슷하고 HP-UX 10은 SVR4 운영체제와 비슷하다.
AIX	IBM의 System V 운영체제로 SVR4, BSD, OSF/1의 특징들을 골고루 가지고 있다.

[표 22] UNIX 시스템 종류

3. UNIX의 기능과 구조

(1) Shell

Bourne Shell, C Shell, Korn Shell 등이 있으며, 사용자 명령의 입력을 받아 시스템 기능을 수행하는 명령 프로세서(Command Processor) 역할을 수행한다. 이는 사용자가 입력하는 명령을 읽고 해석하는 것을 의미하며, 사용자가 프로그램 실행, 파이프라인 생성, 파일 출력, 파일 저장 등 동시에 하나 이상의 업무를 수행할 수 있게 한다. 이처럼 쉘(Shell)은 명령어 해석기로서의 역할 뿐만 아니라, 프로그래밍 언어이기도 하다. 따라서 쉘이 해석할 수 있는 스크립트(Scripts) 형태의 프로그램을 작성할 수 있고 유닉스 명령뿐만 아니라 특별한 쉘 프로그래밍 언어도 사용할 수 있다. 즉, 쉘은 사용자와 시스템 간의 인터페이스를 담당하며, 커널(Kernel)과는 달리 주기억장치에 상주하지 않고 보조기억장치에서 저장되며 교체가 가능하다.

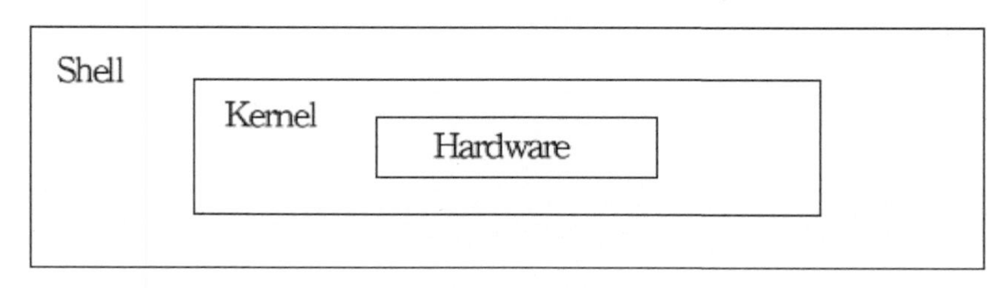

[그림 115] UNIX 구조

(2) Kernel의 역할

- **프로세서 컨트롤러** : 프로세서를 제어하는 것으로 여러 개의 프로세서들을 실행, 중지하는 등 실행 프로그램을 제어하는 역할을 수행한다.
- **서브시스템** : 시스템을 제어하는데 관련된 여러가지 정보 및 참고자료로 구성된 형태로 커널 자체적인 호출에 사용된다.
- **내부 프로세스 통신** : UNIX 내부에서 운영되는 프로그램들을 연결하는 역할을 수행한다.
- **스케쥴러** : 스케줄에 관한 것으로 UNIX 내부에서의 프로그램 처리순서 등을 관리하는 역할을 수행한다. 시분할시스템(TSS) 방식의 시스템에서는 필수적인 내용이다.
- **메모리관리자** : 메인 메모리에 읽혀진 프로그램들의 크기 및 남아있는 영역의 효율적인 관리를 수행한다.

(3) UNIX 시스템 명령

일반적인 파일 조작 명령

- rm : 파일 또는 디렉토리를 삭제
- mv : 지정된 파일 또는 디렉토리의 이동을 하거나 이름을 변경
- cp : 지정된 파일 또는 디렉토리를 복사
- cat : 하나 이상의 파일을 결합하거나 파일의 내용을 화면에 출력
- split : 한 파일을 여러 조각으로 분리
- chmod : 사용자가 지정한 파일이나 디렉토리의 접근허가 모드 변경
- chgrp : 지정된 파일의 소유권자 그룹을 바꾸는 명령
- chown : 지정된 파일에 대한 소유 권한을 변경하고자 할 때 사용. 디렉토리 조작 명령

- cd : 현재의 작업 디렉토리 변경
- ls : 디렉토리의 내용 출력
- mkdir : 새로운 디렉토리를 생성
- rmdir : 디렉토리를 제거
- pwd : 현재의 작업 디렉토리를 화면에 출력

볼륨·장치 조작 명령

- mount : 사용 중인 파일시스템의 트리구조에 다른 파일시스템을 접목
- devinfo : 시스템에 설치된 디스크 장치에 관한 정보를 출력
- umount : mount 했던 파일 시스템의 디렉토리를 제거
- fsck : 파일시스템의 무결성을 검사
- dump : 장치나 파일을 선택적으로 백업
- restor : 백업된 파일시스템으로 복구
- tar : 파일들을 자기 테이프에 저장 또는 불러오기 위한 명령어

시스템 조작 및 관리 명령

- ps : 시스템에서 활동 중인 프로세스의 상태를 알려주는 명령
- passwd : 자신의 암호를 등록하거나 변경할 때 사용
- su : 사용자 권한컴퓨터 을 가져오거나 계정 전환 시 사용
- useradd/userdel : 사용자 계정 추가와 삭제
- df : 수퍼블록(super block)에서 카운트하고 있는 마운트 된 파일시스템, 디렉토리에서 사용가능한 디스크 블록과 free inode 수를 알려줌

Windows 시스템과 UNIX 시스템의 명령어 및 Tool 일부를 비교하면 다음과 같다.

항 목	Windows	UNIX
쉘 생성	cmd.exe	/bin/bash
시스템 날짜와 시간 기록	date, time	date
로그온한 사용자 계정	psloggedon	w, last
열려 있는 소켓 리스트	netstat	netstat
열려 있는 소켓을 사용하는 프로세스 리스트	fport	lsof
현재 실행중인 프로세스 리스트	pslist	ps
최근 접속한 시스템 리스트	nbtstat	netstat
변경된 파일 찾기	dir	find
쉘에서 수행한 명령어 리스트	doskey	script, vi history
피해 시스템 정보 백업	netcat	netcat

[표 23] Windows vs UNIX 명령 및 Tool 비교

(4) UNIX 시스템의 디렉토리 구조

Solaris, AIX 등 UNIX 배포판의 종류에 따라 약간의 차이는 있으나 Linux를 포함한 UNIX 계열 시스템은 통상적으로 다음과 같은 디렉토리 구조를 가지고 있다.

경 로	설 명
/	시스템 전체 디렉토리의 근원 (최상위 디텍토리)
/bin	기본 명령어 실행파일 (모든 사용자가 사용 가능), binary의 약자
/boot	시스템 부트로드에 필요한 파일
/dev	하드웨어 디바이스 파일

/etc	시스템 환경설정 파일
/home	사용자계정의 홈 디렉토리
/lib	공유되는 기본 라이브러리와 커널 모듈
/media	이동식 매체의 마운트 포인트 (보통은 자동 마운트 용)
/mnt	임시 마운트 포인트 (보통은 수동 마운트 용)
/opt	애드온 애플리케이션 패키지(시스템 패키지 매니저 밖에 존재)
/proc	커널과 프로세스 상태를 문서화한 가상 파일 시스템
/root	계정의 사용자 홈 디렉토리
/sbin	시스템 관리자가 사용하는 명령어 실행파일들
/tem	임시 파일
/var	로그, 임시메일 등과 같이 수시로 기록해야 하는 파일 저장
/usr	모든 사용자가 사용할 수 있는 중요도가 낮은 파일들

[표 24] UNIX 시스템 디렉토리 구조

4. 파일 시스템

UNIX에서 하나의 파일은 연속된 바이트들의 집합으로 정의된다.

(1) UNIX 파일 시스템의 특징

- 계층적 트리구조
- 세 가지 유형의 파일(일반 파일, 디렉토리 파일, 특수 파일)을 지원
- 모든 파일에 대한 순차접근이 허용되며, 임의 접근은 디스크 파일에만 가능
- 파일들의 동적인 확장(Dynamic growth)이 가능
- 파일소유자, 소유자가 속한 그룹, 그외 다른 사람들로 사용자를 구분하여 파일을 보호
- 주변기기(단말기나 테이프장치)를 하나의 파일로 간주하여 처리
- 디스크는 일반적으로 고정된 크기의 블록으로 관리

(2) 디렉토리 구성

디렉토리는 계층구조를 갖는 파일로서, 그 내용은 inode와 파일 이름으로 구성되어 있으므로 파일 이름과 inode를 연결해 주는 역할을 한다.

(3) 파일시스템 구조

- **부트블록** : 부트스트랩 시에 사용되는 코드
- **슈퍼블록** : 파일 시스템 상태에 대한 종합적인 정보(빈 블록이나 빈 inode 등) 보관
- **node 블록** : 각 파일에 대한 상태 정보 보관
  → 파일 소유자의 식별번호
  → 파일 소유자의 그룹 식별번호
  → 파일의 형태(type) (일반 파일, 디렉토리, 특수 파일)
  → 데이터 블록의 주소(13개의 배열)
  → 파일의 크기
  → 파일이 만들어진 시간
  → 파일이 가장 최근에 사용된 시간
  → 파일이 변경된 가장 최근의 시간
  → 파일의 링크(link) 수

- **데이터블록** : 실제 파일의 데이터 보관

(4) 파일 공유

프로세스와 파일 사이에는 여러가지 형태의 파일을 공유할 수 있다. UNIX 시스템에서는 프로세스와 파일 사이의 연결을 위해서 inode table, File table, File descriptor table이 사용되고 있다. File table은 inode table과 File descriptor table 사이에 위치하여 한 파일을 여러 프로세스가 공유할 수 있도록 하는 역할을 한다. 파일이 공유되는 형태는 다음과 같다.

- 여러 프로세스가 같은 File table의 엔트리를 공유함으로써 자동적으로 inode table을 공유
- File table의 여러 엔트리가 하나의 inode 엔트리를 공유

5. 프로세스 관리

UNIX에서는 프로세스가 다중 프로그래밍 방식으로 처리되므로 기억장치에 여러 프로세스가 동시에 위치하고 있다. 따라서 프로세스 상호간에는 서로 침해할 수 없도록 하는 보호 기능이 있어야 하며, 재배치가 가능해야 한다.

(1) 프로세스 테이블(Process table)

프로세스에 대한 정보는 프로세스 테이블에 기록되고, 프로세스 테이블에 등록된 프로세스만 시스템에 알려지게 된다. 프로세스 테이블의 한 엔트리마다 한 프로세스에 대한 정보가 기록되는데 그 내용은 다음과 같다.

state	프로세스의 현재 상태
flag	교체(swap)와 관련된 프로세스의 상태 및 기타 정보를 위한 플래그
priority	프로세스의 우선 순위
time	프로세스가 기억장치에 위치한 시간으로 스케줄링에 이용
cpu	프로세스가 CPU를 사용한 시간으로 스케줄링에 이용
nice	사용자가 정의한 우선 순위 변경값
sig	프로세스에 들어온 signal의 상태
uid	사용자의 고유 번호
pgrp	프로세스 그룹 리더
pid	프로세스 고유 번호
ppid	부모 프로세스의 고유 번호
addr	기억장치에서 교체될 프로세스의 시작 주소
size	기억장치에서 교체될 프로세스의 크기

(2) CPU 스케줄링

CPU 스케줄러는 모든 프로세스들 사이에 CPU를 공동 사용하게 하여 프로세스들이 CPU를 사용하는데 동등한 기회를 부여하도록 한다. CPU는 시분할 방법으로 운영되어 정해진 시간 동안만 프로세스에게 할당되는 라운드 로빈(RR : Round-Robin) 스케줄링을 이용한다.

스케줄러가 고려하는 변수

- 프로세스가 기억장치 내에 머무른 시간 또는 교체 공간에 머무른 시간
- 프로세스가 들어오기 위해 요구되는 기억장치의 크기
- 프로세스의 현재 위치
- 프로세스의 상태

(3) 파이프라인과 필터(Pipeline & Filter)

1) 파이프라인

파이프라인(pipeline)은 한 데이터 처리 단계의 출력이 다음 단계의 입력으로 이어지는 형태로 연결된 구조를 가리킨다. 이렇게 연결된 데이터 처리 단계는 한 여러 단계가 서로 동시에, 또는 병렬적으로 수행될 수 있어 효율성의 향상을 꾀할 수 있다. 각 단계 사이의 입출력을 중계하기 위해 버퍼가 사용될 수 있다. 프로세스 간의 데이터 전송로로서 파이프에 의한 프로세스 간 정보교환은 공통 파일을 공유함으로써 이루어진다. 즉 한 프로세스의 출력이 다른 프로세스의 입력으로 사용됨으로써 프로세스 간 정보 교환이 가능하다. 파이프라인은 여러 개의 프로세스를 일렬로 세우고 그 사이에 파이프를 두어 정보를 흐르게 하는 것을 말한다.

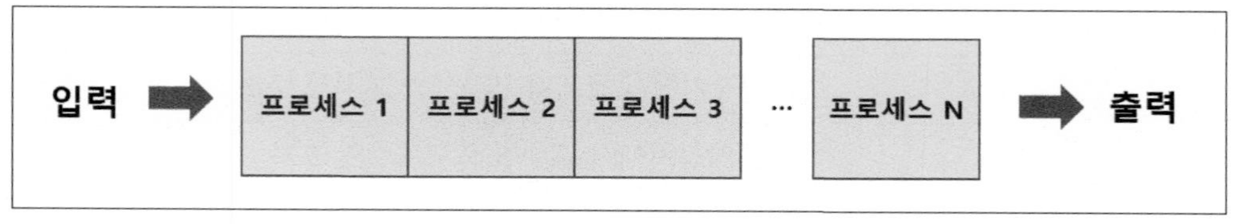

[그림 116] 파이프라인의 형태

파이프라인이 속도가 느려지는 경우를 해저드(Hazard)라고 한다. 데이터 해저드는 예상된 시각에 연산자가 사용 불가능할 경우에 일어난다. 예를 들어, 나눗셈 연산을 처리 중이라면 그 다음 명령어는 처리할 수 있는 연산자가 없기 때문에 실행이 연기될 수 밖에 없다. 컨트롤 해저드 또는 명령어 해저드는 명령어를 당장 사용할 수 없을 때 일어난다. 캐시에 명령어가 저장되어 있을 경우 빠르게 명령어를 실행할 수 있지만, 해당 명령어가 없을 경우에 메모리로부터 가져와야 하기 때문에 오랜 시간이 걸리고 결국 파이프라인의 속도가 떨어진다. 구조적 해저드는 두 명령어가 동시에 어떤 하드웨어에 접근해야 할 때 일어난다. 예를 들어, 어떤 명령어가 실행이나 쓰기를 위해서 메모리에 접근해야 할 때, 다른 명령어가 메모리에서 읽혀지는 경우 이런 해저드가 발생한다.

2) 필 터

필터(filter)는 단일 입력 스트림을 입력 받아 처리하여 단일 출력 스트림으로 출력하는 프로그램이다. wc, sort와 같은 명령으로 입력 스트림을 출력 스트림으로 변환하는 것이 해당된다. 대부분의 표준 유닉스 프로그램은 이와 같은 방식으로 동작한다.

6. 메모리 관리

(1) 스와핑(Swapping)

컴퓨터의 주기억 장치의 한계로 인하여 준비 상태에 있는 모든 프로세스를 동시에 수용할 수 없으므로 중단된 프로세스의 일부를 디스크로 옮기는 과정이다.

(2) 페이징(Paging)

UNIX 시스템의 메모리 관리는 페이지 단위로 행하며, 페이지 제어를 위해 Free list 와 Loop라는 두 개의 자료 구조를 관리한다. 빈 공간의 페이지 프레임(Frame)은 Free list에 더해져 재사용되고 페이지 대체는 LRU(Least Recently Used) 알고리즘을 이용한다.

7. 입 · 출력 관리

(1) 블록 버퍼 캐시

- 목적 : 입출력 작업 중첩으로 인한 디스크 접근횟수를 줄이는 것
- Read 요청이 발생하면 시스템은 주기억장치 내의 버퍼에서 기록된 데이터를 읽는다.
- 만일 원하는 블록이 버퍼에 있지 않으면 디스크로부터 직접 데이터를 읽는다.
- 버퍼에는 가장 최근에 읽은 블록을 기록한다.
- Write 시 버퍼에 저장된 데이터가 실제 디스크에 기록되지 않은 상태에서 시스템 손상이 발생하면 데이터를 손실할 경우가 생길 수 있으므로 주기적으로 Sync 시스템 호출을 실행하여 아직 디스크에 쓰여지지 않은 버퍼 블록을 디스크에 저장한다.

(2) C-리스트

단말과 같은 저속장치의 소량 데이터 전송에 도움이 되는 간단한 버퍼 메커니즘이다.

8. UNIX 시스템 로그

(1) 로그 설정 확인

유닉스 시스템은 시스템 로그 데몬(syslogd)이 실행될 때 참조되는 로그 설정이 /etc/syslog.conf 파일에 정의하고 있으며 파일의 각 행들은 다음과 같은 포맷으로 정의되어 있다.

facility.priority ;	facility.priority	action(logfile-location
Ⓐ　　Ⓑ	Ⓐ　　Ⓑ	Ⓒ

→ Ⓐ 서비스(데몬)에 대하여 Ⓑ의 경우에 해당하는 상황이 발생하였을 때에 Ⓒ로그 파일에 그 기록을 남겨라

(2) facility(메시지 종류)

facility	설 명
*	모든 서비스를 의미
auth	로그인과 같이 사용자 인증에 관한 메시지
authpriv	보안 및 승인에 관한 메시지
cron	cron데몬과 atd 데몬에 의해 발생되는 메시지
daemon	telnet, ftp 등과 같은 데몬에 의한 메시지
kern	kernel에 의한 메시지
lpr	프린터 데몬인 lpd에 의해 발생되는 메시지
mail	sendmail, pop, qmail 등의 메일에 의해 발생되는 메시지
news	innd(interNetNews) 등과 같은 뉴스시스템에 의해 발생되는 메시지
uucp	uucp에 의한 시스템 메시지
user	사용자에 의해 생성된 프로세스
syslog	syslogd에 의해 발생되는 메시지
local0~local7	시스템 부팅 메시지 기록, 기타 여분 서비스에 사용하기 위함

[표 25] syslogd에서 사용하는 facility의 종류와 의미

(3) priority(메시지 우선순위)

priority	설 명
*	발생하는 모든 상황에 대한 메시지
debug	최하위, 디버깅(debugging) 관련 메시지
info	단순한 프로그램에 대한 정보 및 통계 관련 메시지
notice	에러가 아닌 알림에 관한 메시지
warning	주의를 요하는 메시지
err	에러가 발생한 상황의 메시지
crit	급한 상황은 아니지만 치명적인 시스템 문제발생 상황의 메시지
alert	즉각적인 조치를 취해야 하는 상황의 메시지
emerg	최상위, 매우 위험한 상황의 메시지, 전체 공지가 요구되는 메시지
none	어떠한 경우라도 메시지를 저장하지 않음

[표 26] syslogd에서 사용하는 priority의 종류와 의미

(4) action

메시지를 어디에 보낼 것인가에 대해서 행해지는 목적지나 행위를 가리킨다. 로그파일에 될 수도 있으며, 터미널·콘솔, 특정 유저에게 전송 가능하다.

- file : file에 내용을 추가
- @host : host에 지정된 호스트로 메시지를 전송
- user : 지정된 사용자의 스크린으로 메시지를 전송
- * : 현재 로그인되어 있는 모든 사용자이 스크린으로 메시지 전송

(5) UNIX 로그파일 종류

- **/var/adm/wtmp** : 사용자 로그인, 로그아웃 정보 및 시스템의 shutdown, 부팅 정보를 가진 파일, last 명령으로 정보 확인
- **/var/adm/utmp** : 현재 로그인한 사용자 정보를 담고 있는 DB파일로 who, w, whodo, users, finger 등의 명령어
- **/var/adm/btmp** : 5번 이상 로그인 실패를 했을 경우에 로그인 실패 정보를 기록, lastb 명령어로 정보 확인
- **/var/adm/lastlog** : 각 사용자들의 최근 로그인 시각과 접근한 소스 호스트에 대한 정보를 가진 파일, lastlog 명령으로 정보 확인 가능
- **/var/adm/sulog** : su 명령어를 사용한 경우, 변경 전 사용자 계정과 변경 후 사용자 계정 및 시간 정보가 저장되는 파일. vi 또는 pico 등의 에디터 활용으로 정보 확인
- **/var/adm/authlog** : 시스템 내 인증 관련 이벤트 로그확인
- **/var/adm/acct 및 pacct** : 사용자가 로그인 한 후부터 로그아웃할 때 까지 입력한 명령과 시간, 작동된 tty 등에 대한 정보를 수집. lastcomm이나 acctcomm 명령어에 의해 확인 가능.
- **사용자 계정의 history** : history 로그는 사용자별로 실행한 명령을 기록하는 로그로 history 명령어나 vi, pico 등의 에디터 활용으로 정보 확인. acct 및 pacct 파일에서 기록되지 않는 명령어의 argument나 디렉토리 위치까지 기록이 가능하므로 사용자의 행위를 분석하는데 상당히 유용함

제7장 Linux 기반 시스템

1991년 핀란드 헬싱키 대학 학생이던 리누스 토발즈(Linus Torvalds)가 대형 기종에서만 작동하던 운영체제인 UNIX를 386 기종의 개인용 컴퓨터(PC)에서도 작동할 수 있게 만든 운영체제이다. 인터넷을 통해 프로그램 소스 코드를 완전 무료로 공개하여 사용자는 원하는 대로 특정 기능을 추가할 수 있을 뿐만 아니라, 어느 플랫폼에도 포팅이 가능하다. 이러한 장점 때문에 일반 기업과 인터넷 서비스업체, 연구 기관 등에서 수요가 늘어나고 있다. 우리나라에서도 1999년경부터 Linux 사용자가 꾸준히 증가하면서 Linux를 상품화하려는 업체들이 늘고 있으며, Linux의 설치 및 구성, 그리고 관리 운영 기술 및 프로그램 작성 교육이 점차 활발해지고 있다. 최근 유닉스에 비해 저렴한 비용과 애플리케이션 개발의 편리, x86 서버의 성능 개선 등의 이유로 KRX(한국증권거래소) 및 국내 증권사 등의 금융기관에서 기존 유닉스 기반의 시스템을 Linux 기반시스템으로 마이그레이션을 추진하는 사례가 늘고 있다.

Linux는 공개 소프트웨어로 제공되므로 GPL[43]에 있는 제한들이 준수되는 한 거의 모든 사람들이 Linux를 사용하거나 배포하는 것에 제재를 받지 않는다. 배포판의 종류로는 슬랙웨어, 레드햇, 데비안, 오픈Linux, 맨드레이크, 페도라, 우분투 등이 있으며 국내 배포판도 다수 있다. 오늘날 스마트폰의 운영체제로 흔히 사용하는 안드로이드도 Linux 기반이다.

1. Linux의 특징

- 오픈소스 운영체제
- 다중 사용자 환경
- 다중작업 및 가상 터미널 환경
- UI 방식의 X Windows
- PU의 종류에 구애받지 않는 운영체제
- 강력한 네트워크 지원
- 다양한 드라이버 지원

43) GPL(General Public License) : 공개 운영체계인 GNU 프로젝트로부터 제공되는 소프트웨어에 적용되는 라이센스.사용자들이 소프트웨어를 자유롭게 공유하고 내용을 수정하도록 보증하는 것을 말한다. 따라서, 사람들은 GPL을 이용하여 소프트웨어의 배포판을 만들어 배포할 수 있고, 원한다면 그 배포판을 상업적으로 이용할 수도 있다. GPL의 가장 큰 특징은 GPL이 적용된 SW를 이용해 개량된 SW를 개발했을 경우, 개발한 SW의 소스코드 역시 공개해야 한다. 가장 널리(전체 공개 SW의 70~80%) 적용되는 공개SW 라이선스로, 공개SW 세계의 헌법이라는 별칭까지 붙어있다. 자유SW재단의 리차드 스톨만이 만들었다.

2. X Windows

X 윈도우 시스템은 Linux를 비롯해 대부분의 UNIX에 채용되어 있는 혁신적이면서 네트워크 투명성을 보장하는 그래픽 환경 기반의 시스템 소프트웨어이며 현재의 Linux에 있어 표준으로 사용되는 것은 XFree86 프리웨어 프로그램이다. X 윈도우 시스템은 서버/클라이언트로 구성되어 있으며 X 프로토콜에 의해 상호작용이 이루어진다.

(1) X 윈도우의 특징

- 네트워크 기반의 그래픽 환경이다.
- 프로그램 작성 시 가장 많은 종류의 컴퓨터에서 구동될 수 있을 정도로 이식성이 뛰어나다.
- 스크롤바, 아이콘, 색상 등의 그래픽 환경에 필요한 자원들이 특정한 형태로 정의되어 있지 않다.
- 서로 다른 이 기종을 함께 사용한다.
- 디스플레이 장치에 의존적이지 않다.

(2) 서버/클라이언트 방식

기본적으로 클라이언트는 응용프로그램을 말한다. X 윈도우 클라이언트는 직접적으로 사용자와 통신할 수 없다. 클라이언트는 서버로부터 키보드나 마우스 입력 같은 사용자의 입력을 얻을 수 있다. 즉 X 클라이언트는 X 서버가 제공하는 기능들을 이용하도록 작성된 하나의 응용프로그램이다. 서버는 응용프로그램에서 수행된 결과를 출력장치에 표시하는 역할을 맡고 있다. 통신을 위해서 X 프로토콜을 이용한다.

3. Linux 시스템 로그

Linux에서는 /var/log 디렉토리에서 시스템의 모든 로그를 기록 및 관리하고 있다. 시스템의 /etc/syslog.conf 파일에서 시스템 로그 파일들의 위치를 지정하고 있다. 서버에는 여러 개의 로그 파일이 있으며 이들 로그를 남기는 데몬들 또한 다양하다. 시스템 로그 데몬(syslogd), 메일데몬(sendmail 등), 웹서버 데몬(httpd), 네임서버 데몬(named), 슈퍼데몬(xinetd) 등 매우 다양하다.

(1) /var/log/dmesg

- Linux가 부팅될 때 출력되는 모든 메시지를 기록
- 부팅 시의 에러나 조치사항을 살펴보려면 참조 필요

(2) /var/log/cron

- cron에 의한 시스템의 정기적인 작업에 대한 로그기록
- /etc/ 디렉토리에 있는 cron.hourly, cron.daily, cron.weekly, cron.monthly 디렉토리에 저장된 시간별, 일별, 주별, 월별로 Linux 시스템에서 자동 실행할 스크립트 파일들에 따라 실행된 결과를 기록

(3) /var/log/messages

- Linux 시스템의 가장 기본적인 시스템 로그파일로서 시스템 운영에 대한 전반적인 메시지를 저장
- 주로 시스템 데몬들의 실행상황과 내역, 그리고 사용자들의 접속정보 등의 로그기록 내역을 기록

(4) /var/log/secure

- 주로 사용자들의 원격접속 즉, 원격로그인 정보를 기록하고 있는 로그파일로서 서버 보안에 아주 민감하고 중요한 파일
- 특히, tcp_wrapper(xinetd)의 접속제어에 관한 로그파일로서 언제 누가, 어디서, 어떻게 접속했는가에 대한 로그를 기록
- 시스템의 불법침입 등이 있었다고 의심이 될 때에는 반드시 확인 필요
- sshd 데몬과 su 관련 실행, telnet 관련 원격접속 실행 내역들이 기록

(5) xferlog

- proftpd 또는 vsftpd 등 Linux 시스템의 FTP서버 로그 파일
- FTP서버에 로그인하는 사용자에 대한 기록과 어떤 파일을 업로드·다운로드 하였는지 상세히 기록됨

(6) maillog

- sendmail 또는 qamil과 같은 메일 송수신 관련 내역들과 ipop 또는 imap 등과 같은 메일 수신내역들에 대하여 기록

4. Linux 로그 관리

(1) 로그 모니터링

- /var/log/secure 파일을 실시간으로 계속 모니터링하려면 'tail –f /var/log/secure' 와 같은 명령 사용
- lastlog는 /etc/passwd 파일에 정의되어 있는 모든 계정의 최근 접속정보를 확인하는 명령어이다. lastlog는 /var/log/lastlog 파일의 정보에 저장된 정보를 참조하여 결과를 출력한다.
- /var/log/lastlog 파일은 바이너리 파일로 되어 있기 때문에 cat이나 vi 등의 편집기로는 내용을 열어볼 수가 없고 lastlog라는 명령어를 이용하여 확인 가능하다.

(2) 로그 순환

loglotate는 시스템 로그파일에 대하여 로그 순환, 압축 또는 메일을 발송해주는 Linux 로그파일 관리 명령어이다. 대부분 Linux가 설치될 때 패키지 형태로 기본 설치된다.

/usr/sbin/loglotate	loglotate데몬 프로그램
/etc/loglotate.conf	loglotate 설정 파일
/etc/loglotate.d/	패키지 설치된 데몬들을 위한 logrotate 설정 파일
/var/lib/loglotate.status	logrotate를 실행한 작업내역 보관
/etc/cron.daily/loglotate	주기적인 실행을 위해 cron에 의한 일 단위 실행

[표 27] logrotate 서비스의 데몬과 관련 파일들

5. Linux 파일시스템

Linux 커널은 윈도우의 FAT, NTFS와 다양한 네트워크 파일시스템, 그리고 Ext2/3/4와 같은 독자적인 파일시스템 등 다양한 파일시스템들을 지원하고 있다. 그리고 이러한 파일시스템들은 가상파일시스템에 의해 추상화되어 동일한 방법으로 사용 및 최적화 되기 때문에 개발/유지보수가 용이하다는 장점이 있다. 다음 그림[44]은 저장장치와 관련된 Linux 최신 커널 4.10의 전체적인 구조이다.

---

44) Thomas Krenn, "The Linux Storage Stack Diagram",
〈 thomas–krenn.com/en/wiki/Linux_Storage_Stack_Diagram〉, (2018.10.7.방문)

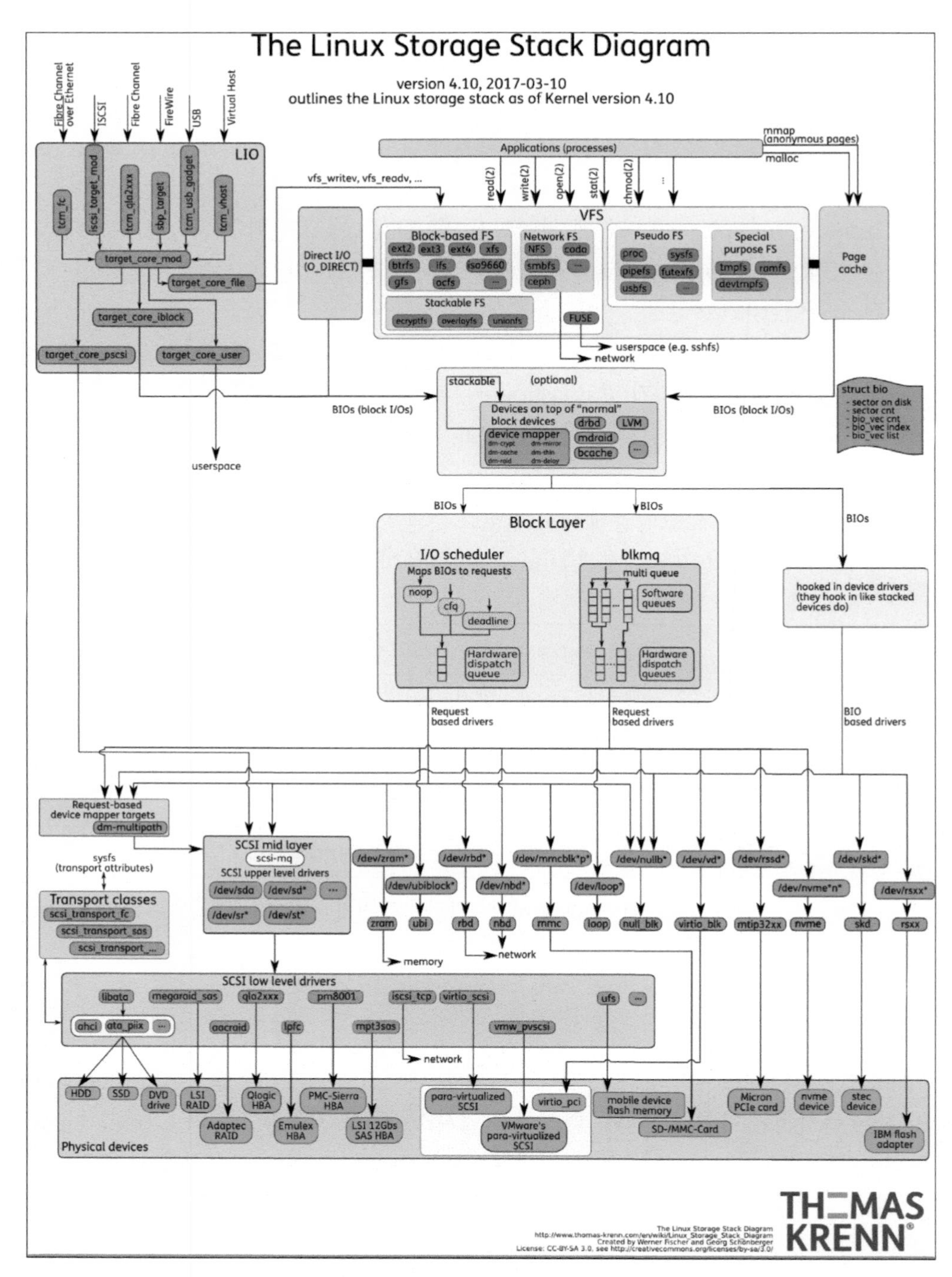

[그림 117] Linux Storage Stack Diagram

Linux의 가상파일시스템은 추상 계층을 제공하기 때문에 POSIX API는 특정 파일시스템에서 해당 동작을 구현하기 위해 필요한 세부사항과 독립적으로 동작하게 된다. 가상 파일시스템은 기본적으로 일반 파일 모델을 지원하며, 모든 파일시스템들에 의해 사용되는 주요 공통 오브젝트(Object)는 다음과 같다.

슈퍼블록(Super Block)

슈퍼블록은 파일시스템의 상위 계층의 메타데이터 컨테이너이다. 슈퍼블록은 총 블록 수, 자유 블록, 루트 아이노드와 같은 파일시스템 메타데이터들을 정의하여 전체 파일시스템을 관리하기 위한 기초를 제공한다.

아이노드(Inode)

아이노드는 디렉토리 또는 파일을 표현하는 오브젝트이다. 파일의 크기, 권한 등과 같은 다양한 속성과 페이지 캐시와 같은 정보들도 아이노드에 의해 관리된다. Linux는 여러 장치들을 파일로 관리하기 때문에 아이노드 또한 일반 파일뿐 아니라 장치 파일들을 관리할 수 있는 기능들을 포함하고 있다.

디엔트리(Dentry)

디엔트리는 파일시스템의 계층 구조를 표현하기 위한 오브젝트이다. 사용자가 임의의 디렉토리에 위치한 파일을 접근하게 되면 Linux는 해당 파일을 표현하기 위한 디엔트리를 생성하고, 해당 디엔트리는 해당 파일의 아이노드와 상위 디렉토리의 디엔트리 등을 포함한다. 디엔트리는 실제 파일시스템에는 저장되지 않고 최적화를 위해 파일시스템 접근 시 메모리에만 존재하게 된다.

파 일(file)

Linux는 프로세스가 사용하는 파일들을 파일 오브젝트로 관리한다. 프로세스는 이를 이용하여 파일에 대한 일관성 있는 접근이 가능하며, 파일의 현재 오프셋 등과 같은 정보들을 유지할 수 있다. 다음은 위에서 설명한 각 오브젝트들 간의 관계를 표현한 그림이다.

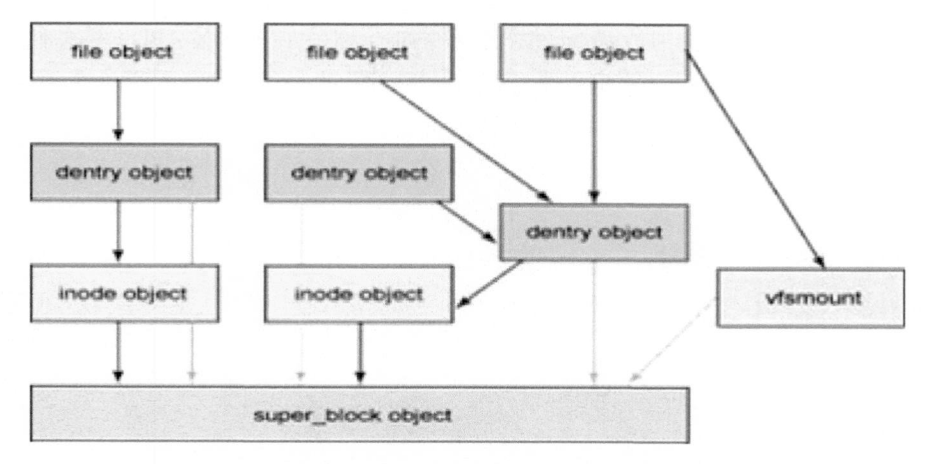

[그림 118] 가상 파일시스템의 각 오브젝트들 간의 관계도

위의 그림[45]과 같이 Linux의 프로세스들은 파일 오브젝트를 통해 파일시스템의 계층 정보를 포함하고 있는 디엔트리 오브젝트에 접근하고, 디엔트리 오브젝트는 아이노드 오브젝트를 통해 실제 파일의 정보에 접근이 가능해진다. 슈퍼블록은 전체 아이노드 및 디엔트리 오브젝트를 관리하고, 해당 파일시스템이 존재하는 디스크에 대한 정보 등을 관리한다. 이처럼 Linux의 가상 파일시스템은 대표적인 몇 개의 공통 오브젝트를 이용해 다양한 실제 파일시스템을 관리한다.

45) https://www.thomas-krenn.com/en/wiki/Linux_Storage_Stack_Diagram

제8장 OS X 기반 시스템

1. OS X의 특징

OS X(맥 OS X / Mac OS X)는 Apple사가 제작한 운영체제이다. 2002년 4월부터 모든 매킨토시 컴퓨터에 적용되고 있다. 이 운영체제는 1984년 1월부터 애플 컴퓨터를 이끌어 왔던 맥 OS의 마지막 고전 버전인 Mac OS 9의 뒤를 잇는다. OS X이라는 이 운영체제의 이름에 들어있는 "X"라는 글자는 알파벳 "X"을 뜻하는 것이 아니라, 매킨토시의 10번째 운영 체제를 뜻하는 것이기 때문에, 로마 숫자 "10"을 뜻하는 것이다.

이 운영체제는 애플이 1996년 12월에 인수한 NeXT의 기술력으로 만들어졌으며 UNIX에 기반을 하고 있다. 2011년 7월 20일에 OS X 라이언이 출시되었다. 기존에도 줄여서 OS X이라고 많이 표현했으나, OS X 마운틴 라이언 공개와 함께 기존 맥 OS X (Mac OS X)에서 맥(Mac)이라는 단어가 공식적으로 제거되었다.

전통적으로 매킨토시가 많이 사용되는 전자출판, 디자인, 멀티미디어 부문 등에서 높은 시장 점유율을 차지하고 있다. OS X에는 Microsoft 오피스, 한/글 등의 Windows용 프로그램이 포팅 되어 있고, GCC와 내장된 X11을 이용하면 맥 OS로의 포팅을 지원하는 경우에 한해 리눅스용 프로그램도 컴파일하여 사용할 수 있다. OS X는 운영체제의 새로운 버전을 출시하더라도 Apple사 제품 사용자는 무료 업그레이드가 가능하도록 하고있다.

또한 OS X에서는 워드프로세스 프로그램인 Pages, Presentation 프로그램인 Key-note, 스프레드시트 프로그램인 Numbers 등의 오피스 소프트웨어를 무료로 이용 가능하다. 이 외에도 아이챗(iChat)이라는 채팅 소프트웨어, 아이튠즈(iTunes)라는 음악, 동영상 등 멀티미디어 파일의 재생과 관리가 가능한 소프트웨어 등이 함께 제공된다.

Windows 기반 시스템과 달리 OS X는 Apple사 제품을 구매를 통해서면 사용 가능하고 다른 회사의 PC에서는 OS X를 사용할 수 있게 하고 있지 않다. 2005년경부터 Apple사 Mac 컴퓨터에 인텔 프로세서를 사용하면서 부트캠프(Boot Camp)를 통해 Mac에 장착된 장치의 Windows용 드라이버를 제공하고 BIOS를 가상으로 구현하여 Microsoft Windows 운영체제를 사용할 수 있도록 하고 있다.

2. OS X의 구조분석 및 자료수집

다음은 OS X 시스템에서 조사 가능한 정보들의 경로이다.

구분	경로
Autoruns	/Users/〈사용자 계정〉/Library/Preferences/loginwindows.plist /Users/〈사용자 계정〉/Library/Preferences/com.apple.loginitem.plist
Applications	/Applications/
Bluetooth	/Users/〈사용자 계정〉/Library/Preferences/com.apple.bluetooth.plist
Desktop	/Users/〈사용자 계정〉/Desktop/
Downloads	/Users/〈사용자 계정〉/Downloads/
Documents	/Users/〈사용자 계정〉/Documents/
Library	/Users/〈사용자 계정〉/Library/
Movies	/Users/〈사용자 계정〉/Movies/
Music	/Users/〈사용자 계정〉/Music/
Network	/Library/Preferences/SystemConfiguration/com.apple.network.indentification.plist
Pictures	/Users/〈사용자 계정〉/Pictures/
Public	/Users/〈사용자 계정〉/Public/
Recent	/Users/〈사용자 계정〉/Library/Preferences/com.apple.Preview.LSSharedFileList.plist /Users/〈사용자 계정〉/Library/Preferences/com.apple.recentitems.plist /Users/〈사용자 계정〉/Library/Preferences/com.apple.TextEdit.LSSharedFileList.plist
OS 정보	/System/Library/CoreServices/SystemVersion.plist
Swap Files	/var/vm/swapfile#

Software Update	/Users/〈사용자 계정〉/Library/Preferences/com.apple.SoftwareUpdate.plist
Time Machine	/Library/Preferences/com.apple.TimeMachine.plist
TimeZone	/Library/Preferences/.GlobalPrefernces.plist
iChat	/Users/〈사용자 계정〉/Library/Preferences/com.apple.iChat.plist
사용자 계정 정보	/private/var/db/dslocal/nodes/default/user/〈사용자 계정〉.plist /Library/Preferences/com.apple.loginwindows.plist
시스템 On/Off	/private/var/log/secure.log

[표 28] 사용자 계정 주요정보 경로

구분	경로
iTunes Preferences	/Users/〈사용자 계정〉/Library/Preferences/com.apple.iTunes.plist
iTunes Library Directory	/Users/〈사용자 계정〉/Music/iTunes/
iTunes Media	/Users/〈사용자 계정〉/Music/iTunes/iTunes Media
iTunes Library Structure	/Users/〈사용자 계정〉/Music/iTunes/iTunes Music Library.xml

[표 29] iTunes 관련 경로표

구분	경로
Bookmarks	/Users/〈사용자 계정〉/Library/Safari/Bookmarks.plist
Downloads Lists	/Users/〈사용자 계정〉/Library/Safari/Downloads.plist
History	/Users/〈사용자 계정〉/Library/Safari/History.plist
History Index	/Users/〈사용자 계정〉/Library/Safari/HistoryIndex.sk
Last Session	/Users/〈사용자 계정〉/Library/Safari/LastSession.plist
Local Storage Directory	/Users/〈사용자 계정〉/Library/Safari/LocalStorage/

Top Sites	/Users/〈사용자 계정〉/Library/Safari/TopSites.plist
Webpage Icon Databases	/Users/〈사용자 계정〉/Library/Safari/WebpageIcons.db
Webpage Databases	/Users/〈사용자 계정〉/Library/Safari/Databases/
Cache Directory	/Users/〈사용자 계정〉/Library/Cashes/com.apple.Safari/
Cache	/Users/〈사용자 계정〉/Library/Cashes/com.apple.Safari/Cache.db
Webpage Previews	/Users/〈사용자계정〉/Library/Safari/Cashes/com.apple.Safari/Webpage Previews/
Preferences	/Users/〈사용자계정〉/Library/Safari/Preferences/com.apple.safari.plist
Safari Saved Application State Directory	/Users/〈사용자 계정〉/Library/Save Application State/State/com.apple.Safari.savedState

[표 30] 사파리 웹브라우저 관련 주요정보 경로

구분	경로
Mailbox Directory	/Users/〈사용자 계정〉/Library/Mail/V2/Mailboxes
Mail IMAP Synched Mailboxes	/Users/〈사용자계정〉/Library/Mail/V2/IMAP-〈메일주소〉
Mail POP Synched Mailboxes	/Users/〈사용자계정〉/Library/Mail/V2/POP-〈메일주소〉
Mail BackopTOC	/Users/〈사용자계정〉/Library/Mail/V2/MailData/BackupTOC.plist
Mail Envelope Index	/Users/〈사용자 계정〉/Library/Mail/V2/Envelope Index

[표 31] 메일 데이터 관련 경로

응용프로그램과 네트워크

제 1 편
응용프로그램

응용프로그램에 들어가기전에

피조사인이 컴퓨터를 사용할 때 남는 활동 흔적은 증거로써 큰 가치를 가진다. 컴퓨터를 사용하기 위해서는 운영체제를 필수적으로 이용하여야 하기 때문에, 활동 흔적을 분석할 때는 기본적으로 운영체제를 사용할 때 남는 흔적을 조사하는 것이 일반적이다. 하지만 대다수의 컴퓨터 사용자들은 운영체제의 기본 기능 외의 기능을 이용하기 위하여, 이메일, 메신저와 같은 응용프로그램을 사용한다. 보통 응용프로그램은 운영체제와 독립되어 자체적으로 활동 이력을 기록한다. 이렇게 기록된 응용프로그램의 활동 이력은 운영체제의 이력과 더불어, 피조사인이 컴퓨터를 어떤 목적, 어떤 방법으로 사용했는지 알아내는 데에 유용하게 쓰인다. 본 장에서 대중적인 응용프로그램인 웹 브라우저(인터넷 익스플로러, 크롬), 인스턴트 메신저(카카오톡, 텔레그램), 이메일 클라이언트(아웃룩, 윈10 기본 이메일, 썬더버드), 워드 프로세서(MS 오피스, 한글과 컴퓨터)의 흔적에 대한 간단한 분석을 수행한다.

제1장 웹 브라우저

인터넷은 컴퓨터를 사용하는데 있어 필수적인 구성요소가 되었다. 방문한 적 없는 국가의 여행 정보 인터넷을 통해 간접 경험을 하며 여행을 계획할 수 있고, 은행에 방문하지 않아도 금융 업무를 수행할 수 있다. 물론 모든 물건은 인터넷을 통해 손쉽게 상품을 살펴보고 구매도 할 수 있다.

이처럼 산업이 인터넷과 연결되어 금전적 가치를 창출하고 현실에서 얻기 힘든 정보가 인터넷에서 쉽게 검색할 수 있기에 컴퓨터를 이용한 범죄가 증가하는 추세다. 사이버 해킹만 아니라 총기, 마약, 리벤지 포르노 등 범죄와 관련된 다양한 요소가 인터넷을 통해 검색되고 거래할 수 있다. 이처럼 환경적 변화에 따라 수사관은 범죄자가 인터넷을 통해 어떤 행위를 했는지 파악하기 위해 웹 브라우저의 활동 기록을 분석할 수 있는 역량은 중요하다.

웹 브라우저는 사용자가 웹 서버에 방문하여 웹 서비스를 이용할 수 있도록 도와주는 응용프로그램이다. 일반적으로 웹 브라우저는 웹 서버가 제공하는 웹 페이지를 해석하여 보여줌으로써 웹 서비스를 이용하는 형태를 가진다. 웹 브라우저의 동작은 랜더링 엔진이 핵심을 담당한다. 랜더링 엔진은 서버로부터 전달받은 HTML, CSS, 이미지 등의 데이터를 읽고 해석하여 사용자에게 표현하는 기능을 담당한다. 초기 인터넷 환경은 매우 느린 속도였기에 서버로부터 데이터를 전달받아 로컬의 웹 브라우저가 해석하도록 구성했다. 이런 설계는 한 번 방문했던 웹 서비스로부터 이미 다운로드한 데이터가 있으면, 다시 데이터를 다운로드 할 필요가 없기에 속도를 높일 수 있을 뿐만 아니라 웹 서버의 부하를 줄일 수 있는 방안이었기 때문이다.

웹 브라우저의 초기 설계에서 볼 수 있듯 웹 서버에서 제공한 데이터는 사용자의 컴퓨터에 저장된다. 이러한 특성을 이용해 피조사자의 인터넷 이용 흔적을 찾을 수 있다. 브라우저 이용 흔적은 브라우저의 종류와 상관없이 네 종류 아티팩트인 캐시, 히스토리, 쿠키, 다운로드를 분석하여 인터넷 활동 이력을 찾을 수 있다. 이 정보의 저장 방식은 표준 규약이 없기에 웹 브라우저 제조사나 버전에 따라 구성이 상이하다.

캐 시(Cache)

캐시는 다시 계산할 시간을 절약하기 위해 미리 구성한 데이터를 의미하며, 여기서는 웹 캐시(web Cache)를 의미한다. 처음 웹 서비스에 방문하면 HTML, CSS, 자바스크립트, 이미지 등 다운로드한다. 만약 자주 이용하는 웹 서비스에 방문할 때 마다 파일을 다운로드 한다면 다운로드가 끝날 때 까지 웹 서비스 이용을 할 수 없다. 이러한 이슈를 해결하기 위해 이미 다운로드 한 파일이 서버에서 전달하는 파일과 다르지 않을 때 다운로드가 되어 있는 파일을 로드하여 빠르게 서비스를 이용할 수 있다. 이러한 특성을 이용하여 피조사자가 어떤 웹 서비스에 방문했는지, 언제 방문했는지 등 파악할 수 있는 중요한 아티팩트다.

히스토리(History)

웹 서비스 방문 기록을 의미한다. 사용자가 A라는 웹 서비스를 이용하다가 B라는 웹사이트로 이동했다가 다시 A로 돌아가고 싶을 때 뒤로가기 버튼을 통해 쉽게 이동할 수 있다. 브라우저 입장에선 사용자가 뒤로가기 버튼을 눌렀을 때 어디로 돌아가야 할지 기억할 필요가 있다. 이러한 목적으로 만들어진 기능이 바로 히스토리다. 전통적으로 히스토리는 브라우저가 관리하며, 최근 클라우드에도 저장되어 관리되는 추세다. 이 아티팩트 또한 용의자가 어떤 웹 서비스에 언제 방문했는지 등 파악할 수 있다.

쿠 키(Cookie)

사용자가 웹 서비스를 이용하다 웹 브라우저가 종료되어도, 종료 직전의 상태를 기억할 필요가 있다. 특히 로그인 상태 유지, 쇼핑 장바구니 상태 기록 등 필요했기에 쿠키를 이용했다. 쿠키는 인터넷 속도가 낮은 시절 클라이언트가 보관하고 관리했다. 쿠키에는 웹 서비스 도메인, 경로, 만기일, 보안 속성 등이 구성되어 있어 브라우저 사용 기록을 수집하는데 있어 중요한 요소다. 최근에는 과거보다 더 나아진 인터넷 환경을 가지고 있으며, 보안상 문제로 인해 안전하게 서버에 쿠키를 관리하거나 쿠키를 대신하는 다른 대안을 사용하기도 한다. 이 아티팩트 또한 피조사자가 어떤 웹 서비스에 언제 방문했는지 등 파악할 수 있으며, 쿠키를 사용하는데 있어 취약하게 구성한 웹 서비스라면 용의자가 로그인하여 어떤 행위를 했는지도 알아볼 수 있다.

다운로드(Download)

웹 서비스에서 무언가를 다운로드 한 흔적을 의미한다. 브라우저를 통한 다운로드는 크게 두 가지로 구분할 수 있다. 첫째, 다운로드하여 저장할 경로를 지정하지 않고 바로 실행할 경우, 둘째, 다운로드하여 저장할 경로를 지정할 경우다. 첫 번째 경우 보통 캐시가 저장되는 위치에 저장되고, 두 번째 경우 브라우저에 설정된 다운로드 파일 저장 경로에 저장된다. 그 외 두 번째를 선택하고 저장 경로도 사용자가 직접 지정할 경우 이 아티팩트를 분석하여 확인할 수 있다.

브라우저가 어떤 운영체제에서 설치되는가에 따라 조사할 데이터의 위치나 유형이 달라질 수 있다고 한다. 이 책에서는 윈도우 운영체제 버전 7과 10을 중심으로 다루며, 가장 대중적인 인터넷 익스플로러와 크롬 브라우저에서 앞서 언급한 네 가지 요소를 살펴본다.

1. 인터넷 익스플로러

마이크로소프트의 인터넷 익스플로러는 1995년에 윈도우 95 운영체제에 기본 설치되는 형태로 출시되었다. 운영체제를 설치하면 인터넷 익스플로러를 사용할 수 있다는 점은 2003년쯤 웹 브라우저 중 95%의 최고 점유율을 기록하게 만들었다. 브라우저 점유율을 통계내는 gs.statcounter.com에서 국제 기준으로 2012년 4월부터 구글 크롬이 인터넷 익스플로러 점유율을 넘어서면서 현재 가장 많이 사용하는 브라우저는 아니지만 여전히 많이 사용하는 인기있는 브라우저다.

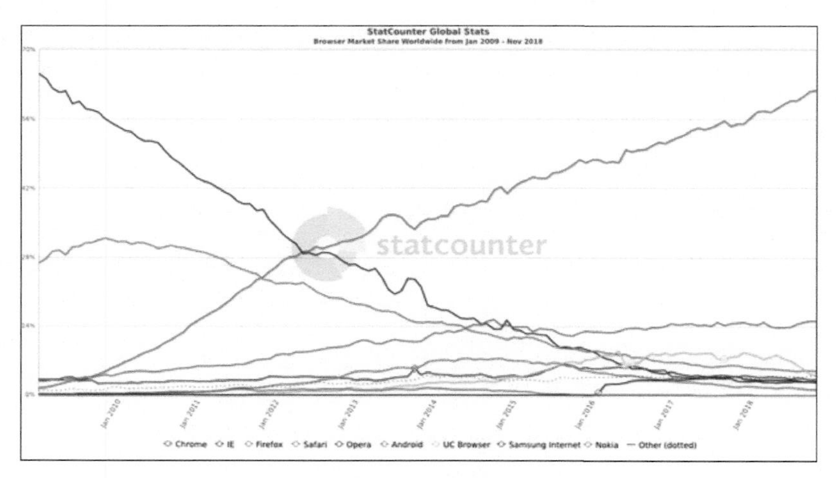

[그림 1] 국제 브라우저 이용 현황

인터넷 익스플로러 8 버전 이하

인터넷 익스플로러의 사용 흔적을 조사하는 것은 버전에 따라 다르다. 다음은 IE 9버전 이하 버전에서 살펴볼 수 있는 아티팩트로 윈도우 7 운영체제를 업데이트하지 않으면 만나볼 수 있다. 인터넷 익스플로러 8 이하 버전의 데이터는 index.dat 파일로 저장된다. 이 파일은 별도의 도구를 이용하여 살펴보는 것이 좋은데 systenance에서 만든 Index.dat Analyzer 도구로 파일 내용을 살펴볼 수 있다.

- index.dat Analyzer 다운로드 경로 – http://www.systenance.com/indexdat.php

다운로드 후 설치를 진행한다. 설치가 끝나면 다음과 같은 창이 실행된다.

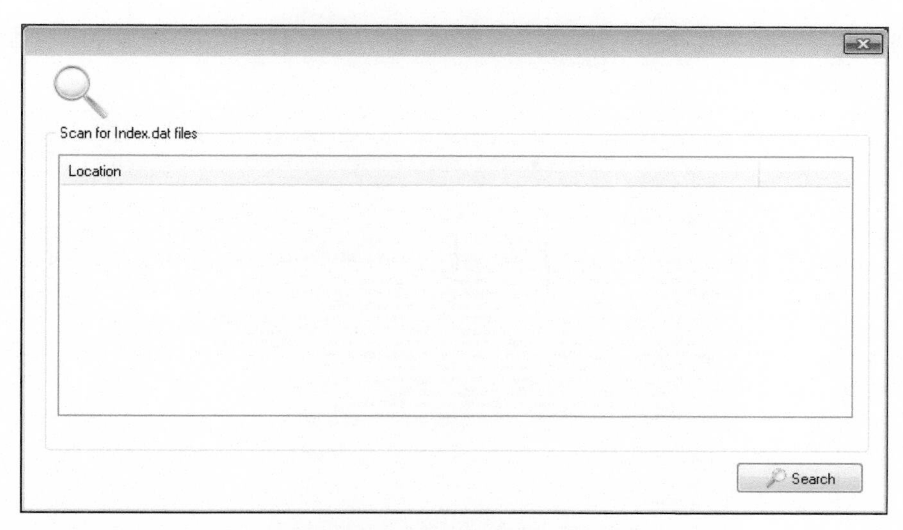

[그림 2] index.dat Analyzer 실행 화면

우측 하단에 Search 버튼을 클릭하면 index.dat 파일들을 찾아준다. OK 버튼을 클릭해 전부 로드한다.

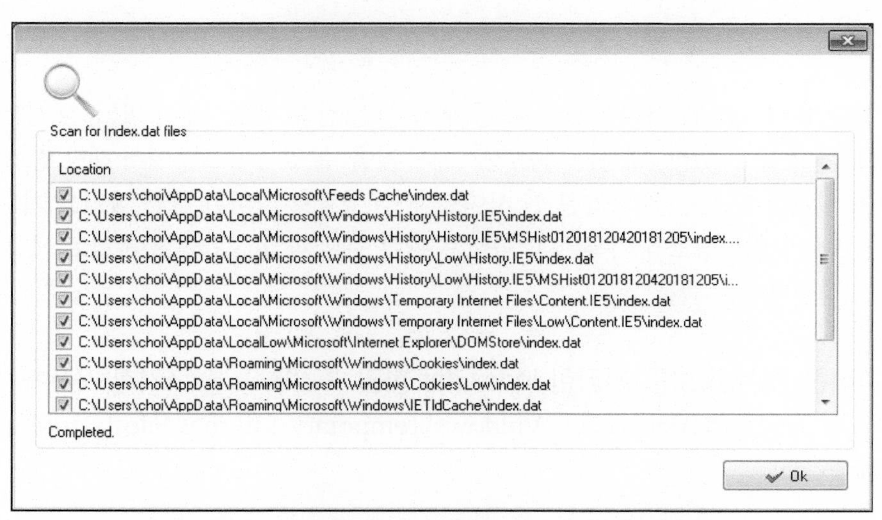

[그림 3] index.dat Analyzer를 이용한 index.dat 파일 검색 화면

새로운 화면이 출력되는데 상단의 Location 항목을 클릭하면 읽은 모든 index.dat 파일을 살펴볼 수 있다.

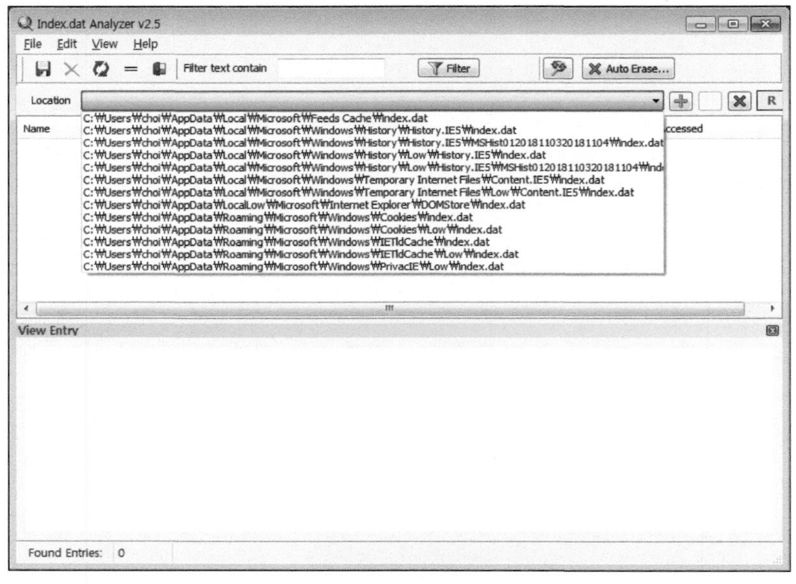

[그림 4] index.dat 파일 선택

캐시를 분석하면 웹 서비스 URI, 파일 생성 시간(접속 시간), 캐시 파일, HTTP 헤더 등 정보를 얻을 수 있다. 캐시는 다음 경로에서 찾을 수 있기에 도구에서 해당 경로를 선택하여 살펴본다. 다음은 요약된 웹 사이트 방문 경로로 파비콘 관련 파일을 기준으로 index.dat 파일에 정보가 기록된다. 파비콘 관련 원본 파일은 임의 문자열로 생성된 폴더에 저장된다.

- **파비콘 캐시 정보를 저장한 index.dat 파일** – c:\Users\〈조사할 사용자 계정〉\AppData\Local\Microsoft\Windows\Temporary Internet Files\Content.IE5\index.dat

- **파비콘 원본 캐시 파일 경로** – c:\Users\〈조사할 사용자 계정〉\AppData\Local\Microsoft\Windows\Temporary Internet Files\Content.IE5\〈Random name folder〉*.*

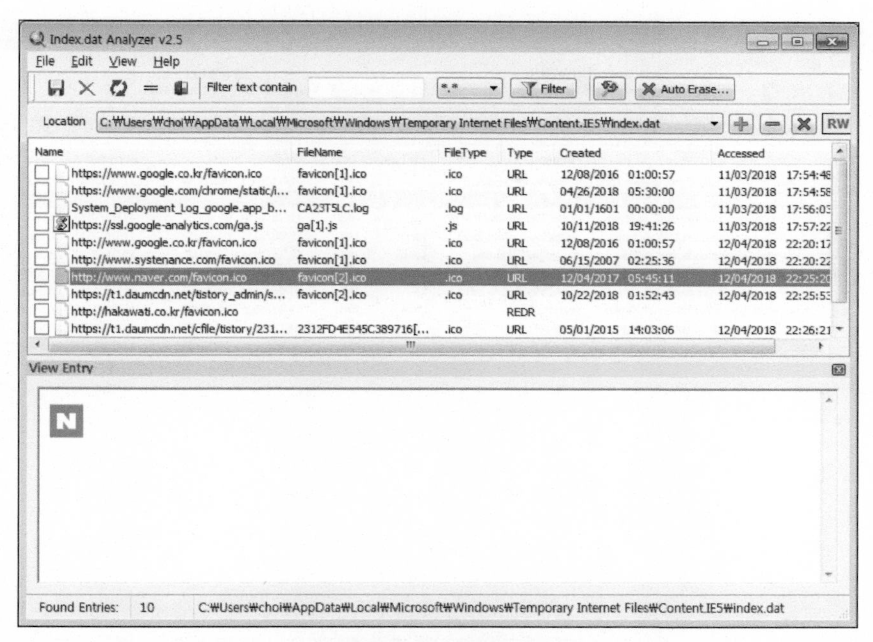

[그림 5] 파비콘 저장 흔적

다음 경로는 모든 웹 캐시 정보로 관련 정보는 index.dat 파일에 정보가 기록된다. 기록에 사용된 캐시 파일은 임의 문자열로 생성된 폴더에 저장된다.

- **모든 캐시 정보를 저장한 index.dat 파일** - c:\Users\〈조사할 사용자 계정〉\AppData\Local\Microsoft\Windows\Temporary Internet Files\Low\Content.IE5\index.dat

- **모든 캐시 정보 파일을 저장한 경로** - c:\Users\〈조사할 사용자 계정〉\AppData\Local\Microsoft\Windows\Temporary Internet Files\Low\Content.IE5\〈Random name folder〉*.*

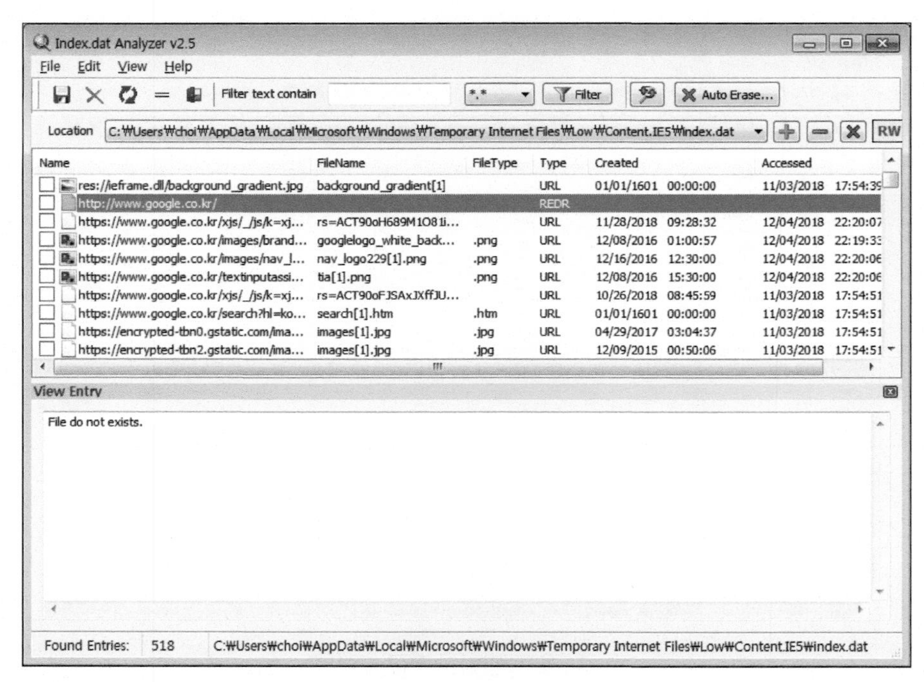

[그림 6] 캐시 흔적

index.dat Analyzer 도구는 HTTP 헤더 정보를 보여주지 않는다. Hex 에디터로 유명한 HxD를 다운로드하고 설치해 index.dat 파일을 열어보면 HTTP 헤더 정보를 살펴볼 수 있다.

- HxD 도구 다운로드 경로 – https://mh-nexus.de/en/downloads.php?product= HxD20

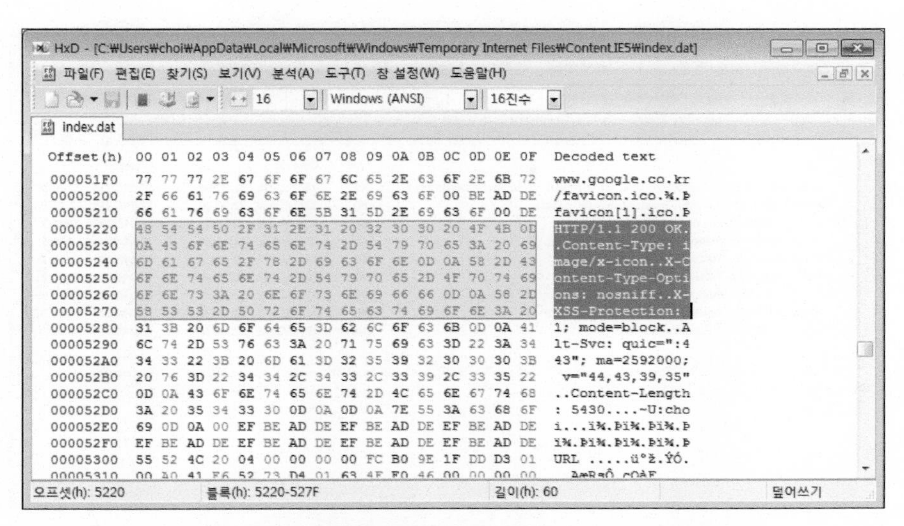

[그림 7] HxD로 살펴본 index.dat에 저장된 HTTP 헤더 정보

동일한 방법으로 히스토리를 분석하면 웹 서비스 URI, 접속 시간, 접속 횟수, 웹 페이지 제목, HTTP 헤더, 생성된 쿠기 저장 경로 등을 확인할 수 있다. Low 폴더를 사용하는 index.dat 파일에는 브라우저로 방문한 순수 이력만 남으며, 그렇지 않은 index.dat 파일에서는 로컬 캐시 파일을 읽은 이력을 찾을 수 있다.

- c:\Users\〈조사할 사용자 계정〉\AppData\Local\Microsoft\Windows\History\History.IE5\index.dat
- c:\Users\〈조사할 사용자 계정〉\AppData\Local\Microsoft\Windows\History\Low\History.IE5\index.dat

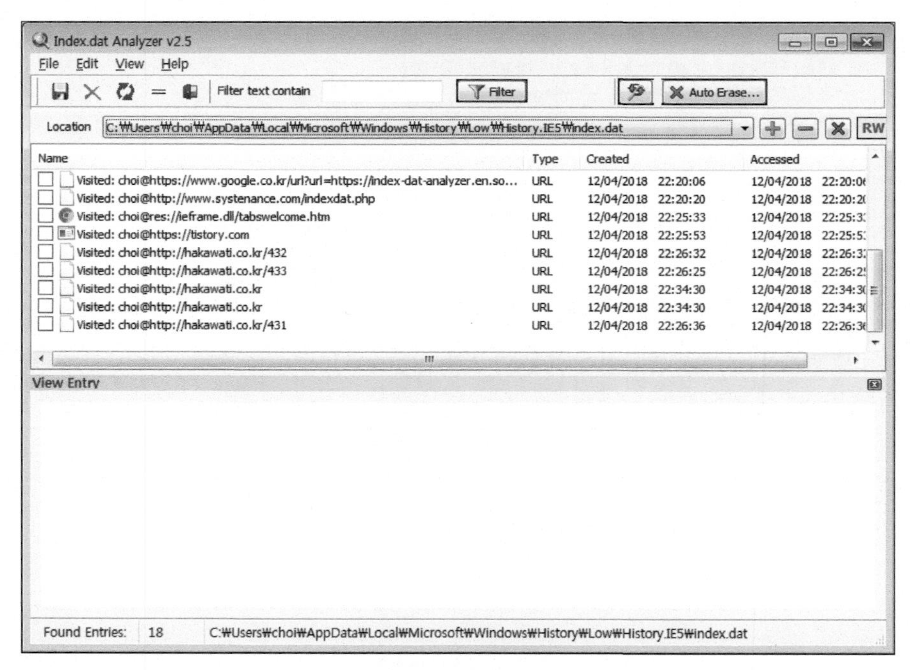

[그림 8] 히스토리 흔적

추가적으로 날짜 기준으로 구분된 다음 경로에서는 히스토리 정보를 살펴볼 수 있다.

- c:\Users\〈조사할 사용자 계정〉\AppData\Local\Microsoft\Windows\History\Histroy.IE5\MSHist〈two-digit random number〉〈starting four-digit year〉〈starting two-digit month〉〈starting two-digit day〉〈ending four-digit year〉〈ending two-digit month〉〈ending two-digit day〉\index.dat

- c:\Users\〈조사할 사용자 계정〉\AppData\Local\Microsoft\Windows\History\Low\Histroy.IE5\MSHist〈two-digit random number〉〈starting four-digit year〉〈starting two-digit month〉〈starting two-digit day〉〈ending four-digit year〉〈ending two-digit month〉〈ending two-digit day〉\index.dat

쿠키를 분석하면 도메인, 웹 서비스 자원 경로, 접속 시간, 쿠키 이름, 쿠키 값, 쿠키 만기일, 쿠키 생성 시간 등을 확인할 수 있다. 쿠키는 다음 경로에서 찾을 수 있다.

- C:\Users\〈조사할 사용자 계정〉\AppData\Roaming\Microsoft\Windows\Cookies\index.dat
- C:\Users\〈조사할 사용자 계정〉\AppData\Roaming\Microsoft\Windows\Cookies\Low\index.dat

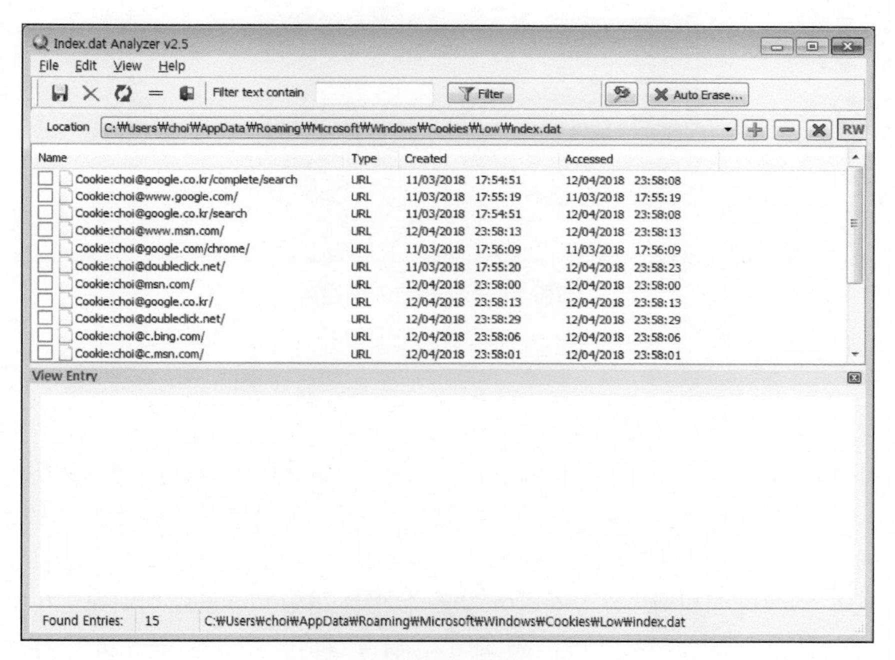

[그림 9] 쿠키 흔적

생성된 쿠키 파일은 텍스트 형태로 저장되며 index.dat 파일과 함께 관리된다.

- C:\Users\〈조사할 사용자 계정〉\AppData\Roaming\Microsoft\Windows\Cookies*.txt

• C:\Users\〈조사할 사용자 계정〉\AppData\Roaming\Microsoft\Windows\Cookies\Low*.txt

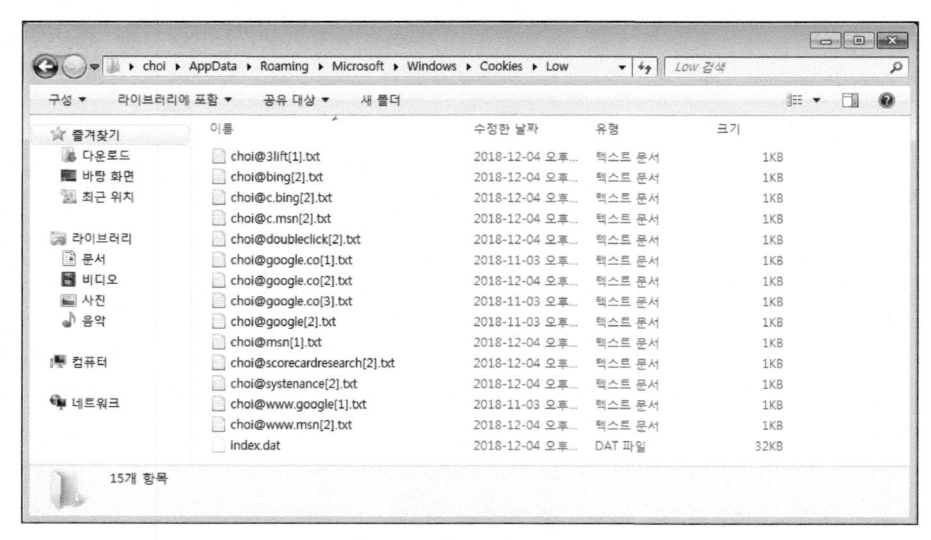

[그림 10] 쿠키 원본 기록 흔적

인터넷 익스플로러 9 버전

인터넷 익스플로러 9 버전은 기존 인터넷 익스플로러 아티팩트를 수집할 수 있는 경로 중 Low 폴더에 흔적 기록되지 않아 아티팩트를 수집하지 않는다. 인터넷 익스플로러 9 버전에서는 기존 아티팩트를 수집하여 분석하는 방식을 그대로 사용하며, 추가로 캐시, 히스토리 등 여러 아티팩트를 분석하여 찾을 수 있는 파일 다운로드 아티팩트가 추가되었다. 이 아티팩트를 분석하면 방문 웹 페이지, 원격 다운로드 주소, 로컬 파일 저장 경로 등을 확인할 수 있다. 다운로드 정보는 다음 경로에서 찾을 수 있다.

• C:\Users\〈조사할 사용자 계정〉\AppData\Roaming\Microsoft\Windows\IEDownloadHistory\index.dat

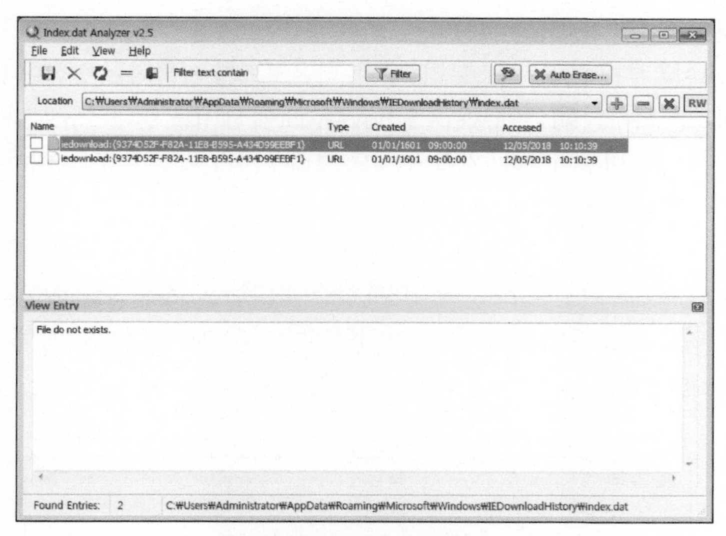

[그림 11] IE9에 추가된 다운로드 흔적

index.dat Analyzer 도구의 한계로 실행 파일 호출 주소, 다운로드 경로 등 정보가 보여지지 않는다. 해당 파일을 HxD로 열람하면 방문 웹 페이지, 원격 다운로드 주소, 로컬 파일 저장 경로 등 파일 다운로드 관련 정보를 찾아볼 수 있다.

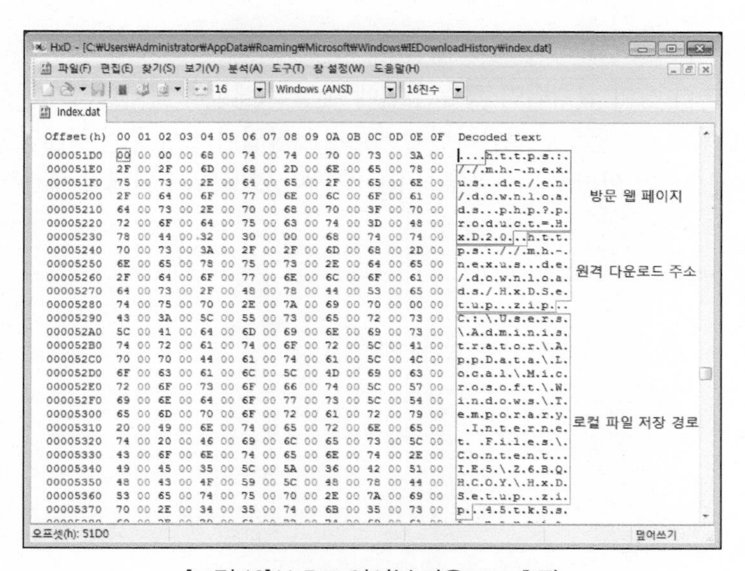

[그림 12] HxD로 열어본 다운로드 흔적

인터넷 익스플로러 10 버전 이상

IE 10 버전 이후부터 캐시, 히스토리, 쿠키, 다운로드가 기록되는 방식이 달라졌다. 각각의 아티팩트는 하나의 파일인 WebCacheV##.dat에 테이블 형태로 구분하여 통합되어 기록되는 방식으로 변경되었다. 기록 주체도 브라우저가 아닌 별도의 캐시관련 윈도우 작업 스케줄러가 담당한다.

WebCacheV##.dat 파일은 ESE 데이터베이스 파일로 프로세스가 실시간 기록하기에 이 파일을 살펴보거나 수집하려면 추가 작업이 필요하다. 먼저 Ctrl + r 단축키를 통해 실행 명령창을 실행한다.

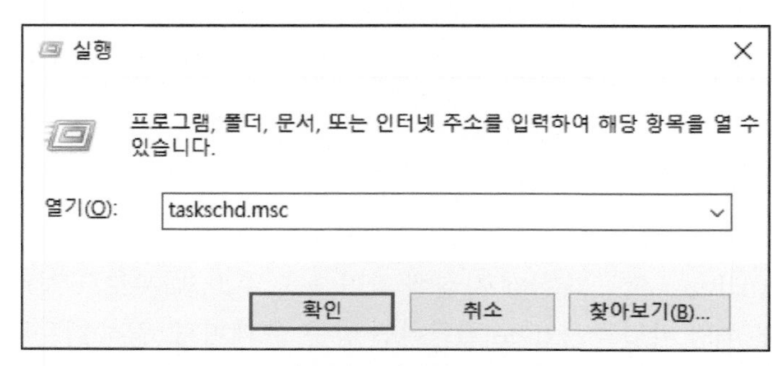

[그림 13] IE10 이후 버전에서 흔적 수집을 위한 작업 종료

작업 스케줄러 창이 실행되면 좌측 영역에 작업 스케줄러 라이브러리 〉 Microsoft 〉 Windows 〉 Wininet 순으로 접근하면 CacheTask 작업이 실행 중인 상태임을 확인할 수 있다. 이 스케줄러가 인터넷 익스플로러 10 버전 이상의 브라우저에서 캐시를 생성한다.

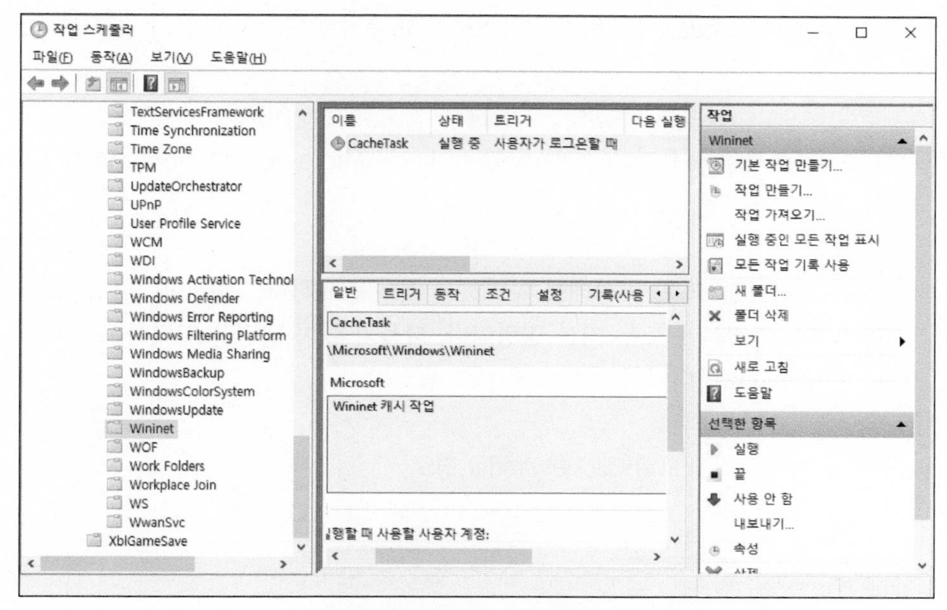

[그림 14] CacheTask 작업 동작 확인

캐시 스케줄러 종료 및 수집한 데이터 확인을 위해 윈도우 커맨드로 진행한다. 스케줄 종료는 다음 명령을 사용한다. /end는 종료를 의미하고 /tn은 종료할 스케줄러를 입력하는 옵션이다.

- schtasks /end /tn "₩Microsoft₩Windows₩Wininet₩CacheTask"

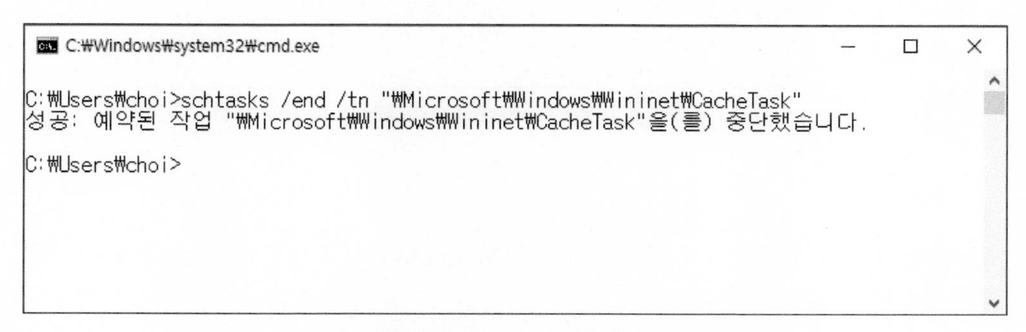

[그림 15] CacheTask 작업 강제 종료

이제 WebCacheV##.dat 파일을 수집하거나 살펴볼 수 있다. 이 파일의 경로는 다음과 같다.

- C:\Users\〈조사할 사용자 계정〉\AppData\Local\Microsoft\Windows\WebCache\WebCacheV[01|24].dat

해당 파일을 복사한 후 파일 상태를 확인하는 것이 중요하다. esentutl 명령은 ESE 데이터베이스와 관련있는 윈도우 기본 명령이다. 다음과 같이 명령을 입력하고 상태 정보가 Clean Shutdown 상태인지 확인한다.

- esentutl /m 〈수집한 WebCacheV##.dat 경로〉

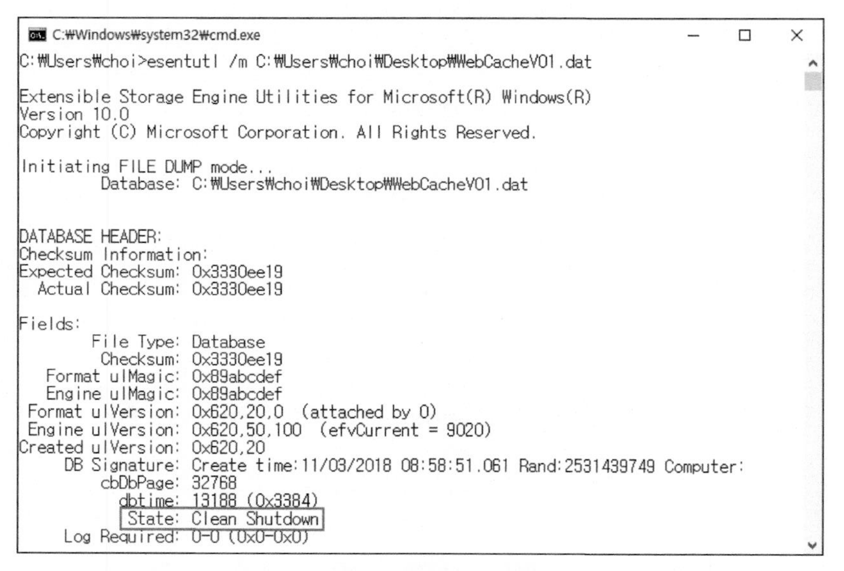

[그림 16] IE10 이후 버전의 브라우저 아티팩트 수집 결과 확인

수집한 파일을 살펴보려면 Nirsoft의 ESEDatabaseView 소프트웨어를 이용하는 것을 추천한다.

- ESEDatabaseView 다운로드 경로 – https://www.nirsoft.net/utils/ese_database_view.html

데이터베이스 파일이기에 테이블별로 저장되는 데이터는 가지각색이다. 각각의 테이블에 어떤 데이터가 어떤 방식으로 저장되는지 아직 완벽하게 밝혀지지 않았다. 쉽게 찾을 수 있는 정보는 다음과 같으며, 독자들 마다 정보가 다를 수 있다. 필자의 기준에서 가장 먼저 살펴볼 테이블은 Containers다. 이 테이블의 ContainerId 칼럼의 번호에 맞게 테이블이 생성되어 있으며, Name 칼럼의 문자열과 같은 의미를 가지는 데이터가 저장된다.

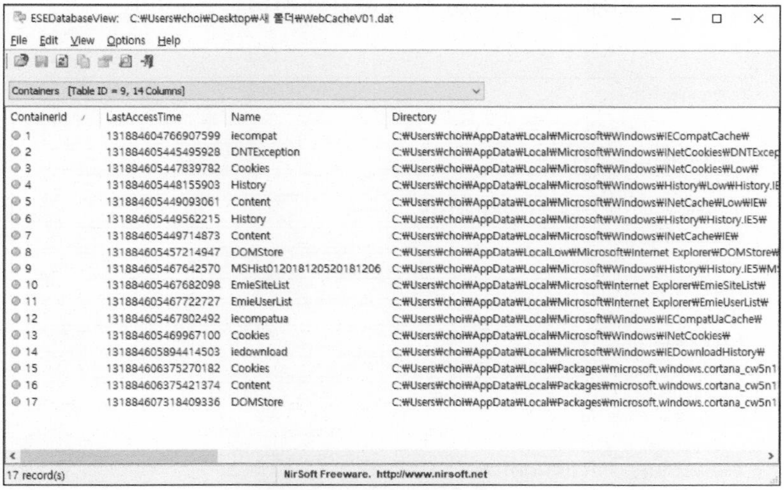

ESEDatabaseView: C:₩Users₩choi₩Desktop₩새 폴더₩WebCacheV01.dat

File Edit View Options Help

Containers [Table ID = 9, 14 Columns]

ContainerId	LastAccessTime	Name	Directory
1	131884604766907599	iecompat	C:₩Users₩choi₩AppData₩Local₩Microsoft₩Windows₩IECompatCache₩
2	131884605445495928	DNTException	C:₩Users₩choi₩AppData₩Local₩Microsoft₩Windows₩INetCookies₩DNTExcep
3	131884605447839782	Cookies	C:₩Users₩choi₩AppData₩Local₩Microsoft₩Windows₩INetCookies₩Low₩
4	131884605448155903	History	C:₩Users₩choi₩AppData₩Local₩Microsoft₩Windows₩History₩Low₩History.IE
5	131884605449093061	Content	C:₩Users₩choi₩AppData₩Local₩Microsoft₩Windows₩INetCache₩Low₩IE₩
6	131884605449562215	History	C:₩Users₩choi₩AppData₩Local₩Microsoft₩Windows₩History₩History.IE5₩
7	131884605449714873	Content	C:₩Users₩choi₩AppData₩Local₩Microsoft₩Windows₩INetCache₩IE₩
8	131884605457214947	DOMStore	C:₩Users₩choi₩AppData₩LocalLow₩Microsoft₩Internet Explorer₩DOMStore₩
9	131884605467642570	MSHist012018120520181206	C:₩Users₩choi₩AppData₩Local₩Microsoft₩Windows₩History₩History.IE5₩M
10	131884605467682098	EmieSiteList	C:₩Users₩choi₩AppData₩Local₩Microsoft₩Internet Explorer₩EmieSiteList₩
11	131884605467722727	EmieUserList	C:₩Users₩choi₩AppData₩Local₩Microsoft₩Internet Explorer₩EmieUserList₩
12	131884605467802492	iecompatua	C:₩Users₩choi₩AppData₩Local₩Microsoft₩Windows₩IECompatUaCache₩
13	131884605469967100	Cookies	C:₩Users₩choi₩AppData₩Local₩Microsoft₩Windows₩INetCookies₩
14	131884605894414503	iedownload	C:₩Users₩choi₩AppData₩Local₩Microsoft₩Windows₩IEDownloadHistory₩
15	131884606375270182	Cookies	C:₩Users₩choi₩AppData₩Local₩Packages₩microsoft.windows.cortana_cw5n1
16	131884606375421374	Content	C:₩Users₩choi₩AppData₩Local₩Packages₩microsoft.windows.cortana_cw5n1
17	131884607318409336	DOMStore	C:₩Users₩choi₩AppData₩Local₩Packages₩microsoft.windows.cortana_cw5n1

17 record(s) NirSoft Freeware. http://www.nirsoft.net

[그림 17] Containers 테이블 의미

예를 들어 ContainerId 칼럼의 14번의 Name이 iedownload로 미루어 봤을 때 인터넷 익스플로러로 다운로드한 파일에 대한 흔적이 기록되었을 것으로 추측된다. 테이블을 Container_14로 이동하면 다음과 같은 정보를 볼 수 있다.

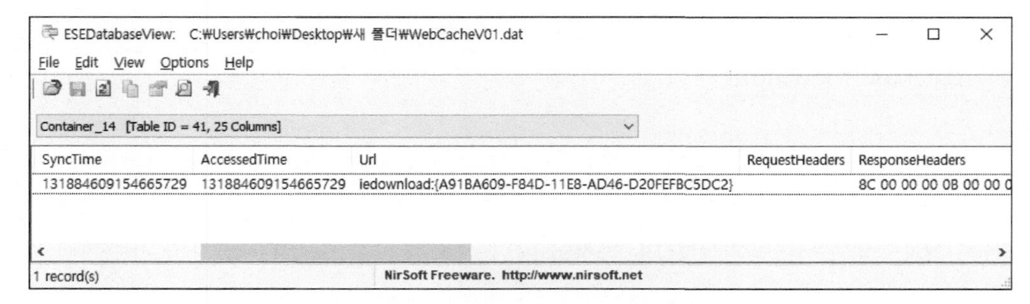

[그림 18] Container_14에 기록된 정보

해당 항목을 더블클릭해 다음과 같이 상세 정보를 살펴볼 수 있다.

Properties

EntryId:	1
ContainerId:	14
CacheId:	0
UrlHash:	7335304702241991515
SecureDirectory:	0
FileSize:	0
Type:	9
Flags:	4
AccessCount:	4
SyncTime:	131884609154665729
CreationTime:	0
ExpiryTime:	0
ModifiedTime:	0
AccessedTime:	131884609154665729
PostCheckTime:	0
SyncCount:	0
ExemptionDelta:	0
Url:	iedownload:{A91BA609-F84D-11E8-AD46-D20FEFBC5DC2}
Filename:	
FileExtension:	
RequestHeaders:	
ResponseHeaders:	8C 00 00 00 0B 00 00 00 00 00 00 00 00 00 00 00 E9 FD 00 00 43 9F B3 A5 4[
RedirectUrl:	
Group:	
ExtraData:	

Previous Page Next Page OK

[그림 19] ESE 데이터베이스에 기록된 정보의 상세 정보

이 중 ResponseHeaders의 Hex 값을 복사해 HxD에 붙여 넣으면 원격 다운로드 주소와 로컬 파일 저장 경로를 살펴볼 수 있다.

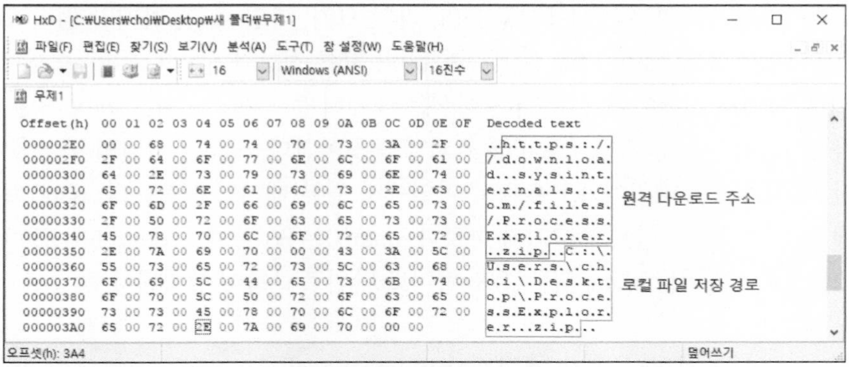

```
HxD - [C:₩Users₩choi₩Desktop₩새 폴더₩무제1]
파일(F) 편집(E) 찾기(S) 보기(V) 분석(A) 도구(T) 창 설정(W) 도움말(H)
16  Windows (ANSI)  16진수
무제1
Offset(h) 00 01 02 03 04 05 06 07 08 09 0A 0B 0C 0D 0E 0F  Decoded text
000002E0  00 00 68 00 74 00 74 00 70 00 73 00 3A 00 2F 00  ..h.t.t.p.s.:./.
000002F0  2F 00 64 00 6F 00 77 00 6E 00 6C 00 6F 00 61 00  /.d.o.w.n.l.o.a.
00000300  64 00 2E 00 73 00 79 00 73 00 69 00 6E 00 74 00  d...s.y.s.i.n.t.
00000310  65 00 72 00 6E 00 61 00 6C 00 73 00 2E 00 63 00  e.r.n.a.l.s...c.   원격 다운로드 주소
00000320  6F 00 6D 00 2F 00 66 00 69 00 6C 00 65 00 73 00  o.m./.f.i.l.e.s.
00000330  2F 00 50 00 72 00 6F 00 63 00 65 00 73 00 73 00  /.P.r.o.c.e.s.s.
00000340  45 00 78 00 70 00 6C 00 6F 00 72 00 65 00 72 00  E.x.p.l.o.r.e.r.
00000350  2E 00 7A 00 69 00 70 00 00 00 43 00 3A 00 5C 00  ..z.i.p...C.:.\.
00000360  55 00 73 00 65 00 72 00 73 00 5C 00 63 00 68 00  U.s.e.r.s.\.c.h.
00000370  6F 00 69 00 5C 00 44 00 65 00 73 00 6B 00 74 00  o.i.\.D.e.s.k.t.   로컬 파일 저장 경로
00000380  6F 00 70 00 5C 00 50 00 72 00 6F 00 63 00 65 00  o.p.\.P.r.o.c.e.
00000390  73 00 73 00 45 00 78 00 70 00 6C 00 6F 00 72 00  s.s.E.x.p.l.o.r.
000003A0  65 00 72 00 2E 00 7A 00 69 00 70 00 00 00        e.r...z.i.p...
오프셋(h): 3A4                                     덮어쓰기
```

[그림 20] 다운로드 흔적 정보

2. 구글 크롬

크롬은 2008년에 구글에서 공개한 웹 브라우저로 현재 전 세계 사람들이 가장 많이 사용하는 웹 브라우저다. 특히 크롬은 운영체제 플랫폼에 독립적이기에 윈도우, 리눅스, 맥 OS와 같이 데스크톱 운영체제뿐만 아니라 안드로이드, iOS과 같이 모바일에서도 사용 가능하다. HTML, CSS, 이미지 등을 랜더링하는 레이아웃 엔진으로 웹킷(WebKit) 엔진이나 블링크(Blink) 엔진을 사용하고 자바스크립트를 로드하는 V8 엔진을 사용한다. 이 엔진들은 모두 오픈소스로 소스코드가 공개되어 있기에 네이버는 이 엔진을 수정해 웨일(Whale) 브라우저를 개발했다.

크롬 브라우저의 아티팩트는 윈도우 운영체제 버전에 크게 영향을 받지 않지만, 크롬 브라우저 버전에 따라 상이할 수 있다. 필자가 테스트한 버전은 집필 당시 최신 버전인 71.0.3578.80(공식 빌드) (64비트) 을 대상으로 아티팩트 수집 및 분석을 진행했다. 크롬의 캐시, 히스토리, 쿠키, 다운로드 기록 등이 관리되는 폴더는 다음 경로이며, 크롬 브라우저가 실행 중일 땐 파일을 자세히 살펴볼 수 없다.

- C:\Users\〈조사할 사용자 계정〉\AppData\Local\Google\Chrome\User Data\Default\

크롬에서 찾을 수 있는 캐시에서는 URI, 파일 크기, 파일 이름, 마지막 접속 일자, 서버 주소, HTTP 응답 헤더, Etag 등이 기록된다. 다른 정보와 달리 Cache\ 폴더에 세 가지 유형의 파일로 기록되며, 기록되는 방식은 데이터 블록 방식이다. index 파일은 캐시 주소가 있고, 이 주소를 기반으로 data_# 파일을 찾아간다. data_# 파일의 구조를 분석해 연관된 다른 data_# 파일이나 f_###### 파일에서 원본 데이터를 찾는다. data_#은 번호 순서에 따라 저장되는 블록의 크기가 다르다. data_0은 36 바이트, data_1은 256 바이트, data_2는 1,024 바이트, data_3은 4,096 바이트 단위로 블록이 생성된다.

- C:\Users\〈조사할 사용자 계정〉\AppData\Local\Google\Chrome\User Data\Default\Cache\index

- C:\Users\〈조사할 사용자 계정〉\AppData\Local\Google\Chrome\User Data\Default\Cache\data_#

- C:\Users\〈조사할 사용자 계정〉\AppData\Local\Google\Chrome\User Data\Default\Cache\f_######

이 파일은 HxD 도구를 이용해 간단하게 내용을 살펴볼 수 있다.

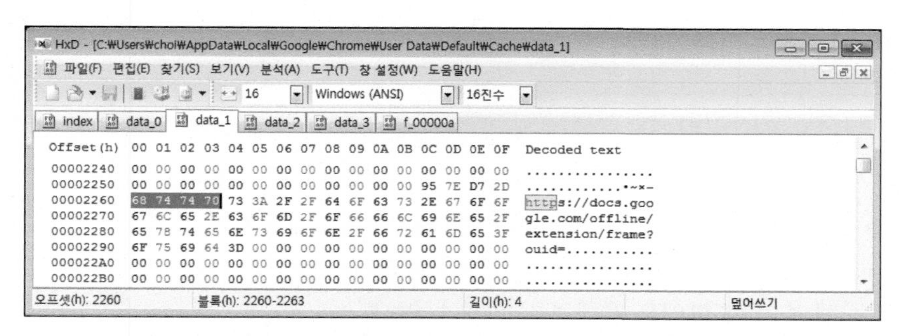

[그림 21] data_1 블록의 인터넷 이용 흔적

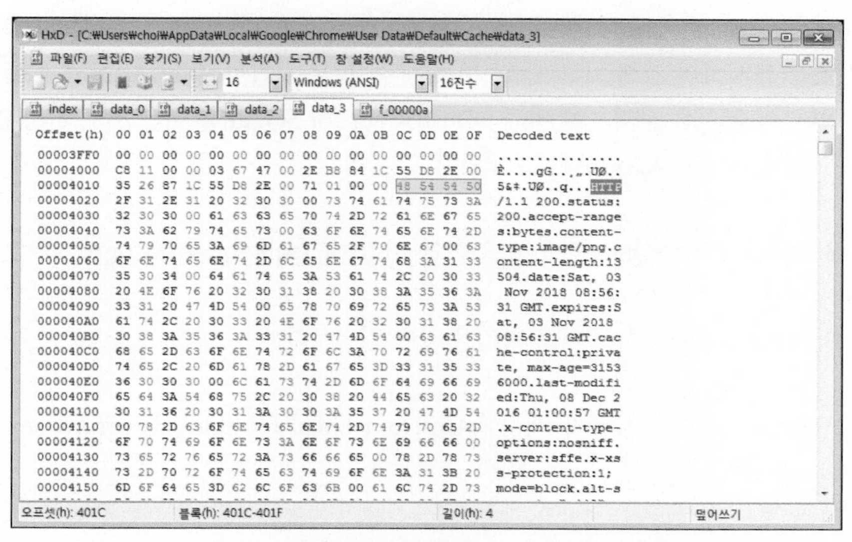

[그림 22] data_3 블록의 인터넷 이용 흔적

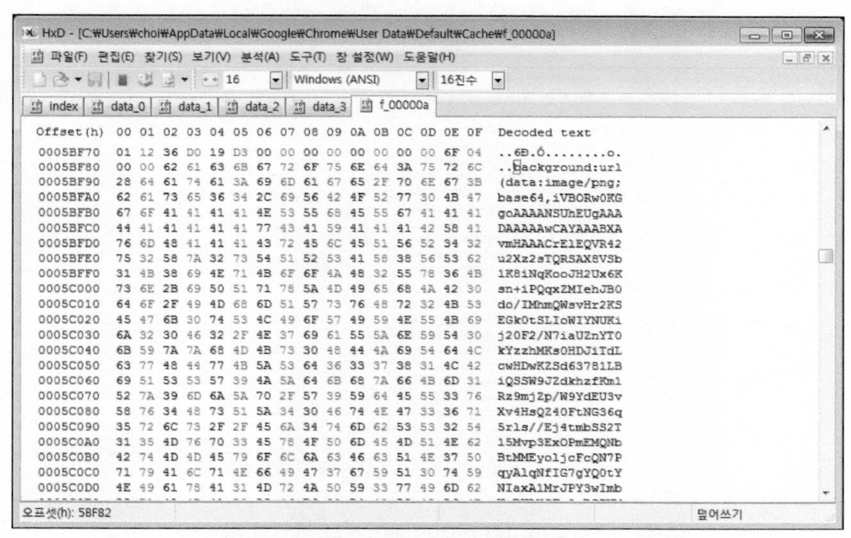

[그림 23] f_###### 파일에 기록된 캐시 정보

히스토리는 캐시와 달리 시퀄라이트(SQLite) 데이터베이스 형태로 기록된다. 이 데이터베이스를 분석하면 검색 기록, URI, 방문 횟수, 방문 시간, 방문한 서비스 타이틀을 찾을 수 있다. 이 파일을 살펴보기 위해 DB Browser for SQLite를 이용한다. 설치 없이 사용할 수 있는 PortableApp을 다운로드한다.

- DB Browser for SQLite 다운로드 주소 – https://sqlitebrowser.org/

DB Browser for SQLite로 다음 파일을 찾아 읽어온다.

- C:\Users\〈조사할 사용자 계정〉\AppData\Local\Google\Chrome\User Data\Default\History

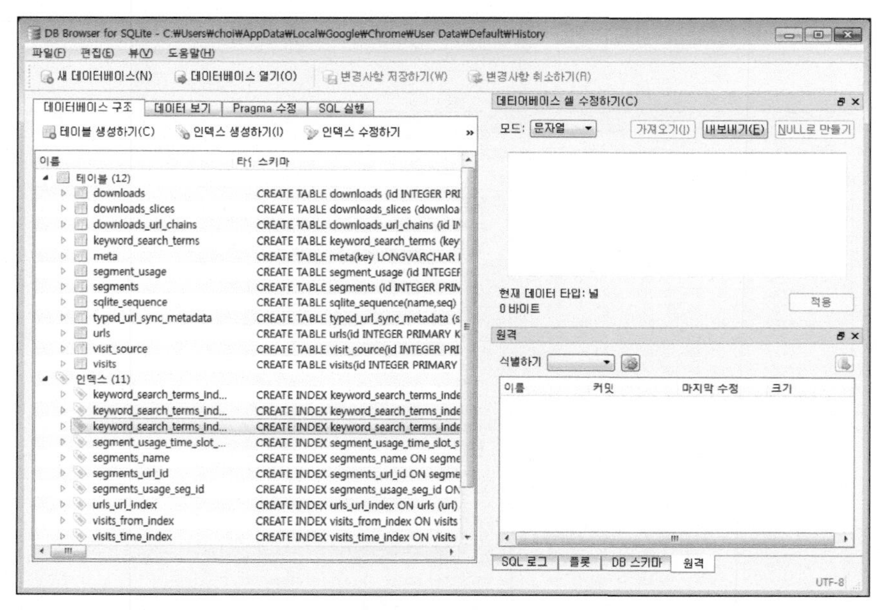

[그림 24] 시퀄라이트 데이터베이스로 기록된 히스토리

데이터 보기 창을 이용하면 테이블에 기록된 데이터를 쉽게 살펴볼 수 있다. 다운로드 아티팩트의 경우 별도로 관리하지 않고 히스토리 아티팩트에서 downloads 테이블과 download_url_chains 테이블을 확인한다. downloads 테이블에는 다운로드 파일 저장 경로, 다운로드 시작 시간, 다운로드 끝난 시간, 용량, 실행 명령 여부, MIME 유형 등의

정보를 찾을 수 있다. download_url_chains에서는 downloads 테이블의 id와 매핑해서 해석할 수 있으며, 파일을 다운로드하기 위해 호출한 웹 경로를 확인할 수 있다.

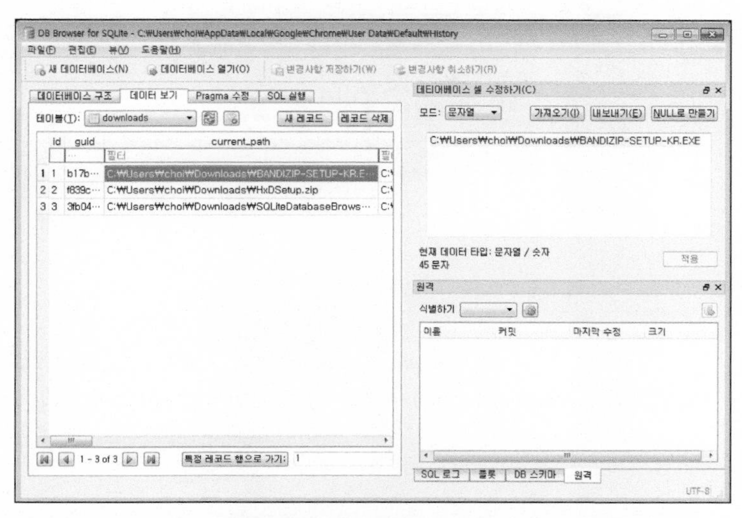

[그림 25] downloads 테이블에서 확인 가능한 파일 다운로드 흔적

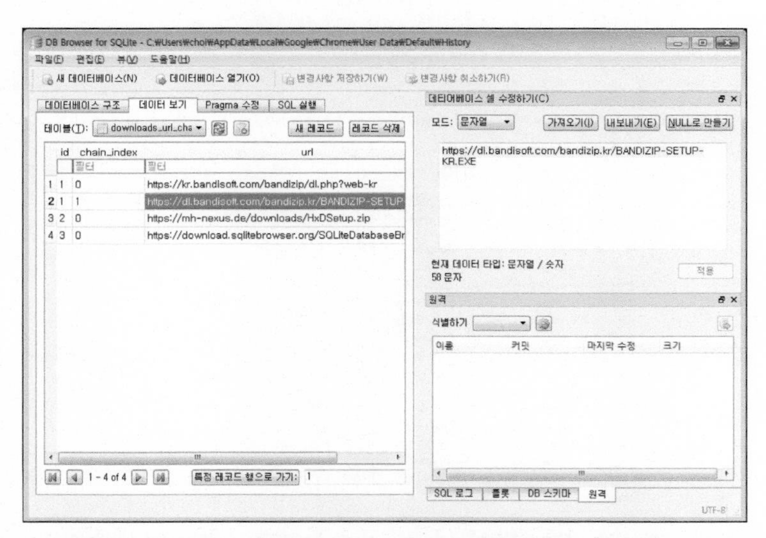

[그림 26] downloads_url_chains 테이블에서 확인 가능한 파일 다운로드 흔적

keyword_search_term 테이블은 검색 서비스를 이용한 검색 키워드를 기록하는 테이블이다. 구글, 네이버, 다음 등 다양한 검색 서비스의 검색 기록을 분석한다.

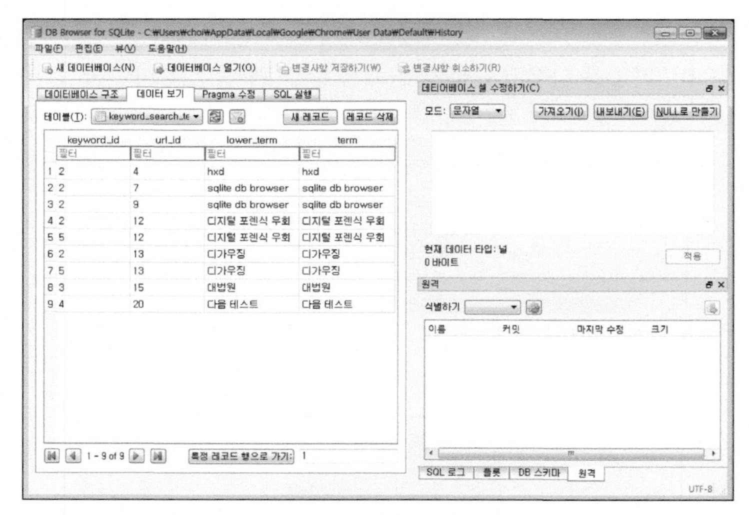

[그림 27] keyword_search_term 테이블에서 확인 가능한 검색 흔적

urls 테이블은 어떤 웹 서비스에 방문했는지, 해당 웹 서비스 타이틀은 무엇인지, 방문 횟수는 얼마나 되는지, 마지막으로 언제 방문했는지 등의 정보를 확인할 수 있다.

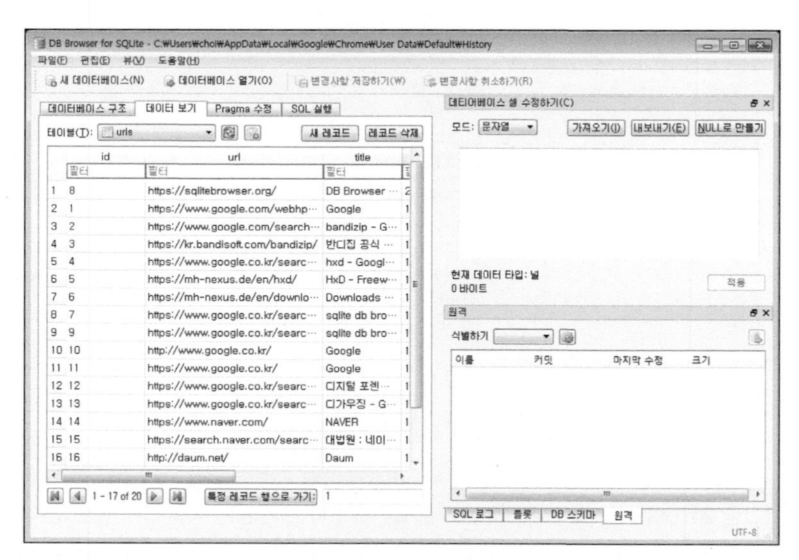

[그림 28] urls 테이블에서 확인 가능한 웹 서비스 방문 흔적

만약 동일한 사이트를 방문할 때 마다 기록된 데이터를 확인하고 싶다면 visits 테이블을 살펴본다. 이 테이블에서는 모든 사이트를 방문할 때 마다 기록되며, 얼마나 오랫동안 머물렀는지 정보도 확인할 수 있다. 정확한 정보를 위해서 urls 테이블과 비교 분석을 진행한다.

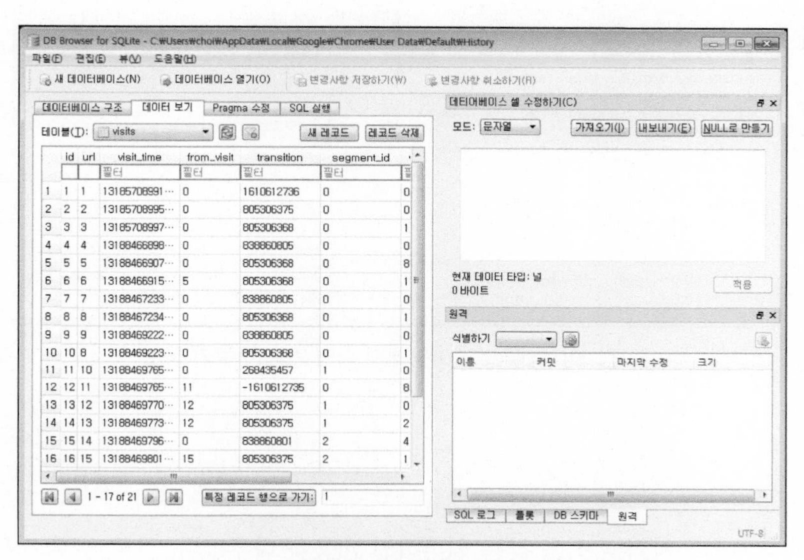

[그림 29] visits 테이블에서 확인 가능한 방문 시간

쿠키는 생성 시간, 도메인, 경로, 쿠키 이름, 만기일, 마지막 접속 시간 등을 찾을 수 있다. 이 파일도 시퀄라이트 데이터베이스 파일로 생성되어 관리된다. cookies 테이블에 대부분의 기록을 확인할 수 있다.

- C:\Users\〈조사할 사용자 계정〉\AppData\Local\Google\Chrome\User Data\Default\Cookies

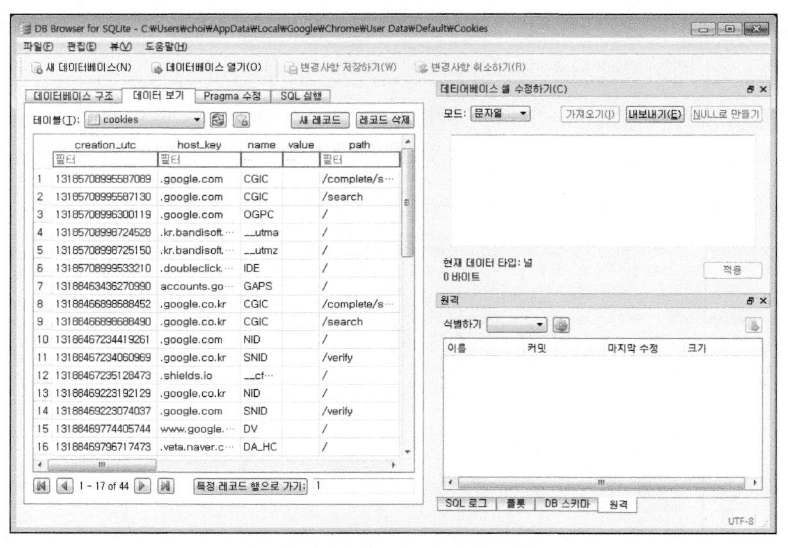

[그림 30] cookies 테이블에서 확인 가능한 쿠키 정보

3. 기 타

지금까지 브라우저의 흔적을 찾는 원론적인 내용을 다루었다. 물론 일부 전문가는 이런 방식으로 정보를 찾는 것을 효율적으로 사용하고자 별도의 도구를 제작하며 그 중 일부는 유용한 도구를 제공한다. 대표적인 경우가 NirSoft의 무료 도구들로 브라우저 관련된 도구들은 다음 주소에서 확인할 수 있다.

- **NirSoft의 브라우저 관련 도구 리스트** – https://www.nirsoft.net/web_browser_tools.html

인터넷 익스플로러 9 이하 버전을 사용한다면 IECookiesView, IEHistoryView, IECacheView 도구를 이용할 수 있다. 이 도구들은 앞서 인터넷 익스플로러 9 이하 버전에서 찾을 수 있는 아티팩트를 가져와 보여주는 역할을 한다.

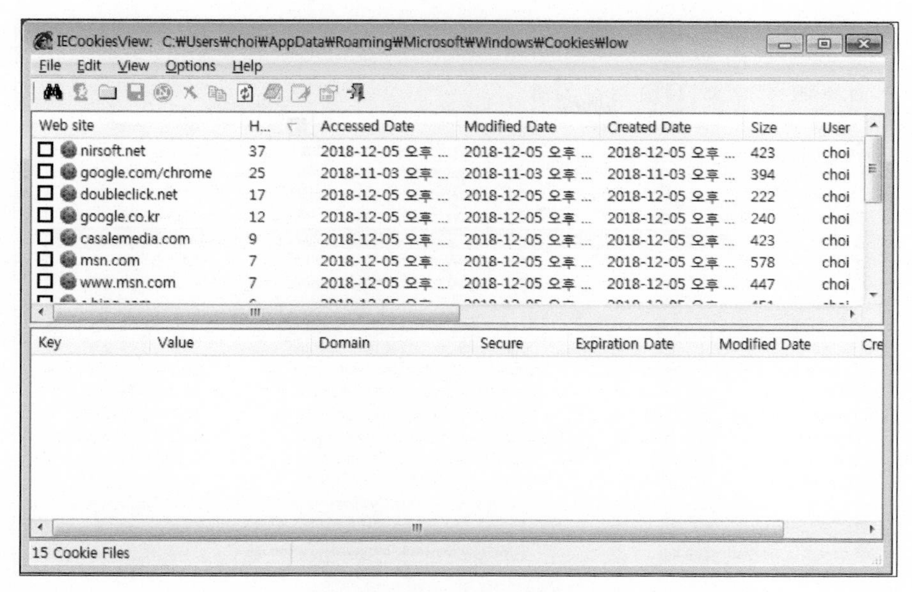

[그림 31] IECookiesView 도구

IEHistoryView: C:₩Users₩choi₩AppData₩Local₩Microsoft₩Windows₩History

File Edit View Help

URL	Title	Hits	Modified Date
https://www.nirsoft.net/web_browser_tools.html	Freeware Web Browser ...	11	2018-12-05 오후 ...
https://www.nirsoft.net/utils/iehv.html	IE HistoryView: Freewar...	9	2018-12-05 오후 ...
https://www.nirsoft.net/utils/iecookies.html	IECookiesView: Cookies...	8	2018-12-05 오후 ...
https://www.nirsoft.net/utils/ie_cache_viewer.html	IECacheView - Internet ...	7	2018-12-05 오후 ...
https://www.nirsoft.net/utils/browsing_history_view.html	BrowsingHistoryView - ...	5	2018-12-05 오후 ...
http://www.msn.com/?ocid=iehp		5	2018-12-05 오후 ...
http://www.msn.com/ko-kr/?ocid=iehp	MSN - 뉴스, 핫메일, H...	4	2018-12-05 오후 ...
https://www.nirsoft.net/utils/browsing_history_view.html	BrowsingHistoryView - ...	3	2018-12-05 오후 ...
https://www.nirsoft.net/utils/iecacheview.zip		2	2018-12-05 오후 ...
https://www.nirsoft.net/utils/iehv.zip		2	2018-12-05 오후 ...
https://www.nirsoft.net/utils/iehv.html		2	2018-12-05 오후 ...
https://www.nirsoft.net/utils/iehv.html	IE HistoryView: Freewar...	2	2018-12-05 오후 ...
https://www.nirsoft.net/utils/iehv.html		2	2018-12-05 오후 ...
https://www.nirsoft.net/utils/browsing_history_view.html	BrowsingHistoryView - ...	2	2018-12-05 오후 ...
https://www.nirsoft.net/utils/iecv.zip		2	2018-12-05 오후 ...
http://www.msn.com/ko-kr/?ocid=iehp	MSN - 뉴스, 핫메일, H...	2	2018-12-05 오후 ...
http://www.msn.com/?ocid=iehp		2	2018-12-05 오후 ...

56 item(s)

[그림 32] IEHistoryView 도구

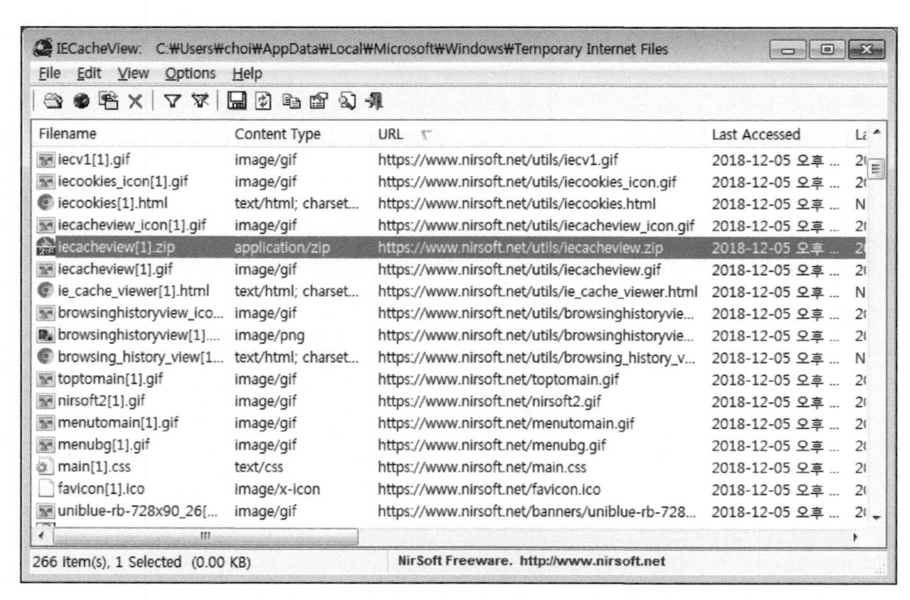

[그림 33] IECacheView 도구

인터넷 익스플로러 10 이상 버전에서는 BrowsingHistoryView 도구를 이용하여 살펴볼 수 있다. 이 도구는 타 브라우저의 히스토리도 수집할 수 있는 장점을 가지고 있으나, 아티팩트를 직접 수집하여 분석하는 것 만큼 다양한 정보를 제공하지 않는다. 또한 크롬 브라우저의 방문 기록도 살펴볼 수 있으나 실제 아티팩트를 살펴보는 것 보다 적은 정보를 제공한다.

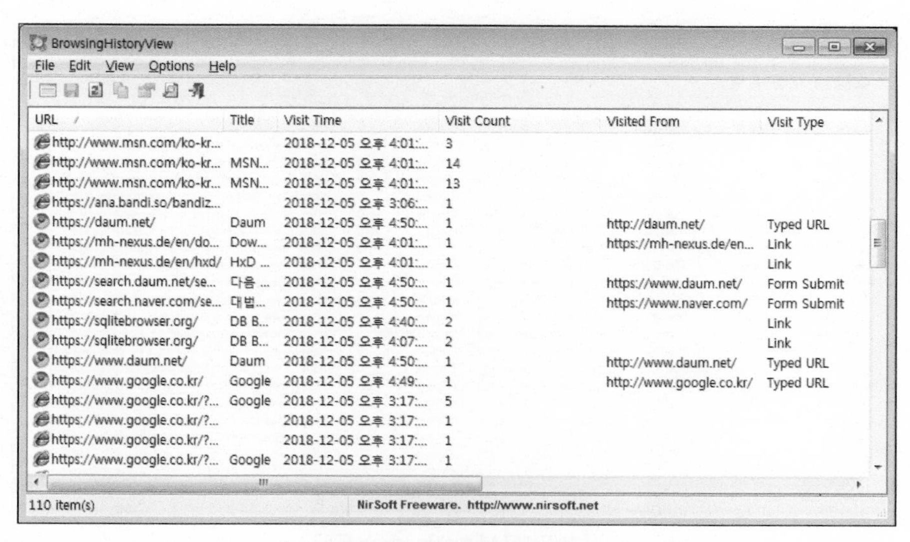

[그림 34] BrowsingHistoryView 도구

크롬의 경우 별도로 검색 키워드를 체계적으로 관리하고 있지만, 인터넷 익스플로러는 그렇지 않기에 히스토리를 분석해야한다. 검색 키워드 분석을 도와주는 NirSoft 도구 중 MyLastSearch 도구가 있다. 다만, 이 도구는 구글, 야후와 같은 글로벌 검색 서비스의 검색 키워드에 초점이 맞춰져 있어 국내에서 많이 이용하는 네이버나 다음 검색은 찾을 수 없다. 크롬으로 구글을 통해 검색한 경우 입력할 때 마다 자동 완성 기능을 사용하기에 MyLastsearch에 불필요하게 많은 데이터가 출력되며 앞서 언급한 글로벌 검색 서비스만 찾아주는 것을 보았을 때 History의 urls 테이블을 이용하고 keyword_search_term 테이블은 이용하지 않는 것으로 보여진다.

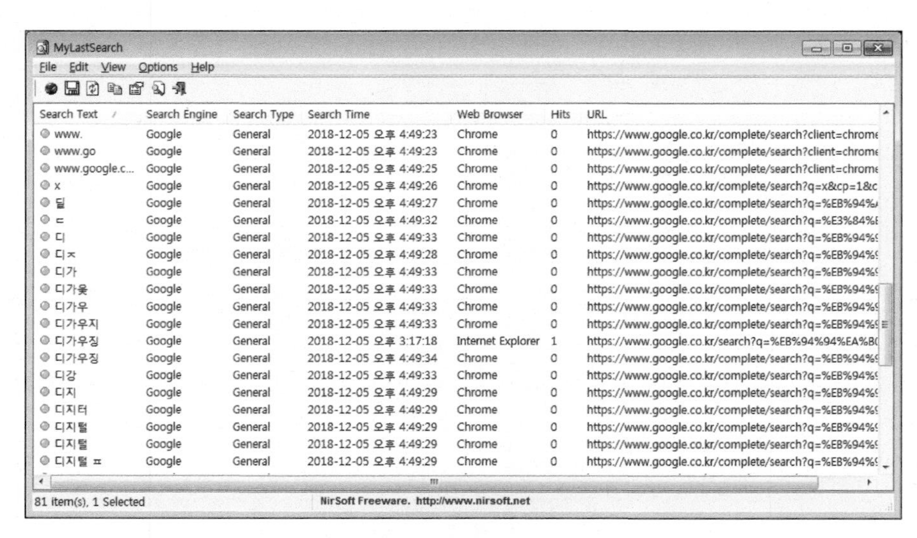

[그림 35] MyLastsearch 도구

검색 서비스를 이용할 때 어떤 쿼리 변수에 검색 키워드가 기록되어 전달되는지 알 수 있다면 히스토리에서 검색 키워드를 쉽게 추출할 수 있다.

검색 서비스	페이지	쿼리 변수	인코딩 방법
네이버	search.naver.com/search.naver	query	멀티바이트, UTF-8
구글	google.co.kr/search	q	UTF-8
다음	search.daum.net/search	q	멀티바이트
야후	search.yahoo.com/search	p	멀티바이트

[표 1] 검색 서비스 이용시 파라미터에 사용되는 검색 키워드 이해

구글 캐시의 경우 데이터 블록 형태로 저장되어 HxD로 살펴보는데 한계가 있다. NirSoft의 ChromeCacheView를 이용하여 살펴보면 다양한 정보를 확인할 수 있다. HeX 값으로 살펴보기 힘든 시간 관련 정보나 방문했던 서버 아이피 정보 등 살펴볼 수 있다.

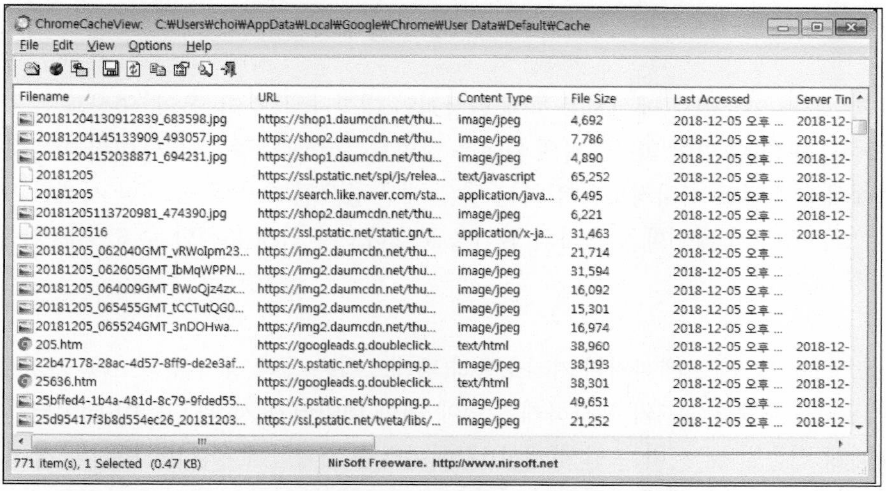

ChromeCacheView: C:₩Users₩choi₩AppData₩Local₩Google₩Chrome₩User Data₩Default₩Cache

File Edit View Options Help

Filename	URL	Content Type	File Size	Last Accessed	Server Tin
20181204130912839_683598.jpg	https://shop1.daumcdn.net/thu...	image/jpeg	4,692	2018-12-05 오후 ...	2018-12-
20181204145133909_493057.jpg	https://shop2.daumcdn.net/thu...	image/jpeg	7,786	2018-12-05 오후 ...	2018-12-
20181204152038871_694231.jpg	https://shop1.daumcdn.net/thu...	image/jpeg	4,890	2018-12-05 오후 ...	2018-12-
20181205	https://ssl.pstatic.net/spi/js/relea...	text/javascript	65,252	2018-12-05 오후 ...	2018-12-
20181205	https://search.like.naver.com/sta...	application/java...	6,495	2018-12-05 오후 ...	2018-12-
20181205113720981_474390.jpg	https://shop2.daumcdn.net/thu...	image/jpeg	6,221	2018-12-05 오후 ...	2018-12-
2018120516	https://ssl.pstatic.net/static.gn/t...	application/x-ja...	31,463	2018-12-05 오후 ...	2018-12-
20181205_062040GMT_vRWolpm23...	https://img2.daumcdn.net/thu...	image/jpeg	21,714	2018-12-05 오후 ...	
20181205_062605GMT_IbMqWPPN...	https://img2.daumcdn.net/thu...	image/jpeg	31,594	2018-12-05 오후 ...	
20181205_064009GMT_BWoQjz4zx...	https://img2.daumcdn.net/thu...	image/jpeg	16,092	2018-12-05 오후 ...	
20181205_065455GMT_tCCTutQG0...	https://img2.daumcdn.net/thu...	image/jpeg	15,301	2018-12-05 오후 ...	
20181205_065524GMT_3nDOHwa...	https://img2.daumcdn.net/thu...	image/jpeg	16,974	2018-12-05 오후 ...	
205.htm	https://googleads.g.doubleclick....	text/html	38,960	2018-12-05 오후 ...	2018-12-
22b47178-28ac-4d57-8ff9-de2e3af...	https://s.pstatic.net/shopping.p...	image/jpeg	38,193	2018-12-05 오후 ...	2018-12-
25636.htm	https://googleads.g.doubleclick....	text/html	38,301	2018-12-05 오후 ...	2018-12-
25bffed4-1b4a-481d-8c79-9fded55...	https://s.pstatic.net/shopping.p...	image/jpeg	49,651	2018-12-05 오후 ...	2018-12-
25d95417f3b8d554ec26_20181203...	https://ssl.pstatic.net/tveta/libs/...	image/jpeg	21,252	2018-12-05 오후 ...	2018-12-

771 item(s), 1 Selected (0.47 KB) NirSoft Freeware. http://www.nirsoft.net

[그림 36] ChromeCacheView 도구

제2장 인스턴트 메신저

인스턴트 메신저(Instant Messenger)는 인터넷을 통해 실시간으로 대화하는 채팅을 위한 응용프로그램이다. 초기에는 실시간 텍스트 전송이 주 기능이었다. 최근에는 파일, 하이퍼링크, 음성뿐만 아니라 화상채팅도 지원하며, 브라우저를 통한 이용, 스마트폰과 데스크톱을 구분하지 않고 사용할 수 있는 등 독립된 플랫폼 서비스로 발전하였다.

자연스럽게 인스턴트 메신저를 통해 일상적인 대화나, 목소리, 음악, 영상과 같은 데이터를 주고 받을 수 있어 피조사자의 활동을 살펴보는데 매우 중요하다. 이런 이유로 수사 관점에서 인스턴트 메시징을 수집하는 것은 매우 중요한 요소다. 하지만 사생활 노출이 될 수 있는 정보가 많기에 이용자의 권익을 보호하고자 쉽게 분석할 수 없도록 기술적으로 구현되었다.

대표적인 인스턴트 메신저인 카카오톡과 텔레그램은 동작 방식이 다르다. 카카오톡은 메일 프로토콜 중 POP3와 유사하게 로컬에 대화 데이터가 저장되고, 이 데이터가 대화 상대에게 전송될 때 서버는 임시(캐시)로 데이터를 기록한다. 이러한 방식의 장점은 서버의 부하를 줄일 수 있어 안정적인 서비스를 제공할 수 있다는 점이나 단점은 컴퓨터나 스마트폰을 변경했을 때 과거 데이터를 복구할 수 없다는 점이다. 카카오톡에서 장기간 대화 내용을 저장하고 싶다면 대화 백업 기능을 이용한다. 백업한 대화는 사용자가 입력한 비밀번호를 사용하여 암호화된다. 카카오 서버에 저장되는 메시지 캐시의 보관 기간은 3일이다.

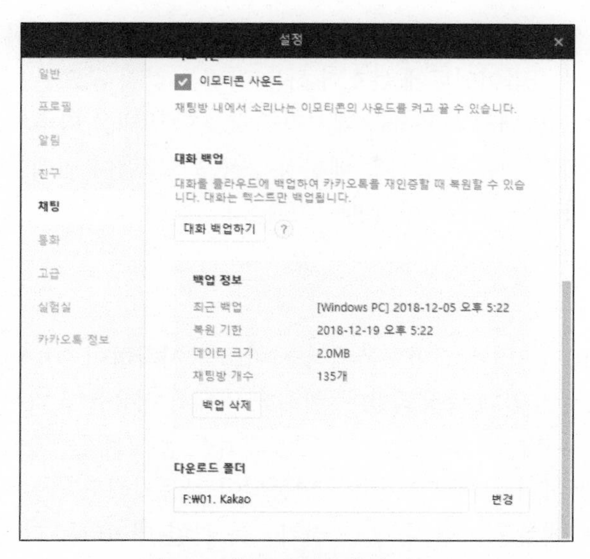

[그림 37] 카카오톡 백업 기능

반면 텔레그램은 메일 프로토콜 중 IMAP과 유사하게 동작한다. 로컬에 대화는 캐시로 기록되고, 모든 대화 내용은 텔레그램 서버에 기록된다. 카카오톡처럼 별도의 대화 백업 기능이 존재하지 않는데 그 이유는 서버에 기록된 대화 내용을 모두 캐시로 로컬에 저장하여 복구할 수 있기 때문이다. 텔레그램은 해외에 서버를 운영하고 있기에 증거 수집이 어렵다.

카카오톡과 같이 로컬에 저장되는 원본 대화 내용이나, 텔레그램과 같이 로컬에 저장되는 캐시 대화 내용은 모두 E2EE 방식의 암호화 통신을 사용한다. E2EE란 End-to-End Encryption의 약자로 종단간 암호화로 불린다. 여기서 종단간이란, 클라이언트에서 서버로 송신하고 서버에서 클라이언트로 송신하도록 구성하는 방식으로 이 과정 사이에 존재하는 다양한 네트워크 장비는 해당 트래픽을 분석하지 못하고 전달 하는 역할만 수행하도록 구성하는 통신 방법이다. 이러한 네트워크 구성에서 클라이언트는 데이터를 암호화하여 서버로 송신하고 서버는 암호화된 데이터를 수신받아 서버에 저장된 복호화 키로 암호화된 데이터를 복호화한다. 클라이언트와 서버를 제외한 어떤 장치에서도 암호를 해독할 수 없어 도청, 감시로부터 안전한 구성 방식이다.

암호화 구성 방식 때문에 압수한 PC에서 대화 내용 수집은 매우 복잡하다. 특히 별도의 기술을 이용하여 클라이언트에 복호화 하는 방법을 찾지 않으면 대화를 수집할 수 없다. 이 책에서 데스크톱에서 사용하는 메시지를 복호화 방법을 다루지 않는다. 별도의 기술을 이용한 복호화 방식은 인스턴트 메시징 응용프로그램이 업데이트 될 때마다 방식이 변경되며 고도의 기술이 필요하기 때문이다.

1. 카카오톡

카카오톡은 2010년 3월에 스마트폰에서 서비스를 시작하여 2013년 3월 윈도우 데스크톱에서도 사용할 수 있게 확장되었다. 현재 국내에서 점유율이 가장 높은 인스턴트 메시징 응용프로그램이다. 그룹채팅, 보이스톡, 페이스톡, 그룹 콜, 카카오 게임, 플러스친구, 익명 채팅뿐만 아니라 카카오페이와 연동되어 금융거래도 가능하여 킬러 어플리케이션이 되었다. PC에서 찾아볼 수 있는 카카오톡 관련 데이터는 다음 폴더에서 대부분 관리된다.

- c:\users\〈조사할 사용자 계정〉\AppData\Local\Kakao\KakaoTalk\

로그인 정보는 텍스트로 저장되어 있으며 다음 경로에서 찾아 볼 수 있다. last_pc_login.dat는 마지막 로그인 한 사용자의 정보를, login_list.dat는 지금까지 로그인했던 사용자 기록을 확인할 수 있다. 텍스트 형태로 관리되기에 메모장을 통해 쉽게 분석할 수 있다.

- c:\users\〈조사할 사용자 계정〉\AppData\Local\Kakao\KakaoTalk\users\last_pc_login.dat

[그림 38] Last_pc_login.dat 파일 열람

- c:\users\〈조사할 사용자 계정〉\AppData\Local\Kakao\KakaoTalk\users\login_list.dat

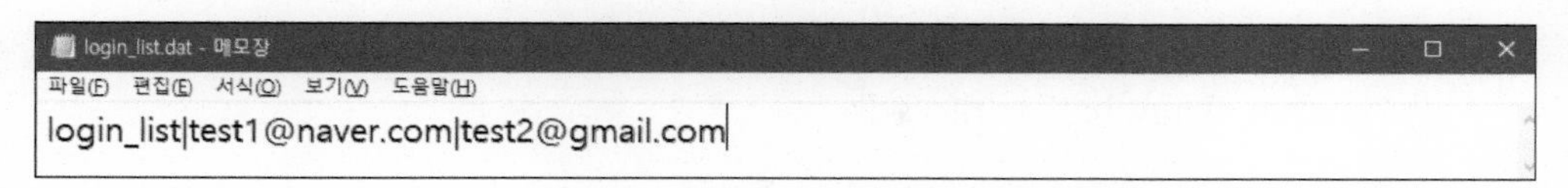

login_list.dat - 메모장

파일(F) 편집(E) 서식(O) 보기(V) 도움말(H)

```
login_list|test1@naver.com|test2@gmail.com
```

[그림 39] login_list.dat 파일 열람

사용자 설정 정보는 키워드 알람, 카카오톡을 통해 다운로드 받는 경로 등 확인할 수 있다. 경로에 언급하는 고유 식별 값은 사용자를 인식하는 고유 식별값은 아니다.

- c:\users\〈조사할 사용자 계정〉\AppData\Local\Kakao\KakaoTalk\users\〈고유 식별 값〉\user_pref.ini

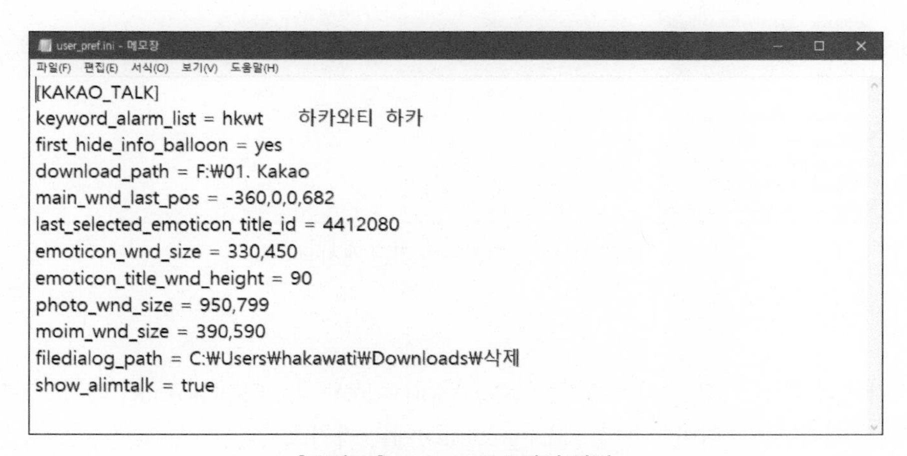

user_pref.ini - 메모장

파일(F) 편집(E) 서식(O) 보기(V) 도움말(H)

```
[KAKAO_TALK]
keyword_alarm_list = hkwt    하카와티 하카
first_hide_info_balloon = yes
download_path = F:₩01. Kakao
main_wnd_last_pos = -360,0,0,682
last_selected_emoticon_title_id = 4412080
emoticon_wnd_size = 330,450
emoticon_title_wnd_height = 90
photo_wnd_size = 950,799
moim_wnd_size = 390,590
filedialog_path = C:₩Users₩hakawati₩Downloads₩삭제
show_alimtalk = true
```

[그림 40] user_pref.ini 파일 열람

채팅 관련 데이터는 다음 경로에 위치하며 대부분 edb 파일로 구성된다. 이 파일은 시퀄라이트 데이터베이스 형식으로 구성되어 있으며, 암호화되어 있기에 내용을 살펴 볼 수 없다.

• c:\users\〈조사할 사용자 계정〉\AppData\Local\Kakao\KakaoTalk\users\〈고유 식별 키〉\chat_data\chatAttachmentInfo.edb

• c:\users\〈조사할 사용자 계정〉\AppData\Local\Kakao\KakaoTalk\users\〈고유 식별 키〉\chat_data\chatListInfo.edb

• c:\users\〈조사할 사용자 계정〉\AppData\Local\Kakao\KakaoTalk\users\〈고유 식별 키〉\chat_data\chatLogs_##############.edb

이름	수정한 날짜	유형	크기
chatAttachmentInfo.edb	2018-12-05 오전...	EDB 파일	44KB
chatListInfo.edb	2018-12-05 오후...	EDB 파일	236KB
chatLogs_28803368419530.edb	2018-11-28 오전...	EDB 파일	188KB
chatLogs_29947234698608.edb	2018-12-05 오후...	EDB 파일	28KB
chatLogs_34626303099669.edb	2018-11-09 오후...	EDB 파일	28KB
chatLogs_38645884176468.edb	2018-11-23 오전...	EDB 파일	180KB
chatLogs_41228636631191.edb	2018-11-20 오후...	EDB 파일	28KB
chatLogs_43847993849430.edb	2018-12-05 오후...	EDB 파일	300KB
chatLogs_64724810741184.edb	2018-12-05 오후...	EDB 파일	620KB
chatLogs_75970513820777.edb	2018-12-05 오전...	EDB 파일	108KB
chatLogs_85885316169788.edb	2018-12-05 오후...	EDB 파일	28KB
chatLogs_87268443274329.edb	2018-11-26 오후...	EDB 파일	40KB
chatLogs_94403372043732.edb	2018-12-05 오후...	EDB 파일	28KB
chatLogs_97309695438247.edb	2018-12-05 오후...	EDB 파일	28KB
chatLogs_102166626682364.edb	2018-11-30 오후...	EDB 파일	36KB
chatLogs_103369335256468.edb	2018-12-05 오후...	EDB 파일	124KB

[그림 41] .edb 확장자를 가진 캐시 데이터

카카오톡 관련 기타 아티팩트로 \HKCU\Software\Kakao\KakaoTalk\ 레지스트리에서 일부 기록된다. 디바이스 정보(DeviceInfo)에는 카카오톡 설치 시간, 장치 고유 식별 값, 하드디스크 모델 명, 하드디스크 시리얼 번호, 운영체제 버전, 시스템 UUID이 기록된다.

• HKCU\Software\Kakao\KakaoTalk\DeviceInfo\〈설치날짜〉-〈설치시간〉-###*

카카오톡이 업데이트 되었다면, 업데이트(Update) 키에 업데이트 날짜, 업데이트 유무, 업데이트 버전 등 찾을 수 있다.

- HKCU\Software\Kakao\KakaoTalk\Update*

레지스트리에서도 카카오톡에서 사용한 계정 정보와 사용 유무를 찾아볼 수 있다. login_list.dat과 이 레지스트리에 생성된 키의 문자열과 다르다면 변조를 시도한 것으로 판단할 수 있다.

- HKCU\Software\Kakao\KakaoTalk\UserAccounts\〈사용자 계정〉

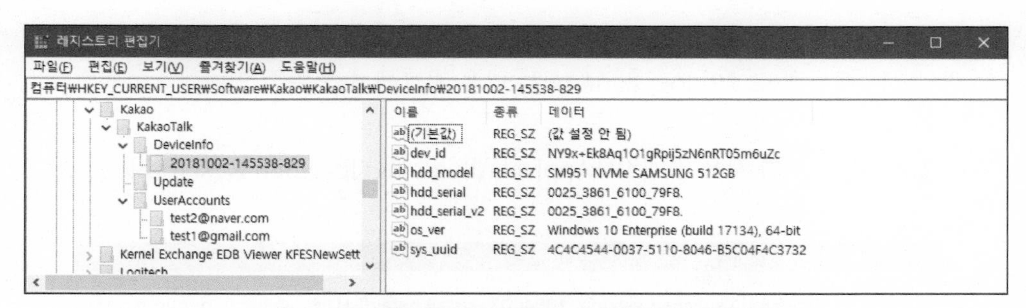

[그림 42] 카카오톡과 관련있는 윈도우즈 레지스트리

2. 텔레그램

텔레그램은 러시아의 두 형제 개발자가 만들어 2013년 8월에 iOS용으로 처음 출시했다. 현재는 안드로이드, 윈도우, 리눅스, 맥 OS, 웹 브라우저에서 모두 구동되고 연동되는 인스턴트 메신저다. GNU GPLv3 오픈소스 라이선스를 따르기에 소스코드는 모두 Github에서 찾아볼 수 있다. 타 인스턴트 메신저와 가장 큰 차이점은 API 기능을 제공하기에 많은 개발자들이 텔레그램을 이용하여 자동 알림 서비스, 뉴스 알림 서비스 등 자동 채팅 프로그램으로 개발할 수 있다. 국내에서는 기존 인스턴트 메신저 프로그램 사찰과 관련된 이슈로 인기가 급부상했다.

텔레그램을 공식 사이트에서 설치파일을 다운로드하여 설치하는 것과, 마이크로소프트 스토어를 통해 설치하는 것은 아티팩트가 저장되는 경로 차이가 있다. 이 책에서는 공식 웹 서비스에서 다운로드를 하여 설치하는 것을 기준으로 한다.

- **공식 웹 서비스에서 다운로드하고 설치 시** – c:\users\〈조사할 사용자 계정〉\AppData\Roaming\Telegram Desktop\
- **마이크로소프트 스토어 설치 시** – c:\users\〈조사할 사용자 계정〉\AppData\Local\Packages\TelegramMessengerLLP.TelegramDesktop_t4vj0pshhgkwm\LocalCache\Roaming\Telegram Desktop UWP\

컴퓨터 부팅 후 텔레그램 최초 실행 로그인 log.txt와 텔레그램 종료 후 다시 실행할 경우 생성되는 재실행 로그인 log_start#.txt는 다음 경로에서 찾을 수 있다.

- c:\users\〈조사할 사용자 계정〉\AppData\Roaming\Telegram Desktop\log.txt

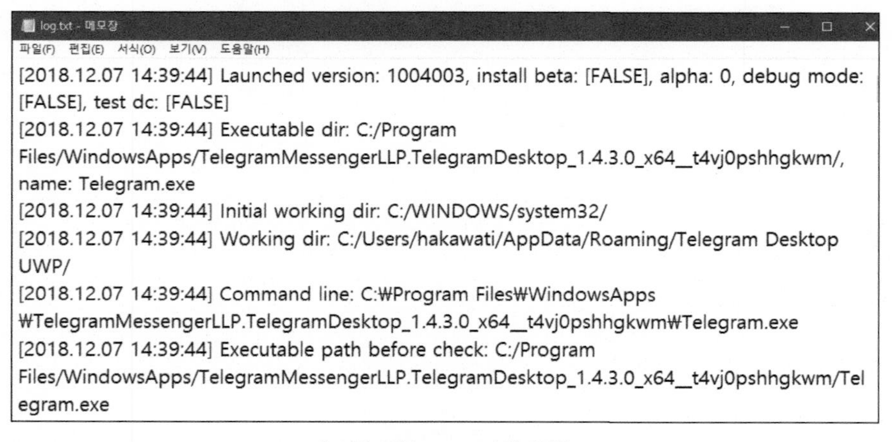
log.txt - 메모장
파일(F) 편집(E) 서식(O) 보기(V) 도움말(H)
[2018.12.07 14:39:44] Launched version: 1004003, install beta: [FALSE], alpha: 0, debug mode: [FALSE], test dc: [FALSE]
[2018.12.07 14:39:44] Executable dir: C:/Program Files/WindowsApps/TelegramMessengerLLP.TelegramDesktop_1.4.3.0_x64__t4vj0pshhgkwm/, name: Telegram.exe
[2018.12.07 14:39:44] Initial working dir: C:/WINDOWS/system32/
[2018.12.07 14:39:44] Working dir: C:/Users/hakawati/AppData/Roaming/Telegram Desktop UWP/
[2018.12.07 14:39:44] Command line: C:₩Program Files₩WindowsApps₩TelegramMessengerLLP.TelegramDesktop_1.4.3.0_x64__t4vj0pshhgkwm₩Telegram.exe
[2018.12.07 14:39:44] Executable path before check: C:/Program Files/WindowsApps/TelegramMessengerLLP.TelegramDesktop_1.4.3.0_x64__t4vj0pshhgkwm/Telegram.exe

[그림 43] log.txt 파일 열람

- c:\users\〈조사할 사용자 계정〉\AppData\Roaming\Telegram Desktop\log_start#.txt

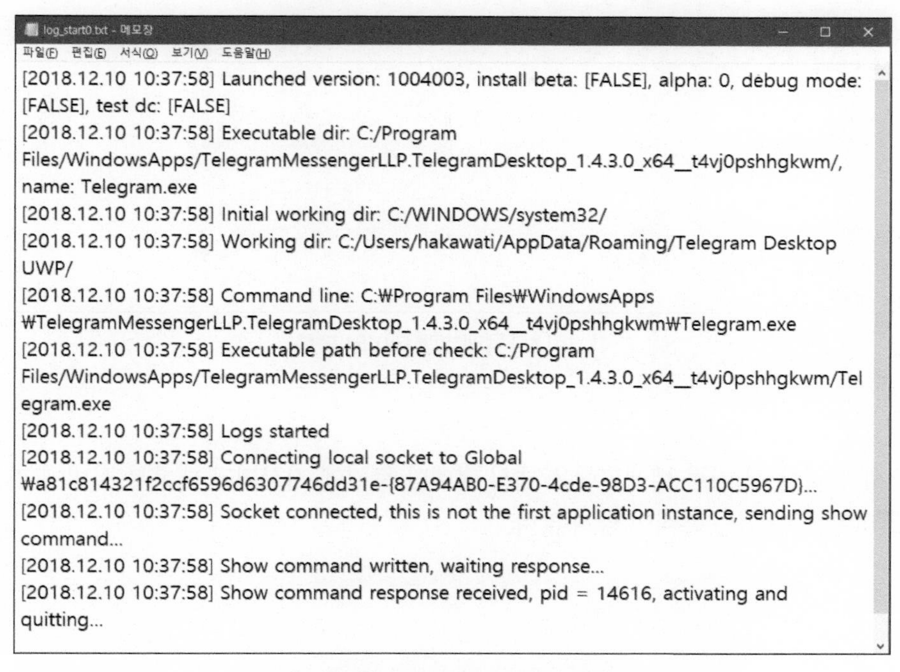
```
log_start0.txt - 메모장
파일(F) 편집(E) 서식(O) 보기(V) 도움말(H)
[2018.12.10 10:37:58] Launched version: 1004003, install beta: [FALSE], alpha: 0, debug mode: [FALSE], test dc: [FALSE]
[2018.12.10 10:37:58] Executable dir: C:/Program Files/WindowsApps/TelegramMessengerLLP.TelegramDesktop_1.4.3.0_x64__t4vj0pshhgkwm/, name: Telegram.exe
[2018.12.10 10:37:58] Initial working dir: C:/WINDOWS/system32/
[2018.12.10 10:37:58] Working dir: C:/Users/hakawati/AppData/Roaming/Telegram Desktop UWP/
[2018.12.10 10:37:58] Command line: C:₩Program Files₩WindowsApps₩TelegramMessengerLLP.TelegramDesktop_1.4.3.0_x64__t4vj0pshhgkwm₩Telegram.exe
[2018.12.10 10:37:58] Executable path before check: C:/Program Files/WindowsApps/TelegramMessengerLLP.TelegramDesktop_1.4.3.0_x64__t4vj0pshhgkwm/Telegram.exe
[2018.12.10 10:37:58] Logs started
[2018.12.10 10:37:58] Connecting local socket to Global ₩a81c814321f2ccf6596d6307746dd31e-{87A94AB0-E370-4cde-98D3-ACC110C5967D}...
[2018.12.10 10:37:58] Socket connected, this is not the first application instance, sending show command...
[2018.12.10 10:37:58] Show command written, waiting response...
[2018.12.10 10:37:58] Show command response received, pid = 14616, activating and quitting...
```

[그림 44] log_start#.txt 파일 열람

이미지, 동영상, 이모지(이모티콘), 메시지 등 캐시 데이터는 다음 위치에서 찾을 수 있다. 하지만 모두 암호화되어 상세한 내용은 살펴볼 수 없다.

- c:\users\〈조사할 사용자 계정〉\Telegram Desktop\tdata\user_data\cache\#\##*

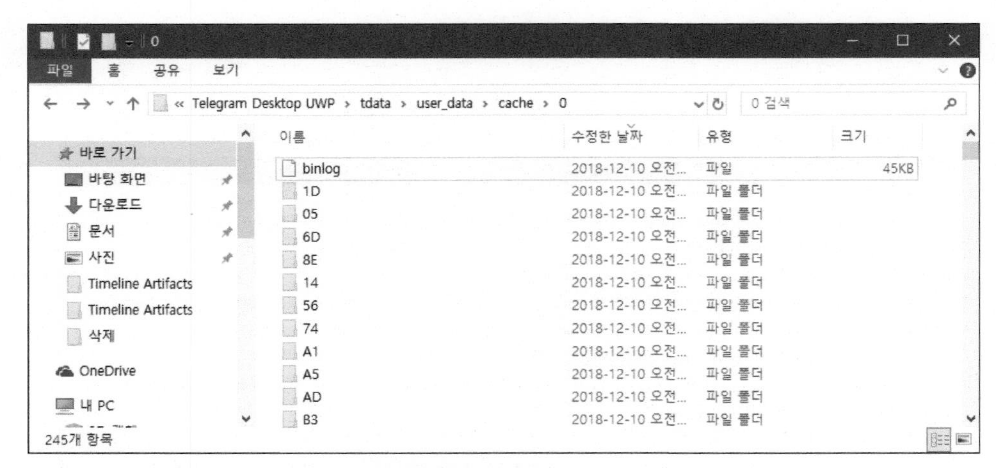

[그림 45] 텔레그램 데이터 블록

앞서 언급한 것 처럼 텔레그램은 캐시 형태만 로컬에 저장되고 대부분 서버에 기록되기에 찾아볼 수 있는 흔적이 많지 않다.

제3장 이메일 응용프로그램

이메일은 컴퓨터를 통해 개인과 개인 혹은 개인과 다수가 대화를 하는데 사용된 가장 오래된 방식이다. 현재의 이메일은 사적인 대화뿐만 아니라 기업의 업무까지 다양한 형태로 사용된다. 현재 이메일의 기능이 많아지면서 일정, 연락처, 첨부파일 등 다양한 정보를 함께 송수신한다. 이런 배경이 될 수 있는 것은 인터넷 속도가 빨라지고, 범국가적인 차원의 기술로 발전했기 때문이다. 수신자가 어느 국가에 있든 몇 초내로 이메일을 송신할 수 있고, 수신한 이메일 데이터는 관리하고 유지할 수 있다. 이메일 주소는 주소와 개인이 매핑되며 주소를 통해 개인을 특정지을 수 있어 개인정보로 분류한다.

이런 이메일 정보를 수집하는 것은 수사에 있어 매우 중요한 요소다. 로컬 컴퓨터에서 이메일을 수집할 때 어떤 프로토콜을 사용하는지 확인할 필요가 있다. 이메일은 송신과 수신 프로토콜이 다르며 수신 프로토콜은 두 종류로 나눠진다. 이메일 정보를 수집하는데 있어 핵심은 POP3와 IMAP 수신 프로토콜을 이해하는데 있다.

POP3 프로토콜(Post Office Protocol)은 사용자가 이메일 서버와 연동하면 사용자가 다운로드하지 않은 이메일을 서버가 모두 보내주는 비동기화 방식을 사용한다. 이러한 방식의 장점은 새로운 메일을 송신하기 전까지 서버와 연동할 필요가 없으며, 이메일을 수정하거나 삭제해도 서버에 기록된 원본 이메일에 영향을 주지 않아 오프라인 작업에 효율적이다. 단점으로 10GB의 이메일이 서버에 있고 처음 POP3로 연동했을 때 10GB를 모두 받아오게 되어 비효율적이다.

IMAP 프로토콜(Internet Messaging Access Protocol)은 서버에 메일이 저장되며, 사용자가 메일을 삭제하거나 수정하면 서버에 메일도 삭제되거나 수정되는 동기화 방식을 사용한다. 실시간으로 서버와 연동하기에 여러 장치에서 하나의 이메일 서버와 연동하여 공동 작업과 같은 온라인 작업에 효율적이다. 단점으로 수정하거나 삭제했을 때 원본까지 손상되는 경우가 있어 별도의 백업 관리가 필요하다.

어떤 프로토콜을 사용하는가에 따라 수집할 아티팩트의 경로나 데이터가 달라질 수 있다. 이 책에서는 대표적인 이메일 응용프로그램인 마이크로소프트의 오피스 아웃룩, 윈도우 10 기본 이메일 앱, 모질라 썬더버드에서 메일에서 POP3와 IMAP 프로토콜을 연동했을 때 달라지는 이메일 정보 획득방법을 다룬다.

1. MS 오피스 아웃룩

아웃룩(Outlook)은 마이크로소프트사의 대표적인 상용 소프트웨어인 오피스에 있는 개인 정보 관리 응용프로그램이다. 단순 이메일 클라이언트로 알려져 있지만 달력 일정, 연락처, 메모, 업무 일지 등 다양한 기능을 가지고 있다. 아웃룩은 2007 버전 이전에는 아웃룩 익스프레스 불리되다가 현재는 아웃룩으로 불린다. 집필하는 기준으로 최신버전은 2016이며, 곧 2019 버전이 출시될 예정이다.

아웃룩 2007, 2010에서 POP3와 IMAP 프로토콜로 연결하고 메일을 수신할 경우 Personal Storage Table 약자를 가진 .pst 확장자 파일이 로컬에 생성된다. 아웃룩 2013 버전 이후 부터 POP3 프로토콜로 연동할 경우에만 .pst 확장자 파일이 생성되고, IMAP 프로토콜로 연결하여 메일을 동기화할 경우 Off-line Storage Table 약자를 가진 .ost 확장자 파일이 로컬에 생성된다. .pst 파일과 .ost 파일의 성질은 다른데 .pst 파일은 원본 이메일이 기록된 파일이고, .ost 파일은 캐시 형태로 기록된 파일이다.

아웃룩에서 수집할 수 있는 이메일 아티팩트는 윈도우 운영체제 버전과 무관하며, 아웃룩 버전 2010을 전후로 아티팩트의 경로가 달라진다. 아웃룩 버전은 마이크로소프트 오피스 버전과 동일하다. 아웃룩 파일 중 pst 파일을 분석할 때 FREEVIEWER에서 제작한 PST Viewer와 OST Viewer를 추천한다. 이 도구들의 다운로드 경로는 다음과 같다.

- PST Viewer 다운로드 주소 – https://www.freeviewer.org/pst/
- OST Viewer 다운로드 주소 – https://www.freeviewer.org/ost/

아웃룩 2007 이하

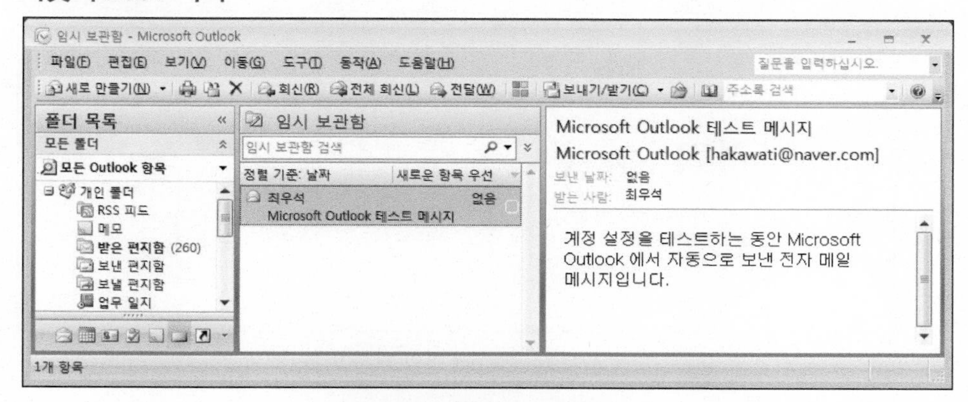

[그림 46] 아웃룩 2007 실행 화면

POP3 프로토콜을 이용하여 연동한 아웃룩 2007은 다음 경로에서 Outlook.pst를 수집할 수 있다. 이 파일은 꼭 POP3만을 위해 사용되는 것은 아니다. IMAP 프로토콜을 통해 서버에서 수신 받은 이메일을 로컬에 저장하는 것처럼 로컬에서 아웃룩을 이용한 이메일 작업이 기록되는 파일이다. 라이브 시스템에서 수집해야 할 경우 ~Outlook.pst.tmp 파일이 숨김 형태로 존재할 수 있다. 이 파일이 있는 경우 Outlook.pst 파일을 수집하지 못하는데, 아웃룩 응용프로그램을 종료하여 해결할 수 있다. 만약 종료 후에도 .tmp 파일이 남아 있다면 캐시가 아직 Outlook.pst 파일과 병합되지 않았기 때문에 병합이 끝날 때까지 기다렸다가 수집한다.

- c:\users\〈조사할 사용자 계정〉\AppData\Local\Microsoft\Outlook\Outlook.pst

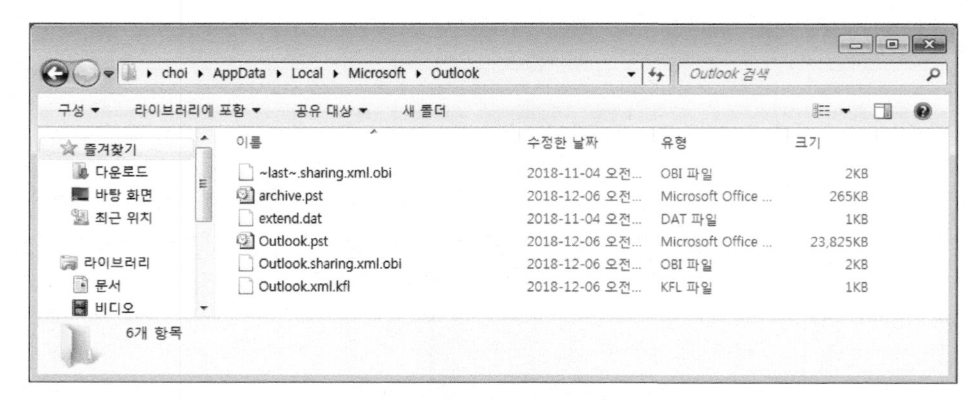

[그림 47] Outlook.pst 파일 저장 위치

수집한 Outlook.pst 파일을 PST Viewer로 읽으면 다음과 같이 아웃룩에서 메일을 보는 것과 동일하게 메일을 살펴볼 수 있다.

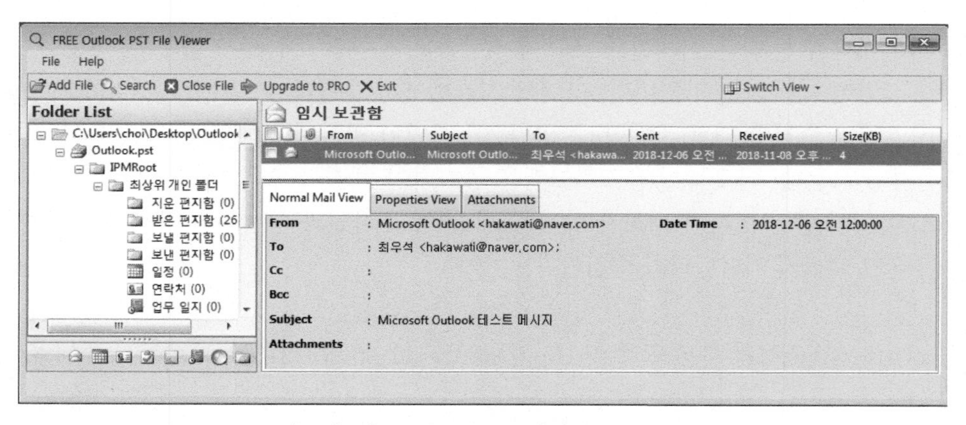

[그림 48] PST Viewer로 살펴본 pst 파일

오피스 2007에서 IMAP으로 연동했을 경우 Outl〈연동한 이메일 계정〉-########.pst 파일이 생성된다. 이렇게 생성되는 이유는 메일 서버와 실시간 연동하기에 "개인 폴더"는 사용하지 않기 때문이다. "개인 폴더"에 이메일을 보관하고 관리한다면 Outlook.pst 파일도 함께 수집한다.

· c:\users\〈조사할 사용자 계정〉\AppData\Local\Microsoft\Outlook\Outl〈연동한 이메일 계정〉-########.pst

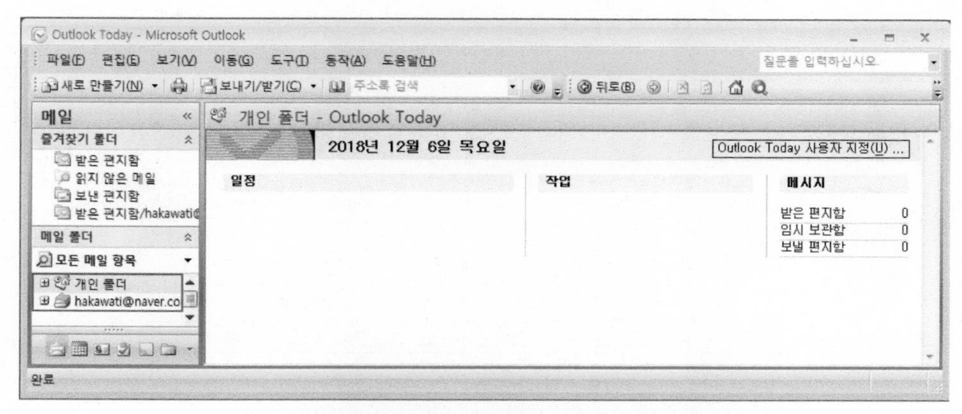

[그림 49] IMAP 프로토콜로 연동한 아웃룩 2007

POP3와 IMAP 연동으로 저장되는 파일은 아웃룩 설정에서 경로와 이름을 모두 수정이 가능하다. 이 경우 다음 레지스트리에서 경로를 찾아 추적할 수 있다. 2007의 경우 다음과 같으며 12.0은 오피스 2007를 관리하기 위한 버전이다.

• HKCU₩Software₩Microsoft₩Office₩12.0₩Outlook₩Catalog

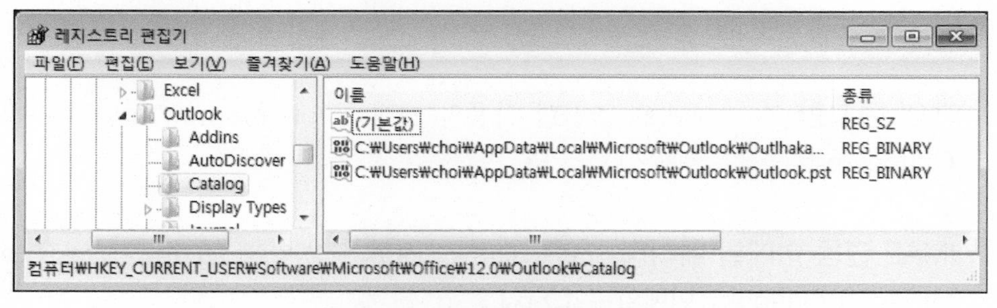

[그림 50] 오피스 2007 .pst 파일 저장 경로

아웃룩 2010

[그림 51] 아웃룩 2010 실행 화면

아웃룩 2010 버전에서는 POP3을 사용해 이메일 서버와 연동할 경우 다음 경로에 기록되록 변경되었으며, 수집과 분석은 아웃룩 2007과 동일하다.

- c:\users\〈조사할 사용자 계정〉\Documents\Outlook 파일\〈이메일 주소〉.pst

IMAP 프로토콜을 사용할 경우 수집해야 할 이메일 데이터의 경로에 두 가지 유형으로 분류된다. Outlook.pst은 아웃룩 프로그램이 제공하는 별도의 편지함을 사용할 경우 기록되는 파일이다. 〈이메일 주소〉.pst 파일은 IMAP 프로토콜을 통해 연동된 파일이다.

- **개인 편지함** – c:\users\〈조사할 사용자 계정〉\Documents\Outlook 파일\Outlook.pst

- **IMAP 연동 이메일 데이터** – c:\users\〈조사할 사용자 계정〉\AppData\Local\Microsoft\Outlook\〈이메일 주소〉.pst

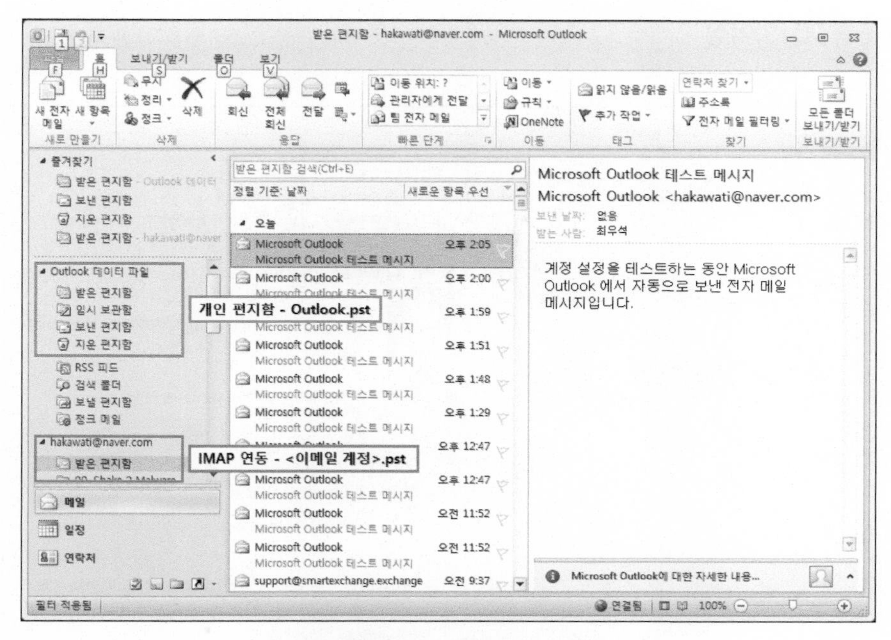

[그림 52] 아웃룩 2010 구역별 생성 파일 이름

아웃룩 2010은 2007과 조금 달라진 레지스트리 위치에서 POP3와 IMAP 연동으로 저장되는 파일의 경로를 추적할 수 있다. 만약 별도의 .pst 파일이나 .ost 파일을 아웃룩에서 불러오거나, 저장 경로를 수정할 경우 이 레지스트리 정보를 토대로 수집해야 한다. 마이크로소프트 오피스를 관리하기 위한 버전으로 2010은 14.0, 2013은 15.0 그리고 2016은 16.0을 사용한다.

- HKCU\Software\Microsoft\Office\〈오피스 버전〉\Outlook\Search\Catalog

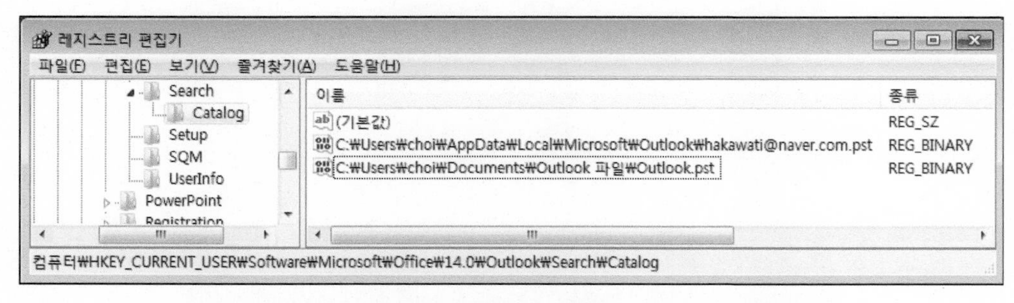

[그림 53] 레지스트리에 기록된 MS 아웃룩 이메일 데이터 저장 경로

아웃룩 2013 이상

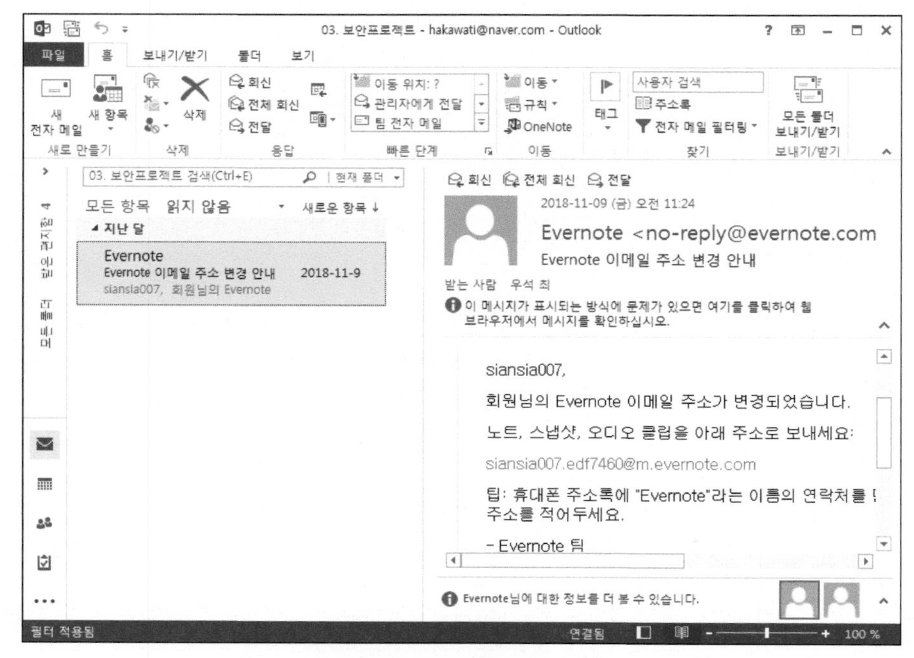

[그림 54] 아웃룩 2013 실행화면

아웃룩 2013 이후 버전에서 POP3 프로토콜로 연동했을 때 수집하는 방법은 아웃룩 2010과 동일하다. IMAP 경우 별도의 .ost 파일에 기록되도록 변경되었다. .ost 파일 수집 경로는 다음과 같다.

- C:\users\〈조사할 사용자 계정〉\AppData\Local\Microsoft\Outlook\〈이메일 주소〉.ost

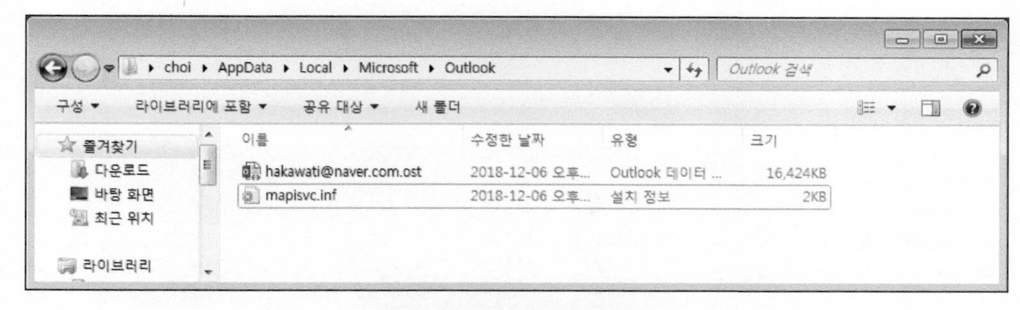

[그림 55] .ost 파일 저장 위치

.ost 파일을 도입한 가장 큰 이유는 서버와 동기화하는 IMAP 프로토콜 특성상 캐시처럼 보관하고 관리해야하는 이유에서다. 이렇게 변경되면서 아웃룩 2013부터 IMAP 프로토콜을 이용하여 연동할 때 오프라인 유지 기간을 설정할 수 있다. 예를 들어 1 개월로 설정할 경우 서버에서 금일로부터 한 달 전까지의 데이터를 다운로드해 .ost 파일에 기록하고, 시간이 지남에 따라 1개월이 지난 이메일은 삭제한다.

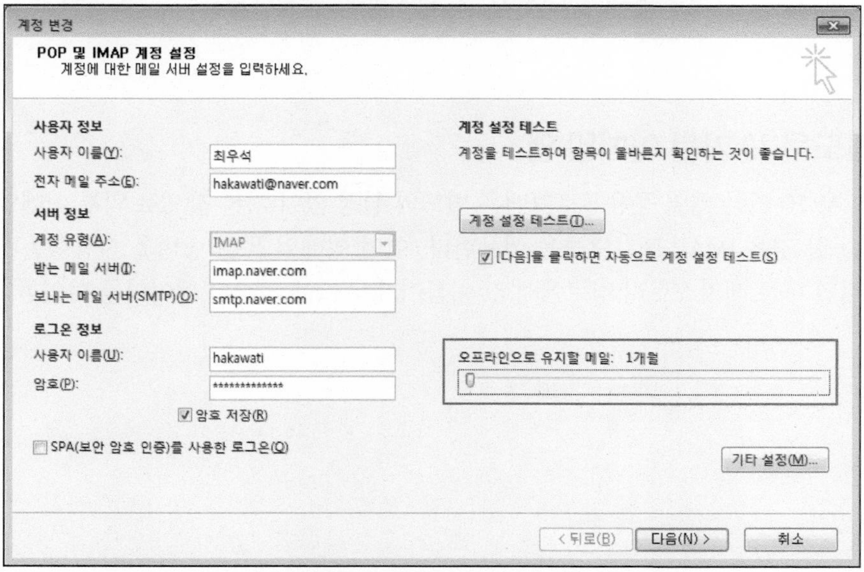

[그림 56] IMAP 프로토콜 연동시 만기일 설정

수집한 .ost 파일을 OST Viewer를 이용해 열람해보면 동일하게 메일 정보를 확인할 수 있다.

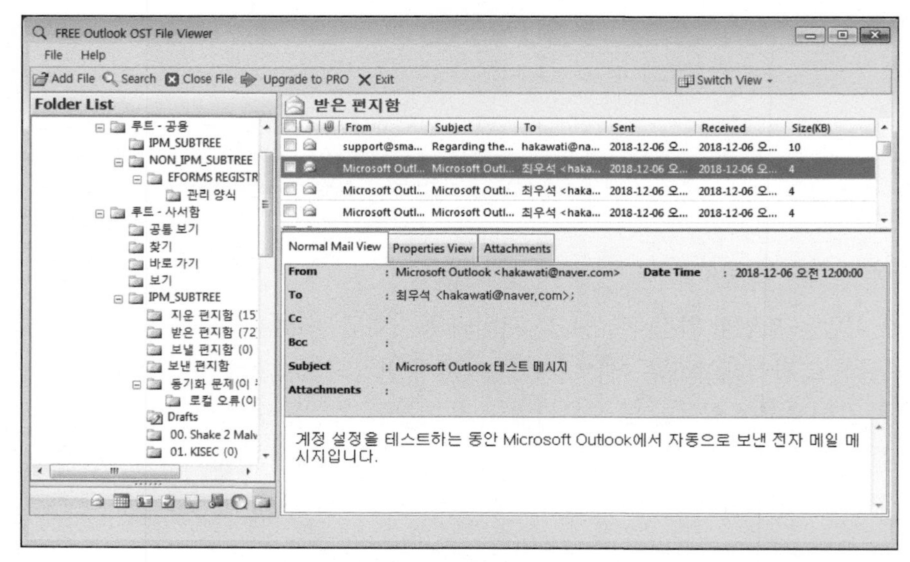

[그림 57] OST Viewer를 이용한 .ost 파일 분석

2. 윈도우 10 기본 이메일 앱

윈도우 10 기본 메일 응용프로그램은 별도의 설정 없이 기본 값으로 외부 이메일 서버와 연동할 경우 IMAP 프로토콜을 이용한다. 어떤 이메일 통신 방법을 사용했는지를 알아보려면 다음 레지스트리 경로에서 값 이름이 Server에 저장된 데이터를 확인한다.

• HKCU₩Software₩Microsoft₩ActiveSync₩Partners₩{########-####-####-####-############}₩Server

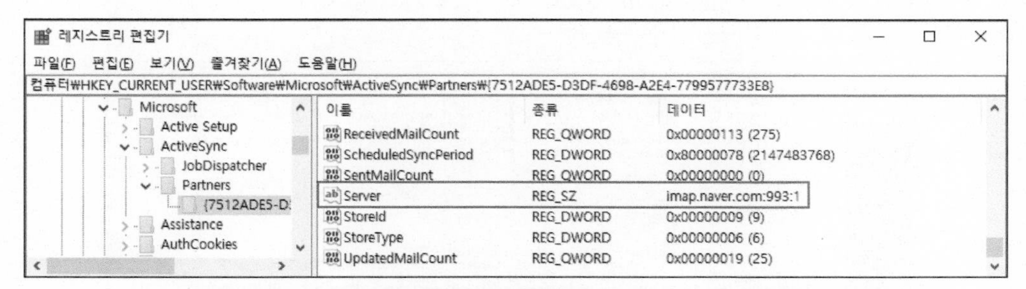

[그림 58] 윈도우 기본 이메일 연동 프로토콜을 레지스트리에서 확인

이메일과 연동되면 다음 위치에 이메일과 관련된 데이터가 저장된다. 해당 폴더 이름에는 3과 7이 있다. 3은 메일 본문을, 7은 첨부파일을 기록한다.

• C:\users\〈조사할 사용자 계정〉\AppData\Local\Comms\Unistore\data\3*

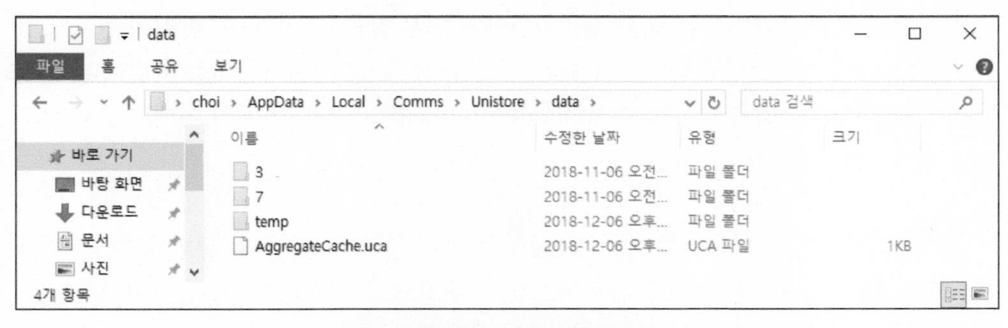

[그림 59] 윈도우 기본 이메일 아티팩트

각 폴더 영문자의 폴더로 구분되며, 영문자 폴더 안에는 일정 규칙을 가진 .dat 파일을 가진다. .dat 파일은 이메일 본문이나 첨부파일 내용을 다루며, 주로 HTML 형태나 파일 원본이 저장된다.

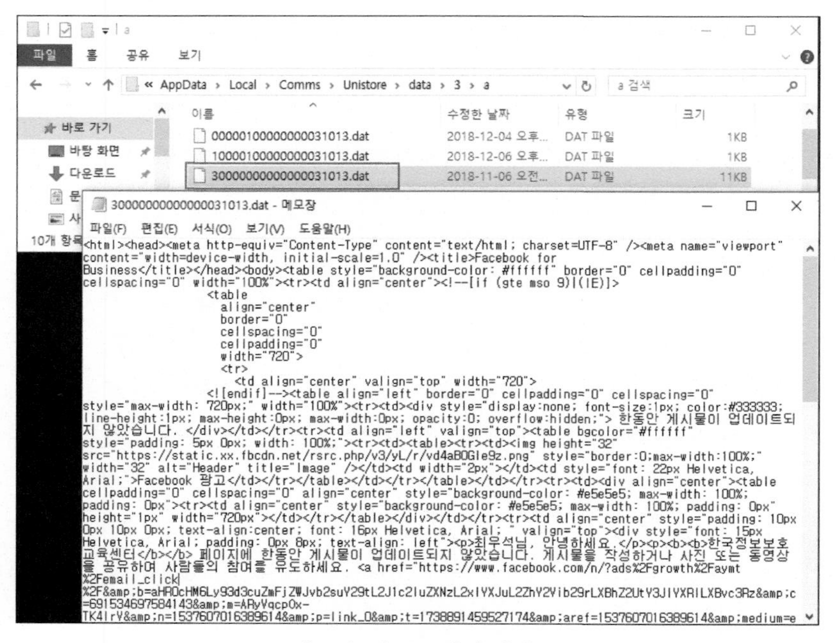

[그림 60] .dat 파일 열람

이메일 관련 메타데이터는 store.vol 파일에서 일부 찾을 수 있다. 이 파일은 윈도우 10에서 SMS나 MMS같은 서비스를 이용할 때 기록되는 ESE 데이터베이스 파일이다. 윈도우 10 기본 이메일 앱을 사용하면 Attachment, Recipient 테이블에서 이메일 관련 메타데이터를 찾을 수 있다.

이메일 관련 정보만 살펴봤지만, store.vol 에는 연락처, 캘린더, 통화 로그 등 다양한 개인정보가 저장되기에 라이브 시스템을 대상으로 이 파일을 수집하여 분석하려면 관련 서비스를 종료해야 가능하다. 여러 응용프로그램이 이 파일에 기록할 수 있게 권한을 관리해주는 User Data Access(UserDataSvc) 서비스, store.vol과 같은 데이터베이스 파일에 구조화된 형태로 데이터를 기록하는 User Data Storage(UnistoreSvc) 서비스, 다양한 개인정보를 빠르게 검색하기 위해 인덱싱을 담당하는 Contact Data(PimIndexMaintenanceSvc) 서비스, 마이크로소프트 클라우드 서버나 원 드라이브와 같은 클라우드 서비스에 정보를 기록하는 호스트 동기화(OneSyncSvc) 서비스를 종료해야 한다. 주의할 점은 PimIndexMaintenanceSvc를 먼저 종료해야 UnistoreSvc 서비스가 종료된다.

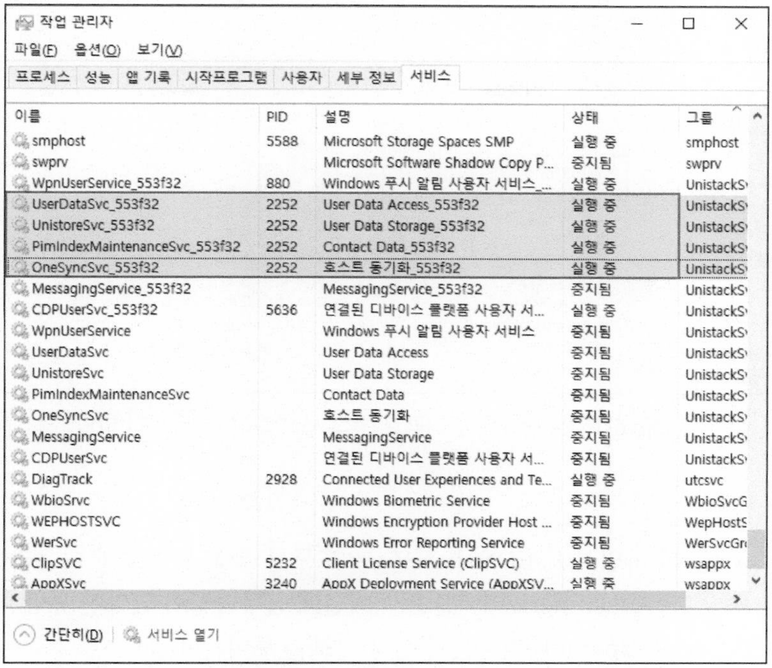

작업 관리자

파일(F) 옵션(O) 보기(V)

프로세스 | 성능 | 앱 기록 | 시작프로그램 | 사용자 | 세부 정보 | 서비스

이름	PID	설명	상태	그룹
smphost	5588	Microsoft Storage Spaces SMP	실행 중	smphost
swprv		Microsoft Software Shadow Copy P...	중지됨	swprv
WpnUserService_553f32	880	Windows 푸시 알림 사용자 서비스_...	실행 중	UnistackS
UserDataSvc_553f32	2252	User Data Access_553f32	실행 중	UnistackS
UnistoreSvc_553f32	2252	User Data Storage_553f32	실행 중	UnistackS
PimIndexMaintenanceSvc_553f32	2252	Contact Data_553f32	실행 중	UnistackS
OneSyncSvc_553f32	2252	호스트 동기화_553f32	실행 중	UnistackS
MessagingService_553f32		MessagingService_553f32	중지됨	UnistackS
CDPUserSvc_553f32	5636	연결된 디바이스 플랫폼 사용자 서...	실행 중	UnistackS
WpnUserService		Windows 푸시 알림 사용자 서비스	중지됨	UnistackS
UserDataSvc		User Data Access	중지됨	UnistackS
UnistoreSvc		User Data Storage	중지됨	UnistackS
PimIndexMaintenanceSvc		Contact Data	중지됨	UnistackS
OneSyncSvc		호스트 동기화	중지됨	UnistackS
MessagingService		MessagingService	중지됨	UnistackS
CDPUserSvc		연결된 디바이스 플랫폼 사용자 서...	중지됨	UnistackS
DiagTrack	2928	Connected User Experiences and Te...	실행 중	utcsvc
WbioSrvc		Windows Biometric Service	중지됨	WbioSvcG
WEPHOSTSVC		Windows Encryption Provider Host ...	중지됨	WepHostS
WerSvc		Windows Error Reporting Service	중지됨	WerSvcGr
ClipSVC	5232	Client License Service (ClipSVC)	실행 중	wsappx
AppXSvc	3240	AppX Deployment Service (AppXSV...	실행 중	wsappx

간단히(D) | 서비스 열기

[그림 61] 라이브 시스템에서 윈도우가 기본 이메일 아티팩트 수집을 위한 서비스 종료

서비스 종료가 다 되었다면 store.vol 파일을 복사한다. 이 파일은 다음 경로에 위치한다. 만약 다음 그림처럼 tmp.edb 파일이 보인다면 서비스가 종료되지 않는다.

- C:\users\〈조사할 사용자 계정〉\AppData\Local\Comms\UnistoreDB\store.vol

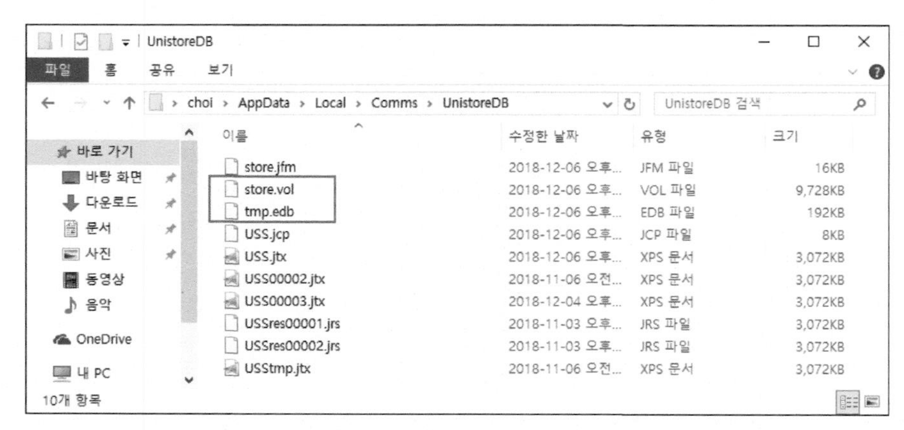

[그림 62] 기본 이메일 아티팩트 수집 시 알아야 할 두 가지 파일

수집한 store.vol 파일을 ESEDatabaseView 도구를 통해 열어보면 다음과 같이 구조를 살펴볼 수 있다. Attachment 테이블은 이메일에 첨부파일이 있다면 해당 메타데이터 정보를 보여준다. Recipient 테이블은 수신자 정보를 보여준다.

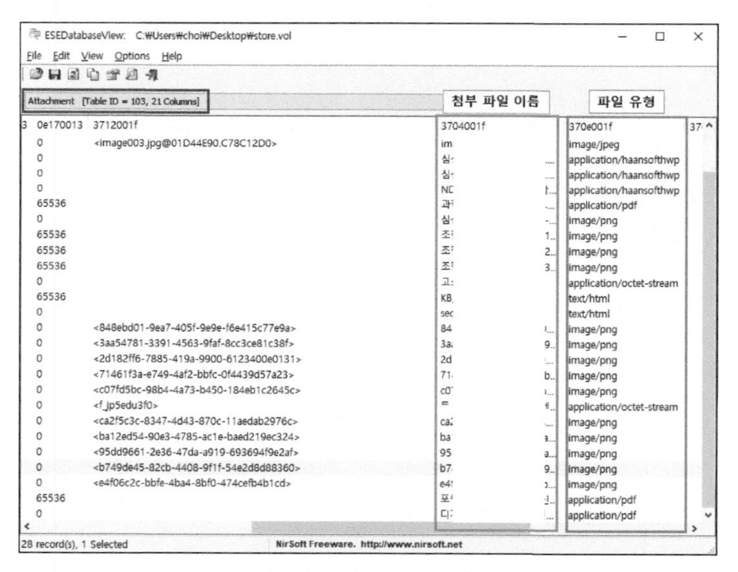

[그림 63] store.vol 파일 분석 1

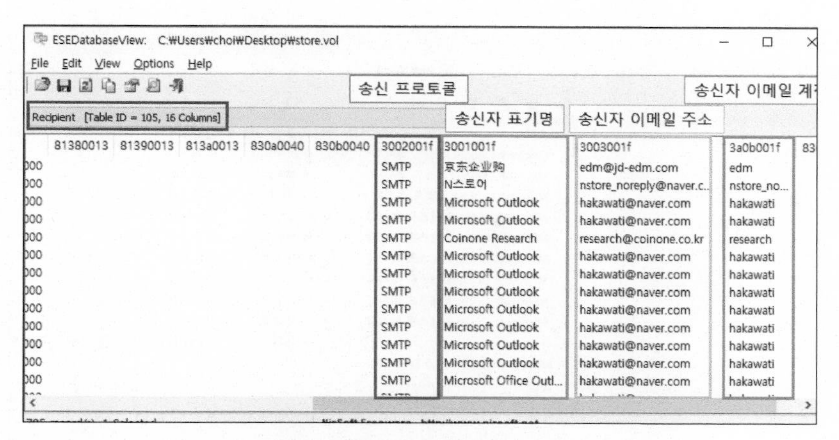

[그림 64] store.vol 파일 분석 2

3. 모질라 썬더버드

모질라 썬더버드는 모질라 재단이 개발한 자유 소프트웨어 이메일 응용프로그램이다. 아웃룩과 마찬가지로 이메일 뿐만 아니라 뉴스, RSS, 채팅, 달력 등 종합적으로 사용할 수 있으며, 확장 기능을 통해 추가 기능을 사용할 수 있다. 모질라 썬더버드의 가장 큰 장점은 크로스 플랫폼을 지원하는 점이다. 윈도우 운영체제뿐만 아니라 리눅스, 맥 OS에서도 사용 가능하다. 썬더버드는 2003년 0.1 버전을 시작으로 집필하는 시점에서 2018년 10월 60.3.0 버전이 최신버전이다. 이 책에서는 60.3.0 버전을 윈도우 7과 10에서 찾을 수 있는 아티팩트를 소개한다.

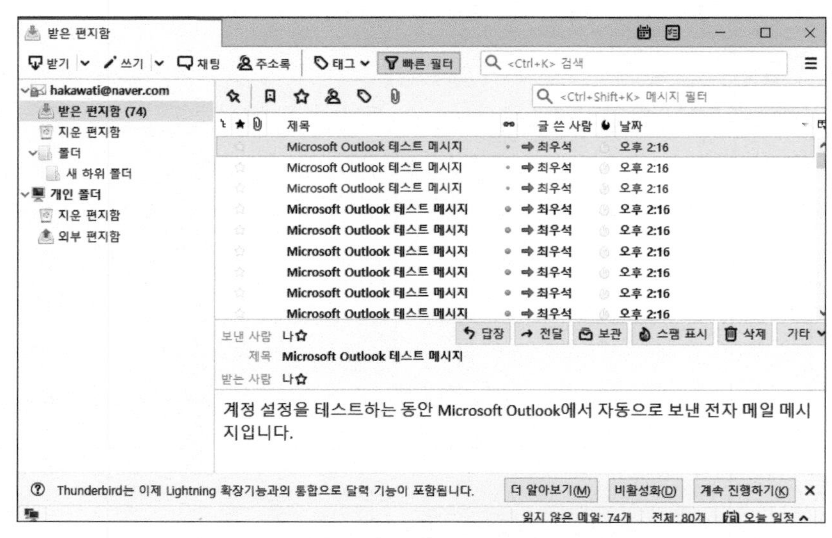

[그림 65] 모질라 썬더버드 실행 화면

썬더버드는 외부 메일 서버와 연동하였다면, 프로토콜 정보와 주소는 폴더 이름에서 확인할 수 있다. 예를 들어 네이버의 POP3 서버는 pop.naver.com, 네이버의 IMAP 서버는 imap.naver.com 이름으로 폴더가 생성된다. 메일을 개인 폴더에 저장할 경우 Local Folders 폴더에 저장된다. 다음은 POP3 프로토콜을 통해 이메일 연동시 생성되는 아티팩트다.

- C:\Users\〈조사할 사용자 계정〉\AppData\Roaming\Thunderbird\Profiles\〈임의 8자리〉.default\Mail\〈메일 서버 주소〉*

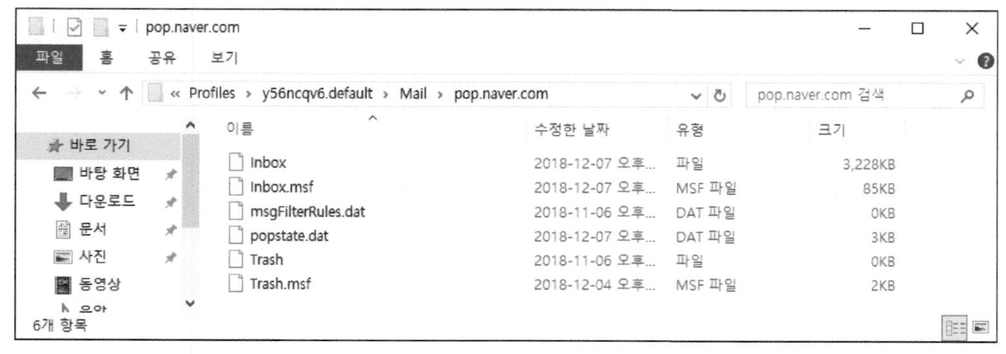

[그림 66] 모질라 썬더버드 pop3 연동 시 수집해야 할 아티팩트 위치

썬더버드가 이메일을 관리하는 폴더에는 확장자가 없는 파일과 .msf 확장자 그리고 .dat 확장자를 가진 파일로 구성된다. 확장자가 없는 파일은 MBOX 파일로 불리며, 썬더버드가 저장한 이메일 전문을 저장한다. .msf 파일은 Mail Summary File 약자로 전자 이메일 전문이 들어있지 않은 색인 파일이다. 썬더버드가 자동으로 구성해 사용하는 편지함에 따라 생성되는 파일의 이름은 다음과 같다.

- Archives– 저장 편지함
- Inbox – 받은 편지함
- Sent – 보낸 편지함(또는 Sent Messages)
- Trash – 삭제 편지함(또는 Deleted Messages)

썬더버드에 이메일을 체계적으로 관리하기 위해 편지함에 폴더를 생성하고 생성한 폴더에 다시 하부 폴더를 생성할 수 있다. 이 기능은 POP3 프로토콜을 통한 연결에서만 사용할 수 있는데, 그 이유는 서버와 동기화하지 않기 때문이다. 하부 폴더를 생성하지 않은 폴더는 폴더 이름을 사용한 MBOX와 .msf 파일이 생성된다. 하부 폴더를 생성할 경우 〈폴더 이름〉.sbd 이름으로 폴더가 생성된다. 해당 폴더에 하부 폴더 이름을 사용한 MBOX와 .msf 파일이 생성된다.

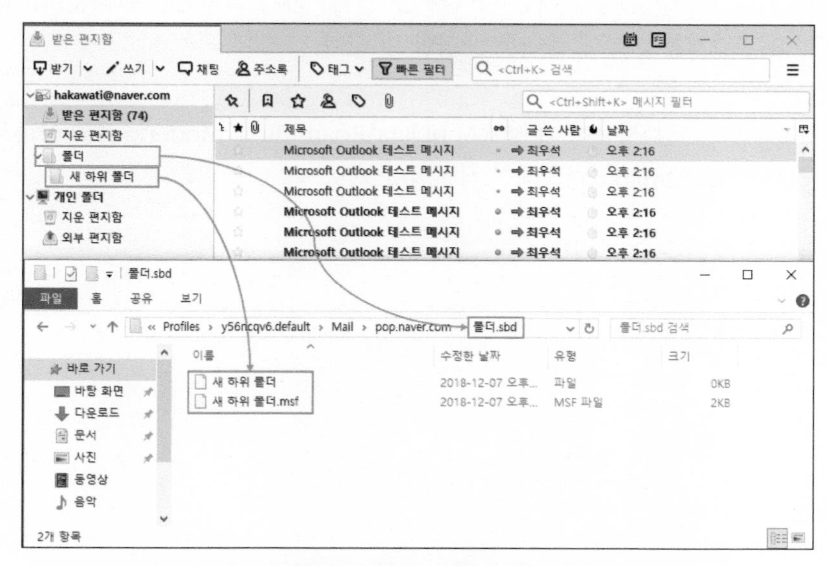

[그림 67] 모질라 썬더버드 구조와 파일 생성 규칙

POP3 프로토콜로 연결한 정보는 popstate.dat 파일에 기록된다. 기록되는 정보로는 POP3 서버 주소, 계정 그리고 POP3 서버에 남긴 메시지 상태가 기록된다.

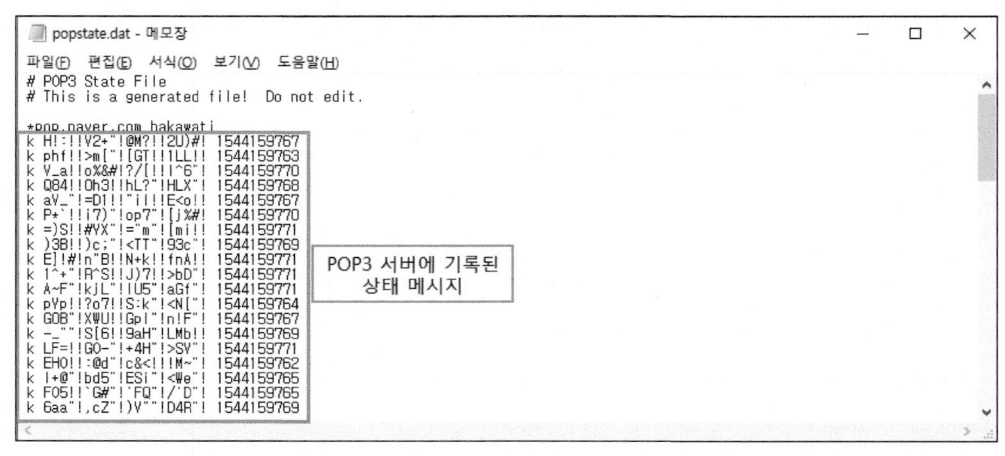

[그림 68] 모질라 썬더버드 메일 프로토콜 사용 흔적

IMAP 프로토콜로 메일 서버를 연동하여 사용할 경우 아티팩트를 찾아볼 수 있는 경로는 다음과 같다. IMAP 특성상 메일 서버와 동기화를 하기에 이메일 관리를 위해 썬더버드가 제공하는 편지함 하부에 폴더를 생성할 수 없다.

- C:\users\〈조사할 사용자 계정〉\AppData\Roaming\Thunderbird\Profiles\〈임의 8자리〉.default\ImapMail\〈메일 서버 주소〉*

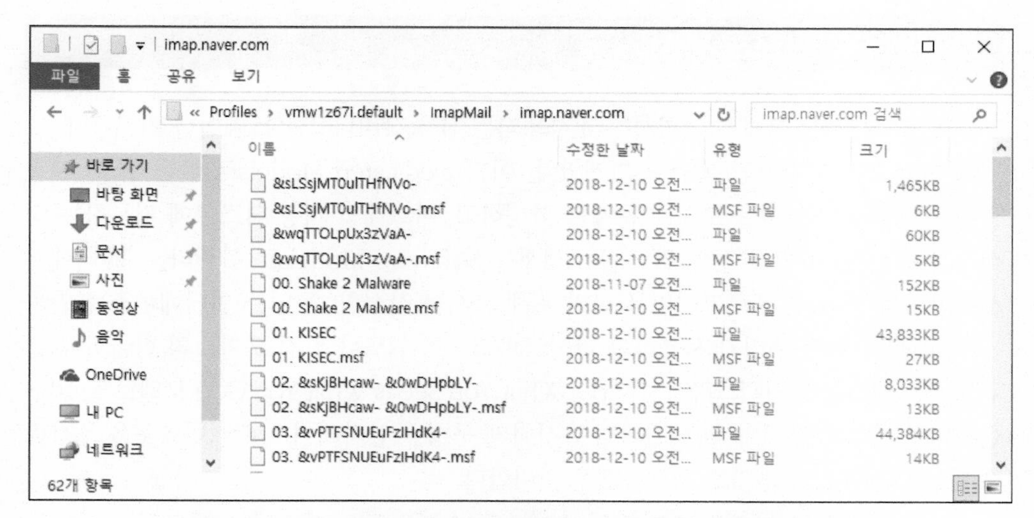

[그림 69] 모질라 썬더버드 IMAP 연동시 수집해야 할 아티팩트 위치

그 외 썬더버드에서 제공하는 개인 폴더를 이용해 이메일을 저장하여 관리하고 있다면 아티팩트 수집 경로는 다음과 같다.

- C:\users\〈조사할 사용자 계정〉\AppData\Roaming\Thunderbird\Profiles\〈임의 8자리〉.default\Mail\Local Folders*

제4장 워드 프로세서

워드 프로세서는 문장을 작성하는데 사용되는 전용 장비나 소프트웨어를 의미한다. 초기에는 전자 타자기처럼 독립형 기계였다. 이를 Dedicated Models로 불린다. 이 전용 장비는 비디오 스크린을 보면서 문서를 작성하고, 마그네틱 저장 디스크에 기록하는 방식을 사용한다. 이후 발전한 워드 프로세서는 Software Models로 불린다. 컴퓨터에서 서류작업을 하거나, 프로그래밍을 하기 위해 문서를 작성할 수 있는 인터페이스를 만들기 시작했다. 현재 우리가 사용하는 마이크로소프트 워드나 한컴 오피스의 한글과 같은 워드 프로세서는 위지위그(WYSIWYG, What You See Is What You Get) 모델로 불린다. 한마디로 작성한 문서가 최종 결과와 유사하게 구성된 인터페이스로 레이아웃을 조작할 수 있는 인터페이스를 가진 프로그램을 의미한다.

현대 사회의 문서의 대부분은 컴퓨터로 작성한다. 필요에 따라 컴퓨터로 작성한 문서를 출력해 현물화한다. 1TB 용량의 하드디스크에 마이크로소프트 오피스 워드 문서를 약 8천 5백만 페이지를 저장할 수 있다. 전자적으로 만들어진 문서는 언제든 수정할 수 있고, 잘 보관한다면 노후화되어 손상되지 않고 안전하게 보관할 수 있다. 이러한 업무상 효율성으로 모든 직원이 컴퓨터를 기본으로 사용하여 문서를 작성하는 것이 일상이 되었다.

워드 프로세서 소프트웨어를 디지털포렌식 관점에서 매우 중요한 요소다. 회계 자료나, 기업 기밀 자료, 계약서 등 민감하고 중요한 문서가 위조·변조되거나 유출되면 증거능력을 가질 수 있게 조사할 필요가 있다. 이러한 상황에 조사할 때에는, 수정한 흔적, 외부 유출 흔적, 열람 흔적, 복제 흔적 등 조사해 증거로써 근거를 마련해야 한다. 이 책에서는 대표적인 워드 프로세서인 마이크로소프트의 오피스 제품군과 한글과 컴퓨터의 한컴오피스 제품군을 살펴본다.

1. 마이크로소프트 오피스

앞서 다룬 이메일 응용프로그램인 아웃룩도 마이크로소프트 오피스 제품군에 포함되는 것으로, 제품군에 워드 프로세서로 사용하는 대표적인 응용프로그램으로 워드(Word), 엑셀(Excel), 파워포인트(PowerPoint)가 있으며, 그 외 원노트(OneNote), 아웃룩(Outlook) 등 다양한 제품을 포함한다. 현재 개발되고 판매중인 오피스 제품군은 윈도우를 시작으로 맥 OS, 안드로이드, iOS 용으로도 개발되었으며, 웹 서비스 형태로도 발전되어 온라인으로 여럿이서 공동으로 문서작성을 하고 클라우드에 보관할 수 있다.

오피스 97부터 2003까지 워드의 확장자 .doc, 엑셀의 확장자 .xls, 파워포인트의 확장자 .ppt를 사용했다. 이는 OLE(Object Linking and Embedding) 파일 포맷으로 불리는데 마이크로소프트가 개발한 포맷으로 문서간의 데이터 연결과 데이터간의 링크 관리를 한다. 하지만 OLE 파일 구조는 다양한 플랫폼에서 사용하기 힘든 형식을 가지고 있기에 2007 버전부터 XML 기반 포맷인 OOXML(Office Open XML)로 변경되어 .docx, .xlsx, .pptx 확장자를 사용한다. 이 파일 포맷의 또 다른 특징은 ZIP 형식으로 압축되어 있기에 .docx, .xlsx, .pptx 등 x가 붙은 확장자를 가진 파일을 .zip으로 변경하여 압축 해제하는 방식으로 구조화된 데이터를 살펴볼 수 있다.

기본적으로 오피스 제품군은 사용자별 개별 관리를 지원하기에 HKEY_USERS의 로그인 계정 SID 값으로 구분하여 관리한다. 사용자마다 정보를 달리 관리해야 하기 때문이다. 이러한 특성을 이용하여 HKEY_USER에 할당된 SID 값과 사용자 계정과 매핑되는 SID를 수집하여 비교해야 한다. 조사할 계정의 SID를 확인하는 방법은 다음과 같다.

- wmic useraccount get name,sid

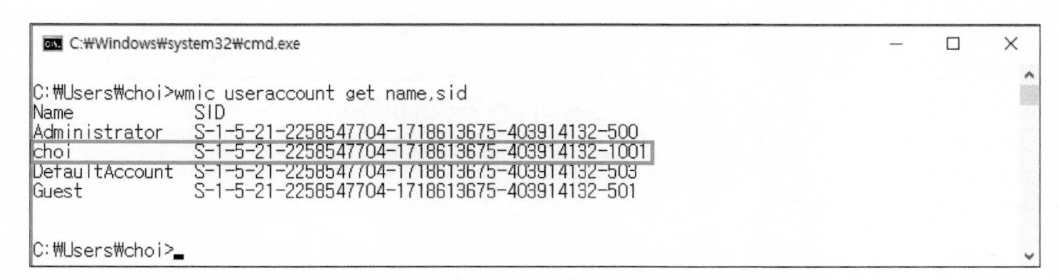

[그림 70] 조사할 계정과 sid 확인

- HKU₩〈User SID〉₩

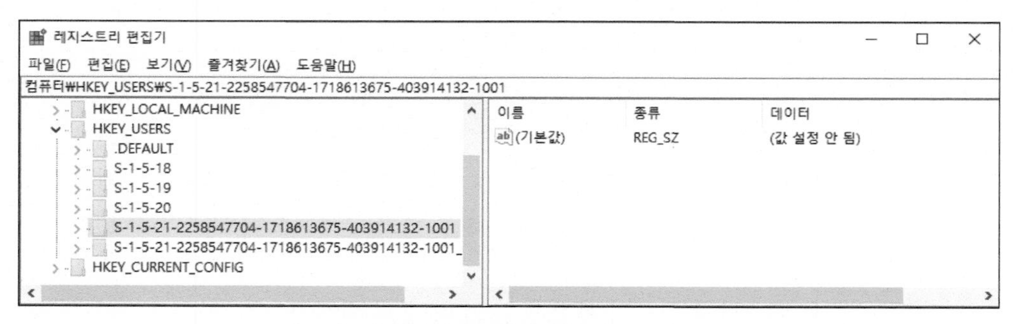

[그림 71] 확인한 sid에 맞게 레지스트리 검색

해당 사용자가 어떤 컴퓨터에서 오피스 소프트웨어를 이용했는지 알아보려면, 컴퓨터 이름을 수집하고, 오피스 소프트웨어가 기록한 컴퓨터 이름을 수집하여 비교 분석할 수 있다.

- HKU\〈User SID〉\Software\Microsoft\Office\〈오피스 버전〉 \Registration\〈Computer Name〉

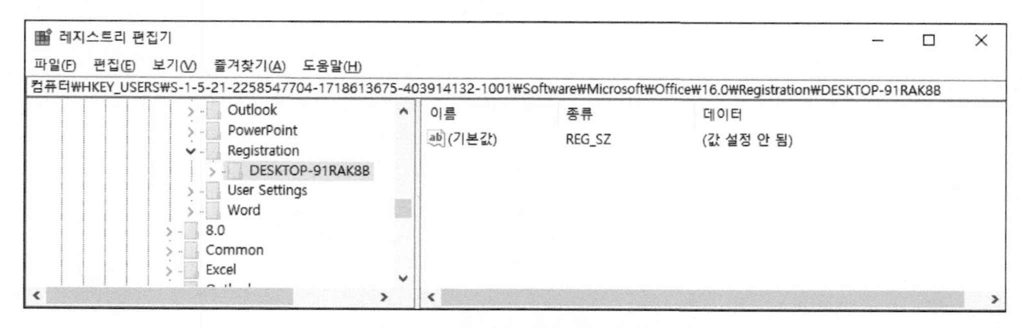

[그림 72] 오피스를 이용한 컴퓨터 이름 확인

문서 파일 열람정보는 특정 폴더와 레지스트리의 다음 경로에서 확인 가능하다. 여기에 저장되는 데이터로 문서 파일의 실행 경로와 문서명을 확인할 수 있다.

- HKU\〈사용자 SID〉\Software\Microsoft\Office\〈오피스 버전〉\[Word | PowerPoint | Excel]\File MRU

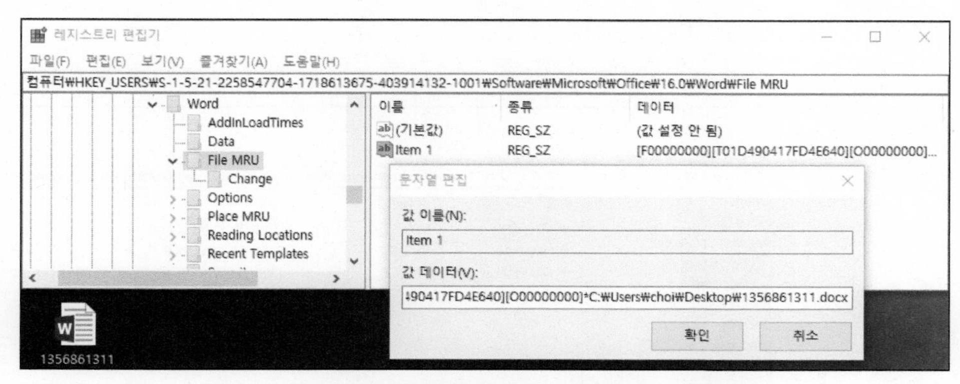

[그림 73] 레지스트리에서 확인 가능한 문서 열람 흔적

14.0 버전인 오피스 2010부터 문서 파일이 실행된 폴더 위치를 기록하는 Place MRU가 추가되었다.

- HKU\〈사용자 SID〉\Software\Microsoft\Office\〈오피스 버전〉\[Word | PowerPoint | Excel]\Place MRU

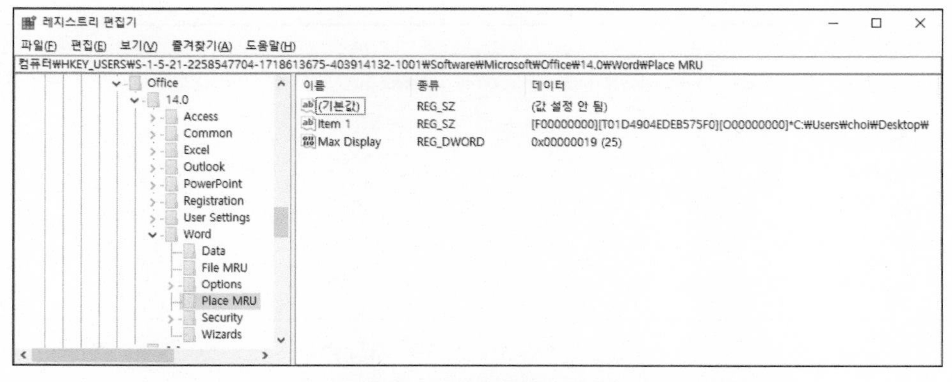

[그림 74] 오피스 2010부터 추가된 열람한 문서 폴더 경로

오피스 2013 이후 버전의 워드에만 Reading Locations 아티팩트가 새로 추가되었다. Document # 형태로 구성되는데, 각각 하나의 doc 계열 문서 실행 정보를 기록한다. 특히 실행 시간, 경로를 즉각적으로 확인할 수 있어 조사에 있어 매우 효율적인 아티팩트다.

- HKU\〈사용자 SID〉\Software\Microsoft\Office\〈15.0 이후 오피스 버전〉\Word\Reading Locations\Document #

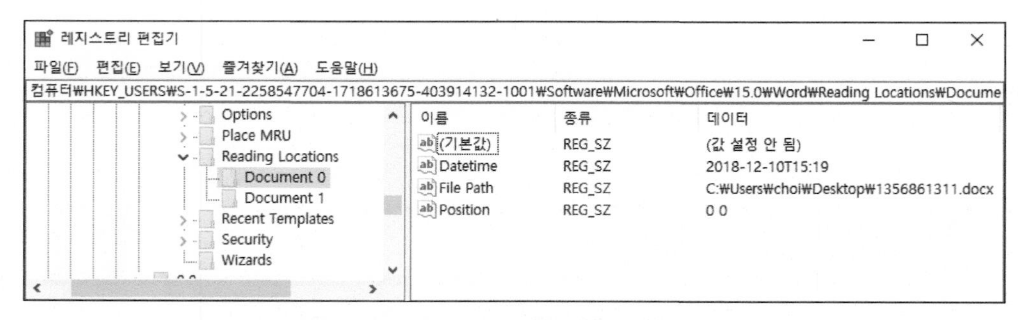

[그림 75] 오피스 2013부터 추가된 새로운 문서 열람 흔적

기타 정보로 오피스 2013 버전부터 %AppData%에 실행한 문서를 링크 파일 형태로 기록한다. 원본 문서는 아니지만 원본 문서가 삭제되어도 실행한 흔적으로 찾아볼 수 있는 정보가 있기에 참고한다.

- c:\users\〈조사할 사용자 계정〉\AppData\Roaming\Microsoft\Office\Recent

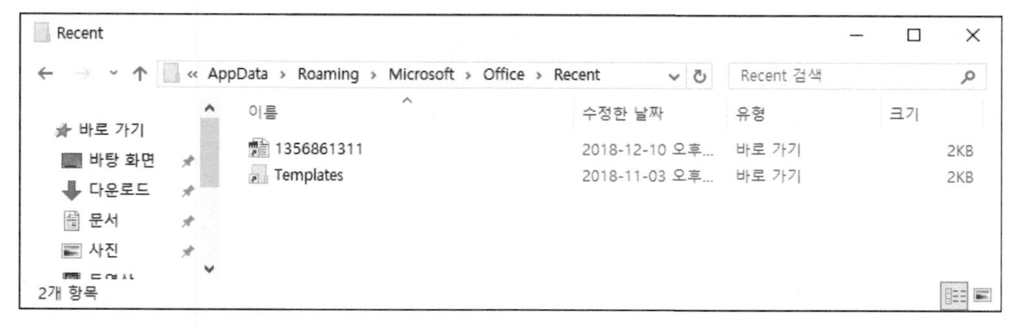

[그림 76] MS 오피스 자동 저장 흔적

문서를 위조 혹은 변조를 진행하는 중 현장에서 발각되어 피조사자가 컴퓨터를 강제 종료한 상황이 발생할 수 있다. 이런 경우 오피스의 자동 저장 기능에 의해 저장된 위치나 자동 복구 파일을 수집하여 분석할 필요가 있다. 다음은 오피스 버전과 유형에 따른 임시파일 저장 경로로 운영체제 버전과 무관하다.

오피스 2007

- **워드 자동 복구 파일**: C:\users\〈조사할 사용자 계정〉\AppData\Roaming\Microsoft\Word*.asd

- **파워포인트 자동 복구 파일**: C:\users\〈조사할 사용자 계정〉\AppData\Roaming\ppt####.tmp

- **엑셀 자동 복구 파일**: C:\users\〈조사할 사용자 계정〉\AppData\Roaming\Microsoft\Excel*.xar

오피스 2010, 2013, 2016

- **워드 자동 복구 파일**: C:\users\〈조사할 사용자 계정〉\AppData\Roaming\Microsoft\Word*.asd

- **파워포인트 자동 복구 파일**: C:\users\〈조사할 사용자 계정〉\AppData\Roaming\Microsoft\PowerPoint\ppt####.tmp

- **엑셀 자동 복구 파일(숨김 파일)**: C:\users\〈조사할 사용자 계정〉\AppData\Roaming\Microsoft\Excel*.xar

- **저장하지 않은 파일**: C:\users\〈조사할 사용자 계정〉\AppData\Local\Microsoft\Office\UnsavedFiles\[*.asd | *.ppt | *.xlsb]

윈도우 운영체제에서 네트워크 연결(공유 폴더 등)을 통해 공유되는 문서를 로컬에 복사하지 않고 열람하면 캐시 파일이 생성된다. 정상적으로 저장하고 종료할 경우 캐시는 삭제되기에 삭제 데이터 복구하는 방식으로 수집할 수 있으며, 비정상적으로 종료될 경우 파일이 남아 있을 수 있다. 이는 오피스와 별개로 운영체제에 따라 다른 경로에서 생성된다.

윈도우 7 문서 캐시 파일 경로

- C:\users\〈조사할 사용자 계정〉\AppData\Local\Microsoft\Windows\Temporary Internet Files\Content.MSO\########.〈Extension of Office〉

- C:\users\〈조사할 사용자 계정〉\AppData\Local\Temp\OICE_〈Office Version〉_########_########_####

윈도우 10 문서 캐시 파일

- C:\users\〈조사할 사용자 계정〉\AppData\Local\Microsoft\Windows\InetCache\Content.MSO\########.〈Extension of Office〉

- C:\users\〈조사할 사용자 계정〉\AppData\Local\Package\oice_〈Office Version〉_########_########_####\AC\TEMP\######.〈Extension of Office〉

2. 한컴 오피스

한컴 오피스는 1996년 한글과 컴퓨터에서 개발한 사무용 워드프로세서로 대부분 국내에서 사용하는 토종 응용프로그램이다. 우리나라에서는 군대, 공공기관뿐만 아니라 대학교에서도 한컴 오피스를 주로 이용한다. 2000년대 초까지 압도적인 점유율을 가지고 있었으나, 사기업이 마이크로소프트 워드로 넘어가면서 20% 정도 점유율을 유지하고 있다.

국내에 한정된 워드 프로세서지만, 이를 통한 사건 사고가 발생할 수 있다. 한컴 오피스를 사용하는 기관/기업에서 기밀자료 유출이나 부정 적발, 회계 감사 등을 진행해야 할 필요가 있다. 해킹 사고를 조사하는 과정에서도 우리나라를 타겟화한 공격은 한글 워드 프로세서가 실행하는 .hwp를 변조해 악성코드를 감염시키는 방법을 사용하기에 조사할 필요가 있다.

한컴 2010 이전 문서 실행 흔적은 다음 레지스트리에서 확인 가능하다. 한컴 오피스 버전은 2007은 7.0, 2010은 8.0 그리고 2014는 9.0 버전을 사용한다. 레지스트리에서 확인 가능한 정보는 실행한 .hwp 문서의 경로다.

- HKU\〈사용자 SID〉\Software\HNC\Hwp\〈한컴 오피스 버전〉\HwpFrame\RecentFile\file#

한컴 2014 이후 문서 실행 흔적은 다음 레지스트리에서 확인 가능하다. 찾아볼 수 있는 아티팩트는 2010 이전 문서 실행 흔적과 동일하다.

- HKU\〈사용자 SID〉\Software\HNC\Hwp\〈한컴 오피스 버전〉\HwpFrame_KOR\RecentFile\file#

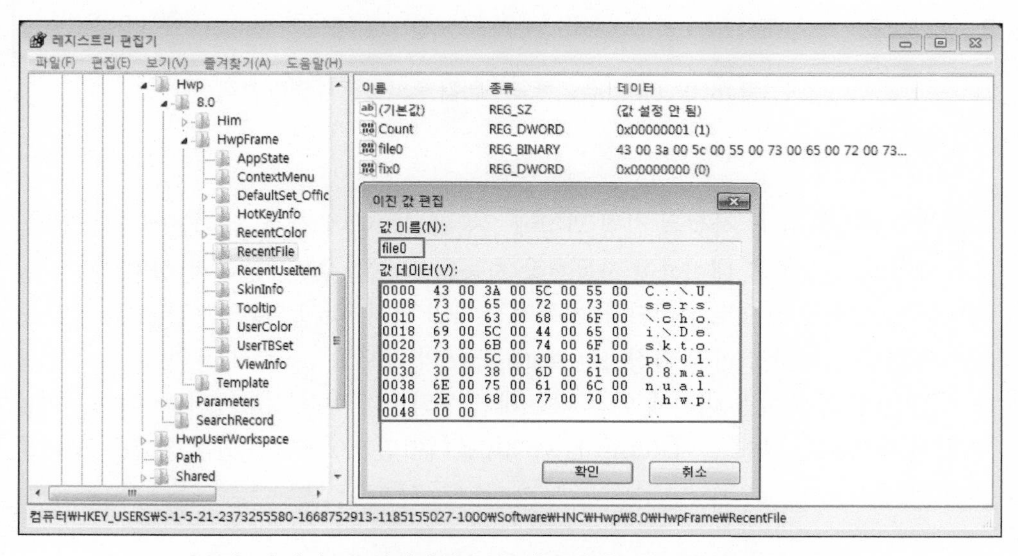

[그림 77] 레지스트리에서 찾을 수 있는 한컴오피스 문서 열람 흔적

레지스트리에 기록된 .hwp 문서 실행경로를 포함하여 시간 정보를 확인할 수 있는 정보는 링크 파일로 생성되는 폴더를 조사한다. 여기에는 실행한 문서 파일 확장자나 해당 문서가 저장된 폴더가 링크 파일로 생성되어 관리된다.

- c:\users\〈조사할 사용자 계정〉\AppData\Roaming\HNC\Office\Recent*.hwp.lnk
- c:\users\〈조사할 사용자 계정〉\AppData\Roaming\HNC\Office\Recent*.folder.lnk

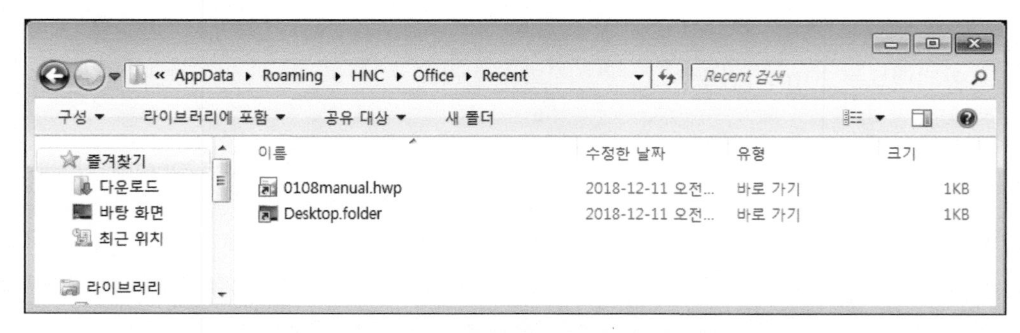

[그림 78] 링크 파일로 기록되는 한컴 오피스 문서 열람 흔적

한컴 오피스는 문서 작성을 진행 과정에 응용프로그램이 강제 종료되거나 시스템이 종료되게 되었을 때를 대비하여 자동저장 기능을 사용할 수 있다. 기본 설정으로 활성화되어 있으며, 10분으로 설정된다. 자동저장 파일 생성 경로는 다음과 같으며, 한컴 오피스의 한글 임시저장 파일 확장자는 Auto Save의 약자인 .asv를 사용한다. 여기서 폴더 이름은 한컴 오피스 버전에 따라 다르게 생성되는데 버전 정보에서 소수점 표현을 뺀 값이 사용된다. 예를 들어 Temp\Hwp90\ 폴더이면 9.0 버전인 한컴 오피스 2014를 의미한다.

• c:\users\〈조사할 사용자 계정〉\AppData\Local\Temp\Hwp〈소수점을 제외한 한컴 오피스 버전〉*.asv

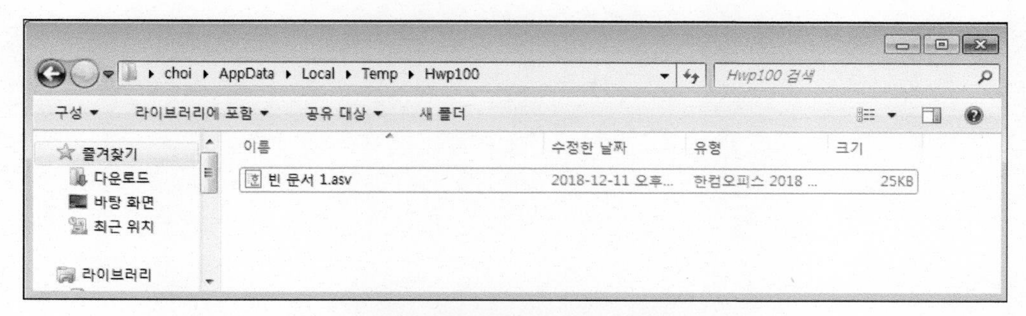

[그림 79] 한컴 오피스 문서 자동 저장 흔적

제2편

네트워크

네트워크에 들어가기전에

컴퓨팅 기술과 네트워크 기술의 발전으로 다양한 기기들을 이용하여 범죄에 활용되고 있다. 거의 모든 기기들은 네트워크에 연결되어 있으며, 네트워크를 통해 생성되는 증거를 생성하거나 찾기는 어렵지만, 이 증거를 수집할 수 있다면 피조사자가 쉽게 조작할 수 없는 특징이 있어 디지털포렌식 조사에 크게 활용할 수 있다. 또한 대다수의 기업에 네트워크 보안시스템이 존재하며 이러한 네트워크 보안시스템에 남는 로그를 이용하여 조사에 활용가능하다. 따라서 디지털포렌식 조사인은 네트워크의 이해와 지식을 바탕으로 디지털 증거 수집이 필요하며, 이에 필요한 기초적인 네트워크 지식에 대해 다룬다.

제1장 네트워크 이해

1. 네트워크 개요

네트워크란 임의의 연결망을 지칭하는 용어로써 여러 개체가 연결되어 정보를 주고 받는 경로를 의미한다. 도로망, 신경망부터 소셜 네트워크(Social Network)까지 다양한 분야에서 사용되고 있는 용어지만, 우리가 이야기하고자 하는 네트워크는 컴퓨터 네트워크(Computer Network)를 의미한다.

네트워크는 다양한 기준으로 분류가 가능하며, 사용 목적에 따라 아래와 같이 분류 할 수 있다.

(1) 인터넷(Internet)

최초 미국에서 군사 기술 개발을 효율적으로 수행하기 위해 각각의 기관이나 단체에서 자신들의 정보를 공유하고자 만들었던 네트워크를 좀 더 많은 사람들과 정보를 공유하고자 서로 연결하기 시작한 것이 인터넷의 시작이 되어[1], 오늘날 위치와 사람에 관계없이 어디서나 연결하여 정보를 공유할 수 있는 지금의 인터넷으로 발전되었다.

인터넷의 특징으로는 첫 번째 인터넷은 인터넷 자체로 무료로 제공되며, 다양한 정보가 존재한다. 전통적인 도서관보다 더 방대한 정보를 제공하며, 인터넷에 연결만 되어 있다면 누구나 그 정보를 제공받을 수 있다.

두 번째는 TCP/IP(Transmission Control Protocol/Internet Protocol)라고 하는 하나의 프로토콜만 사용한다. 프로토콜은 서로간의 통신 규약을 의미하며, 각각 국가의 언어처럼 인터넷에 연결된 다양한 개체(컴퓨터, 스마트폰 등)들간에 통신을 위한 규약을 의미한다.

세 번째는 인터넷에 연결된 개체간 정보공유를 위해 월드 와이드 웹(WWW, World Wide Web)이라고 부르는 서비스를 사용한다. 우리가 흔히 인터넷 브라우저(Internet Brower)라고 부르는 웹 브라우저(Web Browser)가 웹 사이트(Web Site)에 접속하게 되면, 웹 페이지를 보여주게 되는데 이러한 서비스를 웹 서비스(Web Service) 혹은 웹(Web)이라고 부른다.

---

1) 후니의 쉽게 쓴 시스코 네트워킹, 진강훈, 2005, 17면

(2) 인트라넷(Intranet)

인터넷과 반대로 특정 회사나 단체에서 내부에서만 사용하기 위한 네트워크이며, 인터넷의 특징을 그대로 가지되 특정한 물리적인 위치를 가진 곳에서만 접속이 가능한 네트워크를 의미한다. 외부에서 접속이 불가능하기 때문에 폐쇄되었다고 하여 폐쇄망이라고 부르기도 한다.

(3) 엑스트라넷(Extranet)

인터넷과 인트라넷의 혼합된 형태로, 폐쇄적인 특징을 가지는 인트라넷을 확장하여 해당 회사나 단체 이외의 사람들(예: 협력업체, 고객 등)이 접속할 수 있도록 혼용하는 형태의 네트워크를 의미한다.

2. 네트워크의 종류

네트워크는 다양한 기준으로 분류되며, 규모, 토폴로지(Topology), 전송 방식(유선/무선 등), 기능 등으로 분류할 수 있다.

(1) 규 모

네트워크의 규모에 따라 PAN, LAN, MAN, CAN, WAN 등으로 구분하며, 최근에는 크게 LAN과 WAN으로만 구분한다.

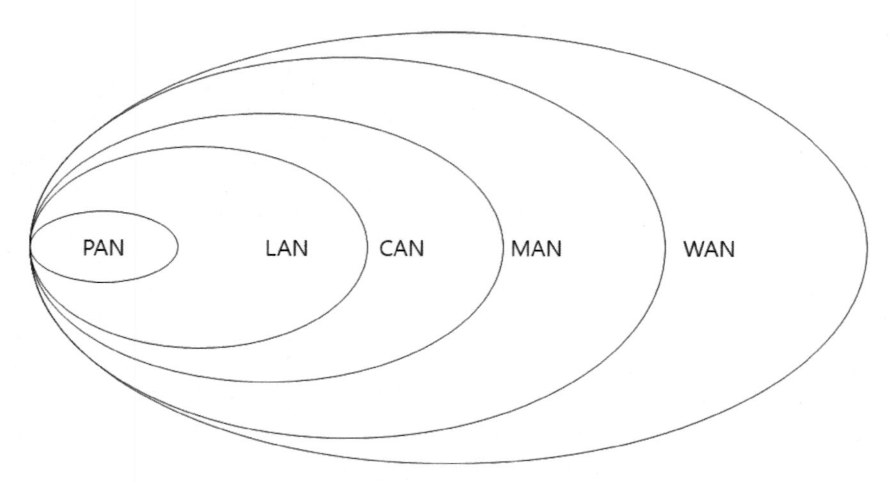

[그림 80] 네트워크 규모에 따른 분류

1) PAN(Personal Area Network)

한 사람 혹은 소규모의 인원이 이용하는 아주 작은 규모의 네트워크를 의미한다. 블루투스(Bluetooth)/IEEE 802.15 무선 기술이 대표적인 PAN에 해당된다.[2]

2) LAN(Local Area Network : 근거리 통신망)

LAN은 사무실, 빌딩, 공장과 같은 일정 거리 내의 한정된 지역 내에서 PC, FAX등과 같은 각종 네트워킹 기기를 상호 연결 사용함으로써 자원을 공유하고 정보를 신속하게 전달하기 위한 네트워크를 의미한다.

세계적으로 저명한 학회인 IEEE(Institute of Electrical and Electronics Engineers : 국제 전기전자공학회)에서는 LAN을 다음과 같이 정의하였다.

> 몇 개의 독립적인 장치가 적절한 영역 내에서 적당히 빠른 속도의 물리적 통신 채널을 통하여 서로가 직접 통신할 수 있도록 지원해 주는 데이터 통신 체계

정의하는 부분에서 약간의 차이가 있지만, 중요한 요지는 유·무선으로 망으로 상호·연결되어 정보를 주고받으며, 통신을 한다는 점이다.

통신 매체로는 보통 전화 케이블, 동축케이블, 광케이블을 이용하며, 음성, 데이터, 동영상 등의 종합적인 정보를 고속 전송하는 네트워크를 이야기하며 유선/무선 여부에 따라 유선 LAN(Wired LAN), 무선 LAN(Wireless LAN)이라고 불린다.

이더넷(Ethernet), 토큰 링(Token Ring), FDDI(Fiber Distributed Data Interface)와 같은 기술이 존재하며, 현재 대다수의 LAN에서는 이더넷을 사용하고 있다.

3) CAN(Campus Area Network), MAN(Metropolitan Area Network)

CAN은 캠퍼스 네트워크라고 불리며, LAN보다 더 큰 규모의 네트워크(예: 대학교)를 의미한다. MAN은 CAN보다 큰 개념으로 도시 규모의 네트워크를 의미한다. 하지만 최근에는 CAN, MAN이라는 용어는 많이 사용하지 않는다.

---

2) WPAN(Wireless Personal Area Network)로 분류할 수 있으나, 이 책에서는 PAN/WPAN 구분 없이 표기한다.

4) WAN(Wide Area Network : 광역 통신망)

WAN은 LAN에 대응되는 개념으로, 도시와 같은 넓은 지역, 국가나 대륙 같은 광범위한 지역에 걸쳐 구성하는 컴퓨터 통신망을 의미하며, 다양한 지역에 분산되어 있는 금융기관이나 대기업 또는 공공기관 등에서 구축한 통신망은 모두 광역통신망이라 할 수 있다.

LAN은 불과 몇 대에서 몇 백대 단위의 컴퓨터들을 연결하지만, WAN에서는 수천, 수만 대의 컴퓨터와 각종 컴퓨터 장비들을 연결하기 때문에 초고속 처리가 가능한 서버를 사용할 필요가 있다. 요즈음의 광역통신망은 LAN과 LAN을 고속 전송이 가능한 통신망으로 연결하는 형태를 취하고 있으며, 곳곳에 서버의 부담을 줄이려는 장치를 설치하고 있다.

대부분의 광역통신망은 송출라인과 교환 장치 2가지로 구성되어 있다. 회로, 채널 또는 중계선이라고도 불리는 송출라인은 여러 장치 간에 정보를 전달한다. 교환 장치는 2개 이상의 송출라인을 연결하는 데 사용하는 라우터(Router)를 말한다.

(2) 네트워크 토폴로지(Topology)

토폴로지는 네트워크에 배치된 노드(Node)[3]들의 배치형태 혹은 구성방식을 의미하며, 네트워크는 용도와 목적에 따라 다양한 토폴로지가 존재한다.

일반적으로 물리적 토폴로지와 논리적 토폴로지가 존재하며, 논리적 토폴로지는 데이터의 흐름을 의미하며, 물리적 토폴로지는 네트워크를 구성하는 노드들의 배치에 의해 결정된다.

3) 노드는 일반적으로 네트워크를 구성하는 장비를 의미한다. 네트워크가 컴퓨터, 스위치 혹은 라우터와 같은 네트워크 장비로 구성된다면 이 모두는 각각 하나의 노드로 볼 수 있다.

1) 성 형(Star topology)

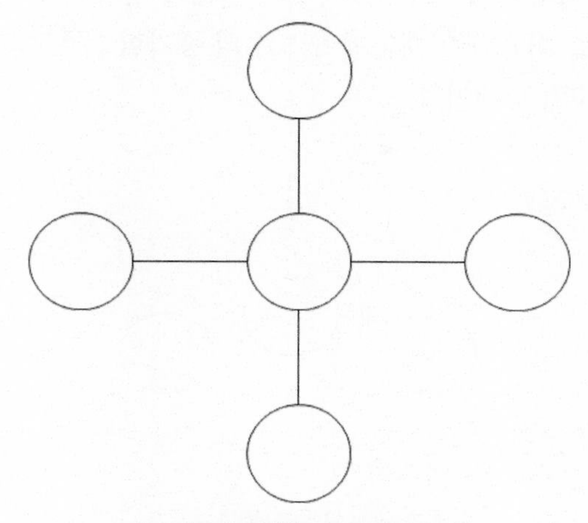

[그림 81] 성형(Star topology)

각 노드는 중앙의 노드를 이용하여 다른 노드와 통신을 할 수 있는 형태이다. 장애 발견이 쉽고 관리가 용이하지만, 중앙의 노드에 장애가 생기면 전체 노드에게 영향을 주어 네트워크 사용이 불가능하게 된다.

2) 버스 형(Bus topology)

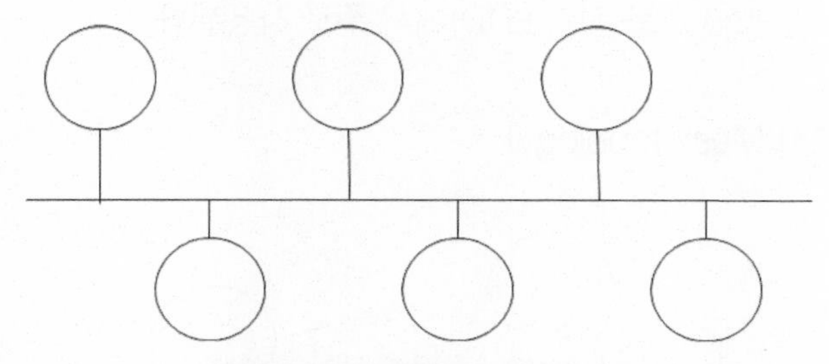

[그림 82] 버스 형(Bus topology)

버스라고 불리는 공유 통신경로를 이용하여 각 노드가 통신을 할 수 있는 형태이다. 노드의 추가·삭제가 용이하며, 한 노드의 장애가 전체에 영향을 끼치지 않는다. 하지만 하나의 공유 통신 경로를 이용하기 때문에 노드수의 증가할수록 전체 통신의 성능이 저하된다. 보편적인 이더넷의 형태이다.

3) 링 형(Ring topology)

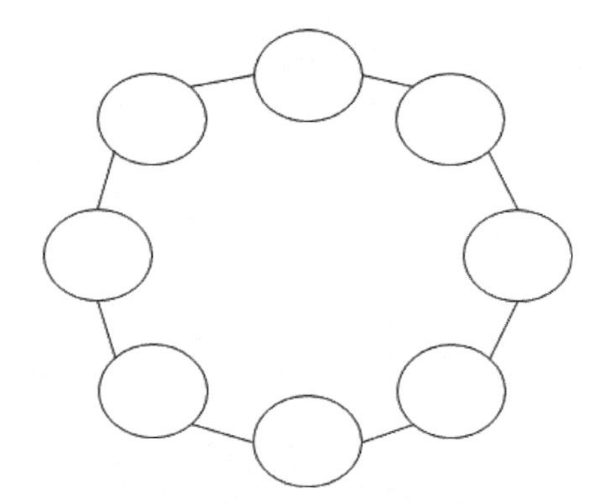

[그림 83] 링 형(Ring topology)

각 노드가 좌·우의 인접한 노드와 연결되어 원형(링형)으로 하나의 연속된 경로를 통해 통신을 할 수 있는 형태이다. 단방향 통신으로 하나의 노드의 이상이 생기면 전체 네트워크에 문제가 발생한다. 토큰링, FDDI에서 주로 사용된다.

4) 메시 토폴로지(Mesh topology)

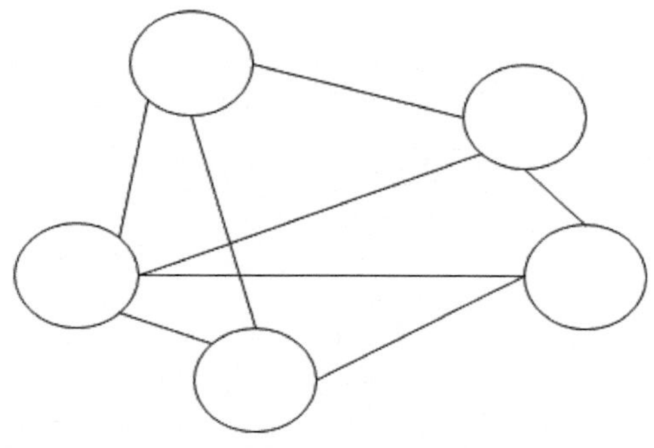

[그림 84] 부분 메시 토폴로지(Partially connected mesh topology)

망형이라고 불리기도 하며, 모든 노드가 부분적 혹은 전체가 연결되어 있는 형태이다. 특정 노드의 장애가 발생해도 다른 노드에 영향을 주지 않지만, 각 노드간 연결이 필요하고 새로운 노드 추가 시 큰 비용이 발생하게 된다.

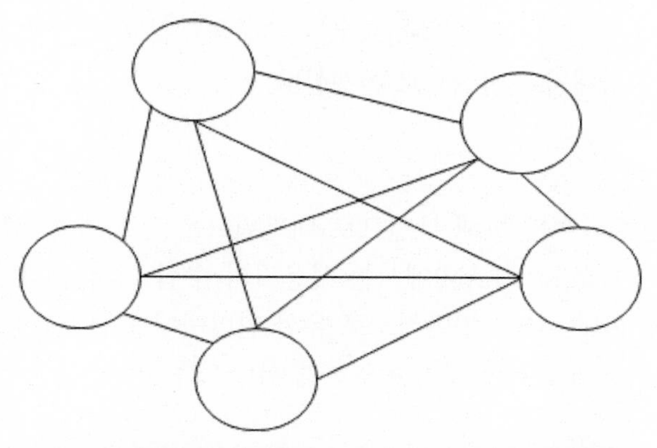

[그림85] 풀 메시 토폴로지 (Fully connected mesh topology)

(3) 전송 방식에 따른 분류

1) 유선 네트워크

동축케이블, UTP 케이블, 광케이블 등으로 연결된 네트워크를 의미한다.

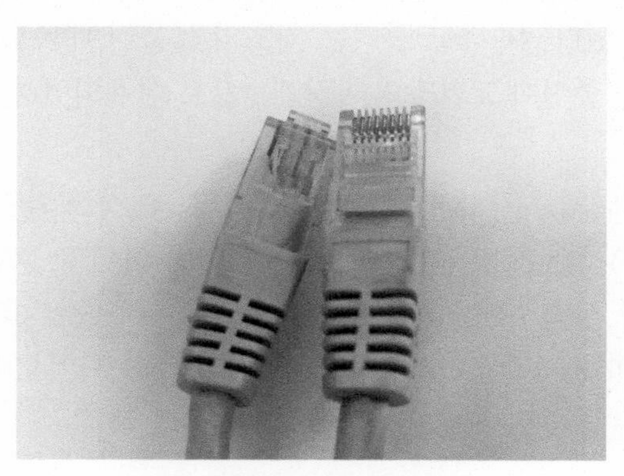

[그림 86] UTP 케이블

이더넷이라는 네트워크 전송 기술(IEEE 802.3 표준)을 사용하며 최대 100Gbps의 높은 속도를 제공하며, 유선 LAN이라는 이름으로 불리기도 한다.

대다수의 데스크탑 컴퓨터가 유선 네트워크로 연결되어 사용되고 있고, 노트북과 모바일기기도 무선으로 연결되지만 최종적으로는 유선네트워크로 연결되어 무선과 유선을 혼합하여 사용하는 형태가 일반적으로 존재한다.

2) 무선 네트워크

유선 연결 없이 주파수를 통해 무선으로 네트워크를 사용할 수 있는 네트워크를 의미한다. 무선 LAN(Wireless LAN)에서는 사용자가 수십 미터 반경에 있는 AP(Access Point)와 송수신을 한다. AP는 일반적으로 유선 인터넷에 연결되고 따라서 무선 사용자는 유선으로 네트워크에 연결한 것과 동일하게 서비스를 제공받을 수 있다

와이파이(Wi-Fi, IEEE 802.11)에 기초한 무선 LAN은 현재 대학, 사무실, 카페, 집 등 다양한 곳에 구축되어 있으며, 최초 모바일 기기에 포함되던 무선 네트워크 기능이 현재는 전자제품까지도 무선 네트워크를 사용할 수 있도록 기본적으로 무선 네트워크 기능이 포함되어 출시된다. 최대 54Mbps를 지원하는 IEEE 802.11g가 많이 사용되고 있다.

3) 셀룰러 네트워크(Cellular Network)

오늘날 우리가 사용하는 핸드폰·스마트폰이 사용하는 네트워크로 SKT, LGT, KT 등을 통해 제공을 받고 있다. 1G라고 불리는 최초의 셀룰러 네트워크는 아날로그 트래픽 채널을 제공했으며, 공중전화 교환망의 확장개념으로 설계되었다.[4)]

이후 무선이동통신업체들은 1Mbps 이상의 속도로 패킷 교환 장거리 무선 인터넷 접속을 제공하는 소위 3세대(3G) 서비스에 많은 투자를 하였고, WCDMA로 표준화 되었다. 이 후 HD급 영상 서비스를 위한 4세대 이동통신 표준으로 100Mbps의 전송속도를 보장하는 LTE(Long Term Evolution)과 Wibro가 표준화 되었으며 곧 5G가 상용화되어 일반인도 사용이 가능할 것으로 보인다.

4) 윌리엄 스탈링스, 현대 네트워크 기초 이론, 에이콘, 2016, 51면

(4) 사용자 관점에 따른 분류

1) 클라이언트-서버(Client-Server) 모델

클라이언트-서버 모델에서 서비스 제공자인 서버는 서비스 요청자인 클라이언트에게 서비스를 제공한다.

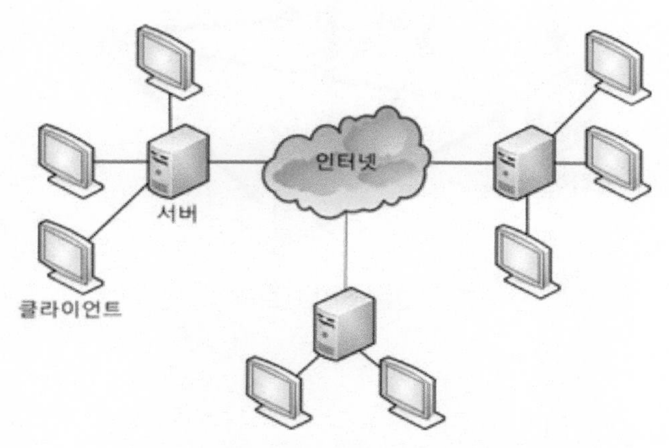

[그림 87] 클라이언트-서버 모델

2) P2P(Peer to Peer) 모델

서비스를 하는 서버가 정해져 있지 않고, 각각의 노드가 동등하게 서버 역할을 수행하며 네트워크 노드의 여러 가지 자원을 공유할 수 있게 도와준다. 클라이언트-서버 모델과 달리 노드와 노드간의 메시지 전달은 서버를 통하지 않고 직접 이루어지며, 상황에 따라 하나의 노드가 서버 혹은 클라이언트가 될 수가 있다. 각 노드는 필요에 따라 클라이언트와 서버로 사용할 수 있다는 것이 P2P 모델의 특징이다.

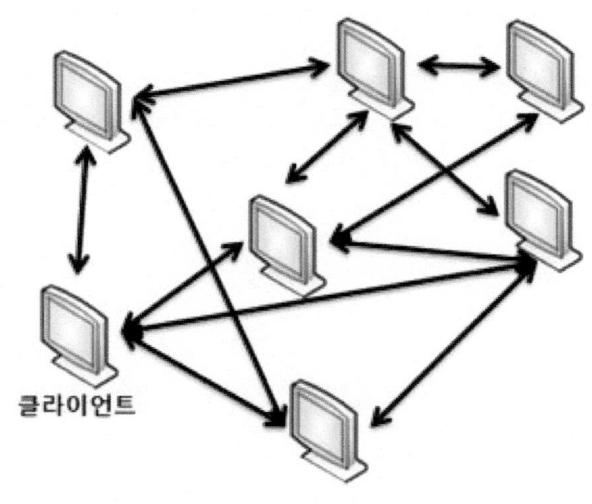

[그림 88] P2P 모델

(5) 기타 네트워크

1) 블루투스(Bluetooth)

블루투스는(IEEE 802.15.1) 네트워크는 저전력·저비용으로 작은 범위에서 동작한다. 802.11은 고전력, 중간 범위, 고속 '접근(access)'기술이지만, 802.15.1은 랩톱, 주변장치, 셀룰러폰, PDA 등을 연결하는 전전력, 작은 범위 저속 '케이블 대체(Cable Replacement)'기술이다. 이러한 이유로 WPAN(Wireless Personal Area Network)이라 불린다. 802.15.1의 링크 및 물리 계층은 초기의 블루투스 관련 문서의 정의에 기반하고 있다.

802.15 네트워크는 2.4GHz의 비허가 무선 대역에서 625㎲의 시간 슬롯을 갖는 TDM 방식으로 동작한다. 송신자는 시간 슬롯마다 79 채널 중의 한 채널로 전송하며, 슬롯 당 채널 선택 방식은 알려진 임의 선택 방식이다. 이 같은 채널 홉핑 방식(FHSS :Frequency Hopping Spread Spectrum)은 시간에 맞춰 주파수 스펙트럼 상으로 전송을 분산시킨다. 802.15.1은 최대 4Mbps의 전송률을 제공할 수 있다.

802.15.1 네트워크는 애드 혹 네트워크며, 802.15.1 장치들을 연결하기 위한 네트워크 인프라스트럭처가 필요 없다. 따라서 802.15.1 장치들은 스스로 연결을 형성해야 한다.

아래 그림처럼, 802.15.1 장치들은 처음에 최대 8개의 활성 노드로 피코넷을 형성한다. 활성 장치 중 하나는 마스터로 지정되고 나머지는 슬레이브가 된다. 마스터 노드는 피코넷을 관장한다. 즉, 마스터의 클록에 의해서 피코넷 내부의 시간이 결정되며, 마스터는 홀수 번째 슬롯마다 전송할 수 있고, 슬레이브는 이전 슬롯에서 마스터가 슬레이브와 통신 다음에야 전송할 수 있는데, 이때도 마스터에게만 전송할 수 있다. 슬레이브 장치 이외에도 피코넷에는 최대 255개의 파킹된 장치가 있을 수 있다. 파킹된 장치는 마스터 노드에 의해서 파킹 상태에서 활성 상태로 변경되기 전까지는 통신할 수 없다.

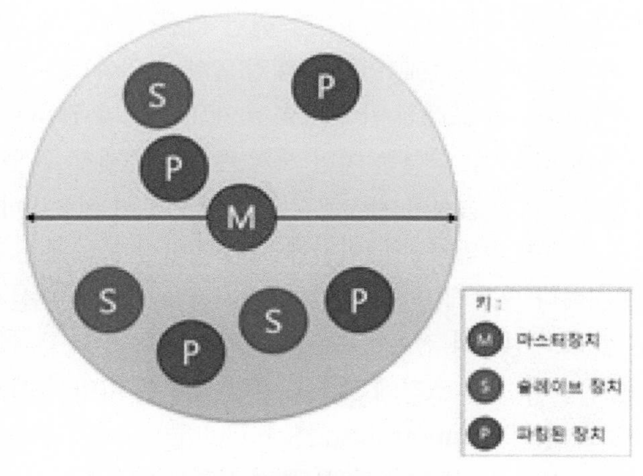

[그림 89] 블루투스 피코넷

2) WiMax

와이맥스(World Interoperability for Microwave Access, WiMAX) 와이맥스는 802.16 표준안의 일원으로서 넓은 범위의 다수의 사용자들에게 케이블모뎀이나 ADSL 네트워크 수준의 데이터 전송률을 무선으로 전달하기 위한 기술 표준이다. 802.16d 표준은 앞선 802.16a 표준의 개선안이다.

802.16e표준은 시속 70~80마일의 이동성을 지원하기 위한 것으로 PDA, 전화, 랩탑 컴퓨터 등과 같은 작고 제한된 자원의 기기들을 위한 다른 링크 구조를 가지고 있다. 802.16의 구조는 가입자 스테이션으로 불리는 상당히 많은 수의 클라이언트들에게 집중형 서비스를 제공하는 기지국 개념에 기반하고 있다.

이러한 관점에서 WiMAX는 인프라스트럭처 기반의 Wi-Fi와 셀룰러전화 네트워크를 닮은 면이 있다. 기지국은 TDM 프레임 구조에 따라 수신자 스테이션으로의 다운스트림과 기지국으로의 업스트림 양방향으로의 링크 계층 패킷 전송을 조절한다. 여기서는 링크 계층의 데이터 단위를 TDM 프레임 구조와 구분하기 위하여 '프레임'이란 용어보다 '패킷'이란 용어를 사용할 것이다. WiMAX는 주파수분할 다중화(FDM) 방식의 동작 모드도 정의하고 있으나 여기서는 다루지 않는다.

프레이밍의 시작부에서, 기지국은 먼저 변조 기법, 코딩, 오류 복구 변수 등 물리 계층 속성들을 가입자 스테이션에게 알려주기 위한 다운스트림 MAP(Media Access Protocol) 메시지 목록을 전송하는데, 이는 프레임 안에서 뒤따르는 패킷 뭉치(Burst)를 전송하기 위하여 사용된다. 한 프레임 안에는 여러 개의 뭉치가 있을 수 있고, 한 뭉치에는 하나의 가입사 스테이션으로 향하는 여러 개의 패킷이 존재할 수 있다. 한 뭉치 안의 모든 패킷들은 똑같은 물리적 속성을 가지고 기지국에 의하여 전송된다. 그러나 이 물리적 속성은 기지국이 수신할 가입자 스테이션에 가장 적합한 물리계층 전송 기법을 선택할 수 있도록 각 뭉치마다 다르게 변할 수 있다. 기지국은 측정된 수신자로의 현재 채널 조건에 기반을 둔 한 프레임에서 전송할 수신자들의 집합을 선택할 수 있다. 물리 계층 프로토콜을 송수신자 간의 채널 조건에 맞추고 채널 조건에 따라 수신자를 선택하는 이러한 형태의 기회적 스케줄링(Opportunistic Scheduling)은 기지국이 무선 매체를 최적으로 사용할 수 있도록 한다. WiMAX 표준은 특정 상황에서 사용되어야 할 물리 계층 변수의 집합을 지정하지 않는다. 그 결정은 WiMAX 기기 공급사와 네트워크 운영자에게 맡겨져 있다.

WiMAX 기지국은 업스트림 채널을 이용한 가입자 스테이션의 접속을 UL-MAP 메시지를 통하여 조절한다. 이 메시지는 각각의 가입자 스테이션이 업링크 서브프레임에서 채널에 접속하는 시간을 제어하는 데 사용된다. WiMAX 표준은 클라이언트에게 업링크 채널 시간을 할당하기 위한 구체적인 정책도 역시 지시하지 않는다. 이는 네트워크 운영자의 결정에 맡겨진다. 대신에 WiMAX는 서로 다른 가입자 스테이션에게 다른 양의 채널 접속 시간을 줄 수 있는 정책을 구현할 수 있는 메커니즘을 제공한다. 업링크서브프레임의 시작부는 가입자가 WiMAX 네트워크의 허가와 인증을 요청하기 위한 메시지나 DHCP나 SNMP 같은 상위 계층 관리 프로토콜 관련 메시지 등 제어 메시지를 무선 링크 상에서 전송하기 위해 사용된다.

WiMAX MAC 패킷 형식을 보여준다. 여기서는 헤더의 연결 식별자(Connection ID) 필드만을 설명한다. WiMAX는 각각의 연결이 연관된 QoS, 트래픽 변수, 그리고 다른 정보들을 유지하는 연결지향형 구조이다. 이러한 QoS 정보가 어떻게 제공되는지의 방법은 네트워크 운영자에게 달려있다. WiMAX는 채널 측정이나 연결 허가 등의 필드들을 가지고 기축과 호스트 사이에 정보를 교환하기 위한 낮은 수준의 메커니즘을 제공하지만, QoS 제공을 위한 전체적인 방법이나 정책은 제공하지 않는다. 비록 대부분의 가입자 스테이션이 802.3 또는 802.11 네트워크와 마찬가지로 48비트의 MAC주소를 가지고 있기는 하지만 WiMAX에서 이 MAC 주소는 기기들의 식별자로 여겨진다. 왜냐하면 종단간의 통신은 양 끝단의 MAC주소보다는 연결 식별자를 통하여 이루어지기 때문이다.

제2장 OSI 참조모델과 TCP/IP

1. OSI 참조모델

1970년대 후반, 국제 표준화 기구인 ISO(International Standards Organization)는 네트워크상의 호스트간 통신을 정의하기 위해 7개의 계층(Layer)으로 된 OSI 참조 모델 이라는 표준을 발표했는데, 이를 OSI 참조 모델(Open System Interconnection Reference Model)이라고 부르며, 일반적으로 OSI 7 계층이라고도 한다.

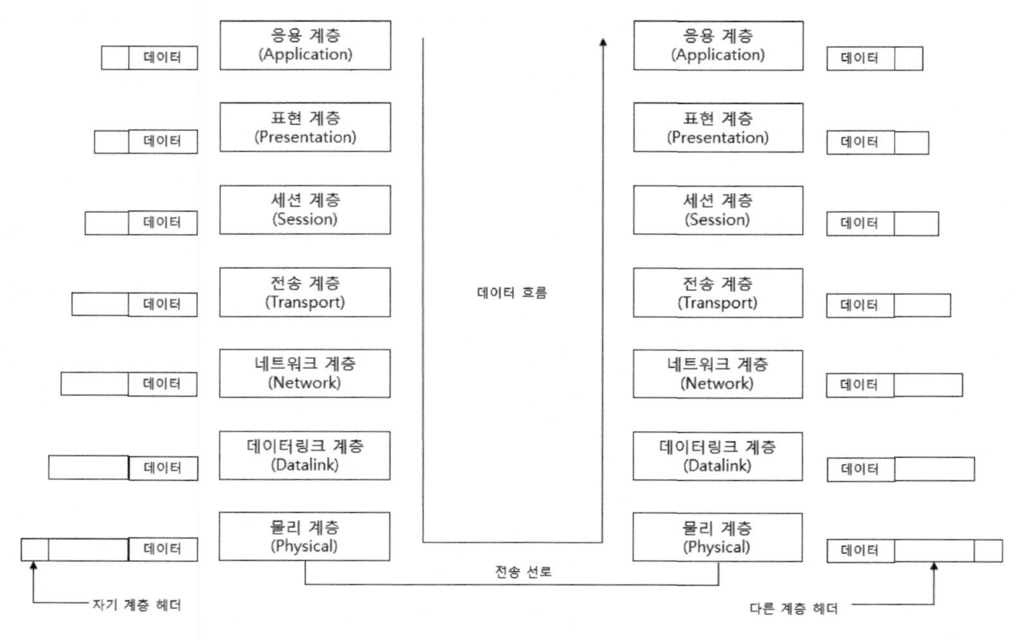

[그림 90] OSI 7계층

OSI 참조모델은 위와 같이 7개의 계층으로 이루어져 있으며, 각각 애플리케이션 계정, 프리젠테이션 계층, 세션 계층, 트랜스포트 계층, 네트워크 계층, 데이터 링크 계층, 물리 계층이다. 각각의 계층은 서로 독립적으로 서비스를 제공할 수 있다.

이처럼 계층으로 나눈 이유는 각각의 계층에만 최적화 된 애플리케이션을 개발 가능하도록 하기 위한 목적이다. 예를 들어서 이더넷 제작자는 상위 6개의 계층에 대해서는 신경 쓸 필요 없이 Physical 계층에 있는 규약에만 신경쓰면서 제품을 제작하면 된다. 만약 웹브라우저를 제작한다고 하면, 프로그래머는 Application 계층과 Presentation 계층정도만 신경써주는 정도로 어플리케이션의 제작이 가능할 것이다.

(1) 물리(Physical) 계층

물리 계층의 기능은 프레임 내부의 각 비트를 한 노드에서 다음 노드로 이동하는 것이다. 이 때 호스트의 NIC(Network Interface Card)로부터 통신시스템까지 전송되려 하는 데이터에 포함된 전기적 특성을 띄게 된다. 이 계층의 프로토콜들은 링크에 의존하고 더 나아가 링크의 실제 전송매체에 의존한다. 네트워크의 기본 네트워크 하드웨어전송기술을 이루고 네트워크의 높은 수준의 기능의 논리 데이터 구조를 기초로 하는 필수 계층이다. 다양한 특징의 하드웨어 기술이 접목되어 있기에 OSI 아키텍처에서 가장 복잡한 계층으로 간주된다.

(2) 데이터링크(Data-Link) 계층

데이터링크 계층의 기능은 네트워크 계층에서 물리 계층으로 데이터 프레임을 보내는 것으로, 포인트 투 포인트(Point to Point) 간 신뢰성 있는 전송을 보장하기 위한 계층으로 CRC 기반의 오류 제어와 흐름 제어가 필요하다. 네트워크 위의 개체들 간 데이터를 전달하고, 물리 계층에서 발생할 수 있는 오류를 찾아내고, 수정하는 데 필요한 기능적·절차적 수단을 제공한다.

데이터링크 계층이 물리 계층으로부터 비트 단위의 정보를 받았을 때 이 비트 정보를 데이터 프레임으로 바꾸는 역할을 수행하는데, 이 때의 데이터 프레임은 목적지 주소 (기본 게이트웨이나 목적지 호스트의 MAC 주소), 출발지 주소(출발지 호스트의 MAC주소), 제어 정보(프레임의 종류, 라우팅, 분할 정보를 포함), 순환 중복 검사(Cyclic Redundancy Check, CRC)을 포함하고 있다. 네트워크 브릿지(Bridge)나 스위치(Switch) 등이 이 계층에서 동작한다.

또한, 데이터링크 계층은 2개의 작은 계층으로 세분화 할 수 있는데, 첫 번째로는 에러 제어, 비연결 혹은 연결 기반 서비스를 제공하는 논리 링크 제어(Logical Link Control, LLC) 서브 계층과 실질적인 LAN 매체 접근 및 물리 계층과 같이 동작하는 매체 접근 제어(Media Access Control, MAC) 서브 계층이 있다.

(3) 네트워크(Network) 계층

네트워크 계층은 하나의 호스트에서 다른 호스트로 데이터가 이동할 때 가장 좋은 경로를 조사하는 일을 수행한다. 즉, 여러개의 노드를 거칠 때마다 경로를 찾아주는 역할을 하는 계층으로 다양한 길이의 데이터를 네트워크들을 통해 전달하고, 그 과정에서 전송 계층이 요구하는 서비스 품질(QoS)을 제공하기 위한 기능적·절차적 수단을 제공한다. 그리고 메시지 어드레싱, 논리 주소(IP주소)를 물리 주소(MAC 주소) 변환하는역할 등을 담당한다.

출발지와 목적지 호스트 간의 데이터 이동 경로를 설정·전송되고 있는 패킷이 목적지 호스트의 위상보다 훨씬 큰 경우, 네트워크 계층은 데이터를 더 작은 패킷으로 분할하는데, 이 때의 분할된 패킷은 목적지에서 원래의 패킷으로 재조립하게 된다.

라우팅(Routing), 흐름 제어, 세그멘테이션(Segmentation/Desegmentation), 오류 제어, 인터네트워킹(Internetworking) 등을 수행한다. 라우터가 이 계층에서 동작하고 이 계층에서 동작하는 스위치도 있다. 데이터를 연결하는 다른 네트워크를 통해 전달함으로써 인터넷이 가능하게 만드는 계층이다.

(4) 전송(Transport) 계층

전송 계층은 양 끝단(End to end)의 사용자들이 신뢰성 있는 데이터를 주고 받을 수 있도록 해주어, 상위 계층들이 데이터 전달의 유효성이나 효율성을 생각하지 않도록 해준다. 시퀀스 넘버 기반의 오류 제어 방식을 사용한다. 전송 계층은 특정 연결의 유효성을 제어하고, 일부 프로토콜은 상태 개념이 있고(stateful), 연결 기반(connection oriented)이다. 이는 전송 계층이 패킷들의 전송이 유효한지 확인하고 전송 실패한 패킷들을 다시 전송한다는 것을 뜻한다. 가장 잘 알려진 전송 계층의 예는 TCP이다. 종단간(end-to-end) 통신을 다루는 최하위 계층으로 종단간 신뢰성 있고 효율적인 데이터를 전송하며, 기능은 오류검출 및 복구와 흐름제어, 중복검사 등을 수행한다.

(5) 세션(Session) 계층

세션 계층은 두 호스트에 존재하는 응용 프로그램이 통신할 때 일어나는 요청이나 응답에 관한 서비스를 조정하는 역할을 한다. 서로 다른 두 호스트에 있는 응용 프로그램이 세션(session)이라고 불리는 통신 연결을 만들 수 있게 해주어 메시지가 높은 신뢰도로 전송하고 수신되어지도록 한다. 이는 네트워크상의 두 호스트간 통신에서 보안 기능을 지원한다고 할 수 있다.

(6) 프리젠테이션(Presentation) 계층

프리젠테이션 계층에서는 네트워크상에서 데이터를 주고 받을 때 데이터를 어떤 형태로 지정할 것인지를 결정하는 계층으로써, 데이터 압축 및 암호화, 문자 집합의 변환, 프로토콜 변경 등 모든 형태의 전환을 행한다. MIME 인코딩이나 암호화 등의 동작이 이 계층에서 이루어진다. 예를 들면, EBCDIC로 인코딩된 문서 파일을 ASCII로 인코딩된 파일로 바꿔 주는 것이 프리젠테이션 계층의 몫이다.

(7) 응용(Application) 계층

응용 계층은 네트워크 서비스를 액세스할 수 있는 프로그램의 사용을 가능하게 해주는 것으로 응용 계층을 사용하는 프로그램은 네트워크 지원을 필요로 하는 통신 구성요소를 가지고 있다. 현재 응용 계층에서 사용되고 있는 프로그램의 종류로는 가상터미널, 전자우편(E-mail), EDI, 회의용 응용 프로그램, 영상/음성, 팩스 교환, 월드 와이드웹(World Wide Web)등이 있다.

2. TCP/IP

(1) TCP(Transmission Control Protocol) / IP(Internet Protocol)

TCP는 인터넷상의 컴퓨터들 사이에서 데이터를 메시지의 형태로 보내기 위해 IP와 함께 사용되는 프로토콜이다. IP가 실제로 데이터의 배달처리를 관장하는 동안 TCP는 데이터 패킷을 추적 관리 한다. 메시지는 인터넷 내에서 효율적인 라우팅(최적의 경로를 찾는 일)을 하기 위해 여러 개의 작은 조각으로 나눠지는데 이것을 패킷(packet)이라 부른다. 예를 들면 HTML 웹 서버로부터 사용자에게 보내질 때 서버 내에 있는 TCP계층의 프로그램은 파일을 여러 개의 패킷(packet)들로 나누고 패킷 번호를 붙인 다음IP 계층의 프로그램으로 보낸다. 각 패킷이 동일한 수신지 주소(IP주소)를 가지고 있더라도 패킷들은 네트워크의 서로 다른 경로를 통해 전송될 수 있다. 다른 한쪽 편(사용자컴퓨터 내의 클라이언트 프로그램)에 있는 TCP는 각 패킷들을 재조립하고 사용자에게 하나의 완전한 파일로 보낼 수 있을 때까지 기다린다. TCP는 연결지향 프로토콜이라고 알려져 있는데 이것은 메시지들이 각단의 응용 프로그램들에 의해 교환되는 시간 동안 연결이 확립되고 유지되는 것을 의미한다. TCP는 IP가 처리할 수 있도록 메시지를 여러 개의 패킷들로 확실히 나누고 반대편에서는 완전한 메시지로 패킷들을 재조립해야 한다.

<table>
<tr><th>OSI 7
Layer Model</th><th>TCP/IP Layer</th><th colspan="4">TCP/IP의 구현</th></tr>
<tr><td>Application</td><td rowspan="7">Application</td><td colspan="4">FTP</td></tr>
<tr><td>Presentation</td><td colspan="4">TELNET</td></tr>
<tr><td rowspan="5">Session</td><td colspan="4">SMTP</td></tr>
<tr><td colspan="4">DNS</td></tr>
<tr><td colspan="4">TFTP</td></tr>
<tr><td colspan="4">SNMP</td></tr>
<tr><td colspan="4"></td></tr>
<tr><td>Transport</td><td>Transport</td><td colspan="2">TCP</td><td colspan="2">UDP</td></tr>
<tr><td rowspan="2">Network</td><td rowspan="2">Internet</td><td colspan="4">IP</td></tr>
<tr><td>ICMP</td><td>ARP</td><td></td><td>IGMP</td></tr>
<tr><td>DataLink</td><td rowspan="2">Network
Access</td><td colspan="4" rowspan="2">Ethernet/Token Ring/FDDI</td></tr>
<tr><td>Physical</td></tr>
</table>

[그림 91 OSI 7계층과 TCP/IP 4계층

HTTP (Hyper Transfer Protocol)	WWW의 Web페이지 파일을 전송하는데 사용된다.
FTP (File Transfer Protocol)	원격지 호스트들과 상호 파일 전송을 위해 사용된다.
SMTP (Simple Message Transfer Protocol)	E-mail의 표준 전송 프로토콜이다.
Telnet (Terminal Emulation Protocol)	원거리 Network 호스트에 원격 접속을 위한 프로토콜이다.
DNS (Domain Name Service)	도메인 네임을 IP 주소로 맵핑 시켜주는 역할을 한다.
SNMP (Simple Network Management Protocol)	네트워크 관리를 위한 유용한 정보를 수집 및 간단한 네트워크 관리 정보 수정을 위한 프로토콜이다.

[표 2] TCP/IP 주요 Protocol

(2) TCP/IP의 역사

1969년에 ARPA(Advanced Research Project Agency)가 실험적인 패킷 교환 방식의 네트워크를 만들어 내기 위해 연구와 개발에 몰두하게 되었는데 여기에서 현재 Internet의 토대가 되는 ARPANET이 탄생하게 되었다. TCP/IP의 유연하고 확장성 있는 주소체계는 Internet과 같은 거대한 네트워크에 적합하게 설계되었다. 그래서 대부분의 많은 인터넷 서비스가 TCP/IP 프로토콜 스택을 기반으로 만들어졌다.

(3) TCP/IP의 주요 프로토콜

1) IP(Internet Protocol)

IP의 주요 기능은 논리적 네트워크 계층으로 호스트를 주소화하는 것과 호스트간에 데이터그램의 형태로 정보를 전달하는 것이다.[5] IP는 네트워크 계층에서 동작하며, 자체로는 신뢰성을 보장하지 않지만 상위 계층의 프로토콜을 이용하여 신뢰성을 제공하고 있다.

5) TCP/IP Primer plus, Heather Osterloh, SAMS, 2002, 64면

ICMP(Internet Control Message Protocol, 인터넷 제어 메시지 프로토콜)은 IP에 해당되는 프로토콜로 보고 있으며, 우리가 흔히 사용하는 ping 명령어가 이를 이용한다.

2) TCP(Transmission Control Protocol)

TCP는 전송 계층(Transport Layer)에서 사용하는 프로토콜로 연결 설정과 해제, 다중화, 데이터 전송, 흐름제어, 신뢰성, 우선 순위와 보안 기능 등을 가지고 있다.

아래는 TCP의 주요 기능이다.

가. 연결 설정

TCP는 데이터를 보내기 전 3-Ways Handshaking이라고 부르는 과정을 거친다.

(가) 데이터를 보내는 노드에서는 데이터를 받는 노드에 최초 메시지를 보낸다(SYN).
(나) 데이터를 받는 노드는 최초 메시지를 받았다는 응답과 함께 데이터를 받을 준비가 되었다고 응답한다(SYN-ACK).
(다) 최초 메시지를 보낸 노드는 나)항의 응답에 대해 다시 응답한다(ACK).

위의 과정을 거친 후 데이터를 전송하게 된다.

나. 흐름제어(Flow Control)

연결설정 후 데이터를 전송하게 되지만, 네트워크를 통해 전송할 수 있는 데이터는 제한되어 있다. 즉 송신측에서 보내는 트래픽이 수신측의 버퍼를 넘어서지 않아야 한다. 이를 위해 TCP에서는 윈도우(Window)라는 값을 이용하여 이 윈도우 값을 서로간에 교환하며, 이를 통해 전송속도를 조절하게 된다.

다. 신뢰성

TCP는 전송된 각각의 바이트와 일련화와 다른 편으로부터 온 각각의 바이트에 상응하는 승인을 요구하며, 이를 통해 호스트로 하여금 정보가 유실되었는지 혹은 순서에 맞지 않게 도달했는지를 검출할 수 있게 해준다.[6]

---

6) TCP/IP Primer plus, Heather Osterloh, SAMS, 2002, 234면

3) UDP(User Datagram Protocol)

UDP도 TCP와 같이 전송 계층(Transport Layer)에서 사용되는 프로토콜이다. TCP의 개발 이후, 신뢰성을 얻기 위해 대다수의 통신은 TCP로 이루어졌지만, 이는 모든 데이터의 오류를 검출하여 신뢰성보다 빠르게 정보를 전송하여야 하는 프로그램(예: 실시간 영상 전송 등)에는 적절하지 않았다.

UDP는 TCP와 달리 세션을 별도로 설정하지 않으며, 데이터를 단순히 전달하려는 목적의 프로토콜로 빠르지만 신뢰성이 떨어진다는 특징을 가지고 있다.

제3장 네트워크 보안시스템

1. 방화벽(Firewall)

방화벽(과거에는 침입차단시스템으로도 불림)은 외부로부터의 불법적인 접근이나 해커의 공격으로부터 내부 네트워크를 방어하기 위해, 내부 인트라넷과 외부 인터넷 사이에 유일한 통로에 설치하여 두 네트워크 간에 이루어지는 접근을 제어하는 장치이다. 방화벽을 양방향 트래픽의 병목 지점에 설치함으로써 내부 네트워크의 취약한 부분이 외부에 노출될 위험을 감소시킬 수 있다. 이러한 점에서, 방화벽은 네트워크 사용자에게 가능한 한 투명성을 보장하면서 위험 지대를 줄이고자 하는 적극적인 보안 대책을 제공하고자 하는 것이다.

방화벽이 없는 환경에서 네트워크의 보안은 전적으로 호스트 시스템의 보안에 의존하게 되는데, 이에 대한 책임은 네트워크에 연결된 모든 호스트가 일정하게 분담해야 한다. 그러므로, 네트워크의 규모가 커질수록 보안의 통제는 매우 어려워진다. 이 때 방화벽을 사용함으로써 전체 네트워크의 보안 수준을 높이고 네트워크 공격에 적절히 대처할 수 있다. 방화벽은 한 도메인 내의 네트워크 보안을 위한 최선의 해결책을 제공한다. 물론 방화벽이 완전한 해결책이라고는 할 수 없지만, 가장 효과적이고 비교적 비용이 적게 드는 방법이다.

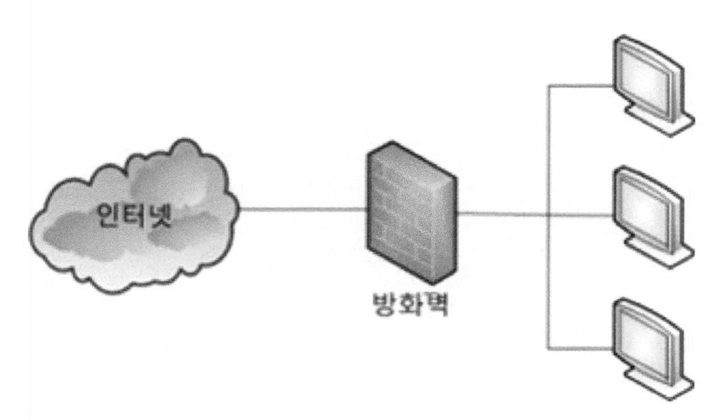

[그림 92] 방화벽의 대략적인 구성도

방화벽은 크게 두 가지로 분류할 수 있다. 방화벽이 사용하는 기술에 따라 분류할 수 있고, 방화벽의 구성에 따라 분류할 수도 있다. 방화벽을 사용하는 기술에 따라 분류하면 패킷 필터링 게이트웨이(Packet Filtering Gateway), 회로 레벨 게이트웨이(Circuit Level Gateway), 응용 게이트웨이(Application Gateway), 상태정밀검사 방식(Stateful Packet Inspection)으로 분류할 수 있고, 구성에 따라 분류하면 스크리닝 라우터(Screening Router), 배스천 호스트(Bastion Host), 이중 홈게이트웨이(Dual Homed Gateway), 스크린 호스트 게이트웨이(Screen Host Gateway), 스크린 서브넷 게이트웨이(Screen Subnet Gateway)로 나눌 수 있다.

기 능	설 명
접근통제	• ACL에 의해서 이루어짐 • 접근 통제 규칙은 방화벽의 보안 정책에 의해 결정 • 기능의 구현은 패킷 필터링 방식과 애플리케이션 프록시 방식으로 구현되며 K4E 등급을 획득한 국내의 방화벽은 두 방식을 혼용하여 사용할 수 있는 Hybrid로 접근 통제방법을 제공
식별 및 인증	• 허가 받은 객체만이 접근할 수 있도록 통제하는 기능
무결성 점검	• 보유한 데이터(보안정책, 감사추적로그, 시스템 환경)에 대한 불법 변조를 방지 하기 위한 기능
감사추적	• 통과되는 모든 트래픽에 대한 접속정보를 기록 유지하여, 보안사고가 발생하였을 경우에 감사추적의 기능을 제공
주소변환	• 내부 IP 주소가 외부에 공개되어 허가받지 않은 사용자가 내부 IP 주소로 접근하는 것을 방지하기 위한 IP 주소 변환 기능

[표 3] 방화벽의 주요 기능

과거에는 OSI 7계층 중 3계층에 해당되는 네트워크 방화벽을 주로 사용하였지만 최근에는 애플리케이션을 식별 제어할 수 있는 L7 방화벽도 많이 사용되고 있다.

L7방화벽의 특징은 단순히 출발지/목적지/프로토콜만 보던 네트워크 방화벽의 기능에서 실제 통신하는 패킷의 내용을 확인하여 처리할 수 있는 장점이 있는 반면, 기존 네트워크 방화벽보다 많은 부하를 발생시키게 된다.

2. 침입탐지시스템(IDS, Intrusion Detection System)

침입탐지시스템은 일반적으로 시스템에 대한 원치 않는 조작을 탐지하여 준다. 침입탐지시스템은 전통적인 방화벽이 탐지할 수 없는 모든 종류의 악의적인 네트워크 트래픽 및 컴퓨터 사용을 탐지하기 위해 필요하다. 이것은 취약한 서비스에 대한 네트워크 공격과 애플리케이션에서의 데이터 처리 공격(Data Driven Attack), 그리고 권한 상승(Privilege Escalation) 및 침입자 로그인/침입자에 의한 주요파일 접근/악성코드(컴퓨터 바이러스, 트로이 목마, 웜)과 같은 호스트 기반 공격을 포함한다.

침입탐지시스템은 일반적인 보안시스템 구현 절차의 관점에서 방화벽과 더불어 가장 우선적으로 구축되었으며, 침입탐지시스템의 구축 목적은 해킹 등의 불법 행위에 대한 실시간 탐지 및 차단과 방화벽에서 허용한 패킷을 이용하는 해킹 공격의 방어 등의 목적으로 구축된다.

침입탐지시스템은 설치 위치에 따라 크게 2가지로 구분할 수 있다.

(1) 네트워크 침입탐지 시스템(NIDS, Network Intrusion Detection System)

방화벽과 마찬가지로 네트워크에 설치되며, 네트워크를 지나는 트래픽을 분석하여 정상과 비정상을 구분하며 설치 운용이 쉬운 반면에 오탐이 많은 단점이 있다.

(2) 호스트 침입탐지 시스템(HIDS, Host Intrusion Detection System)

호스트 즉 서버에 설치되어, 호스트에서 발생하는 다양한 로그와 호스트로 인입되는 트래픽을 분석하여 정상과 비정상을 구분하게 된다. 오탐이 적은 대신 모든 호스트에 설치가 필요하다는 단점이 있다.

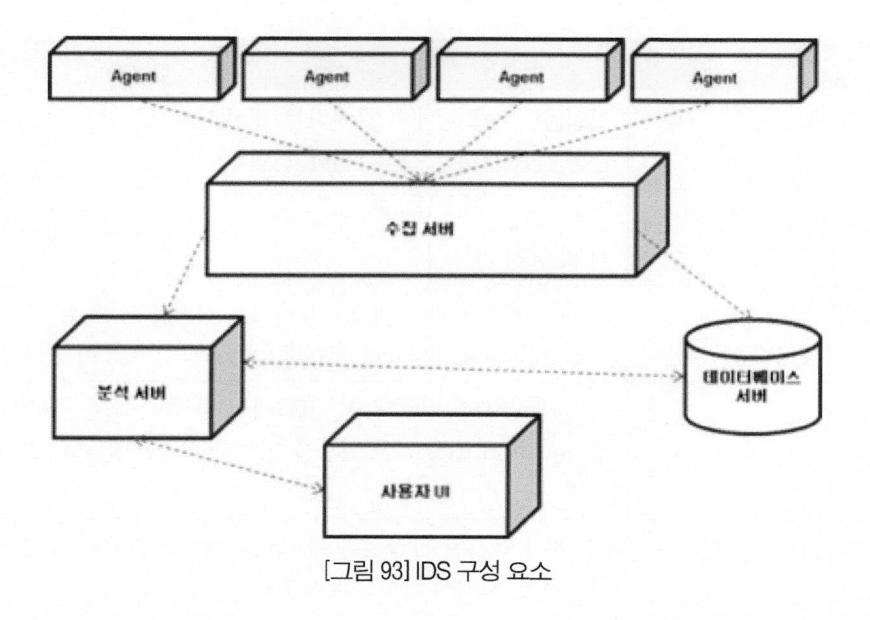

[그림 93] IDS 구성 요소

침입탐지시스템은 IT 정보자산을 공격하는 구체적인 해킹 행위를 실시간으로 탐지함으로써, 보다 능동적으로 침해 사고를 예방하고 대응할 수 있는 보안시스템이다. 또한 침입차단시스템에서 허용한 IP와 Port를 이용한 불법 행위를 탐지함으로써 침입차단시스템의 단점을 보완할 수 있으며, 보안관리자의 부재 시에도 탐지된 해킹 행위에 대한 자동 대응을 수행함으로써 보다 효과적인 정보 보호 활동을 할 수 있다.

침입탐지시스템의 표준 보안 정책은 감시대상 영역에서 탐지하고자 하는 공격 패턴(Attack Signature)에 대한 정의와 탐지된 공격 행위에 대한 대응 방법을 보안 정책으로 정의한다.

주요 기능	설 명
정보분석 및 실시간 모니터링 기능	침입탐지 시스템에서 감시하는 대상 네트워크 세그먼트의 모든 패킷을 실시간으로 감시하고 분석하는 기능
공격패턴의 인식 및 탐지기능	감시대상 영역에서 일어나는 알려진 공격 행위에 대한 패턴 인식 및 탐지 기능
탐지된 공격에 대한 통지기능	탐지된 공격 행위에 대하여 IDS에서 정의한 보안 정책에 따라 Notify, Syslog, E-mail, SNMP trap경보 전송 등의 통보 기능
실시간 침입대응 기능	탐지된 공격 행위에 대하여 IDS에서 정의한 보안 정책에 따라 Connection Kill, 연동 기능을 이용하여 공격행위를 차단하는 행위
로그 기반의 침입 행위 사후관리 기능	IDS에서 탐지된 침입 정보에 대한 사후 검토 및 데이터베이스 기록저장, 보고서 작성등의 사후관리 기능

[표 4] 침입탐지시스템의 주요 기능

침입탐지시스템에서 탐지하는 공격 패턴은 '백도어', '서비스거부 공격', '불법접근시도', '사전공격 시도', '의심스러운 행위', '프로토콜 해독공격' 등으로 구분되며, 각 분류기준별 대표적인 공격 유형은 아래 표와 같다.

공격 패턴 구분	공격 유형
백도어(Back Doors)	Backdoor, Net Bus 등
서비스 거부공격(DoS)	Flooding, fragment, ping, Winnuke 등
불법접근시도 (Unauthorized Access Attempts)	Login, buffer overflow, cmd, imap 등
사전공격시도(Pre Attack Probes)	DNS, ftp syst detect, Cisco ident 등
의심스러운 행위(Suspicious Activity)	Finger, ident error, rpc, port map, rpc 등
프로토콜 해독 (Protocol Decode)	Decode, netbios session, bootparam, Cookie 등

[표 5] 침입탐지시스템에서 탐지하는 공격유형

3. 침입방지시스템(IPS, Intrusion Prevention System)[7]

침입방지시스템은 네트워크에서 공격 서명을 찾아내어 자동으로 모종의 조치를 취함으로써 비정상적인 트래픽을 중단시키는 보안 솔루션이다. 수동적인 방어 개념의 방화벽(Firewall)이나 침입탐지시스템(IDS)과 달리 침입경고 이전에 공격을 중단시키는 데 초점을 둔, 침입유도 기능과 자동 대처 기능이 합쳐진 개념의 솔루션이다. 또한 해당 서버의 비정상적인 행동에 따른 정보유출을 자동으로 탐지하여 차단조치를 취함으로써 인가자의 비정상 행위를 통제할 수 있다.

방화벽은 네트워크 관문에서 포트를 기반으로 유해트래픽을 차단하며, 침입방지시스템은 미리 설정된 시그너처를 기반으로 유해트래픽 여부를 차단한다. 최근 침입방지시스템은 애플리케이션에 숨어있는 알려지지 않은 악성행위를 차단하는 차세대 IPS로 발전하고 있으며, 방화벽의 기능을 수용하는 추세를 보이고 있다.

4. 가상사설망(VPN, Virtual Private Network)

가상사설망은 인터넷상 또는 공중망을 사용하여 둘 이상의 네트워크를 안전하게 연결하기 위해 가상의 터널을 만들어 암호화된 데이터를 전송할 수 있도록 만든 네트워크이다, 가상사설망은 오직 한 회사만 사용하는 전용회선과 대비되는 개념으로 누구에게나 개방되어 있는 공중망 상에서 구축되는 논리적인 전용망이라고 할 수 있다. 즉 터널링과 암호화 기법을 사용하여 공중망을 사설망의 Point-to-Point로 연결된 것과 같은 안전한 통신을 가능하게 하는 네트워크를 말한다.

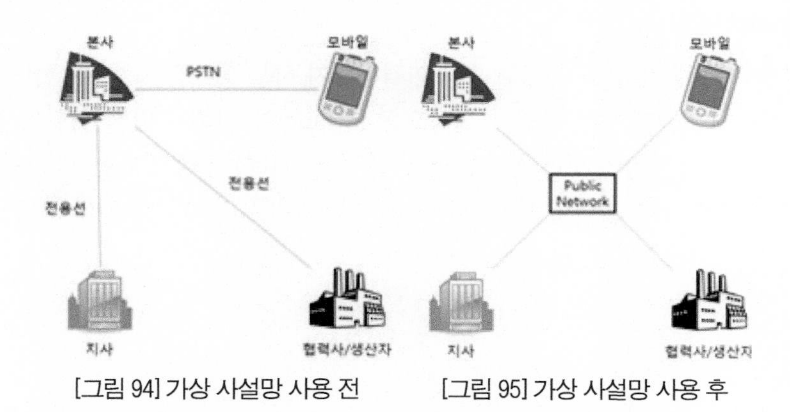

[그림 94] 가상 사설망 사용 전 [그림 95] 가상 사설망 사용 후

---

7) 초기에는 침입방지시스템으로 침입차단시스템(방화벽)과 구분해서 사용하지만, 최근에는 침입방지시스템보다는 침입차단시스템으로 많이 사용된다. 이 책에서는 침입방지시스템으로 표기한다.

가상 사설망이 주목 받는 이유는 유연한 확장성·전용선에 비해 낮은 비용, 안전한 통신 보장, 모바일 환경에서의 가상 사설망 환경 요구의 증대에 있다. 가상 사설망은 크게 Intranet VPN, Extranet VPN, Remote Access VPN으로 나눌 수 있다.

(1) Intranet VPN

기업 내부에서 업무를 위해 공용망을 이용하여 본사, 원격지점들 그리고 지사들을 가상 사설망으로 연결한 것으로 LAN-to-LAN Connection으로 구성되고 거의 반영구적인 가상 사설망이다. 일반적으로 신뢰 할 수 있기 때문에 보안상의 위협이 적은 것이 특징이다. Subnet 사이를 연결하는 만큼 그 성능이 중요하며 대부분의 경우 라우터나 방화벽 혹은 Dedicated VPN Device를 이용해 구성한다.

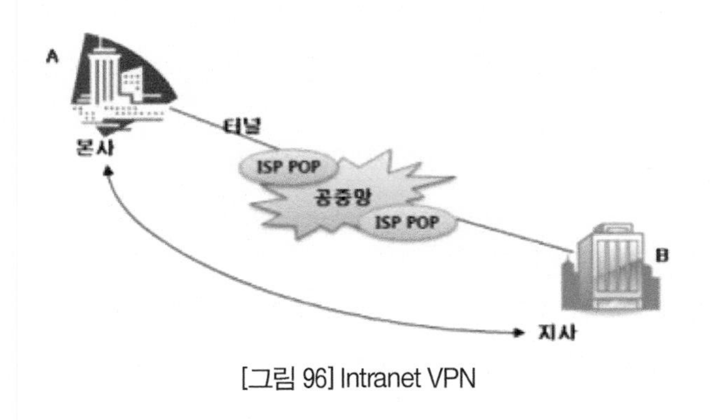

[그림 96] Intranet VPN

(2) Extranet VPN

공용망을 이용해 기업의 Intranet으로 연결하고자 하는 고객들, 공급자, 협력사에게 제한된 접근을 허용하기 위한 가상 사설망으로 Intranet에 비해 보안적 위협이 높다는 단점을 가지고 있다. 따라서 보다 정교한 접근 제어가 필요하며 꼭 필요한 자원에 대해서만 접근을 허용해야 하다. 가능한 모든 경우를 대비한 총체적인 보안 솔루션이 요구 되는 가장 구성하기 어려운 VPN이다.

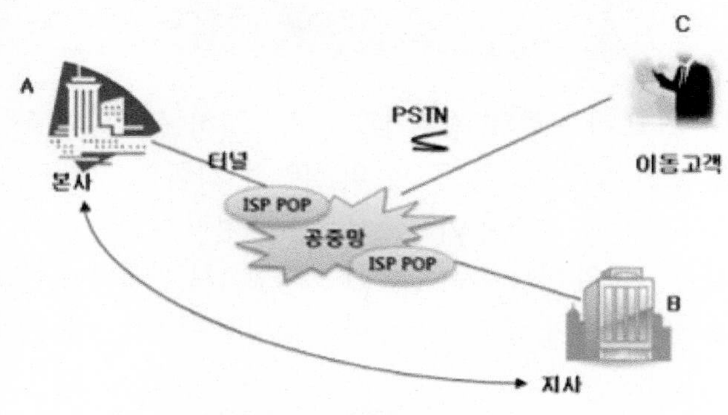

[그림 97] Extranet VPN

(3) Remote Access VPN

사설망과 같은 수준의 네트워크를 개별 사용자들과 회사 Intranet 혹은 공용망을 사용하여 Extranet에게 보안된 원격 접속을 제공하는데 목적을 두고 있는 가상 사설망이다. 기존의 Direct Dial-up Access는 장거리 전화비용을 부담해야 하지만 Internet Backbone을 이용함으로써 보다 저렴하고 구현 및 관리가 쉬운 장점을 가지고 있다. 사내의 자원에 대한 안전한 접근을 허용함으로써 업무의 능률을 높이지만 각종 통계자료의 중앙 집중식 관리가 필요하다. 인터넷 표준인 RADIUS가 가장 널리 사용되고 VPN시장에서 차지하는 비중이 급속히 증가하고 있는 추세이다.

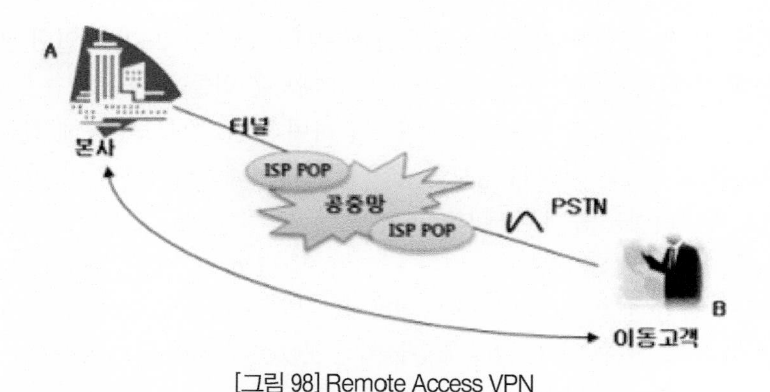

[그림 98] Remote Access VPN

제4장 네트워크 공격 유형

오늘날 인터넷은 크고 작은 회사, 정부기관 등을 포함하는 많은 기관들에게 매우 중요한 요소가 되었다. 또한 많은 개인들도 그들의 직업적·사회적, 그리고 개인적 활동에 있어 인터넷에 의존하고 있다. 그러나 이러한 모든 유용성과 역동성 뒤에 '크래커' 혹은 '해커'라 불리는 이들이 그들의 이득 혹은 단순한 호기심으로 인터넷에 연결된 컴퓨터에 해를 끼치고, 사생활을 침해하며, 우리가 의존하는 인터넷 서비스가 동작하지 못하도록 하는 일이 발생하고 있다.

네트워크 보안 분야는 크래커 혹은 해커가 어떻게 컴퓨터 네트워크를 공격할 수 있는가와 컴퓨터 네트워크 전문가에게 어떻게 그러한 공격으로부터 네트워크를 방어할 수 있는가를, 혹은 더 나아가 아예 그러한 공격에 영향을 받지 않는 새로운 구조를 설계하는 것에 관한 분야이다. 새롭고 더 파괴적인 미래 공격의 위협뿐만 아니라 기존 공격의 다양성이 증가하고 주기가 짧아지면서, 네트워크 보안이 최근 들어 컴퓨터 네트워크 분야의 주요 이슈가 되고 있다.

1. 네트워크를 이용하는 공격

우리는 인터넷에서 홈페이지 방문, 전자메일 전송, MP3 다운로드, 인터넷 전화, 실시간 동영상 감상 등 다양한 데이터를 송·수신하기를 원하기 때문에 필요한 장치들을 인터넷에 연결한다. 그러나 일부 악의적인 목적을 가진 해커로부터 사용자가 원하는 데이터 이외에 악성코드도 함께 전달되는 경우가 있는데, 이 악성코드가 개인의 장치에 감염(다운로드 및 실행)되면 악성코드는 여러 가지의 해로운 일들을 수행할 수 있다. 파일 유출, 파일 삭제, 저장된 비밀번호 유출 등이 가능하며 또한 키보드를 통해 입력되는 정보(Keystroke)를 포함하는 사적인 정보를 모으는 스파이웨어를 설치하여 이러한 정보를 모아 해커에게 인터넷을 통해 다시 보낸다.

악성코드에 감염된 호스트는 수천의 비슷한 감염된 장치들로 구성된 네트워크(봇넷:Botnet)에 등록 될 수 있다. 이렇게 만들어진 봇넷은 스팸메일 서버 혹은 서비스거부공격(DDoS, Distribute Denial of Service)에 사용되기도 한다.

오늘날의 악성코드는 흔히 자기복제 기능도 포함하고 있다. 일단 한 호스트에 감염이 되면 그 호스트에 연결되어 있는 네트워크를 통해 같은 네트워크에 연결된 다른 호스트에 악성코드 감염을 시도한다. 악성코드에서 감염(혹은 공격)이 가능한 호스트를 찾으면 그 호스트의 취약점을 이용하여 자기자신을 복제 후 실행한다. 이러한 형태의 악성코드를 흔히 웜(Worm)이라고 하며, 웜의 특징은 사용자의 상호작용 없이 감염이 될 수 있는 특징을 가지고 있다. 이러한 방법으로 자기복제 악성코드는 빠르게 기하급수적으로 퍼질 수 있다. 예를 들어, 2003년 슬래머(Slammer) 웜에 의해 영향을 받은 장치들의 수가 발생하여 첫 몇 분동안 매 8.5초마다 배로 늘어났는데, 10분 내에 공격받기 쉬운 호스트의 90% 이상에 영향을 미쳤다.

또한 악성코드는 바이러스, 혹은 트로이 목마의 형태로 퍼질 수 있다. 바이러스는 사용자의 장치에 영향을 주기 위해서는 사용자의 상호작용이 필요한 악성코드다. 고전적인 예는 악의적인 실행가능 코드를 포함하는 전자메일 첨부물이다. 사용자가 악성코드가 포함된 첨부파일을 수신하고 실행하게 되면, 사용자는 자기도 모르게 장치에서 그 악성코드를 수행한다. 이러한 전자메일 바이러스도 자기 복제기능을 가지고 있는 경우가 있다. 예를 들어, 일단 수행되면 바이러스는 똑같은 악의적인 첨부물을 갖는 똑같은 메시지를 사용자의 주소록에 있는 모든 수신자들에게 전송한다. 마지막으로 트로이 목마는 어떤 유용한 소프트웨어의 숨겨져 있는 악성코드다. 이외에도 광고목적의 애드웨어(Adware) 등도 악성코드에 포함되곤 한다.

최근에는 랜섬웨어(Ransomeware)라고 불리우는 사용자 컴퓨터의 파일을 암호화하여 이 파일을 다시 복호화 해주는 대가로 금전을 요구하는 형태의 악성코드의 감염도 많이 발생하고 있다.

2. 호스트와 호스트간 연결된 네트워크를 이용한 공격

(1) 패킷 스니핑(Packet Sniffing)

많은 사용자들은 오늘날 Wi-Fi에 연결된 랩톱 혹은 셀룰러 인터넷에 연결된 포켓용 장치와 같은 무선 장치들을 통해 인터넷에 접속하고 있다. 스마트폰의 보급과 함께 사용자들은 다양한 어플리케이션을 통해 인터넷에 접속하게 되었고, 이는 새로운 보안 취약성을 창출하게 되었다. 무선 전송장치의 근처에 수동적인 수신자를 위치시킴으로써 그 수신자는 전송되고 있는 모든 패킷의 사본을 얻을 수 있다. 이들 패킷들은 비밀번호, 주민등록번호, 통상 비밀, 그리고 사적인 개인 메시지를 포함하는 모든 종류의 민감한 정보를 포함할 수 있다. 지나가는 모든 패킷의 사본을 기록하는 수동적인 수신자를 패킷 스니퍼(Packet Sniffer)라고 한다.

스니퍼는 또한 유선 환경에서 배치될 수 있다. 많은 이더넷 LAN과 같은 유선 방송환경에서 패킷 스니퍼는 LAN상에 보내지는 모든 패킷의 사본을 얻을 수 있다. 더 나아가서, 인터넷에 연결되는 기관의 접속 라우터 혹은 접속 링크에 대한 접속 권한을 얻은 크래커는 그 조직으로 들어가고 혹은 나오는 모든 패킷의 사본을 만드는 스니퍼를 설치 할 수 있다.

패킷 스니퍼는 수동적이기 때문에 스니퍼를 탐지하기가 어렵다. 그래서 무선 채널로 패킷을 보낼 때, 어떤 크래커가 우리 패킷의 사본을 기록하고 있을 수 있다는 가능성을 받아들여야 한다. 패킷 스니핑을 방지하기 위한 가장 좋은 방어는 암호화를 포함하는 것이다.

(2) 스푸핑(Spoofing)

스푸핑은 본인이 아닌 타인으로 위장하여 임의의 출발지 주소, 패킷 내용, 그리고 목적지 주소를 갖는 패킷을 생성하고 이 패킷을 네트워크로 보내는 행위를 뜻한다. 거짓의 출발지 주소를 가진 패킷을 인터넷으로 보내는 능력을 IP 스푸핑(Spoofing)이라고 하며 한 사용자가 다른 사용자인 것처럼 행동하는 여러 가지 방법 중의 하나다. 이 문제를 해결하기 위해, 종단 인증, 즉, 메시지가 실제로 출발해야 할 곳으로부터 온 것인지를 확인할 수 있는 방법이 필요하다.

(3) 중간자 공격(MITM, Man In The Middle Attack)

중간자 공격에서 크래커는 두 통신 엔트리(entry) 사이의 통신 경로 상에 삽입된다. 통신 엔트리를 앨리스와 밥이라고 하자. 이들은 실제로 사람일수도 있고 아니면 두 라우터 혹은 두 전자메일 서버와 같은 네트워크 엔티티(entity)일 수도 있다. 예를 들어, 크래커는 통신 경로 상에 있는 면역되지 않은 라우터 혹은 프로토콜 스택의 하위 계층에 있는 종단 호스트들의 하나에 있는 소프트웨어 모듈일 수 있다. 중간자 공격에서 크래커는 밥과 앨리스 사이를 지나가는 모든 패킷을 스니핑 할 수 있는 능력뿐만 아니라 패킷들을 삽입, 수정, 혹은 삭제할 수 있는 능력을 가지고 있다.

중간자 공격을 이용하여 앨리스와 밥 사이에 보내지는 데이터의 무결성을 절충할 수 있다. 중간자 공격은 통신을 연결하는 두 사람 사이에 중간자가 침입하여, 두 사람은 상대방에게 연결했다고 생각하지만 실제로는 두 사람은 중간자에게 연결되어 있으며 중간자가 한쪽에서 전달된 정보를 도청 및 조작한 후 다른 쪽으로 전달한다. 스니핑으로부터 보호하는 보안과 수신자가 메시지의 발신자를 확신할 수 있도록 하는 종단 인증을 제공하는 방식들은 반드시 데이터 무결성을 제공하지 않는데 따라서 데이터 무결성을 제공하는 또 다른 기술들이 필요하다.

3. 서버와 네트워크 기반 구조를 공격하는 유형

서버와 네트워크를 공격하는 방법으로 다양한 유형의 DoS(Denial of Service) 공격이 있다. 이름이 제시하고 있는 것처럼, DoS 공격은 네트워크, 호스트, 혹은 다른 기반구조의 요소들을 정상적인 사용자들이 사용할 수 없게 하는 것이다. 웹 서버, 전자메일 서버, DNS서버, 그리고 기관 네트워크들은 DoS공격을 받을 가능성이 있다. 인터넷 DoS 공격은 매우 흔하며, 매년 수천 건 이상의 DoS 공격이 발생하고 있다. 대부분의 인터넷 DoS 공격은 다음 세 가지 분류 중 하나에 속한다.

(1) 취약성 공격

이는 목표 호스트에서 수행되는 공격받기 쉬운 애플리케이션 혹은 운영체제에 교묘한 메시지를 보내는 것을 포함한다. 만약에 올바른 순서의 패킷들이 공격 받기 쉬운 애플리케이션 혹은 운영체제에 보내지면, 그 서비스는 중단되거나 더 나쁘게는 그 호스트가 동작을 멈출 수 있다. 대부분의 취약성 공격은 응용계층에서 발생한다.

(2) 대역폭 Flooding

이 공격은 목표 호스트로 수많은 패킷들을 보낸다. 목표 호스트의 접속 링크가 동작하지 못하게 많은 패킷을 보내서, 정당한 패킷들이 그 서버에 도달하지 못하도록 한다.

(3) 연결 Flooding

이 공격은 목표 호스트에 반열림(half-open) 혹은 전열림(fully-open)된 TCP 연결을 설정한다. 호스트는 가짜 연결에 응답하기 바빠서 정상적인 연결을 받아들이는 것을 중단하게 된다.

대역폭 Flooding을 예를 든다면 만약 서버가 R bps의 대역폭을 갖고 있다면, 공격자는 피해를 주기 위해 대략적으로 R bps 이상의 트래픽을 전송하면 될 것이다. 만약 R이 매우 크다면, 단일 공격 소스 서버에 나쁜 영향을 줄 수 있는 충분한 트래픽을 발생할 수 없을 것이다. 더 나아가서 모든 트래픽이 하나의 소스에서 방사한다면 업스트림 라우터는 그 공격을 발견할 수 있고 트래픽이 서버에 도착 전 그 소스로부터의 모든 트래픽을 차단할 수 있다.

분산 공격에서 공격자는 다중의 소스를 제어하고 각 소스는 목표에 트래픽을 보낸다. 이러한 방법으로 모든 제어 소스에 걸친 통합 트래픽 속도가 서비스를 무능력하게 하기 위해서는 약 R 이상의 대역폭이 인입되어야 한다. 수 천개 이상의 호스트로 구성된 봇넷(botnet)을 이용하는 DDoS(Distributed DoS) 공격은 오늘날 매우 흔한 것이다. DDoS 공격은 단일 호스트로부터의 DoS 공격보다도 발견하고 방어하기가 더욱 어렵다.

제5장 네트워크 포렌식

디지털포렌식에서 네트워크 증거수집은 매우 어려운 작업이다. 네트워크는 특성상 전기적 신호를 보내는 시점에서만 정보가 존재하며, 적절한 로깅(logging) 설정이 되어 있지 않는다면 사건 발생 이후 아무런 증거를 확인할 수 없다. 또한 네트워크 전체 패킷에 대한 수집(Full Packet Capture)은 기술적 조치 이외에도 네트워크 증거수집과 관련된 개인의 사생활 침해 가능성에 대해 사전에 고지가 되어있어야 한다.

또한 네트워크 포렌식을 통해 수집된 증거의 무결성도 검증이 어렵기 때문에 네트워크 증거 수집 후 어떤 도구를 통해서 어떤 시점에 수집하였고, 해시 값을 작성하며 소유자나 관련자의 확인을 받는 것이 중요하다.

위와 같은 어려움에도 불구하고, 네트워크의 내용은 공격자가 데이터를 은닉하거나 암호화하는 방법 외에는 모든 정보가 존재하고 사용자 측면에서 변조가 어렵기 때문에 수집만 가능하다면 조사에 강력한 뒷받침을 해 줄 수 있다.

1. 시스템에서의 네트워크 증거수집 방법

시스템에서의 네트워크 증거 수집은 휘발성이 빠른 순서대로 증거를 수집하여야 한다. RFC 3227[8]에서도 보면 레지스터부터 시작하여 하드디스크에 이르기까지 증거물 보전이 용이하지 않은 순서대로 수집하는 것이 원칙으로 자리 잡고 있다.

먼저 시스템에서 수집해야 할 정보를 알아보면 다음과 같다.

(1) 기본 정보(default)

- OS
- Version
- Resource
- Install Package 등

8) http://www.faqs.org/rfcs/rfc3227.html

(2) 시간 정보(When)

- 로컬시간 확인(표준시간과 편차를 확인하여 기록)
- 채증 시간 저장
- 실행 중인 프로세스 Up/Down time (불법적으로 작동되고 있는 프로세스 검출)
- 파일 MAC(Modify Access Created)타임

(3) 사용자 정보(Who, When)

- 계정정보(전체계정 목록, 현재 로그인한 계정)
- Remote user account
- Remote IP
- 실제 사용자 식별 정보

이 정도가 일반적인 시스템에서 취득할 수 있는 정보이고 해킹사건이나 네트워크의 정보만을 알고 싶다면 수집 목록은 조금 다를 수 있다. 해킹사건의 경우 네트워크의 정보는 오직 로그정보가 유일할 것이다. 하지만 로그파일들이 삭제되거나 변조되거나 무언가에 의해 덮어 써졌다면 피해 시스템에서 더 이상 완전한 로그정보를 확보하기 힘들다. 네트워크 정보는 일반 파일과는 달리 세션 정보로만 존재하기 때문에 메모리에서 잠시 저장되어 있는 경우가 많다. 즉 전원이 꺼지면 네트워크이 모든 정보들은 사라지고 만다. 가장 많은 네트워크 증거 수집방법은 현재 연결되어 있는 세션 정보들과 기본적인 네트워크 정보를 빠른 시간 내에 안전하고 무결하게 확보하여야 한다.

먼저 사라지기 쉬운 시스템상의 네트워크 정보를 알아보면 다음과 같다.

- MAC주소
- IP주소
- 라우팅 테이블
- 알려진 서비스의 내용
- 공유 정보
- 세션 정보

이러한 자료를 취득할 때의 주의할 점은 Console에서 오퍼레이터가 명령어를 직접 입력하는 것은 바람직하지 않고, 스크립트를 CD-ROM이나 실행파일로 만들어 컴퓨터에서 실행되게 하는 것이다. 또한 증거자료를 저장할 때에도 시스템에 직접 저장하지 말고 미리 준비해 놓은 USB 저장매체를 이용하여 증거물을 취득하여야 한다.

휘발성 자료를 취득하는 예는 다음과 같다.

날짜 / 시간

- date /t, time /t

사용자 계정 관련 정보

- net user : 현재 로그인한 사용자의 도메인, 이름, 프로파일
- net user : 로컬 PC의 모든 사용자 계정 정보 수집
- ntlast : -i(성공), -f(실패), -r(원격지)[9]
- PsLoggedOn : 현재 접속한 사용자[10]
- net sessions : 외부 접속 사용자 목록
- LogonSessions : -p 현재 접속된 모든 User의 접속시간, 실행된 프로세스 정보[11]

시스템 관련 정보

- psinfo (-h-s-d) : hotfix(-h), 소프트웨어 목록(-s), 디스크 볼륨(-d)[12]

공유폴더 목록

- net share : 공유 자원에 대한 정보
- hunt : 공유 폴더 및 사용자 정보[13]
- psfile : remote에서 open한 파일 정보[14]

---

9) http://www.mcafee.com/in/downloads/free-tools/ntlast.aspx

10) https://technet.microsoft.com/ko-kr/sysinternals/psloggedon

11) https://technet.microsoft.com/en-us/sysinternals/bb896769.aspx

12) https://technet.microsoft.com/en-us/sysinternals/psinfo.aspx

13) http://www.mcafee.com/us/downloads/free-tools/forensic-toolkit.aspx

14) https://technet.microsoft.com/en-us/sysinternals/bb897552.aspx

네트워크 자료

- ipconfig(/all) : Local IP정보
- route PRINT(netstat -r) : 라우팅 테이블 정보
- ntlast : –i(성공), –f(실패), –r(원격지)
- netstat(-and) : 현재 사용 중인 TCP/UDP 정보
- fport : 네트워크 연결을 점유 중인 프로세스 정보

```
C:\WINDOWS\system32\cmd.exe
FPort v2.0 - TCP/IP Process to Port Mapper
Copyright 2000 by Foundstone, Inc.
http://www.foundstone.com

Pid   Process            Port  Proto Path
1248                 ->  135   TCP
4     System         ->  139   TCP
4     System         ->  445   TCP
912                  ->  1025  TCP
232   MSProxy        ->  7019  TCP   C:\Program Files\AhnLab\V3IS2007\MSProxy.ahn
232   MSProxy        ->  51103 TCP   C:\Program Files\AhnLab\V3IS2007\MSProxy.ahn

232   MSProxy        ->  123   UDP   C:\Program Files\AhnLab\V3IS2007\MSProxy.ahn
0     System         ->  123   UDP
0     System         ->  137   UDP
0     System         ->  138   UDP
1248                 ->  445   UDP
4     System         ->  500   UDP
912                  ->  1097  UDP
4     System         ->  1898  UDP
0     System         ->  1900  UDP
232   MSProxy        ->  4500  UDP   C:\Program Files\AhnLab\V3IS2007\MSProxy.ahn
```

[그림 99] 열린 포트 확인

프로세스

- psList(-t) : 실행중인 프로세스목록과 CPU 점유율, 메모리 사용량[15]
- listDLLs : 프로세스가 사용 중인 dll 목록[16]
- handle : 프로세스가 사용 중인 객체 참조(handle) 목록[17]

---

15) https://technet.microsoft.com/en-us/sysinternals/pslist

16) https://technet.microsoft.com/en-us/sysinternals/bb896656

17) https://technet.microsoft.com/en-us/sysinternals/handle

서비스 관련 자료

- net start : 서비스 정보 수집(열고 있는 서비스 확인)
- psservice : 서비스 정보 수집[18]
- HFind : 숨김 파일 정보[19]

이와 같은 정보를 취득하여 해당 자료를 압축하여 해시 값 생성 후 소유자나 관리자에게 반드시 확인을 받아야 한다.

2. 네트워크에서의 증거수집방법

네트워크에서의 증거수집 이전에 조사관은 네트워크의 구조를 구체적으로 알고 있어야 하며, 비전문가의 네트워크 증거수집은 추후 증거의 적정성에 논란이 발생할 수 있어 관련 전문가를 대동하거나 전문적인 지식을 보유한 조사관이 조사에 참여하여야 한다.

전체적인 네트워크 구성을 파악하여 어떤 위치에서 어떤 정보를 수집할 것인지 확인이 반드시 필요하며, 시스템에서 시스템의 시각을 확인하듯이 각각의 네트워크 시스템에서 시간을 확인하여 실제 시간과의 오차를 기록해야 한다. 일반적으로 네트워크 시스템들은 NTP(Network Time Protocol)을 사용하나, 사용하지 않는 곳도 존재한다.

네트워크상의 증거를 수집할 때에는 수집 대상의 네트워크 구조에 대한 이해와 네트워크 시스템/보안 시스템을 경유하지 않는 통신의 경우 아무런 기록이 남을 수 없다는 것을 반드시 명심해야 한다.

(1) 네트워크 시스템에서 증거수집방법

네트워크 시스템은 일반적으로 스위치와 라우터를 의미한다.

스위치와 라우터는 자동으로 생성된 정보를 저장하지 않기 때문에 [표 6]과 같은 휘발성 정보를 먼저 수집해야 한다.[20]

18) https://technet.microsoft.com/en-us/sysinternals/psservice

19) http://www.mcafee.com/us/downloads/free-tools/forensic-toolkit.aspx

20) 스위치나 라우터의 제조사마다 정보와 해당 정보를 얻기 위한 명령은 다를 수 있다.

구분	정보	정보내용	용도
Router	Router time	시간	장비에서 발생된 시간확인
	Version info	System 버전	해당 장비에 시스템정보
	ARP info	address & Host Mapping	ARP 정보를 통해 MAC 확인
	Interface info	In & Out	확인 침해상태 파악
	Access-list info	RFC 정의 필터 & 보안 제어	필터링 여부 및 필터링 내용 파악
	Log file	라우터에서 발생된 로그파일 확인	라우터에서 발생된 로그파일파악
	Packet analysis info	수집된 패킷 분석	침입자를 찾기 위한 분석
switch	Port info	포트 사용 여부 확인	침해 당시 네트워크 구성 파악
	VLAN Filter	VLAN 통신파악	VLAN 필터링 내용파악
	Log file	스위치에서 발생된 로그	침해 당시 로그파일파악
	IP & MAC info	User IP 주소와 MAC 확인	IP 주소와 MAC 맵핑파악
	Switches time	로그 발생 시간	발생될 로그시간 확인

[표 6]네트워크 정보 수집

최근에는 netflow라는 기술을 이용하여 네트워크에서 발생한 통신 내용을 확인할 수 있는 경우도 있다. netflow는 Cisco Systems에서 개발한 네트워크 프로토콜로 출발지 IP/Port, 도착지 IP/Port 및 프로토콜 등에 대한 정보를 제공한다.

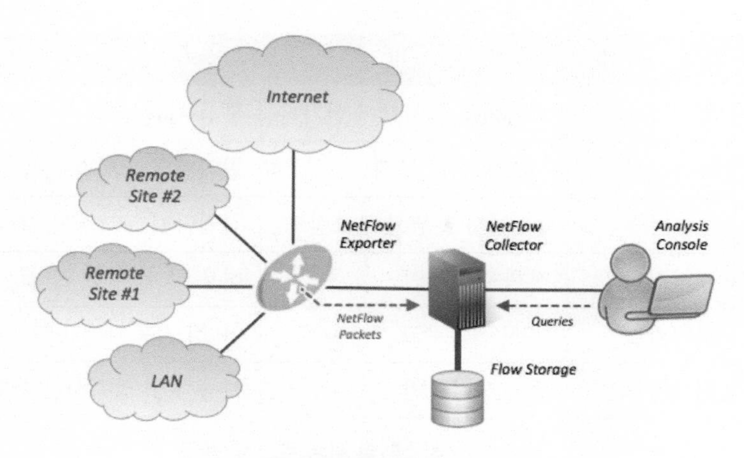

[그림 100] netflow 구조[21]

(2) 네트워크 보안 시스템에서 증거수집방법

네트워크 보안 시스템에는 앞서 설명한 방화벽, 침입탐지시스템(IDS), 침입방지시스템(IPS), 가상사설망(VPN) 장비 등이 있다. 일반적으로 방화벽, 침입탐지시스템, 침입방지시스템의 경우, 외부와 내부의 네트워크 경계에 설치되어 내부와 외부간에 전송된 내용을 확인할 수 있다. 하지만 기록되는 정보는 네트워크 보안 시스템의 정책 혹은 설정에 의존적이며, 관리자가 이를 올바르게 적용하지 않은 상태라면 정상적으로 증거를 수집할 수 없다.

예를 들어 방화벽에서 모든 트래픽에 대한 로깅설정이 활성화되어 있다면 손쉽게 통신기록을 확보할 수 있겠지만, 로깅설정이 비활성화되어 있다면 아무런 기록을 확보할 수 없을 것이다. 또한 저장장치의 한계로 특정기간동안 보관하는 것이 일반적이기 때문에 통신기록 확보가 필요한 경우 최대한 빠르게 해당 관리자 혹은 실무자에게 요청하여 통신기록 확보를 하는 것이 중요하다.

네트워크 보안 시스템의 종류에 따라 로그는 차이가 있으며 일반적인 정보는 아래와 같으며 각각의 보안 시스템은 [표 7]과 같은 로그들이 저장된다.

21) https://en.wikipedia.org/wiki/NetFlow

구분	정 보	정보내용	용 도
방화벽	통신기록	방화벽을 거쳐간 통신기록	통신 시간 및 접속 정보 확인
IDS /IPS	보안정책	시스템 접근 통제	침입상태의 시스템 동작상태 파악
	로그파일	IDS에서 발생된 로그정보	침입탐지 로그정보 파악
	필터정책	정책 필터확인	허용 및 비 허용 필터링 내용파악
VPN	로그파일	VPN 접속로그	IP 정보 등 내용파악
	접속자 확인	접속 시간확인	사용자 및 접속시간 확인

[표 7] 보안 시스템별 저장 로그 및 용도

(3) 패킷캡춰를 통한 증거수집방법

패킷은 컴퓨터 네트워크가 전달하는 데이터의 형식화된 블록이다.[22] 패킷은 제어정보와 데이터로 이루어지며, 이 중 데이터를 페이로드(payload)라고 부르기도 한다. 네트워크 및 네트워크 보안시스템에서 패킷형태로 확인이 가능하며, 이 패킷은 pcap, pcapng와 같은 파일 포맷으로 저장이 가능하다.

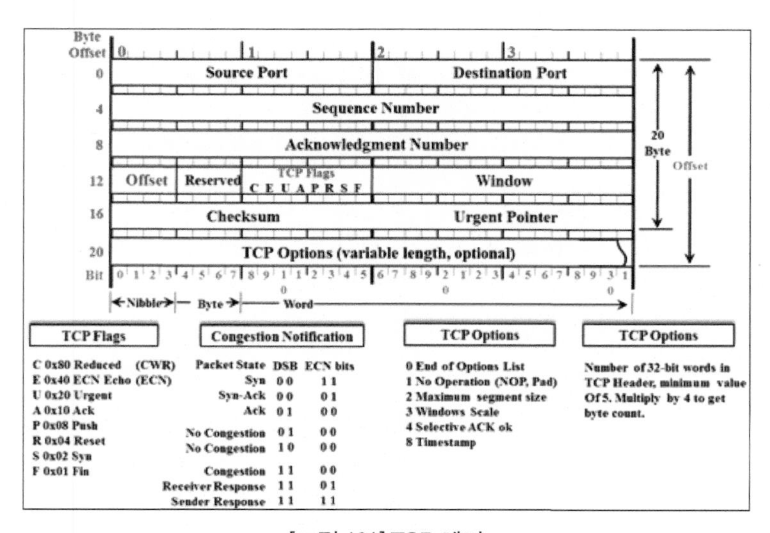

[그림 101] TCP 헤더

22) https://ko.wikipedia.org/wiki/네트워크_패킷

Windump 혹은 tcpdump와 같은 도구를 이용하여 사용자 컴퓨터에서 무선 및 LAN 카드를 통해 전송되는 패킷들을 터미널로 출력할 수 있으며, 실시간으로 네트워크 카드를 통해 전송되는 정보를 확인할 수있다. MS-DOS 창을 통해 다음과 같은 옵션을 이용하여 사용자 컴퓨터에서 전송되는 패킷을 실시간으로 확인할 수 있다.

---

windump -i [interface num] host [ip] and port [num]

```
C:\WINDOWS\system32\cmd.exe - windump -i 3 tcp
15:33:33.699960 IP 222.122.16.241.80 > forensic.1684: P 1796:2745(949) ack 674 win 6730
15:33:33.707169 IP 222.122.16.241.80 > forensic.1684: . 2745:4205(1460) ack 674 win 6730
15:33:33.707219 IP forensic.1684 > 222.122.16.241.80: . ack 4205 win 65535
15:33:33.707710 IP 222.122.16.241.80 > forensic.1684: . 4205:5665(1460) ack 674 win 6730
15:33:33.708697 IP 222.122.16.241.80 > forensic.1684: . 5665:7125(1460) ack 674 win 6730
15:33:33.708724 IP forensic.1684 > 222.122.16.241.80: . ack 7125 win 65535
15:33:33.708771 IP 222.122.16.241.80 > forensic.1684: FP 7125:8073(948) ack 674 win 6730
15:33:33.708815 IP forensic.1684 > 222.122.16.241.80: . ack 8074 win 64587
15:33:33.752551 IP forensic.1684 > 222.122.16.241.80: F 674:674(0) ack 8074 win 64587
15:33:33.753394 IP 222.122.16.241.80 > forensic.1684: . ack 675 win 6730
15:33:33.867909 IP forensic.1685 > 58.227.194.75.80: S 3072111512:3072111512(0) win 65535 <mss 1460,
nop,nop,sackOK>
15:33:33.868752 IP 58.227.194.75.80 > forensic.1685: S 507083024:507083024(0) ack 3072111513 win 584
0 <mss 1460,nop,nop,sackOK>
15:33:33.868795 IP forensic.1685 > 58.227.194.75.80: . ack 1 win 65535
15:33:33.869014 IP forensic.1685 > 58.227.194.75.80: P 1:402(401) ack 1 win 65535
15:33:33.870015 IP 58.227.194.75.80 > forensic.1685: . ack 402 win 6432
15:33:33.893952 IP 58.227.194.75.80 > forensic.1685: P 1:98(97) ack 402 win 6432
15:33:34.067535 IP forensic.1685 > 58.227.194.75.80: . ack 98 win 65438
15:33:34.116799 IP forensic.1686 > 222.122.16.244.80: S 2936100239:2936100239(0) win 65535 <mss 1460
,nop,nop,sackOK>
15:33:34.116969 IP 222.122.16.244.80 > forensic.1686: S 526929515:526929515(0) ack 2936100240 win 58
40 <mss 1460,nop,nop,sackOK>
15:33:34.117009 IP forensic.1686 > 222.122.16.244.80: . ack 1 win 65535
15:33:34.117346 IP forensic.1686 > 222.122.16.244.80: P 1:674(673) ack 1 win 65535
15:33:34.117804 IP 222.122.16.244.80 > forensic.1686: . ack 674 win 6730
15:33:34.138604 IP 222.122.16.244.80 > forensic.1686: P 1:335(334) ack 674 win 6730
15:33:34.138744 IP 222.122.16.244.80 > forensic.1686: FP 335:951(616) ack 674 win 6730
15:33:34.138787 IP forensic.1686 > 222.122.16.244.80: . ack 952 win 64585
15:33:34.139702 IP forensic.1686 > 222.122.16.244.80: F 674:674(0) ack 952 win 64585
15:33:34.140550 IP 222.122.16.244.80 > forensic.1686: . ack 675 win 6730
15:33:34.835342 IP
```

[그림 102] 실시간 전송패킷 정보 확인

네트워크 패킷을 분석하는 경우에도 이 패킷이 어디에서 수집된 것인지가 중요하다. 일부 네트워크 보안시스템에서는 성능상의 이유로 패킷의 일부만 수집하는 경우가 존재하여, 조사 시 이와 같은 내용은 감안해야 한다.

일반적으로 Wireshark, Sniffer, Etherreal이라는 도구를 이용하여 패킷을 분석한다. 네트워크 장비에 SPAN(Switch Port Analyzer)[23] 설정을 하거나, 네트워크 탭(Tap)을 설치하여 패킷을 캡춰(Capture) 및 분석한다.

---

23) 포트 미리링(Port Mirroring)이라고도 한다.

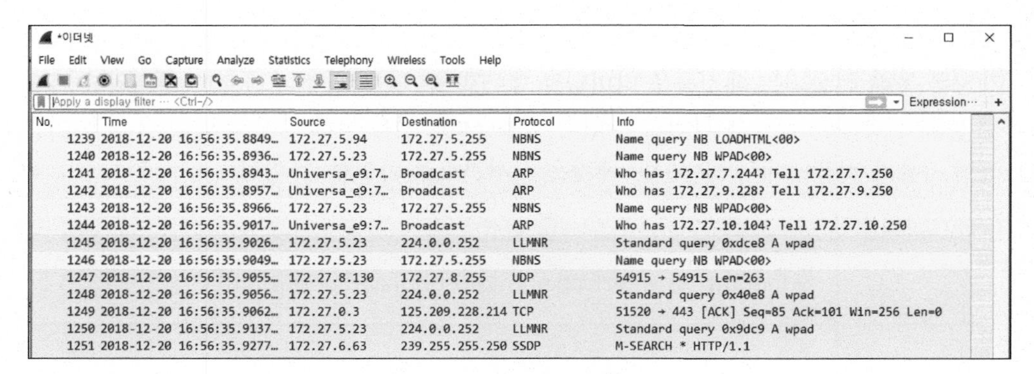

[그림 103] Wireshark 실행 화면

데이터베이스

데이터베이스에 들어가기전에

다양한 기술의 발전과 소셜 미디어의 발전으로 지금 글을 작성하는 이 순간에도 셀 수 없을 만큼의 자료 즉 데이터가 생성되며, 이러한 데이터는 데이터베이스라는 곳에 저장된다. 데이터베이스에 저장된 데이터는 다양한 응용프로그램을 통해 활용되며, 응용프로그램 외부에서 보이는 것 이외에 다양한 데이터가 존재하며 이를 이용하여 디지털포렌식 조사에 활용할 수 있다. 또한 IoT(Internet of Things)기기 내부적으로도 소형 데이터베이스를 이용하여 데이터를 저장하기 때문에 디지털포렌식 조사인은 데이터베이스의 이해와 지식을 바탕으로 디지털 증거 수집을 진행하야 하며, 이에 필요한 데이터베이스 지식에 대해 다룬다.

제1편

데이터베이스 시스템

제1장 데이터베이스 개념

데이터베이스(database)는 개인 혹은 조직이 원하는 요구 사항과 관련된 여러 자료를 수집하여 이를 컴퓨터에 저장해 놓은 자료들의 집합체이다. 컴퓨터가 발달하기 전에는 이들 자료를 관련 목록별로 학생 카드, 도서 카드 등으로 분류하여 수작업에 의존하여 이를 관리해 왔다. 데이터베이스는 사용자가 데이터를 효과적으로 처리할 수 있게 하며 기업 등 조직의 계획/통제/운영에 있어 의사결정을 하는데 필수적인 요소이다. 여러 응용 시스템과 다수의 사용자가 공용할 수 있도록 통합, 저장, 운영 데이터의 집합이라고 할 수 있다. 다음은 데이터베이스 정의를 요약하여 설명한 것이다.

- **통합된 데이터(Integrated Data)** : 자료의 중복을 배제한 데이터의 모임
- **저장된 데이터(Stored Data)** : 컴퓨터가 접근할 수 있는 저장 매체에 저장된 자료
- **운영 데이터(Operational Data)** : 조직의 업무를 수행하는데 있어서 존재 가치가 확실하고 없어서는 안 될 반드시 필요한 자료
- **공용 데이터(Shared Data)** : 여러 응용 시스템들이 공동으로 소유하고 유지하는 자료

데이터베이스를 만드는 목적은 첫째, 자료를 체계적으로 저장하는 것이다. 둘째, 자료를 적시에 제공하려는 것이다. 셋째, 지식관리 차원에서의 의사결정을 지원하는 것이다. 자료의 양이 방대해지면 손으로 작업할 수 없으므로 컴퓨터를 이용하여 정확하고 신속하게 자료를 처리해야한다. 데이터베이스는 보는 관점에 따라 개체, 속성, 관계와 같은 사용자 입장에서의 논리적 구성요소와 시스템 입장에서의 물리적 구성요소로 나누어 생각할 수 있다. 기본적으로 데이터베이스 모델은 개념 모델(Conceptual Model)과 구현 모델(Implementation Model)로 구분된다. 개념 모델은 데이터 표현의 논리적 성격에 초점을 맞춘 것이다. 개념적 모델은 데이터 간의 관계를 나타내기 위해서 일대일, 일대다, 다대다의 세 가지 유형의 관계를 사용한다. 구현 모델은 데이터베이스 내에 있는 사용자에게 데이터를 어떻게 표현 할 것인지 혹은 모델링 하는데 있어, 데이터 구조들을 어떻게 표현할 것인지에 중점을 두고 있다. 구현 모델의 대표적인 예는 계층형(hierarchical), 망형(network), 관계형(relational) 등이 있다.

1. DBMS의 개념

데이터베이스가 점차적으로 자료의 양이 방대해지고 복잡해지면서 이들을 효율적으로 관리하고, 또한 원하는 정보를 신속하게 검색하는 등의 여러 작업을 수작업에만 의존하기에는 상당한 어려움이 있다. 최근 컴퓨터가 급속도로 발전함에 따라 이들 자료들을 컴퓨터 보조기억장치(일반적으로 디스크를 의미함)에 저장하게 되면서 대용량의 자료를 효율적으로 관리할 수 있게 되었다. 그러나 데이터베이스를 운영할 때 발생할수 있는 업무, 즉 정보의 변동이 있었을 시 이를 데이터베이스에 반영하고, 원하는 정보를 데이터베이스에서 검색하고, 혹은 그 결과를 다양한 형태의 보고서로 출력하는 등의 제반 업무들을 담당하기에는 일반 사용자 입장에서는 상당한 어려움이 있다.

이를 해결하기 위해 데이터베이스 관리 시스템(DBMS, Database Management System)이 출현하게 되었는데, 이는 위에 설명한 데이터베이스를 관리하는 제반 업무들을 사용자를 대신하여 담당하는 일종의 관리용 소프트웨어라 할 수 있다. 기존의 파일시스템이 갖는 데이터의 종속성과 중복성의 문제를 해결하기 위해 제안된 시스템으로, 모든 응용프로그램이 데이터베이스를 공용할 수 있도록 관리해 준다. 따라서 데이터베이스 관리 시스템 없이는 효율적으로 데이터베이스를 관리할 수 없으며, 사용자는 데이터베이스에 접근하여 조작하기 위해서는 반드시 이를 통해서만 가능하므로 이에 대한 사용법을 알아야만 한다.

즉 DBMS 는 데이터베이스의 구조를 관리하고 데이터베이스 내에 저장된 데이터에 대한 접근(access)을 제어한다. 이 밖에도 데이터베이스 언어에 의한 자료 검색 및 갱신, 다수의 사용자로부터 데이터를 처리할 때 동시실행을 제어, 데이터 갱신 중 이상이 발생하면 이전상태로의 복귀 등 수많은 기능을 제공한다.

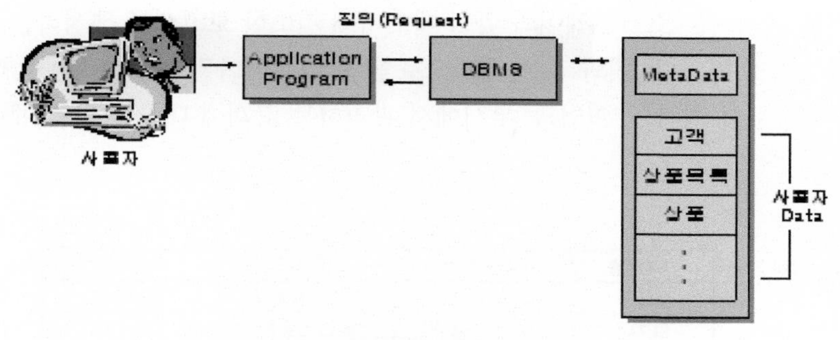

[그림 1] DBMS의 역할

[그림 1]은 DBMS가 데이터베이스와 사용자들 간에 어떻게 중간 역할을 하는지를 나타낸 것이다. 실제로 DBMS는 사용자와 데이터베이스 사이에서 사용자의 요구를 컴퓨터가 처리할 수 있는 복잡한 코드로 변환시켜 주는 중간 매개체 역할을 한다. 이때 사용자는 데이터베이스의 내부적인 구현 사항은 알 필요 없이 단지 응용 프로그램을 통해 DBMS와 교류하게 된다. 여기서 응용 프로그램은 C, PHP, JAVA 등의 일반 프로그래밍 언어 혹은 SQL과 같은 데이터베이스 언어로 작성될 수 있다.

2. DBMS의 기능

(1) 파일시스템의 개념

초기의 컴퓨터 응용들은 제품의 주문, 급여 명세서, 작업 일정표 등과 같은 주로 사무적인 업무에 중점을 두어 왔다. 이러한 응용들은 컴퓨터 파일에 저장되어 있는 데이터를 이용하였다. 파일시스템은 전형적으로 파일 폴더들로 이루어졌고, 각 파일 폴더의 내용들은 논리적으로 관련된 데이터로 볼 수 있다. 예를 들면, 의사 사무실의 환자 파일폴더의 내용은 환자들에 대한 진료 정보에 관련되어 있다. 데이터의 양이 상대적으로 적고, 조직체의 관리자가 거의 보고 할 사항이 없다면, 이러한 원시적 파일시스템은 데이터 관리자의 기능을 잘 할 수 있으나, 조직체가 커지고, 데이터가 많아지고 복잡해지면 데이터 관리는 더 어려워진다. 사실 데이터의 수집이 계속되는 상태에서 파일 폴더로부터 데이터를 찾고 사용하는 일은 시간이 많이 소비되고 다루기 힘든 일이 된다. 수동적 파일시스템을 알맞은 컴퓨터 파일시스템으로 변환하는 일은 기술적으로 매우 복잡한 일이었다. 결과적으로 데이터 처리 전문가라는 전문 고용인이 채용되었으며 점점 그 역할의 중요성은 커져 갔다. 데이터 처리 전문가는 필요한 컴퓨터 파일의 구조를 만들고 그 구조 내의 데이터를 관리하는 소프트웨어와 파일 데이터에 기초한 보고서를 생성하는 응용프로그램을 만들기도 하였다. 이와 같은 배경으로 많은 컴퓨터화된 파일시스템이 태어났다. [표 1]은 어떤 보험 회사의 '영업과' 부서에서 관리하는 고객에 대한 파일의 예를 나타내고 있다.

Record 번호	고객이름	고객전화번호	고객주소	우편번호
1	홍길동	02-123-4567	서울시 도봉구	111-222
2	심청이	032-987-6543	부천시 중동	200-303
3	김철수	0331-123-9876	수원시 장안구	440-100
4	이순이	02-246-8910	서울시 강남구	111-200
5	박한국	02-111-2222	서울시 중구	111-111

관리자이름	관리자 전화번호	계약종류	계약액수(원)	갱신일자
이한강	02-321-4567	가1	10000	2000/01/30
연흥부	02-987-6543	가1	25000	2000/12/23
이서울	02-111-3333	나3	30000	2001/02/12
김학생	032-987-1234	마1	6000	2001/09/01
임몽룡	0331-321-6789	다2	12000	2000/05/03

[표 1] 고객 파일의 내용

[표 2]는 이러한 파일을 이해하기 위해 필요한 일반적인 컴퓨터 파일에 대한 기본적인 용어들을 설명하고 있다.

용어	설명
데이터 (data)	어떠한 의미도 갖지 않는 가공하지 않은 사실 예를 들면, 문자형, 정수형, 실수형 등의 데이터
필 드 (field)	어떤 의미를 갖도록 하는 데이터의 모임 예를 들면, 고객이름, 전화번호, 나이 등의 필드
레코드 (record)	논리적으로 관련 있는 여러 개의 필드들의 모임 예를 들면, 홍길동, 심청이 등의 고객에 관한 레코드
파 일 (file)	논리적으로 관련 있는 여러 개의 레코드들의 모임 예를 들면, 고객, 제품 등에 관한 파일

[표 2] 기본적인 파일 용어

[표 2]에 설명된 용어들을 이용하여 [표 1]의 파일에 대한 구성요소들을 쉽게 알 수 있다. [표 1]의 고객 파일은 5개의 레코드를 가지고 있고, 각 레코드는 고객이름, 고객전화번호, 고객주소, 우편번호 4개의 필드로 구성되어 있다. 파일시스템이 점점 커질수록 데이터 처리 전문가의 프로그래밍 기술도 향상되어야 하며 또한 강력한 하드웨어 및 소프트웨어의 필요성이 요구된다. 다음은 파일시스템의 구성 요소를 요약한 것이다.

- **하드웨어** : 컴퓨터
- **소프트웨어** : 운영체제, 유틸리티 프로그램, 파일 관리프로그램, 파일에 저장되어 있는 데이터로부터 보고서를 만들어내는 응용프로그램
- **사용자** : 데이터 처리 전문가, 최종사용자
- **프로시저** : 소프트웨어 요소의 설계와 사용을 지배하는 명령과 규칙들
- **데이터** : 파일에 저장되는 사실의 모임

(2) 파일시스템의 문제점

파일시스템의 문제점은 파일시스템 데이터 관리 측면, 구조적 종속과 데이터 종속, 그리고 데이터 복제의 면에서 살펴볼 수 있다.

데이터 관리의 한계

첫째, 파일시스템에서 사용되는 프로그래밍 언어는 프로그래머에게 상당한 프로그램 작성 기술을 요구한다. 파일시스템에서의 데이터 검색 작업은 일반적으로 3세대 언어(Third-Generation Language : 3GL)인 COBOL, BASIC, FORTRAN 등으로 프로그램을 작성하기를 요구했다. 3GL은 프로그램의 결과가 무엇(what)이며 그리고 프로그램의 수행이 어떻게(how) 수행되는지를 프로그래머가 직접 모두 명시하도록 하고 있다. 이러한 언어를 절차적(procedural) 언어라 부르며 이는 프로그램의 결과가 무엇인지만을 명시하는 선언적(declarative) 언어와 대조가 된다. 따라서 3GL로의 프로그램 작성은 시간이 많이 걸리며, 프로그램이 수행되는 과정을 단계별로 명시해야 하므로 프로그래머에게 큰 부담을 줄 수 있다.

둘째, 프로그래머가 파일의 물리적 구조를 프로그램 작성 시 명시해야만 한다. 예를들면 파일은 실제로 디스크에 데이터로 저장될 때, 프로그래머가 보는 것과 다른 방식인 물리적 구조로 저장된다. 따라서 프로그래머는 실제 저장되는 파일의 물리적 구조에 대해 다양한 지식이 있어야 한다. 그러므로 프로그램 작성 시 파일을 참조하기 위해서는 프로그램의 선언문에 각 파일의 물리적 구조, 크기, 그리고 파일에 대한 접근 경로 등을 명시해야 하므로 이로 인해 프로그램 코딩이 복잡해지게 된다.

셋째, 프로그램의 수가 급속도로 늘어남에 따라 시스템 측면에서 그것을 관리하기가 어려워진다. 각 파일은 그 자신의 파일 관리 시스템을 가져야 하며, 이는 다음과 같은 5개의 기본 프로그램들로 구성되어 있다.

- 파일 구조를 생성하는 프로그램
- 데이터를 파일에 추가하는 프로그램
- 파일로부터 데이터를 삭제하는 프로그램
- 파일에 있는 데이터를 수정하는 프로그램
- 파일의 내용을 나열하는 프로그램

예를 들면 20개의 파일을 가진 간단한 파일시스템이라도 5 * 20 = 100개의 파일 관리 프로그램이 요구된다. 또한 각 파일이 10개의 서로 다른 프로그램에서 사용된다면, 20 * 10 = 200개의 프로그램이 추가적으로 요구된다. 이는 파일의 응용이 점차 다양해 짐에 따라 (예를 들면, 판매, 급여, 인사, 자재 보고서 등) 각 부서는 자기 자신의 파일들을 자체적으로 관리하기 때문에 이를 지원하기 위한 프로그램의 수가 급속도로 늘어나기 때문이다.

넷째, 파일 구조의 변경 시 프로그램의 구조도 함께 바꾸어야만 한다. 파일 구조를 주의 깊게 설계하는 것은 특히 데이터 처리 전문가에게 매우 중요하다. 왜냐하면, 기존의 파일 구조에서 성능상의 문제가 발생했을 때 이를 새로운 효율적인 구조로 바꿀 필요가 있기 때문이다. 앞에서의 예처럼 "고객" 파일에서 하나의 필드를 다른 형태의 필드로 바꾸려고 한다면 프로그램을 다음과 같은 절차로 고쳐야 한다.

(a) 새로운 파일 구조를 컴퓨터 메모리의 버퍼(buffer)라는 곳에 넣어야 한다.
(b) 다른 버퍼를 이용하여 원본 파일을 연다.
(c) 원본 파일로부터 레코드를 읽는다.
(d) 복잡한 연산을 이용하여 새로운 구조에 맞게 원본 데이터를 변환한다.
(e) 새로운 파일 구조에 변환된 데이터를 기입한다.
(f) 원본 파일을 삭제한다.

여기서 또한 '고객' 파일을 사용하는 모든 프로그램들은 새로운 파일 구조에 맞게 수정되어야 한다. 사실, 파일 구조가 하나라도 바뀌면, 어쩔 수 없이 그 파일을 이용하는 모든 프로그램은 수정되어야 한다. 따라서 모든 데이터 접근 프로그램은 이와 관련된 파일 구조가 변경되면, 함께 변경되어야 한다. 이를 구조적 종속(Structural Dependence)이라고 한다.

다섯째, 파일시스템에서는 특정 데이터에 대해 접근을 방지하는 보안(security)체계의 지원이 힘들다. 파일이나 시스템 일부를 보호하기 위해 이러한 효과적인 암호 체제 같은 보안적인 면을 구현하는 데 있어서도 파일시스템에서는 상당히 힘든 부분이다. 예를 들면, 어떤 특정 고객들의 파일에 대해서는 항상 기밀이 유지되어야 하기 때문에 허가된 사용자들만 접근을 원하는데, 때로는 이러한 보안 요소를 넣지 않고 프로그래밍하는 경우도 있다. 이러한 보안 요소를 고려하여 시스템을 발전시키려고 해도, 한계와 그 효과에 있어 상당한 제한이 있으므로 어려움이 많다.

구조적 종속과 데이터 종속

앞에서는 필드 하나를 추가하거나 삭제하는 등 파일의 구조를 변경한다면 그 파일을 이용하는 모든 프로그램도 변경되어야 한다는 것에 대해서 언급하였다. 이러한 변경은 파일시스템이 구조적 종속이기 때문에 필요한 것이다. 또한, 파일을 구성하는 데이터의 특성을 변경할 때에도(예를 들면, 어떤 필드를 정수형에서 실수형으로 바꾸는 것) 그 파일에 관련된 모든 프로그램들을 함께 변경해야 한다. 즉 파일의 데이터 특성 중에서 하나라도 변할 때, 이와 관련된 모든 프로그램도 바꾸어야 한다면, 이를 데이터 종속 (Data Dependence)이라 한다. 데이터 종속의 실질적인 중요성은 데이터의 논리적 형태(사용자가 데이터를 어떻게 볼 것인가)와 물리적 형태(컴퓨터가 데이터를 어떻게 볼 것인가) 간의 차이점에 있다. 그러므로 파일시스템의 파일을 읽는 프로그램들은 모두 컴퓨터가 무엇을 할 것인가에만 초점을 두는 것이 아니라 컴퓨터가 어떻게 할 것인가에 대해서도 초점을 두어야 한다. 그러므로 데이터 종속과 구조적 종속은 각각 파일시스템의 가장 큰 문제점 중에 하나로써, 이는 결국 사용자 측면에서 데이터를 관리하는 프로그램을 만드는 데 있어서 매우 힘들게 하는 요소 중의 하나이다.

데이터 복제

파일시스템 환경에서는 같은 데이터가 여러 다른 부서에서 중복되어 관리될 수 있다. 예를 들면, 고객에 관한 데이터가 인사과, 판매과, 회계과 등의 여러 부서의 파일에도 있을 수 있다. 이러한 데이터의 복제는 데이터 중복과 같은 좋지 못한 오류를 야기할 수 있다. 또한, 여러 개의 파일이 같은 내용의 필드를 공유할 때 불필요한 데이터 저장 공간의 낭비를 가져오며 나아가서는 데이터 비일관성을 발생한다. 예를 들면, 관리자 파일에서 어떤 대행사의 전화번호를 변경한다고 가정을 하자. 이때 고객 파일에 있는 그 대행사의 전화번호도 함께 변경하지 않으면 한 대행사의 전화번호에 대해 서로 다른 값을 가지게 된다. 이처럼 데이터의 값이 일치하지 않아 데이터 무결성(integrity)이 위반되는 것을 데이터 비일관성이라 하며, 이의 주된 원인은 데이터 복제에서 비롯된다고 할 수 있다.

(3) DBMS의 구성 요소

위에서 언급한 컴퓨터 파일시스템을 사용하는 데 있어 발생하는 문제점들을 해결하기 위해 데이터베이스가 대두되게 되었다. 서로 관련 없는 파일들을 여러 곳에 관리하는 파일시스템과는 다르게, 데이터베이스는 서로 관련 있는 파일들을 단일 저장 매체에 관리한다. 이를 관리하는 DBMS는 사용자들 간에 공유되는 데이터에 대해서 이에 대한 접근을 용이하게 해 준다. [그림 2]는 파일 데이터에 대한 관리 방법에 있어 파일시스템과 데이터베이스 시스템과의 차이점을 보여 준다.

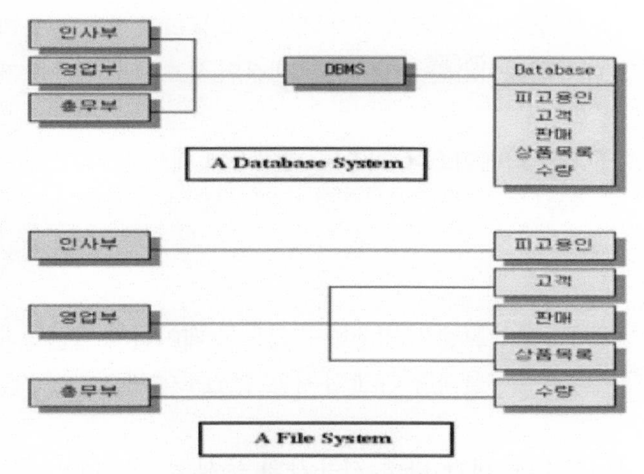

[그림 2] 데이터베이스와 파일시스템의 비교

데이터 사전(Data Dictionary)에 메타데이터(metadata)라고 하는 데이터간의 관계(Data Relationship) 들에 대한 정의를 기록한다. 따라서 데이터베이스에 접근하는 모든 프로그램들은 반드시 DBMS를 통해서 실행되어야 한다. DBMS는 사용자가 요구하는 데이터 구성요소의 구조들과 관계들을 참조하기 위해 데이터 사전에 기록된 데이터를 이용한다. 이는 사용자가 프로그램 작성 시 데이터베이스 내부에 존재하는 데이터간의 복잡한 관계들을 명시해야 하는 부담을 덜어 준다. 또한 데이터베이스 파일에서 발생하는 변경사항들은 데이터 사전에 자동적으로 기록됨으로써, 변경된 파일에 관계된 모든 프로그램들을 수정해야 하는 부담을 줄일 수 있다. 즉 DBMS가 시스템으로부터 구조적 종속과 데이터 종속을 제거해 주는 것이다. DBMS는 데이터를 저장하기 위해 효율적인 물리적 구조를 생성한다. 이에 따라 사용자가 입력한 데이터를 물리적 구조에 적합한 데이터로 변환을 한다. 따라서 사용자는 데이터를 보는 관점을 항상 논리적으로 볼 수 있으며, 데이터에 접근하기 위해 복잡한 물리적 구조를 프로그램에 명시해야 하는 부담을 줄일 수 있다. 다음은 DBMS 주요 기능을 요약하여 설명한 것이다.

- **정의 기능** : ① 데이터베이스에 저장될 데이터의 논리적 구조와 물리적 구조를 정의하는 기능, ② 데이터베이스와 응용프로그램간의 상호작용 수단을 제공

- **조작 기능** : ① 데이터베이스에 저장된 데이터에 대한 검색, 갱신 삽입, 삭제 작업을 할 수 있는 기능, ② 데이터베이스와 이를 이용하는 사용자간의 상호작용 수단을 제공

- **제어 기능** : 데이터간의 모순이 발생하지 않도록 데이터의 일관성과 무결성을 유지하여 항상 데이터의 내용을 정확하게 유지할 수 있도록 제어하는 기능

이외에 데이터베이스에 대한 다중 사용자의 동시 접근을 관리하는 동시성 제어(Concurrency Control), 시스템 고장 시에 이를 원상태로 복구시키는 회복(Recovery), 사용자의 질의를 최적화하여 효율적으로 처리하는 질의 처리(Query Processing), 데이터베이스에 대한 접근의 통제 및 개인정보를 보호하는 보안(Security) 등의 다양한 기능을 제공한다.

3. DBMS(DataBase Mangement System)의 종류

(1) MySQL

MySQL은 오픈 소스 기반의 관계형 데이터베이스 관리 시스템(RDBMS)이다. 기본적으로 무료버전을 배포하고 있으며, 필요 시 유료버전을 구입하여 다양한 지원을 받을수도 있다. 주로 Linux에서 사용되지만 Windows와 UNIX 시스템에서도 사용가능하다. 관계형 데이터베이스 관리 시스템이므로 데이터베이스를 관리하거나 자료를 관리하기 위한 GUI 관리 툴은 내장되어 있지 않다. 따라서 이용자들은 명령 줄 인터페이스 도구들을 이용하거나 또는 데이터베이스를 만들고, 관리하며, 데이터를 백업하거나, 상태를 검사하고, 데이터베이스 구조를 생성하는데, 또는 데이터 레코더를 작성하는데 있어서 MySQL 프론트엔드 데스크탑 소프트웨어나 웹 애플리케이션을 사용해야 한다.

공식적인 MySQL 프론트엔드 도구인 MySQL Workbench는 무료로 자유롭게 사용할 수 있으며, SQL 개발과 관리, 데이터베이스 설계, 생성 그리고 유지를 위한 단일 개발 통합 환경을 제공하는 비주얼 데이터베이스 설계 도구이다. 매우 가벼워서 저사양의 환경에서도 무리 없이 사용할 수 있다. MySQL서버가 사용하는 기본포트는 3306/TCP이다.

MySQL 관리자가 아닌 일반 유저에게 process 권한이 주어질 경우 show processlist를 실행하면 현재 실행되는 query를 모니터링할 수 있으며, 이중에는 "UPDATE user SETpassword=PASSWORD('xxxxxxxx')"과 같은 query도 직접 볼 수 있다. 따라서 암호와 같은 중요정보가 쉽게 유출될 수 있어 show processlist을 실행한 이력이 존재하는지, 그리고 process 권한을 소유한 MySQL 계정이 얼마나 있는지 검색하기 위해 다음과 같은명령을 실행할 수 있다.

- mysql〉 select User, Process_priv from user;

(2) Maria DB

MariaDB는 오픈 소스 관계형 데이터베이스 관리 시스템(RDBMS)이다. MySQL과 동일한 소스 코드를 기반으로 하며, GPL v2 라이선스를 따른다. 오라클 소유의 현재 불확실한 MySQL의 라이선스 상태에 반발하여 만들어졌으며, 배포자는 몬티 프로그램 AB(Monty Program AB)와 저작권을 공유해야 한다. 이것은 MySQL과 높은 호환성을 유지하기 위함이며, MySQL APIs와 명령에 정확히 매칭하여, 라이브러리 바이너리와 상응함을 제공하여 교체 가능성을 높이고자 함이다. MariaDB에는 새로운 저장 엔진인 아리아(Aria)뿐만 아니라, InnoDB를 교체할 수 있는 XtraDB 저장 엔진을 포함하고 있다.

MariaDB의 주요 개발자는 MySQL과 몬티 프로그램 AB를 설립한 마이클 몬티 와이드니어스(Michael Monty Widenius)이다. 그는 이전에 자신의 회사, MySQL AB를 썬마이크로시스템즈에 10억 달러에 판매를 한 적이 있으며, 마리아 DB는 그의 둘째 딸인 마리아의 이름을 딴 것이다.

MariaDB는 MySQL과 소스코드를 같이 하므로 사용방법과 구조가 MySQL과 동일하다. 이름만 다르지 명령어나 사용방법(5.5까지) 모두 MySQL과 동일하다. 편의를 위해 마리아DB는 동일한 MySQL 버전과 바이너리 드롭인 교체를 지원한다. 예를 들어, MySQL 5.1은 마리아DB 5.1과 5.2, 5.3과 호환된다. MySQL 5.5는 마리아DB 5.5와 호환되는 식이다.

(3) Microsoft SQL Server

SQL Server는 Microsoft사에서 개발한 데이터베이스 관리 시스템이며 동사의 제품에 종속된다는 것이 가장 큰 단점이자 장점이라고 할 수 있다. Microsoft라는 대형 기업의 서비스를 받을 수 있고 비주얼 스튜디오 같은 도구와 연동해서 사용할 수 있다는 장점이 있지만, Windows 시스템에서 밖에 사용할 수 없다는 것은 단점이다. Windows 환경에 IIS 웹서버를 사용한다면 최선의 선택이 될 수도 있다. Windows 시스템 상에서 운영될 수 있고 그 운영시스템의 안정성은 데이터베이스에 있어서도 매우 중요하다. SQL서버가 사용하는 기본 포트는 1433/TCP, 1434/TCP이며, 현재 최신 버전은 SQL Server 2017이다.

SQL Server는 많은 웹과 전자상거래 기능을 제공하고 XML과 Internet 분야에서 풍부한 지지가 있다. 웹을 통해 데이터에 대해 간편한 접근을 가능하게 하며 강대하고 안전한 응용 프로그램 관리에 근거한다. 게다가 쉽고 광범위한 조작면에서 사용자의 애호를 받는다.

(4) Oracle

Oracle은 전 세계에서 가장 많이 사용되고 있는 관계형 데이터베이스 관리시스템이다. 1977년 설립되었고 최초로 전문적으로 데이터베이스를 개발한 회사이다. Oracle는 데이터베이스 분야에서 항상 상위권을 차지할 정도로 사용자가 많다. 오랜 기간에 거쳐 그 안정성을 인정받았기에 안정성을 중시하는 대구모의 회사나 서비스에 많이 사용된다.

통상적으로 UNIX 시스템에서 사용되지만 Windows나 Linux와 같은 다른 시스템에서도 사용된다. Oracle은 다른 상용 데이터베이스에 비해 상대적으로 고가이며 일반 기술자가 운용하기에 매우 어렵다. 이러한 이유로 많은 트래픽이 발생되는 환경에서 사용되는 것이 일반적이다. 웹 환경이 일반적인 지금의 환경을 고려한다면 스피드와 처리능력 신뢰성이 우수한 Oracle은 앞으로도 많이 사용될 것으로 전망된다.

Oracle 데이터베이스 제품은 다음과 같은 특징을 가지고 있다.

양립성

Oracle 제품이 기준 SQL을 채택하고 미국 국가표준기술연구소(NIST)의 테스트을 거친다. IBM SQL/DS, DB2, INGRES, IDMS/R 등과 겸용한다.

이식성

Oracle의 제품이 매우 넓은 범위의 하드웨어와 운영시스템 플랫폼 상에 운행될 수 있다. 70종류 이상 다른 대, 중, 소형기에 설치할 수 있다.

VMS, DOS, UNIX, Windows 등 여러 종류의 운영시스템에서 운용될 수 있다.

연결성

Oracle이 여러 종류 통신 네트워크와 연결될 수 있고 각종 합의를 지지한다 (TCP/IP,DECnet, LU6.2 등).

고생산성

Oracle 제품은 여러가지 개발 도구를 제공하여 매우 편리하게 사용자가 개발할 수 있다.

개방성

Oracle 제품은 양립성·이식성·연결성과 높은 생산성 등 Oracle RDBMS의 개방성을 양호하게 한다.

(5) Sybase

Sybase는 1984년 설립된 관계형 데이터베이스 관리 시스템 전문 기업 또는 제품 이름이다. Sybase사는 2010년 5월 SAP에 인수되었다. Sybase 제품의 최신 버전은 Sybase ASE라고 불린다. ASE는 Adaptive Server Enterprise의 약자이다.

1989년 마이크로소프트가 개발한 SQL 서버 버전 1.0은 사이베이스를 기반으로 개발한 관계형 데이터베이스로서 그 구조가 사이베이스와 매우 유사하다. 그 이후에도 줄곧 마이크로소프트 SQL은 사이베이스와 유사한 구조를 유지했으나, 버전 6.0 이후 제품의 성능을 대폭 개선하면서 구조가 많이 달라지게 되었다.[1)]

---

1) 손호성 저, 《SQL Server 2005 완벽 가이드》, 영진닷컴, 30면

Sybase는 주로 3종류의 버전이 있다. 첫 번째는 UNIX 운영체제 기반 버전. 두 번째는 Novell Netware 환경 기반 버전이고, 세 번째는 Windows NT 환경 기반 버전이다. UNIX 운영시스템에 대해 가장 광범한 것은 Sybase 10 및 Sybase 11 for SCO UNIX이다.

(6) DB2

DB2는 IBM의 AS/400 시스템에 임베디드 되는 데이터베이스 관리 시스템이고 직접 하드웨어로 지지한다. 그것이 기준 SQL언어를 지원하고 이종 데이터베이스와 연결된 GATEWAY를 구비한다. 그러므로 속도가 빠르고 신뢰성이 좋은 장점을 가진다. 그러나 하드웨어 플랫폼만 IBM의 AS/400을 선택하고 비로소 DB2 데이터베이스 관리 시스템을 사용하는 것을 선택할 수 있다.

DB2는 모든 주류 플랫폼에 운영할 수 있고(Windows를 포함한다) 가장 매스데이터에 알맞다. DB2는 기업에서 사용되는 대규모의 데이터베이스에 많이 사용되고 있고 전세계 500개의 가장 큰 기업에서 거의 85% 이상에 모두 DB2의 데이터베이스 서버를 사용하고 있다.

(7) SQLite

SQLite는 오픈소스 데이터베이스로 가볍고 빠른 특성 때문에 간단한 정보를 체계적으로 저장해야 하는 응용프로그램이나 스마트폰, 임베디드 장비에 탑재되는 소프트웨어에서 주로 사용되고 있다.

SQLite는 MySQL와 같은 데이터베이스 관리 시스템이지만, 서버가 아니라 응용 프로그램에 넣어 사용하는 비교적 가벼운 데이터베이스이다. 일반적인 RDBMS에 비해 대규모 작업에는 적합하지 않지만, 중소 규모라면 속도에 손색이 없다. 또 API는 단순히 라이브러리를 호출하는 것만 있으며, 데이터를 저장하는 데 하나의 파일만을 사용하는것이 특징이다. 버전 3.3.8에서는 Full Text 검색 기능을 가진 FTS1 모듈이 지원된다. 컬럼을 삭제하거나 변경하는 것 등이 제한된다. 구글 안드로이드 운영체제에 기본 탑재된 데이터베이스이기도 하다.

1) SQLite 데이터베이스 저장구조

SQLite는 트랜잭션을 지원하는 데이터베이스 엔진으로서, 강력한 기능과 타 라이브러리에 대한 의존성이 없고, 별도로 설치될 필요도 없는 작고 단순한 구조로 인해 Android, iOS를 포함한 대부분의 모바일 기기에 널리 사용되고 있다.

SQLite는 정수(整數), 실수(實數), 바이너리(Binary), 문자열과 같이 총 4가지 형식으로 데이터를 저장한다. 이중 정수 데이터와 실수 데이터는 삭제된 영역에서 16진수로 존재하는 주변의 데이터와 구분이 되지 않기 때문에 삭제된 레코드의 구조를 정확하게 분석해야만 저장되었던 값을 확인할 수 있다.[2)]

SQLite는 사용자의 설정에 따라 6가지의 저널링 모드(DELETE, TRUNCATE, MEMORY, PERSISTE, NONE, WAL)를 제공하지만 포렌식 관점에서는 크게 단독 모드(NONE), WAL(Write Ahead Log) 모드 그리고, Rollback Journal 모드로 나누어진다. WAL 모드에서는 변경 사항을 먼저 wal 파일에 기록하고 wal 파일이 특정 크기보다 커지면 변경 데이터를 .db 파일에 일괄 반영하기 때문에 최신의 데이터는 항상 wal 파일에 있다. 반면 Rollback journal 모드는 트랜잭션이 커밋되기 전에 변경되는 원본 페이지를 .db-journal 파일에 백업하기 때문에 최신 데이터는 .db, 이전 데이터는 .db-journal 파일에서 발견할 수 있다. 이 설명을 구분하여 표현하면 아래 표와 같다.[3)]

저널링 모드	파일 구성	데이터 카빙
NONE	.db(혹은 사용자 정의이름)	파일에서 활성, 삭제 레코드 카빙
WAL	.db, .db-wal	.db-wal 파일에서 활성 카빙 .db 파일에서 활성 및 삭제 레코드 카빙
RollBack Journal	.db, .db-journal	.db 파일에서 활성 및 삭제 레코드 카빙 .db-journal파일에서 삭제 레코드 카빙

[표 3] SQLite 파일의 카빙 데이터

2) AhnLab Tech Report : SQLite의 레코드 구조와 삭제된 데이터 복구 방법(http://www.ahnlab.com/kr/site/securityinfo/secunews/secuNewsView.do?menu_dist=2&seq=22494)

3) 한컴지엠디, 모바일 포렌식 연구소, http://www.hancomgmd.com

본 절에서는 세 가지 파일 중 SQLite 데이터베이스 파일에서(.db) 사용되는 물리적 구조에 대해서 자세히 기술한다.

2) SQLite 데이터베이스 페이지 종류

SQLite 데이터베이스 파일은 하나 이상의 페이지로 구성된다. 페이지 크기는 SQLite의 기본 입출력 단위이며(단, 데이터베이스 헤더가 있는 첫 번째 페이지는 예외) 페이지의 크기는 2의 배수로서 512(0x200) 이상 65,536(0x10000) 바이트 이하이고 이 페이지 크기는 데이터베이스 헤더에 기록되어 있다. 메인 데이터베이스의 페이지는 아래 페이지 분류 중 하나에 반드시 속하며 이 중 포렌식 관점에서 중요한 페이지는(즉, 사용자 데이터가 존재하는 페이지) B-Tree 페이지와 payload(통신 분야에서는 '유료부하'라고 번역하기도 한다) 오버플로우 페이지이다. SQLite 페이지의 종류는 아래 표와 같다.[4]

페이지 종류	상세 내용
lock-byte	운영체제가 데이터베이스 잠금(lock) 기능을 구현할 때 사용
freelist	데이터베이스에서 사용되지 않는 페이지들의 연결리스트
B-Tree	데이터베이스 내의 테이블과 인덱스가 B-Tree로 구현되어 있다. 테이블, 인덱스 B-Tree는 각각 내부 페이지와 자식페이지로 구성된다.
payload overflow	B-Tree 페이지 내의 payload가 한 페이지보다 큰 경우 할당되는 추가적인 페이지
pointer map	데이터베이스 내의 페이지 할당 여부 정보를 비트맵으로 관리하는 페이지

[표 4] SQLite 페이지 종류

메인 데이터베이스의 첫 번째 페이지는 페이지 번호 1번(0번이 아님)으로 시작하고 100 바이트의 데이터베이스 헤더를 포함한다. 1번 페이지의 데이터베이스 헤더를 제외하면 나머지 페이지와 동일한 형식을 가진다. 데이터베이스 헤더의 구조는 다음 그림과 같다.

4) 한컴지엠디, 모바일 포렌식 연구소, http://www.hancomgmd.com

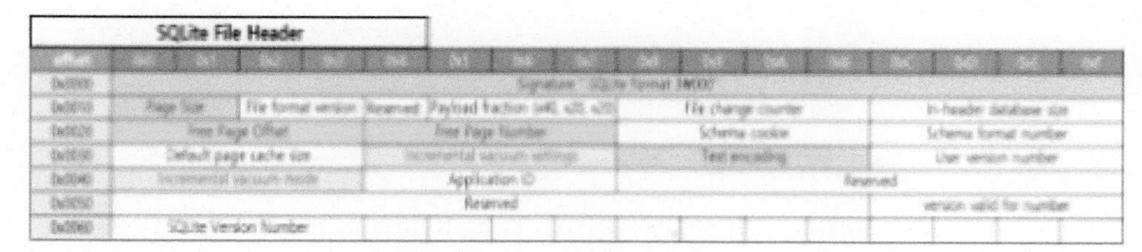

[그림 3] SQLite 데이터베이스 헤더

3) B-Tree 페이지

메인 데이터베이스는 고정 크기의 페이지의 집합으로 구성되는데 SQLite는 효율적인 데이터 관리를 위해 페이지를 B-Tree로 관리한다.

데이터베이스 안에는 테이블과 인덱스가 각각 B-Tree 자료구조로 구성되어 있고, 실제 데이터는 B-Tree의 자식 페이지(Leaf page)에 저장하고, B-Tree의 루트 페이지(roo page)와 내부 페이지(Internal Page)는 원하는 레코드를 가지고 있는 자식 페이지를 빨리 찾아가기 위한 인덱스로 사용된다. 다음 그림은 테이블 B-Tree의 구조를 나타낸다.[5]

페이지의 데이터는 '셀(cell)'이라는 형식으로 표현된다. 테이블 B-Tree의 자식 페이지의 경우 셀 내부에 실제 데이터를 포함하는 레코드가 존재하고 테이블 혹은 인덱스 B-Tree 내부 페이지 셀의 경우 키, 포인터(키에 해당하는 데이터를 포함하는 페이지 번호)가 데이터로 저장된다. 이렇게 셀 내부에 저장되는 다양한 데이터를 SQLite는 payload라고 명명한다. 셀, payload의 설명은 '4) 페이지 구조'에서 자세히 기술한다.

---

5) 한컴지엠디, 모바일 포렌식 연구소, http://www.hancomgmd.com

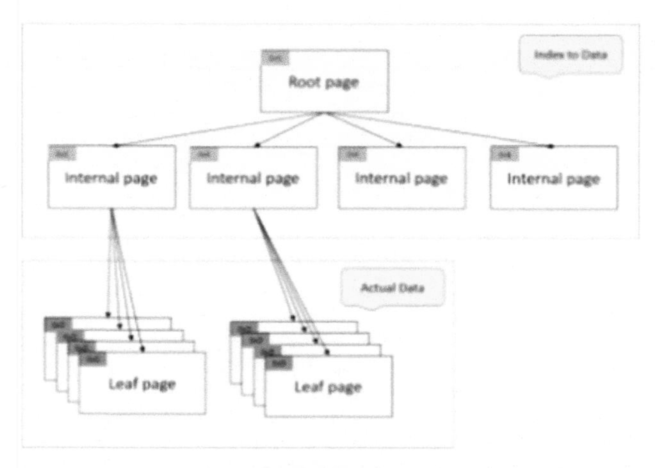

[그림 4] 테이블 B-Tree 구조

4) 페이지 구조

SQLite의 페이지는 페이지 헤더, 셀 포인터 배열, 미사용 영역, 셀 영역, 프리블록(Free Block), 예약 영역으로 구분되고 세부 구조는 다음 그림과 같다.[6]

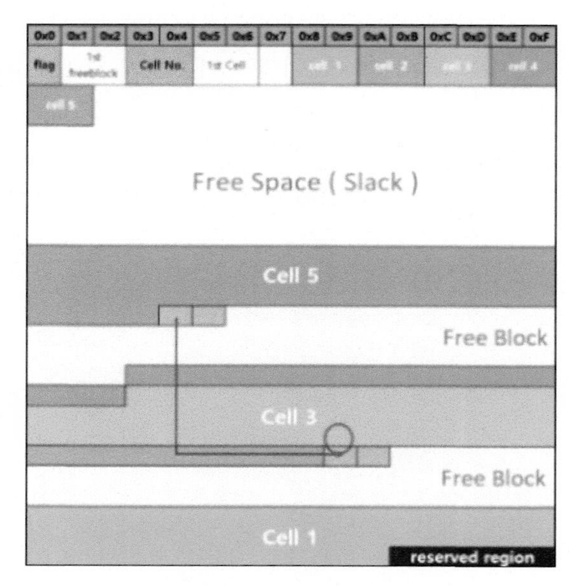

[그림 5] SQLite 페이지 구조

6) 한컴지엠디, 모바일 포렌식 연구소, http://www.hancomgmd.com

가. 페이지 헤더

페이지 헤더는 자식 페이지의 경우 8바이트, 내부 페이지인 경우는 12바이트로 구성된다. 각 필드의 의미는 다음 표와 같다.

위 치	필드 의미	상세 내용
0	페이지 타입	0x02 : 인덱스 B-Tree의 내부 페이지 0x05 : 테이블 B-Tree의 내부 페이지 0x0a : 인덱스 B-Tree의 자식 페이지 0x0d : 테이블 B-Tree의 자식 페이지
1-2	첫 번째 프리블록 위치	삭제된 셀 연결 리스트의 첫 번째 노드 위치
3-4	cell 개수	페이지에 존재하는 활성 cell의 개수
5-6	첫 번째 cell 주소	첫 번째 cell 주소
7	총 조각 영역 바이트	SQLite가 페이지 내의 미사용 영역을 재 정렬(compaction)할 때 참조하는 값
8-11	최우측 자식노드	4내부 페이지의 경우 가장 오른쪽 자식의 페이지 번호

[표 5] 시리얼 타입 상세[7)]

나. 셀 포인터 배열

페이지 내에 존재하는 셀의 시작 주소의 배열이다. 2Bytes 빅 엔디안 정수로 표현된다.

다. 미사용 영역

cell 포인터 배열 다음부터, 첫 번째 셀이 나타나는 지점까지의 영역이다. 즉, 셀에 할당되지 않은 영역이며 페이지 내에서 셀은 제일 스택 자료구조처럼 페이지의 제일 마지막 위치에서 헤더 쪽으로 할당된다.

7) 한컴지엠디, 모바일 포렌식 연구소, http://www.hancomgmd.com

라. 셀 영역

활성 데이터가 존재하는 영역이다. 테이블 B-Tree의 자식 페이지인 경우 각 셀 내부에 테이블 레코드가 하나씩 존재한다. 테이블 B-Tree 내부 페이지와 인덱스 B-Tree의 경우는 셀 내부에 (키, 포인터) 정보가 저장되어 있다.

마. 프리블록(Freeblock)

셀에 할당되었다가 삭제된 영역이다. 각 프리블록은 블록 시작에 4Bytes의 헤더(다음 프리블록 위치, 현 프리블록 크기)를 두어 페이지 내의 모든 프리블록을 단방향 연결 리스트(singely linked-list)로 구성하고 있다. 페이지 내에 단편화가 심한 경우 즉, 프리블록 혹은 조각난 공간이 많은 경우, SQLite는 이 프리블록과 다른 미사용 공간의 위치를 식별한 후, 재 정렬하여 추가적인 공간을 확보한다. 마지막 프리블록의 경우 다음 프리블록의 위치에 0x0000을 기록하여 마지막임을 표시한다. 위 그림의 붉은 색 라인은 두 개의 프리블록이 단방향 연결리스트로 구성된 것을 나타낸다.

바. 예약영역

SQLite Encryption Extension(SEE)등의 추가적인 확장 기능을 수용하기 위해 사용되는 영역이다. 예를 들어 SQLite DB를 암호화할 경우 복호화에 필요한 기본적인 정보인 salt, nonce 등의 정보가 이 영역에 기록된다. 모바일 포렌식 분석 도구는 위 가~바항에서 기술한 영역의 특성을 고려하여 데이터를 카빙한다. 즉, 셀 영역에서는 활성 레코드를 카빙하고, 미사용 영역과 프리블록에서는 삭제된 레코드를 카빙할 수 있다.

5) 셀 구조

SQLite 테이블 B-Tree의 자식 페이지에서 레코드는 셀 내부에 존재한다. 셀의 구조는 다음 표와 같다. Payload 크기와 Row ID는 가변 길이 정수인데, 가변 길이 정수는 숫자의 범위에 따라 저장 1~9 바이트로 크기를 달리하여 할당함으로써 저장 공간을 효율적으로 사용할 수 있다. 한 payload의 크기가 현재 페이지의 남은 공간보다 더 큰 경우 새로운 페이지가 할당되고 그 페이지의 번호가 셀의 마지막 4바이트에 기록된다.[8]

---

8) 한컴지엠디, 모바일 포렌식 연구소, http://www.hancomgmd.com

Payload size (var int)	Row id (var int)	Payload	overflow page no (4bytes)

[그림 6] SQLite 셀 구조

6) 레코드 구조

Header					Body			
Header size (varint)	Stype col 1 (varint)	Stype col 2 (varint)	...	Stype col n (varint)	Col 1	Col 2	...	Col n

[그림 7] 레코드 구조

SQLite의 레코드의 구조는 다음 표와 같다. 먼저 자신의 크기를 포함한 헤더 크기, 각 필드에 대한 시리얼 타입(표준 문서에서 필드의 타입을 시리얼 타입이라고 함) 그리고 실제 필드가 헤더의 시리얼 타입에 기술된 순서대로 나타난다. 헤더의 크기와 각 시리얼 타입은 가변 길이 정수로 표현된다.

레코드 헤더의 시리얼 타입은 하나의 값으로 실제 필드의 타입과 크기를 동시에 표현한다. SQLite에 정의된 시리얼 타입은 다음 표와 같다.[9)]

시리얼	필드 크기	의 미
0	0	NULL
1	1	8 비트 정수
2	2	16 비트 정수
3	3	24 비트 정수
4	4	32 비트 정수
5	6	48 비트 정수
6	8	64 비트 정수

9) 한컴지엠디, 모바일 포렌식 연구소, http://www.hancomgmd.com

7	8	IEEE 754-2008 64 비트 정수
8	0	정수 상수 0
9	0	정수 상수 1
10, 11		사용되지 않음
N : 12 이상 짝수	(N-12)/2	BLOB 타입의 데이터 (N-12)/2 바이트
N : 13 이상 홀수	(N-13)/2	CLOB 타입(혹은 문자열)의 데이터 (N-13)/2 바이트

[표 6] 시리얼 타입 상세

시리얼 타입 0, 8, 9는 각각 NULL, 0, 1을 표현하고 실제 컬럼은 존재하지 않는다. 1~5 까지는 각각 1, 2, 3, 4, 6 바이트 크기의 정수를 나타내고 7은 실수를 표현한다. 여기서 표현되는 정수는 빅 엔디언 2의 보수이다.

BLOB(Binary Large OBject)은 12 이상의 짝수, TEXT 혹은 CLOB(Character Large OBject)는 13 이상의 홀수로 표시되는데 이 시리얼 타입 역시 가변 길이 정수이므로 이 두 타입은 데이터의 크기에 따라 2바이트 이상의 저장 공간을 차지할 수 있다.[10]

10) 한컴지엠디, 모바일 포렌식 연구소, http://www.hancomgmd.com

제2편
데이터베이스 모델링의 개념

본 장에서는 데이터베이스 설계 관점에서 데이터 모델링의 개념에 대해 살펴본다. 사실 데이터 모델링은 실세계 정보의 객체들과 컴퓨터상에 거주하는 데이터베이스 모델사이의 교량 역할을 하는데 이는 데이터베이스 설계의 전체 과정 중 처음 단계에 속한다. 즉, 데이터 모델링은 바로 실세계를 데이터베이스로 표현하는 과정이라 할 수 있다. 그런데 여기서 가장 큰 문제점중의 하나는 설계자, 프로그래머, 그리고 최종 사용자가 데이터에 대해 서로 다른 용어 및 개념을 사용한다는 것이다. 서로 다른 데이터 버전들은 조직 내에서의 데이터를 실제 사용하는 업무들을 정확히 반영하지 못함으로서 결국은 최종 사용자가 원하는 요구 사항들을 충족시키지 못하는 문제를 유발하게 된다. 이런 문제점을 해결하기 위해서는 먼저 실세계로부터 데이터를 정확히 인지 및 묘사함으로서 설계자, 프로그래머, 최종 사용자 사이에서 발생되는 의사 전달의 모호함(ambiguity)을 줄여야만 한다. 데이터 모델링은 복잡한 실세계를 단순화하여 실세계에 존재하는 개체들을 식별하여 이들 객체와 객체 사이의 관계를 정의함으로서 컴퓨터상의 데이터베이스를 추상화된 개념으로 이해하기 쉽게 할 뿐만 아니라 사용자들 사이의 의사소통을 원활히 할 수 있도록 도와준다. 이를 위해 데이터베이스 모델링의 전반적인 과정을 단계별로 간략히 설명하고 가장 일반적인 개념(conceptual) 데이터 모델로 제시되고 있는 ER 모델에 대해서 설명하고자 한다.

제1장 데이터베이스 모델링의 개념

1. 데이터베이스 모델링

데이터 모델링은 실세계에 존재하는 복잡한 데이터의 구조를 보통 그래픽(graphic) 표현을 사용하여 보다 쉽게 표현한 것이다. 다시 말해서 데이터 모델링이란 실세계 데이터를 추상화(abstraction)한 것이라 할 수 있다. 추상화란 우리가 어떤 것을 만들기 전에 실세계의 데이터를 의도적으로 우리의 관심 분야에 맞추어 불완전하게 묘사한 것이다. 여기서 '불완전'이란 의미는 모델링의 대상이 되는 데이터에 대해 세부적이 아닌 필수적인 것들만 추출하여 묘사하는 것을 의미한다. 모델링의 중요한 역할은 실세계 환경을 보다 쉽게 이해할 수 있도록 도와주는 것이다. 데이터베이스에서 데이터 모델은 데이터의 구조, 특성, 관계, 제약조건 등을 표현한다. 데이터베이스 설계자들은 데이터 모델을 설계자, 프로그래머, 최종 사용자 사이에 의사 소통의 수단으로 사용한다. 이는 만일 데이터 모델이 개발되면 데이터베이스 설계를 개발한 조직을 훨씬 더 쉽게 이해할 수 있게 될 수 있기 때문이다. 데이터베이스 모델링을 하는 주요한 이유는 업무정보를 구성하는 기초가 되는 정보들을 일정한 표기법에 의해 표현함으로써 정보시스템 구축의 대상이 되는 업무 내용을 정확하게 분석하는 것이 첫 번째 목적이다. 두 번째는 분석된 모델을 가지고 실제 데이터베이스를 생성하여 개발 및 데이터관리에 사용하기 위한 것이다. 즉, 데이터베이스 모델링이라는 것은 단지 데이터베이스만을 구축하기 위한 용도로만 쓰이는 것이 아니라 데이터 모델링 자체로서 업무를 설명하고 분석하는 부분에도 중요한 의미를 가진다. 따라서 좋은 데이터베이스 설계는 좋은 응용들을 만들어 내며, 이는 역으로 말하자면 응용 프로그래머의 기술이나 좋은 데이터베이스 설계 없이는 좋은 응용 프로그램을 개발 할 수 없다는 것이다.

2. 데이터베이스 모델링 단계

데이터 모델은 데이터베이스를 만들어내는 설계서로서 분명한 목표를 가지고 있다. 현실세계에서 데이터베이스까지 만들어지는 과정은 시간에 따라 진행되는 과정으로서 추상화 수준에 따라 단계별로 개념적 모델, 논리적 모델, 물리적 모델로 정리 할 수 있다. 개념적 모델은 추상화 수준이 높고 포괄적인 수준의 모델링을 진행한다. 개체중 심의 상위 수준의 데이터 모델이 완성되면 업무의 구체적인 모습과 흐름에 따른 구체화된 업무중심의 데이터 모델을 만들어 내는데 이를 논리적 모델링이라고 한다. 논리적 모델링 이후 데이터베이스의 저장구조 등 물리적인 성격을 고려하여 설계하는 방식을 물리적 모델링이라고 한다.

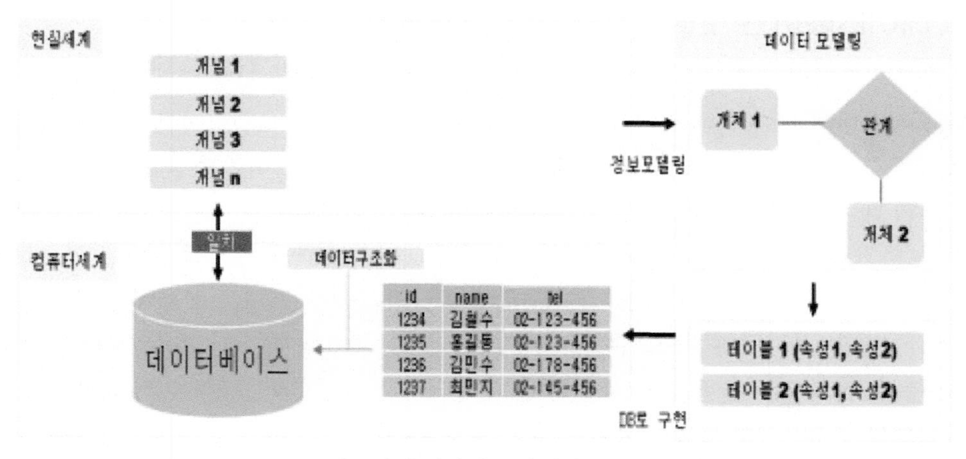

[그림 8] 데이터 모델링의 개념

(1) 개념적 모델링(Conceptual Modeling)

데이터베이스 설계 단계의 가장 상위 레벨에 있는 개념적 모델은 데이터의 총체적인 개관(global view)이다. 개념 모델은 데이터 묘사와 식별의 기본이 된다. 요구사항을 수집하고 분석한 결과를 기반으로 업무의 핵심적인 개념을 구분하고 전체적인 뼈대를 만드는 과정이다. 가장 일반적으로 사용하는 개념 모델은 개체-관계 모델(ER 모델)이다. 이 모델을 사용하면 데이터 모델의 청사진인 개념 스키마가 생성된다. 개념적 모델을 사용함으로서 다음과 같이 몇 가지 매우 중요한 이득을 얻을 수 있다. 개념 데이터 모델을 통해 조직의 데이터 요구를 공식화하는 것은 두 가지의 중요한 기능을 지원한다. 첫째, 개념 데이터 모델은 사용자와 시스템 개발자가 데이터 요구 사항을 발견하는 것을 지원한다. 개념 데이터 모델은 추상적이다. 그렇기 때문에 그 모델은 상위의 문제에 대한 구조화를 쉽게 하며, 사용자와 개발자가 시스템 기능에 대해서 논의할 수 있는 기반을 형성한다. 둘째, 개념 데이터 모델은 현 시스템이 어떻게 변형되어야 하는가를 이해하는데 유용하다. 일반적으로 매우 간단하게 고립된(Stand Alone) 시스템도 추상적 모델링을 통해서 보다 쉽게 표현되고 설명된다.

- 개념적 모델은 실세계의 정보 환경의 개관을 이해하기 쉽게 보여준다.
- 소프트웨어와 하드웨어에 독립적이다. 이는 개념모델을 설계할 시에 모델을 구현하는데 목표가 되는 DBMS가 어떠한 모델인지 또한 어떠한 하드웨어 기종에서 구현되는지를 고려하지 않아도 됨을 의미한다.
- 소프트웨어나 하드웨어를 다른 형태로 바꾸어도 개념모델의 설계에는 아무런 영향을 미치지 않는다.

(2) 논리적 모델링(Logical Modeling)

특정 DBMS가 선정되면 앞서 설계된 개념적 모델을 선정된 DBMS에 맞도록 변형시켜야 한다. 즉 설계자는 개념적 모델을 구성하는 데이터의 특성 및 제약 조건등의 개념적 스키마를 선정된 망형, 계층형, 혹은 관계형 데이터베이스 모델에 기반을 둔 DBMS 모델에 맞게 변형을 시켜야 한다. 논리적 모델링은 개념적 모델을 기반으로 논리적인 구조와 규칙을 명확하게 표현하는 기법 또는 과정이라 할 수 있다. 논리 모델은 데이터베이스의 소프트웨어에 독립적(Software Independent)이지 못하다. 다시 말해서 데이터베이스 관리 시스템을 바꾸면 내부적 모델의 구성도 바뀐 DBMS의 특성과 요구사항에 적합할 수 있도록 바뀌어야 한다.

특히 논리 모델은 저장 장소와 엑세스 방법을 매우 자세히 서술하여야 하는 망·계층 데이터베이스 모델에서는 매우 중요하다. 대부분의 데이터베이스 모델에서는 데이터 엑세스 방식과 정의에 있어서 사용하는 사람이 일일이 지시하지 않아도 원하는 일을 모두 할 수 있는 투명성(transparency)을 보장하기 때문에 망·계층 데이터베이스 관리 시스템보다는 더 선언적이라 할 수 있다. 논리적 모델링은 관계형 데이터 모델과 같은 대상 DBMS의 저장구조나 인덱스와 같은 물리적인 세부사항은 고려하지 않는다. 즉 논리적 모델은 어떠한 컴퓨터를 사용한다 하여도 영향을 받지 않는다. 하드웨어에 독립적으로 저장장치나 운영체제를 바꾸어도 논리 모델의 설계 요구사항에는 전혀 영향을 끼치지 않는다.

논리적 모델링은 개념적 모델링을 기반으로 한 데이터 환경을 응용 프로그래머의 관점에서 본 것이다. 응용 프로그래머들은 전체적인 모델을 각 부분의 요구와 제약 조건 등 특성에 따라 각 기능적 모듈(module)로 나눈다. 각 외부 모델은 개체(entity), 관계, 프로세스(process), 제약 조건이 모두 포함된다. 데이터베이스에 저장된 자료가 사용자에게 어떤 모양으로 보이는가 하는 것이 뷰(view)인데, 이런 뷰들은 서로 떨어져 구성되어도 CLASS와 같은 개체를 다른 뷰들 간에 공유한다. 훌륭한 디자인은 뷰들 사이의 관계에 주의를 기울이고 공유하는 개체를 관리하는 제약의 집합을 프로그래머에게 제공한다.

논리적 모델링을 사용함으로서 다음과 같이 몇 가지 매우 중요한 이득을 얻을 수 있다.

- 만약 응용프로그램이 데이터베이스 상 모든 관계의 전체집합을 포함해야 한다면 응용의 개발에 어려워지고 방해가 될 것이다. 응용프로그래머가 관심 있는 데이터베이스의 한 부분만을 포함한다면 이는 응용프로그램의 개발을 보다 쉽게 해준다.
- 데이터의 어느 한 일부분의 이용은 설계자로 하여금 업무연산을 지원하기위해 요구되는 데이터가 어느 것인지를 보다 쉽게 식별하게 하여 준다.

논리적 모델은 계속적으로 사용자의 요구사항을 테스트하고 확인한다. 논리적인 데이터 모델의 정확성을 검사하기 위하여 정규화 기법이 사용된다. 정규화는 데이터 모델에서 도출된 릴레이션이 중복된 데이터를 갖지 않는다는 것을 보장한다. 다음은 논리적 모델링의 주요과정을 요약하여 설명한 것이다.

- 개념적 모델링에서 추출하지 않았던 상세 속성들을 모두 추출한다.
- 정규화를 수행한다.
- 데이터의 표준화를 수행한다.

(3) 물리적 모델링(Physical Modeling)

물리적 모델링은 데이터가 디스크와 같은 저장매체에 저장되는 것을 기술하는 것과 같이 추상화의 가장 하위 단계이다. 작성된 논리적 모델을 실제 컴퓨터의 저장장치에 저장하기 위한 물리적 구조를 정의하고 구현하는 과정이다. 물리적 모델링을 할 때는 DBMS의 특성에 맞게 저장구조를 정의해야 데이터베이스가 최적의 성능을 낼 수 있다.

물리적 모델링은 저장장치에 있는 데이터에 접근하기 위해 저장장치와 엑세스 방법 등의 자세한 정의가 필요하다. 즉, 논리적 모델링이 무엇을 구현할 것인가에 중점을 둔다면 물리적 모델링은 어떻게 구현할 것인가에 중점을 둔다. 데이터베이스 설계를 구현하기 위해 사용되는 소프트웨어 및 하드웨어의 자세한 지식이 요구되므로 컴퓨터가 다루는 저장장치의 타입과 데이터베이스 관리 시스템과 같은 소프트웨어가 요구하는 저장구조를 자세히 아는 것이 필요하다. 따라서 소프트웨어와 하드웨어에 종속적이라 할 수 있다. 다음은 물리적 모델링의 주요 과정을 요약하여 설명한 것이다.

- 대상 DBMS에 대한 기초 테이블을 설계한다.
- 대상 DBMS에 대한 무결성 제약을 설계한다.
- 트랜잭션을 분석한다.
- 인덱스를 선택한다.
- 비정규화를 고려한다.
- 사용자 뷰를 설계한다.
- 액세스 규칙을 정의한다.

제2장 ER Model

1976년 Chen에 의해 제안된 ER 모델은 개념적 모델에서 가장 일반적으로 사용되고 있는 모델로서 그 모델이 지니고 있는 단순성 때문에 현재 광범위한 응용 분야에서 사용되고 있다. ER 모델은 다음과 같은 목적으로 사용되고 있다.

- 데이터에 대해 관리자, 사용자, 프로그래머들이 서로 다르게 인식되고 있는 뷰(view)들을 하나로 통합할 수 있는 단일화된 설계안을 만들기 위해서다.
- 서로 다른 뷰들을 충족시킬 수 있는 데이터처리와 제약조건(constraints) 등의 요구사항들을 정의하기 위함이다.

ER(Entity Relationship)모델은 세상의 사물 개체와 개체 간의 관계를 나타내며 ER 다이어그램(ER Diagram: ERD)로 표현된다. ERD는 최종 사용자의 관점에서 데이터베이스를 개념적으로 묘사한 것으로서, 개체(entity), 관계(relationship), 그리고 속성(attribute)들의 구성 요소로 구성된다. 개체는 독립적인 의미를 지니고 있고 유무형의사람 또는 사물을 말하며, 개체의 특성을 나타내는 속성에 의해 식별된다. 또한 개체끼리 서로 관계를 가진다. 이들 각 요소는 실세계에 존재하는 정보를 묘사하는 데 가장 기본이 되는 개념이다. ER 모델은 개체와 개체 간의 관계를 ER다이어그램이라는 표준화된 그림으로 나타낸다. ERD는 ER모델에 대해 큰 지식이 없는 사람도 내용을 쉽게 알아볼 수 있다. 본 절에서는 이러한 각 요소들을 구체적으로 살펴보고자 한다.

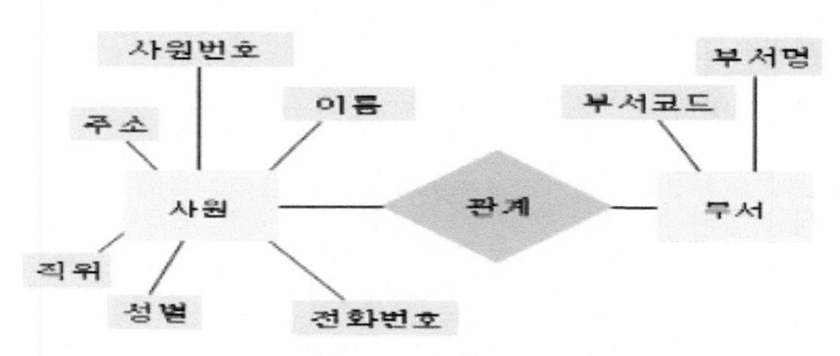

[그림 9] 사원과 부서 관계를 표현한 ER 다이어그램

1. 개 체(Entity)

개체는 우리가 데이터 수집의 대상이 되는 실세계의 정보세계에 존재하는 사물(thing) 들로, 개념적인 것과 물리적인 것으로 나눌 수 있다. 여기서 개념적 개체는 장소, 사건 등과 같은 눈에 보이지 않는 것이고 물리적 개체는 물건 등과 같이 눈에 보이는 것이다. 즉 현실 세계에 존재하는 사물로서 데이터베이스의 모델링의 대상이 된다면 개체로 정의할 수 있다. 각 개체는 속성(attribute)으로 알려진 특성들의 모임으로 정의된다. 예를 들어 어떤 학생의 개체는 학번, 이름, 평점, 등록일자, 생일, 주소, 전화번호, 전공의 속성들로 정의될 수 있다. 유사하게 어떤 항공기 개체의 속성으로서 항공기 편명, 마지막 정비 일자, 총 비행시간, 마지막 정비일 등을 가진다.

여기서 어떤 개체들은 공통적으로 여러 속성들을 공유할 수 있는데 이런 개체들은 함께 모아 하나의 개체 타입(Entity Type)으로 정의할 수 있다. 예를 들어 어느 대학교의 학생들은 대학생이라는 이름의 개체 타입으로 정의할 수 있으며, 이는 각 학생 개체가 학번, 이름, 평점, 등록일자, 생일, 주소, 전화번호, 전공의 속성들을 공유하기 때문이다.

다음은 개체의 특징을 요약하여 설명한 것이다.

- 유일한 식별자에 의해 식별이 가능하다.
- 꾸준한 관리를 필요로 하는 정보다.
- 두 개 이상 영속적으로 존재한다.
- 업무 프로세스에 이용된다.
- 반드시 자신의 특징을 나타내는 속성을 포함한다.
- 다른 개체와 최소 한 개 이상의 관계를 맺고 있다.

2. 속 성(Attribute)

속성(attribute)은 앞에서 설명한 바와 같이 개체의 구조를 나타내는 특성을 의미한다. ERD에서 속성은 개체 타입을 나타내는 사각형에 실선으로 연결된 타원형으로 표현되며 각 타원형은 고유의 속성 이름을 갖는다. 각 속성은 가질 수 있는 값(value)들의 범위가 있는데 이를 그 속성의 도메인(domain)이라 한다. 예를 들면 학생이라는 개체가 있을 때 학점이라는 속성의 도메인은 0.0에서 4.0사이의 실수 값이며 주소라는 속성은 길이가 20 자리 이내의 문자열로 정의 할 수 있다. 여기서 물론 각 속성이 가질 수 있는 값은 도메인

이외의 값을 갖지 못한다. 일반적으로 서로 다른 개체 집합에 정의된 속성들은 같은 도메인을 공유할 수 있다. 예를 들면 학생 개체 집합에서 주소 속성에 해당하는 도메인과 교수 개체 집합에서의 주소 속성의 도메인은 같은 값들의 범위를 가질 수 있으므로 주소라는 속성 이름을 가질 수 있다.

앞서 설명한 바와 같이 개체 타입은 여러 개의 유사한 개체들로 모여져 있는데, 이 중에서 각각의 개체를 어떻게 식별할 수 있느냐가 중요하다. 각 개체는 속성값(Attribute Value)들에 의해 구분될 수 있는데, 이때 각 개체를 유일하게 구별할 수 있는 속성들의 모임을 키(key)라고 한다. 즉 키 값에 의해 각각의 개체를 유일하게 식별한다. 예를 들면 학번, 성명, 주소, 생년월일, 학과의 속성들로 이루어진 대학생 개체 타입에서 학번과 성명, 생념월일이 각각 하나의 키가 될 수 있다. 한 개체 타입에서 키는 여러 개가 있을수 있으며, 이 경우 두 개 이상의 속성들로 이루어진 키를 복합 키(Composite Key)라고 한다. 위의 학생 개체 타입에서 성명, 생년월일이 하나의 복합키가 될 수 있다.

속성들은 또한 단순형 혹은 복합형으로 분류 할 수 있다. 예를 들면, 주소 속성은 시, 구, 동, 번지의 또 다른 속성들로 구성될 수 있는데 이를 복합 속성(Composite Attribute)이라 한다. 또한 나이, 성별 등의 속성은 더 이상 다른 속성들로 구성될 수 없는 단순한 속성이므로 단순(simple) 속성이라 한다. 복합 속성은 여러 종류의 속성들로 구성된 것으로서 복잡한 정보를 표현할 때 중요한 요소이다.

주민등록번호와 같은 속성은 반드시 하나의 값만 존재하므로 이 속성은 단일치 속성(Single-Valued Attribute)이라하고, 어떤 사람의 전화번호와 같은 속성은 집, 핸드폰, 회사 전화번호와 같이 여러 개의 값을 가질 수 있다. 자동차의 색상 속성도 차지붕, 차체, 외부의 색이 다를 수 있다. 이런 속성을 다중치 속성(Multi-Valued Attribute)이라 한다. 마지막으로 어느 속성은 유도 속성(Cerived Attribute)으로 분류 될 수 있다. 이 속성은 다른 속성의 값으로부터 어떤 계산을 통해 새로운 값을 얻게 되므로 데이터베이스상에 물리적으로 값이 실제로 존재하지는 않는다. 예를 들면 어떤 사람의 나이 속성은 현재 날짜로부터 생년월일 속성의 값을 뺌으로서 나이의 값을 유도할 수 있다.

다음 그림은 어느 회사의 사원 정보를 ERD로 표현한 것이다. 여기서 사각형은 개체 타입, 타원형은 속성, 밑줄로 표시된 사번은 키, 점선으로 표시된 나이는 유도 속성, 이 중 타원형인 전화는 다중 속성을 각각 의미한다.

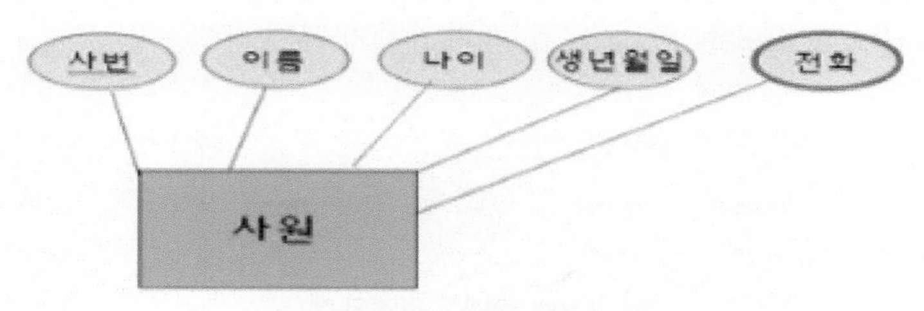

[그림 10] 사원 정보를 표현한 ERD

3. 관 계(Relationship)

실세계의 정보를 묘사하는데 중요한 개념은 개체와 더불어 관계(relationship)이다. 관계는 개체들 사이에 존재하는 연관성을 의미한다. 예를 들어 교수와 과목이라는 두 개의 개체 타입이 있다고 할 때 "어느 교수가 무슨 과목을 가르치냐?" 라는 정보를 얻고자 할 때는 위의 두 개의 독립된 개체 타입들만으로는 해당되는 답을 얻기가 힘들다. 이럴 때에는 이 개체타입들 사이에 "교수는 과목을 가르친다."라는 관계를 부여해서 두 구성요소들(개체)들을 연관시켜 놓을 때 유용한 정보를 얻게 된다.

(1) 차 수

관계의 차수(degree)는 그 관계에 참여하는 개체타입들의 개수를 의미한다. 두 개의 개체타입들이 연관되면 이를 이진 관계, 세 개의 개체타입들이 연관되면 이를 삼진 관계라 한다. 만약 관계가 한 개의 개체타입 내에서만 이루어진다면 그 관계를 순환 관계라 한다.

- 1진 관계(recursive relationship) : 한 개의 개체가 자기 자신과 관계를 맺는 경우

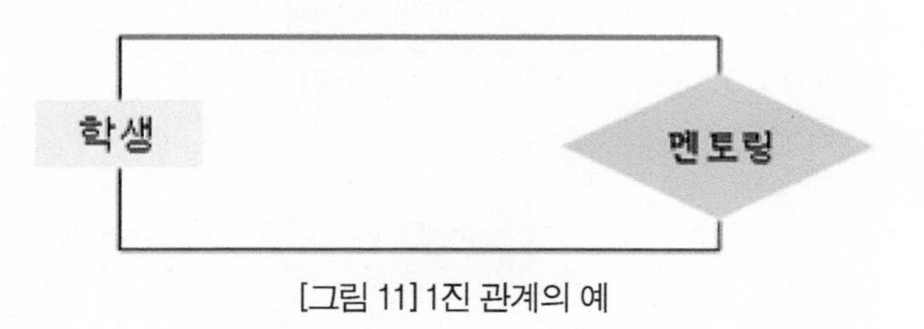

[그림 11] 1진 관계의 예

• 2진 관계(binary relationship) : 두 개의 개체가 관계를 맺는 경우

[그림 12] 2진 관계의 예

• 3진 관계(ternary relationship) : 세 개의 개체가 관계를 맺는 경우

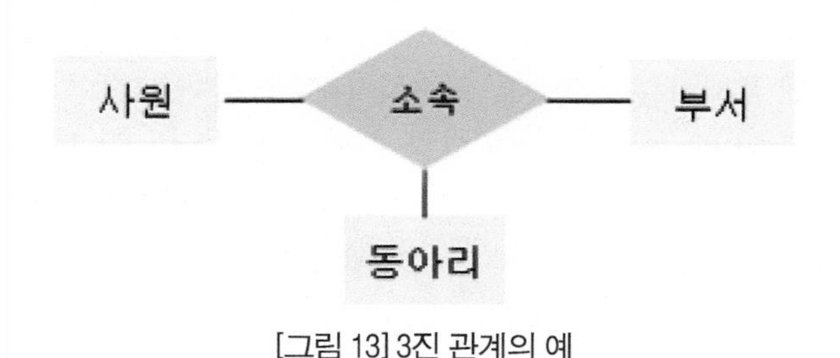

[그림 13] 3진 관계의 예

(2) 카디날리티(cardinality)

ER 모델은 데이터베이스가 지켜야 할 제약 조건들을 명시할 수 있다. 중요한 제약 조건중의 하나인 카디날리티 조건이라는 것이 있는데, 이는 한 개체가 관계를 통하여 다른 개체와 연결되는 개체들의 수를 나타낸다. 두 개체 타입 X와 Y사이의 관계에 대한 연결 조건은 일대일(1 : 1), 일대다(1 : M), 다대다(M : N)로 분류된다.

• 일대일(one to one) : X에 속하는 한 개체는 Y에 속하는 한 개체에만 연결되며, Y에 속하는 한 개체도 X에 속하는 개체에만 연결된다.

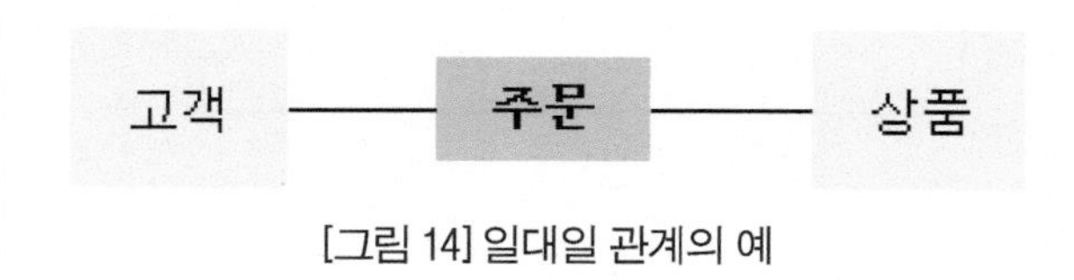

[그림 14] 일대일 관계의 예

- **일대다(one to many)** : X에 속하는 한 개체는 Y에 속하는 한 개체에만 연결되며, Y에 속하는 한 개체는 X에 속하는 여러 개체들과 연결된다.

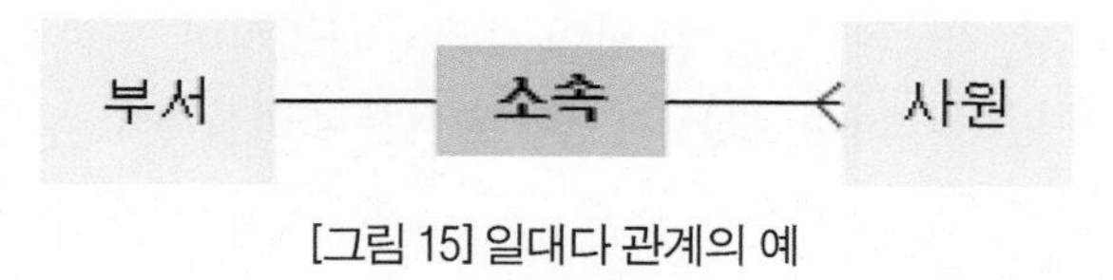

[그림 15] 일대다 관계의 예

- **다대다(many to many)** : X에 속하는 한 개체는 Y에 속하는 여러 개체들과 연결되며, Y에 속하는 한 개체도 X에 속하는 여러 개체들과 연결된다.

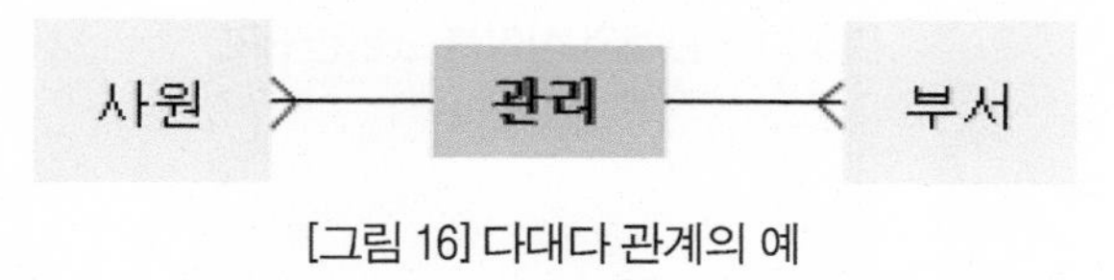

[그림 16] 다대다 관계의 예

(3) 참여 제약조건

카디날리티(cardinality)란 관계에 참여하는 하나의 개체에 대해 다른 개체타입에서 몇 개의 개체가 참여하는지를 나타낸다. 예를 들면 한 명의 학생이 1개 이상 6개 이하의 과목에 등록할 수 있다면 카디날리티는(1, 6)이고, 한 명의 교수가 최대 3 개의 과목을 가르칠 수 있다면 (0, 3)이다. 카디날리티는(min, max)의 한 쌍의 값으로 표현하는데 여기서 min은 관계에 참여하는 개체의 최소 개수, max는 관계에 참여하는 최대 개수를 각각 의미한다. 여기서 max의 값이 m으로 표시되면 최대 개수에 제한이 없음을 의미한다.

관계에 참여하는 개체들은 전체(total) 참여이거나 부분(partial) 참여일 수 있다. 어떤 개체타입에서의 전체 참여란 그 개체타입에 속한 모든 개체는 반드시 관계를 이루는 다른 개체타입에서의 개체와 관계를 가져야 한다. 반대로 부분 참여란 그 개체타입의 어떤 개체는 관계를 이루는 다른 개체와 관계를 갖지 않아도 된다. 이를 카디날리티(min,max)로도 표현할 수 있는데 부분 참여인 경우는 min의 값이 0이 되며, 전체 참여일 때는 1이 되어야 한다.

지금까지 설명한 관계와 제약조건들을 기반으로 다음의 ERD의 예를 살펴보자(여기서 마름모는 관계를, 이중선은 전체 참여를 각각 의미한다). 사원과 부서 개체타입 사이에 근무와 관리라는 두 개의 관계가 성립한다. 예를 들면, 관리 관계에서는 각 사원은 단 한 개의 부서만 관리하고, 각 부서는 단 한 명의 사원이 관리하며, 또한 각 부서는 반드시 이를 관리하는 사원이 있어야 하며, 모든 사원이 부서를 관리할 필요는 없다는 해석이다.

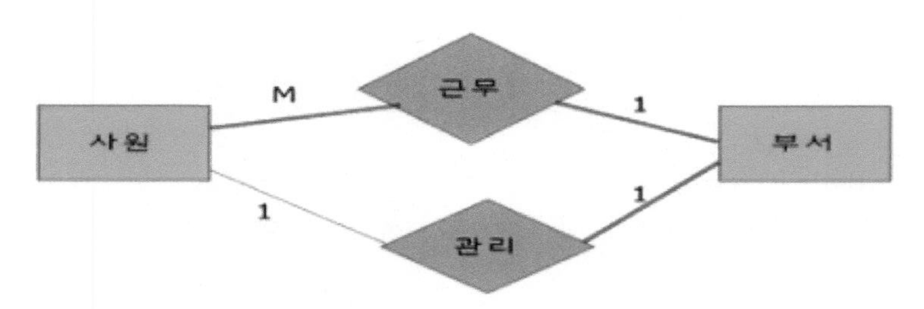

[그림 17] 관계와 참여를 표현한 ERD

4. 약 엔티티 타입(Weak Entity Type)

자기 자신의 키가 없는 개체 타입을 약 엔티티 타입(Weak Entity Type)이라고 한다. 일반적으로 실세계에서 이러한 개체 타입들이 존재하게 되는데, 이 경우 여기에 속한 개체들을 식별하지 못하게 되는 문제가 발생한다. 예를 들어, 다음의 ERD를 살펴보면, 가족은 이름과 나이 속성으로 구성되며, 이들 속성들만으로는 키를 만들 수 없는 약 엔티티 타입라고 하자. 이때 이 가족과 부양이라는 관계를 갖는 사원이라는 개체 타입이 있는데, 이를 오너(owner)라고 한다. 이 오너는 사번이라는 키가 존재하므로 여기에 속한 개체들을 모두 식별할 수 있다. 이제 가족 개체는 부양에 모두 참여하는 전체 참여이므로 사원의 키인 사번을 빌려와서 이름과 함께 키를 만들 수가 있다. 따라서 가족의 키는 사번, 이름이 된다. 단, 각 사원의 가족에는 동명이인이 없다는 전제이고, 이때 이름을 부분키(Partial Key)라고 한다.

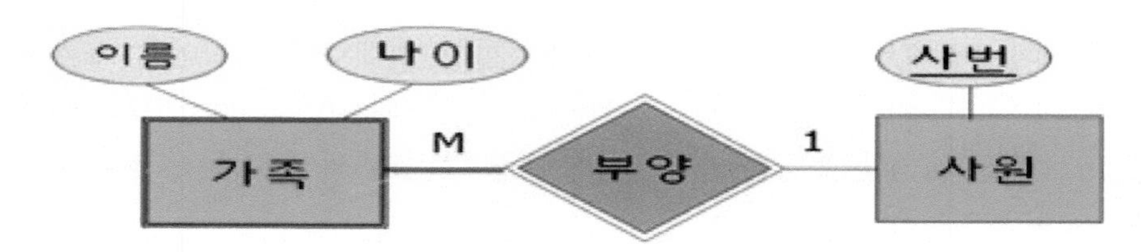

[그림 18] 개체 타입을 표현한 ERD

제3편 관계형 데이터 모델

제1장 관계형 모델의 개념

1970년 E. F. Codd에 의해 제안된 관계형 모델은 기존의 계층형과 네트워크 모델이 갖는 한계점들을 해결함으로써, 데이터베이스 설계 및 운용 측면에서 일대 전기를 가져오게 했다. 관계형 데이터 모델은 지금까지 제안된 데이터 모델들 중에서 가장 개념이 단순한 데이터 모델 중 하나이다. 이 모델의 갖는 가장 큰 장점은 구조적인 단순성으로 사용자가 프로그래밍 작성 시에 데이터의 물리적인 저장 구조를 프로그램상에 은폐함으로써 논리적 구조만을 고려하면 된다는 것이다.

1. 릴레이션의 정의 및 특성

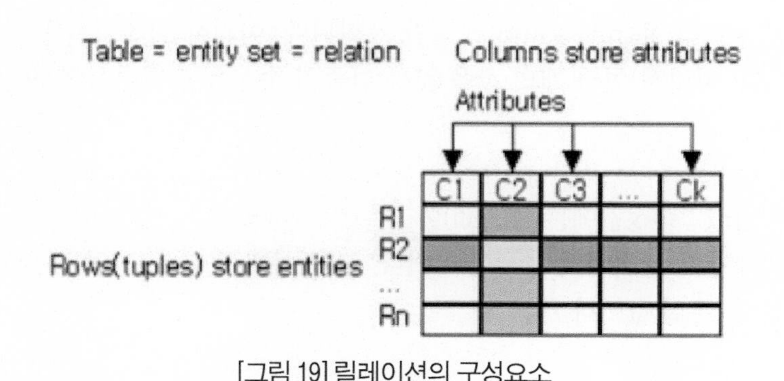

[그림 19] 릴레이션의 구성요소

관계 데이터 모델의 기본 구조는 릴레이션(relation)이다. 릴레이션은 튜플(tuple : 혹은 행)과 속성(attribute : 혹은 열)들로 구성되는 2차원 구조를 가지며, 테이블(table)이라고도 부른다(특히 SQL에서는 테이블이 더 보편적이다). 여기서 튜플은 ER 설계의 개체(entity) 혹은 관계(relationship)를 표현한다. 그리고 튜플과 속성은 각각 파일에서는 레코드와 필드로 표현된다. 한 릴레이션은 데이터베이스에 표현되는 개체에 관한 정보를 저장하는데 사용된다. 각 릴레이션은 고유한 이름을 가진다. 일반적으로 릴레이션은 파일시스템의 파일과 일대일로 대응되지 않는다. 사용자가 새로운 릴레이션을 생성하면 DBMS는 특별한 형식으로 데이터를 저장하며 여러 릴레이션의 데이터를 한 파일에 저장하거나 한 릴레이션의 데이터를 여러 파일에 저장하기도 한다. 릴레이션은 2차원 구조라는 면에서 외형적으로 파일 구조와 유사하지만 그 특성에서는 몇 가지 다른점들이 있다. 다음은 테이블의 특성들을 요약한 것이다.

- **튜플들의 유일성** : 릴레이션은 튜플들의 집합이다. 집합에는 중복되는 동일한 값들은 허용하지 않는다. 따라서 한 릴레이션에 있는 튜플들은 모두 상이해야 한다.이는 "두 개 이상의 똑같은 값을 갖는 튜플들이 한 릴레이션 안에 있어서는 안 된다."는 것을 의미한다.

- **튜플들의 순서** : 한 릴레이션에서 튜플들의 순서는 의미가 없다. 그러나 파일에서는 레코드들이 디스크에 물리적으로 저장되므로 그 순서의 의미가 있다. 따라서 사용자 입장에서 릴레이션이 실제 저장장치에서 어떻게 구현되는지는 상관없이 추상적인 개념으로 편리하게 볼 수 있게 한다.

- **속성의 원자값** : 각 속성이 갖는 값은 '논리적으로 더 이상 쪼개질 수 없는 단 하나의 값인 원자값(atomic value)'으로만 표현된다. 이러한 릴레이션을 제1 정규형이라 부른다. 따라서 여러 개의 값을 갖는 다중치 속성을 릴레이션에 직접 표현이 불가능하다.

- **속성의 널값** : 속성값에는 널(null)이라는 값은 허용된다. 여기서 널 값은 그 속성에 대한 값이 현재 알려지지 않은 값이거나, 그 속성에 적용될 수 없는 값을 나타낼 때 사용되는 특수한 값이다.

2. 키의 정의 및 유형

앞서 언급한 바와 같이 한 릴레이션에 있는 모든 튜플들은 서로 상이해야 한다. 여기서 튜플들을 어떻게 유일하게 식별할 수 있느냐가 문제인데, 물론 속성들을 전부 조합하면 식별이 가능하지만 실제로 속성들을 전부 모으지 않고, 필요한 몇 개의 속성들만으로도 각 튜플들을 유일하게 식별할 수 있다. 이렇게 튜플들을 유일하게 식별할 수 있는 속성들의 집합을 키(key)라고 한다. 즉, 키는 데이터베이스에서 조건에 만족하는 튜플을 찾거나 순서대로 정렬할 때 다른 튜플들과 구별할 수 있는 유일한 기준이 되는 속성이다.

키는 두 가지 성질을 만족해야 하는데 첫째, "한 릴레이션에 같은 키 값을 가진 튜플들이 두 개 이상 존재할 수 없다."는 키의 유일성(uniqueness)에 관한 것이다. 둘째, "키가 두 개 이상의 속성들로 구성될 때 이 중 어떤 속성(들)이라도 제거된다면 더 이상 식별이 불가능하게 된다."는 키의 최소성(minimality)에 관한 것이다. 여기서 키가 첫 번째 성질만을 만족하면 이를 슈퍼키(superkey)라고 한다. 즉, 슈퍼키는 식별에 필요 없는 속성들을 포함할 수 있으므로, 이들 불필요한 속성들을 제외시켜 최소한으로 식별에 필요한 속성들만을 모은 것을 키라고 한다. 예를 들며, 주민등록번호라는 속성은 어떤 사람들도 같은 값을 가질 수 없기 때문에 키가 될 수 있다. 그리고 주민등록번호를 포함하는 어떠한 속성들의 집합도 모두 슈퍼키가 된다. 따라서 키는 무조건 슈퍼키가 될 수 있지만, 이에 대한 역은 성립하지 않는다.

일반적으로 한 릴레이션에는 여러 개의 키가 존재할 수 있는데 이들 각각을 후보키(Candidate Key)라고 하며, 이 중 하나를 선정해서 사용할 때, 선정된 키를 주키(혹은 기본키 : Primary Key)라고 한다. 만약 키를 구성하는 속성이 단 한 개이면 이를 단일키(Single Key)라고 한다. 반면에 두 개 이상의 속성들이 키를 구성하면 이를 복합키(Composite Key)라고 한다. 주키를 선정할 때에는 일반적으로 단일키 혹은 적은 수의 속성들을 가진 후보키를 선택하는 것이 좋다. 그리고 추후에 주키의 후보로 사용하려고 지정한 키를 보조키(Secondary Key)라고 한다. 주키는 속성 값 중심으로 튜플들을 식별하는 방식으로서 릴레이션 이름과 주키만 주어지면 항상 원하는 튜플을 찾을 수 있다는 것을 보장한다. [표 7]는 지금까지 설명한 키의 유형들을 요약하여 설명한 것이다.

후보키 Candidate Identifer	• 각 튜플을 고유하게 식별하는 최소한의 속성들의 모임 • 모든 릴레이션에는 최소한 한 개 이상의 후보키를 가져야 함 • ex) (카드번호, 주소)는 카드회사의 고객 릴레이션의 후보 키가 아니지만 (카드번호)는 후보 키
기본키 Primary Identifer	• 후보키 중에서 선택한 주키(Main Key) • 한 릴레이션에서 특정 튜플을 유일하게 구별할 수 있는 속성 • ex) 카드회사의 고객 릴레이션에서 카드번호와 주민등록번호가 후보 키가 될 수있음. 이 중에서 카드 번호를 기본 키로 선정대체키
대체키 Alternate Key	• 후보키가 둘 이상일 때 기본키를 제외한 나머지 후보키들을 말함 • 보조키라고도 함 • ex) 카드회사의 고객 릴레이션에서 카드번호를 기본 키로 선정하면 주민등록번호는 대체 키

슈퍼키 Super Key	• 한 릴레이션 내의 특정한 튜플들을 고유하게 식별하는 하나의 속성 또는 속성들의 집합 • ex) 카드회사의 고객 릴레이션에서 (카드번호, 주소) 또는 (주민등록번호, 이름) 또는 (주민등록번호)
외래키 Foreign key	• 다른 릴레이션의 기본키를 참조하는 속성 또는 속성들의 집합 • 릴레이션들 간의 관계를 표현

[표 7] 키들의 유형

3. 무결성 제약조건(Intergrity Constraints)

데이터의 무결성이란 데이터를 결함이 없도록 보장받는 것으로, 데이터의 정확성을 의미한다. 데이터베이스에 들어 있는 데이터의 정확성을 보장하기 위해 데이터의 변경이나 수정 시 제한을 두어 안정성을 저해하는 요소를 막아 데이터 상태들을 항상 옳게 유지하는 것을 의미한다. 데이터 무결성은 일반적으로 일련의 무결성 제한이나 규칙에 의해 데이터베이스 시스템이 강제한다. 관계형 모델의 무결성 제약조건은 각 릴레이션이 반드시 준수해야 하는 제약 조건으로서 다음의 요소들로 구성된다.

(1) 개체 무결성(Entity Integrity)

개체 무결성은 주키에 속하는 어떠한 속성은 널(null) 값이나 중복 값을 가질 수 없다는 것을 의미한다. 이는 튜플들을 유일하게 식별하기 위해 사용되는 것이 바로 주키인데, 만일 이 주키의 전부 또는 일부에 널 값이 허용된다면 결과적으로 튜플을 유일하게 식별할 수 없기 때문이다. 예를 들면, 두 개 이상의 튜플 주키 값이 널이고, 다른 릴레이션에서 이들을 참조하면 그들을 구별할 수 없다. 참고로 주키를 제외한 다른 속성들도 사용자가 옵션으로 지정하면 널 값을 허용하지 않을 수 있다.

(2) 참조 무결성(Referential Integrity)

참조 무결성은 일반적으로 두 개의 릴레이션들 간에 명시되는 제약조건이며, 올바른 연결을 보장하기 위한 제약 조건으로서 외래키와 주키와의 관련으로 표현된다. 릴레이션들은 이들을 함께 연결 해 줄 수 있는 공통의 속성을 공유할 수 있다. 이때 릴레이션들간에 같은 속성이 여러 번 나타날 수 있는데, 이를 제어된 중복(Controlled Redundancy)이라고 한다.

예를 들어 [그림 20]의 릴레이션들은 서로 부서명이라는 공통의 속성을 갖고 있다. 여기서 사원 릴레이션에 있는 '부서명'은 부서 릴레이션의 대응되는 '부서명'값을 가리키는 데 사용된다.

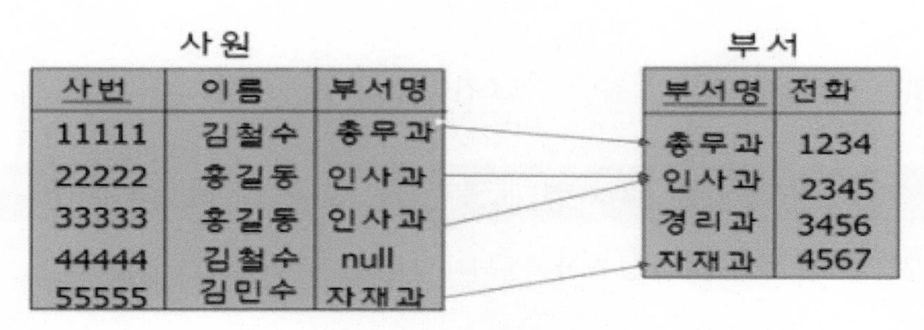

[그림 20] 참조 무결성의 예

여기서 사원과 부서를 각각 '참조하는(referencing)' 릴레이션과 '참조되는 (referenced) 릴레이션'이라고 부른다. 이제 참조되는 릴레이션 부서의 주키가 참조하는 릴레이션 사원에서 이들을 연결할 수 있는 키로서 다시 나타나는데, 이를 외래키(Foreign Key)라고 한다. 따라서 '부서명'은 참조되는 릴레이션 부서에서는 주키이며, 참조하는 릴레이션 사원에서는 외래키이다. 참고로 부서는 다른 릴레이션의 주키를 갖고 있지 않으므로 외래키가 없다.

이제 참조 무결성을 보장하기 위한 두 가지 조건은 다음과 같다.

첫째, 참조하는 릴레이션의 모든 외래키의 값은 반드시 참조되는 릴레이션의 주키 값에 나타나야 한다. 예를 들면, 사원 릴레이션의 외래키 '부서명'에 해당하는 모든 값들은 부서 릴레이션의 주키 '부서명'에 반드시 있어야 한다.

둘째, 외래키는 널(Null) 값을 가질 수 있으며, 이는 주키에는 널 값이 허용할 수 없는 것과 대비된다. 예를 들면, 새로 입사한 사원의 부서가 아직 정해지지 않은 상태에서 현재 그 사원의 '부서명' 속성의 값은 자연스럽게 널로 취급될 수밖에 없다. 단, 이 외래키가 자기 릴레이션 주키의 일부가 되는 경우에는 예외이다. 이는 널 값을 허용하면 주키에도 널이 들어가 개체 무결성에 위반되기 때문이다.

릴레이션들 간에 외래키와 주키와의 관계가 위의 조건들을 모두 만족하면 이는 참조 무결성(Referential Integrity)을 나타낸다고 말한다. 다른 의미로 참조 무결성은 외래키가 어떤 값을 가질 경우, 그 값은 다른 릴레이션에 있는 튜플을 타당하게 참조한다는 것을 의미한다.

[표 8]는 지금까지 설명한 무결성 제약조건들을 요약한 것이다.

개체 무결성	
요구사항	주키에서는 널 값이 허용되지 않음
목 적	튜플들을 유일하게 식별할 수 있음을 보장함
참조 무결성	
요구사항	외래키의 값이 반드시 다른 릴레이션의 주키 값으로 나타나 있는 값이거나 널 값이어야 함
목 적	릴레이션들간의 연결이 주키와 외래키에 의해서 연결이 정당하게 이루어진다는 것을 보장하 기 위함 임

[표 8] 무결성 제약조건

4. 무결성 제약조건의 검증

개체 무결성과 참조 무결성은 모든 릴레이션들이 반드시 준수해야 하는 기본 규칙으로서 이를 위반할 때에는 데이터베이스의 상태가 일관성이 없는 상태가 된다. 참조 무결성을 위반하게 되는 경우는 일반적으로 삽입(insert), 삭제(delete), 갱신(update) 연산에 의해서 발생한다. 다음은 위반하게 되는 경우들을 요약한 것이다.

(1) 삽입 연산

새로운 튜플을 삽입했을 시 이 튜플의 키 값이 이미 이 릴레이션의 다른 튜플에 존재한다면, 이는 키 무결성을 위반하게 된다. 또한 참조하는 릴레이션에 참조되는 릴레이션의 주키에 없는 외래키 값을 갖는 튜플을 삽입하면 참조 무결성을 위반한다.

(2) 삭제 연산

참조되는 릴레이션에서 튜플을 삭제하는 것으로 인해 참조 무결성을 위반한다. 예를들면, 부서에서 부서명 '인사과'값을 갖는 튜플을 삭제한다면, 사원에서 그 튜플을 참조한 사원의 튜플들은 참조 무결성을 위반하게 된다.

(3) 갱신 연산

참조되는 릴레이션에서 튜플에서 주키 값을 갱신하는 것으로 인해 참조 무결성을 위반한다. 예를 들면, 부서에서 부서명 '인사과'값을 다른 부서명으로 변경한다면, 사원에서 그 튜플을 참조한 사원의 튜플들은 참조 무결성을 위반하게 된다.

이와 같이 제약조건 위반 시에 DBMS 입장에서 이를 해결하기 위한 여러 방안들이 제시되어 있다. 기본 옵션은 제약 조건을 위반한 해당 연산을 거부하는 것이다. 이 경우 DBMS는 사용자에게 거부된 이유를 알리는 것이 가장 바람직하다. 또 다른 옵션은 무결성 제약조건을 자동으로 만족하도록 정정하며, 이를 트리거(trigger)라 한다. 이 옵션은 삽입에는 사용하지 않고, 삭제와 갱신 연산으로 이러한 제약조건 위반에 유용하게 사용된다. 예를 들면, 앞의 예에서 부서에서 부서명 '인사과' 값을 갖는 튜플을 삭제한다면, 사원에서 그 튜플을 참조한 모든 사원의 튜플들을 자동으로 삭제하는 것이다. 이를 위해 현재 SQL에서는 CASCADE, SET NULL, SET DEFAULT 등과 같은 다양한 유형의 트리거 옵션들이 제공되고 있다.

제2장 관계형 대수(Relational Algebra)

관계형 대수는 질의(query)를 만족하는 튜플들을 검색하기 위해 필요한 연산자들의 모임이다. 여기서 질의는 사용자가 릴레이션에서 원하는 정보를 얻기 위해 작성하는 명령문이다. 이 연산자들은 관계형 질의어인 SQL을 구현하기 위해 필요하다.

집합 연산자	
합집합(∪)	릴레이션A 또는 B에 속하는 튜플들로 구성된 릴레이션
교집합(∩)	릴레이션 A와 B에 공통적으로 속하는 튜플들로 구성된 릴레이션
차집합(−)	릴레이션 A에만 있고 B에는 없는 튜플들로 구성된 릴레이션
카디션 프로덕트(×)	A에 속한 각 튜플 a에 대해 B에 속한 튜플 b를 모드 접속시킨 퓨플들(a b)로 구성된 릴레이션
특수 연산자	
셀렉션(σ)	릴레이션에서 주어진 조건을 만족하는 튜플들을 검색하는 것으로 기호는 그리스문자의 시그마를 이용
프로젝션(π)	릴레이션에서 주어진 조건을 만족하는 속성들을 검색하는 것으로 기호는 그리스문자의 파이를 이용
조 인(⋈)	두 개의 릴레이션 A와 B에서 공통된 속성을 연결
디비전(÷)	나누어지는 릴레이션인 A는 릴레이션 B의 모든 내용을 포함한 것이 결과 릴레이션이 된다

[표 9] 관계형 대수 종류

즉, 관계형 대수는 릴레이션 간 연산을 통해 결과 릴레이션을 찾는 절차를 기술한 언어로, 이 연산을 수행하기 위한 식을 관계대수식이라고 한다. 관계대수식은 대상이 되는 릴레이션과 연산자로 구성되며, 결과는 릴레이션으로 반환된다. 반환된 릴레이션은 릴레이션의 모든 특징을 따른다. [표 9]는 관계형 대수의 종류들을 요약한 것이다. 이들은 크게 집합 연산자와 특수 연산자로 구분된다. 집합 연산자는 합집합(union), 교집합(intersection), 차집합(differencre), 프로덕트(product)이고, 특수 연산자는 셀렉션(selection), 프로젝션(projection), 조인(join) 등이다.

1. 집합 연산자

집합 연산자는 피연산자로서 두 개의 릴레이션들을 필요로 한다. 여기서 프로덕트를 제외하고는 집합 연산을 하기 위한 조건은 각 릴레이션이 갖는 속성들의 개수가 같아야 하며 각 속성별로 데이터 타입이 같아야 한다. 따라서 두 릴레이션 A와 B 가 집합 연산을 한다고 하면 테이블 A의 i번째 속성의 도메인이 B의 i번째 속성의 도메인과 서로 같아야 하지만 속성의 이름까지 같을 필요는 없다.

(1) 합집합(Union : ∪)

R ∪ S는 릴레이션 R과 S에 튜플들을 합하여 결과 릴레이션으로 생성한다. 단, 여기서 두 릴레이션에 공통으로 있는 튜플들은 하나만 나오게 된다.

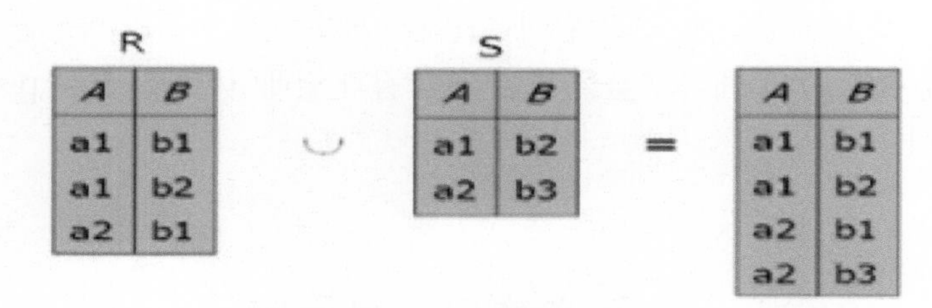

[그림 21] 합집합의 예

(2) 교집합(Intersection : ∩)

R ∩ S는 릴레이션 R과 S에 있는 튜플들 중 공통되는 튜플들만을 선택하여 결과 릴레이션에 생성한다.

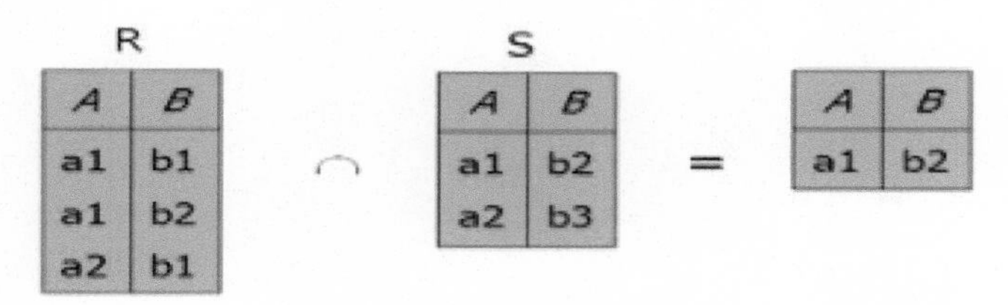

[그림 22] 교집합의 예

(3) 차집합(Difference : −)

R − S는 릴레이션 R에는 있지만, S에는 없는 튜플들을 결과 릴레이션에 생성한다.

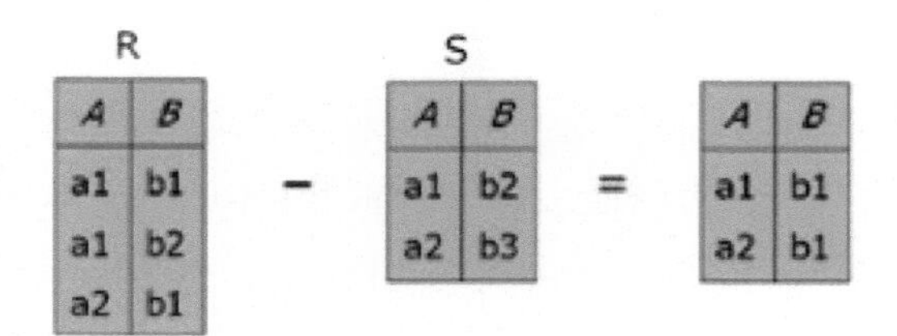

[그림 23] 차집합의 예

(4) 카티션 프로덕트(Cartesian Product : X)

R X S는 릴레이션 R과 S에 있는 각 튜플의 모든 조합에 대해서, 이들을 하나의 튜플로 연결(concatenate)시킨 모든 튜플들을 결과 릴레이션에 생성한다. 여기서 R과 S에 각각 m과 n개의 속성들이 있다면, 결과 릴레이션에는 모두 m + n개의 속성들이 생성된다. 또한 R과 S에 각각 p와 q개의 튜플들이 있다면, 결과 릴레이션에는 모두 p * q개의 튜플들이 생성된다.

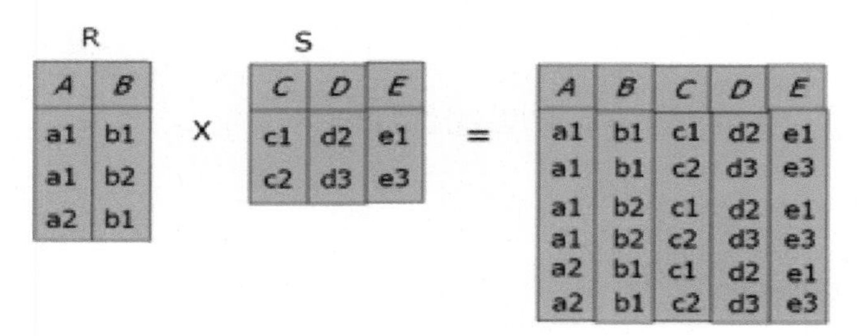

[그림 24] 카티션 프로덕트의 예

2. 특수 연산자

(1) 셀렉션(Selection : σ)

셀렉션은 한 릴레이션에서 주어진 조건식을 만족하는 튜플들만을 선택하여 결과 릴레이션에 생성한다. 셀렉션은 기호 σ로 표시하며 밑에 선택할 조건식을 표현한다. 여기서 조건식은 〈속성〉, 〈비교연산자〉, 〈값〉 또는 〈속성〉으로 표현되며 비교 연산자는 =, 〈 , 〉, ≠ ≤ , ≥ 이다. 이때 조건식들을 여러 개 명시할 수 있는데 각 조건식을 AND, OR, NOT 과 같은 논리 연산자로 결합시켜 표현할 수 있다. 셀렉션의 결과는 원래 릴레이션에 있던 속성들의 개수는 변하지 않고 단지 원하는 튜플들만을 선택하므로 수평적 검색이라 할 수 있다. 아래는 릴레이션 R에서 속성 A와 B의 값이 같고, D가 5보다 값이 큰튜플들을 선택하는 예를 보인다.

R

A	B	C	D
α	α	1	7
α	β	5	7
β	β	12	3
β	β	23	10

$\sigma_{(A=B)\ AND\ (D>5)}(R)$

A	B	C	D
α	α	1	7
β	β	23	10

[그림 25] 셀렉션의 예

(2) 프로젝션(Projection : π)

프로젝션은 한 릴레이션에서 원하는 속성들만 해당하는 튜플들만을 결과 릴레이션에 생성한다. 즉 어떤 릴레이션의 일부 속성들에만 관심이 있다면 이 속성들만 골라내는 연산이다. 프로젝션은 기호 π로 표시하며 밑에 명시하는 〈속성 리스트〉는 원래 릴레이션의 속성들의 부분 집합으로서 결과 릴레이션의 원래 테이블의 속성들의 일부가 되기 때문에 수직적 검색이라 할 수 있다. 만약 속성 리스트가 키가 아닌 속성들만 포함한다면 중복 튜플들이 결과에 나타날 수 있다. 이 경우 프로젝션은 중복 튜플들을 모두 제거한다. 아래는 릴레이션 R에서 속성 A와 C에만 해당되는 튜플들을 골라서 프로젝션하는 예이다. 참고로 결과에서 중복되는 튜플들은 제거되었음을 유의하자.

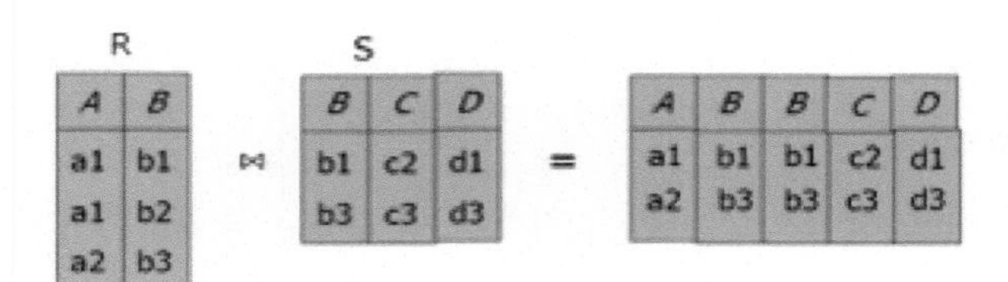

[그림 26] 프로젝션의 예

(3) 조인(Join : ⋈)

조인은 릴레이션 R과 S에 있는 각 튜플의 모든 조합에 대해서, 조건식을 만족하는 것들만을 하나의 튜플로 연결(concatenate)시킨 튜플들을 결과 릴레이션에 생성한다. 즉, R과 S에 각각 m과 n 개의 속성들이 있다면, 결과 릴레이션에는 모두 m + n개의 속성들이 생성된다. 단 카디션 프로덕트와의 차이점은 R과 S에 각각 p와 q개의 튜플들이 있다면, 결과 릴레이션에는 조건식을 만족하는 튜플들만 생성된다. 따라서 결과에는 최소 0개에서 최대 p * q 개의 튜플들이 생성된다.

조인은 R▷◁S로 표기되며, 조건식은 R과 S에 공통으로 있는 속성(조인 속성 : Join Attribute)들 사이에 비교 연산자 =, 〈 , 〉, ≠ ≤ , ≥ 중 하나로 표현한다. 가장 많이 사용하는 조인 연산은 동등(=) 비교만을 적용할 때이며, 이를 동등 조인(Equi–Join)이라 한다.

다음은 R과 S에 공통으로 있는 조인 속성 B에 동등 조인을 적용한 예이다.

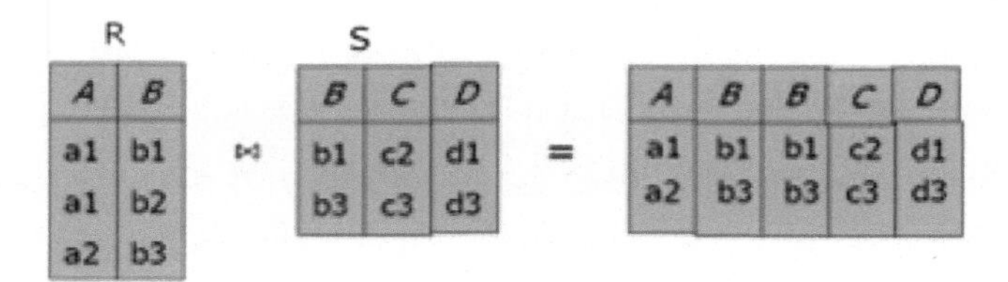

[그림 27] 조인의 예

지금까지의 조인은 만약 조인 연산에 참여하는 릴레이션의 모든 정보를 조인 연산의 결과에 포함하기를 원하므로 결과적으로 필요한 정보를 잃게 된다. 외부 조인(Outer Join)은 조인 조건을 만족하지 않는 튜플들도 결과에 나오도록 기존의 조인을 확장한 연산자이다. 예를 들면, R과 S를 왼쪽 외부 조인(Left Outer Join)하면 왼쪽 릴레이션 R의 모든 튜플들을 결과에 포함시킨다. 만약 S에 관련된 튜플이 없으면 결과 릴레이션에서 S의 속성들은 널 값으로 채워진다. 유산한 연산으로 오른쪽 외부 조인(Right Outer Join)은 오른 쪽 릴레이션 S의 모든 튜플을 포함시킨다. 완전 외부 조인(Full Outer Join)은 양쪽 릴레이션의 모든 튜플을 포함시키고 필요한 경우 널 값으로 채운다.

(4) 디비전(Division : ÷)

디비전 연산자는 X ⊃ Y인 2개의 릴레이션에서 R(X)와 S(Y)가 있을 때, R의 속성이 S의 속성값을 모두 가진 튜플에서 S가 가진 속성을 제외(분리)한 속성만을 구하는 연한이다.

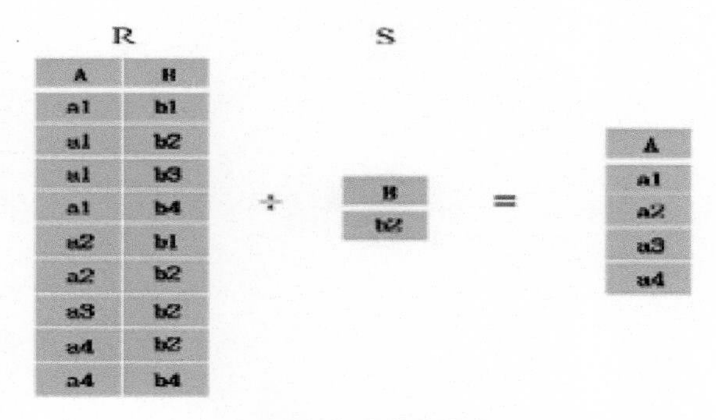

R

A	B
a1	b1
a1	b2
a1	b3
a1	b4
a2	b1
a2	b2
a3	b2
a4	b2
a4	b4

÷

S

B
b2

=

A
a1
a2
a3
a4

[그림 28] 디비전의 예

3. 관계형 대수의 완전 집합

지금까지 설명한 연산자 들 중 셀렉션(σ), 프로젝션(π), 합집합(∪), 차집합(−), 카티션 프로덕트(x)의 관계형 대수 연산자를 완전 집합(complete set)이라 부른다. 즉, 다른 모든 연산자는 이 집합의 연산자들의 조합으로부터 표현할 수 있다. 따라서 지금까지 위의 5개의 연산자면 모든 관계형 대수 연산을 구현할 수 있음을 의미한다. 예를 들면, 조인 연산은 카디션 프로덕트와 셀렉션 연산을 이용하여 다음과 같이 표현 할 수있다.

R⋈〈조건〉 S = σ 〈조건〉 (R x S)

관계형 대수는 이외에도 집계 함수, 그룹화 등의 여러 가지 추가 연산자들이 제공되고 있다. 좀 더 구체적인 내용은 다른 문헌을 참조하기 바란다.

제4편
데이터베이스 언어

데이터베이스 언어는 데이터베이스를 구축하고 이용하기 위한 데이터베이스 시스템과의 통신 수단이다. SQL(Structured Query Language)은 데이터베이스 전용 언어로서 현재 보편적으로 사용되는 관계형 모델의 표준 언어이다. 이는 사용자가 자신이 기존에 사용하던 관계형 DBMS 제품을 다른 관계형 DBMS 제품으로 전환하고자 하더라도 두 시스템이 동일한 언어 표준을 사용하기 때문에 많은 비용과 시간을 요구하지 않는다. 현재 거의 모든 관계형 DBMS는 SQL을 지원하며, 지속적으로 많은 소프트웨어 업체들이 기본적인 SQL 명령어들을 새롭게 확장시켜 왔다. SQL에서 사용되는 용어들은 다소제한되어 있기 때문에 초보자들도 배우기 쉽다.

SQL은 비절차적(Non-Procedural) 고급 언어이다. 이는 사용자가 프로그램을 작성할 때 데이터 연산에 대한 처리 과정을 명시하는 것이 아니라, 단지 데이터로부터 얻고자하는 연산 결과만을 명시하도록 되어 있는 언어이다. 이는 연산 과정을 일일이 명시해야 하는 범용 프로그래밍 언어 혹은 관계형 대수 언어와는 다른 사용자 편의중심의 언어이다. 즉 사용자 관점에서는 어떻게(how) 행해지는지가 아니라 무엇(what)을 해야 하는지를 명시하면 된다.

SQL의 또 다른 특징은 온라인 터미널을 통해 대화식 언어로 사용될 수 있으며, 범용프로그래밍 언어로 작성된 프로그램에 내장시킨 형태로도 사용이 가능하다. 또 SQL은 개개의 튜플 단위로 처리하는 언어가 아니라 튜플들을 집합 단위로 처리하는 언어이다.

SQL의 명령어들은 다음의 세 가지 구성 요소들로 나눌 수 있다.

- **데이터 정의어(DDL : Data Definition Language)** : 데이터베이스를 구성하는 테이블들의 구조를 생성하고, 테이블의 구조를 변경한다.

- **데이터 조작어(DML : Data Manipulation Language)** : 테이블 안에서 튜플들을 삽입하고, 변경하고, 삭제하는 갱신(update) 명령문과 테이블에서 원하는 정보를 검색하는 질의(query) 명령문으로 구성된다.

- **데이터 제어어(DCL : Data Control Language)** : 데이터의 사용 권한을 관리하는데사용하며 GRANT, REVOKE 문 등이 있다.

제1장 데이터 정의어(DDL)

데이터 정의어(Data Definition Language)는 데이터베이스를 정의하거나 그 정의를 수정할 목적으로 사용하는 언어로 데이터베이스 관리자나 설계자가 주로 사용하는 언어이다. [표 10]은 데이터 정의어의 3가지 유형을 요약한 것이다. 본 절에서는 각 유형들을 구체적으로 살펴보고자 한다.

명령어	기 능
CREATE	SCHEMA, DOMAIN, TABLE, VIEW, INDEX를 정의함
ALTER	TABLE에 대한 정의를 변경하는 데 사용함
DROP	SCHEMA, DOMAIN, TABLE, VIEW, INDEX를 삭제함

[표 10] 데이터 정의어의 3가지 유형

1. 테이블 구조의 생성

CREATE TABLE 명령문은 테이블 이름, 속성, 제약조건 등을 명시하여 새로운 테이블을 생성하는데 사용된다. 각 속성마다 이름, 그 속성의 데이터 타입, NOT NULL 등과 같은 제약조건을 기술한다. 다음은 "학생" 이라는 테이블을 만든 예이다.

CREATE TABLE을 이용하여 정의된 테이블을 기본 테이블(base table)이라고 한다. 이는 테이블이 저장 장치에서 물리적인 파일 형태로 생성되고 저장된다는 것을 의미한다. 이는 추후에 설명할 CREATE VIEW를 이용해 생성되는 가상 테이블과는 차이가 있다. 참고로 기본 테이블의 속성들은 CREATE TABLE 명령에 명시되는 순서대로 순서를 갖지만 튜플들은 테이블 안에서 순서를 갖지 않는다.

```
CREATE TABLE 학생 ( 학번 CHAR(8) NOT NULL,
                학생 ( 이름 CHAR(10) NOT NULL,
                학생 ( 나이 SMALLINT,
                학생 ( 과목명 CHAR(10),
PRIMARY KEY (학번),
```

UNIQUE (이름),
FOREIGN KEY (과목명) REFERENCES 과목 (과목명)

여기서 NOT-NULL은 해당되는 속성 값에 널을 허용 할 수 없음을 명시한 것이다. 특히 주키에 속하는 학번은 널 값을 가질 수 없기 때문에 의무적으로 명시해야 한다. 또한 주키에 속하지 않은 속성도 널 값을 허용하지 않으려면 선택적으로 명시할 수 있다. UNIQUE에 명시된 이름은 보조키(Secondary Key)를 의미한다.

참조 무결성은 CREATE TABLE 명령문에 FOREIGN KEY와 함께 참조하는 다른 테이블의 이름을 명시함으로서 유지된다. 만약 참조 무결성을 위반했을 경우에는 이를 해결할 수 있는 다음과 같이 다양한 유형의 트리거 행동들을 사용자가 선택하여 추가로 명시할 수 있다.

예를 들면, CASCADE ON DELETE인 경우에 참조되는 테이블의 튜플이 삭제 되면, 이를 참조하는 테이블의 외래키 값을 갖는 튜플도 함께 삭제되는 것을 의미한다. 마찬가지로 CASCADE ON UPDATE 인 경우, 참조되는 테이블의 튜플이 갱신되면, 이를 참조하는 테이블의 외래키도 함께 갱신된 새로운 값으로 변경된다. 반면에 SET NULL ON UPDATE인 경우, 참조되는 테이블의 튜플이 갱신되면, 이를 참조하는 테이블의 외래키는 널 값으로 자동설정된다.

행동(action) : 참조하는 테이블	사건(event) : 참조되는 테이블
CASCADE SET NULL SET DEFAULT	ON DELETE ON UPDATE

[표 11] 참조 무결성 트리거 옵션

2. 테이블 정의의 변경

ALTER TABLE 명령문을 사용하여 생성된 테이블에 대한 정의를 변경할 수 있다. 이러한 테이블 정의의 변경에는 속성들의 추가 및 제거, 속성 정의 변경, 테이블 제약조건의 변경 등이 있다. 예를 들면, '학생' 테이블에 '주소'란 새로운 속성을 추가하려면 다음과 같이 명시한다. 이때 새로 추가된 속성 값은 모두 널 값으로 설정되므로, NOT NULL 제약조건을 사용할 수 없다.

```
ALTER     TABLE 학생
ADD       주소 CHAR(10)
```

만약 속성을 제거하려면 제거 연산을 위한 CASCADE 혹은 RESTRICT를 선택한다. CASCADE를 선택하면 해당 속성과 함께 그 속성을 참조하는 다른 테이블도 자동적으로 소거된다. RESTRICT를 사용하면 그 속성을 참조하는 테이블이 없을 때에만 제거 연산이 수행된다. 다음은 '학생' 테이블로부터 '나이' 속성을 제거하는 예이다.

```
ALTER TABLE     학생
DROP            나이 CASCADE
```

현재의 테이블이 더 이상 데이터베이스 상으로부터 필요가 없을 때는 언제든지 제거할 수 있다. 이 명령이 실행되면 테이블의 구조 및 튜플들까지 제거되어 더 이상 접근할 수 없게 된다.

```
DROP        테이블 이름
```

제2장 데이터 조작어(DML)

데이터 조작어(Data Manipulation Language)는 사용자로 하여금 적절한 데이터 모델에 근거하여 데이터를 처리할 수 있게 하는 도구로서 사용자(응용 프로그램)와 DBMS 사이의 인터페이스를 제공하는 언어이다. 대표적인 데이터 조작어로는 질의어(query)가 있다. [표 12]는 데이터 조작어의 4가지 유형을 요약한 것이다. 본 절에서는 각 유형들을 구체적으로 살펴보고자 한다.

명령어	기 능
SELECT	테이블 조건에 맞는 튜플을 검색함
INSERT	테이블에 새로운 튜플을 삽입함
DELETE	테이블에 조건에 맞는 튜플을 삭제함
UPDATE	테이블에 조건에 맞는 튜플의 내용을 변경함

[표 12] 데이터 조작어의 4가지 유형

1. 단순 질의

데이터베이스에서 원하는 정보를 검색하는 질의는 SELECT 명령문에 기초하고 있다. 여기서 주목할 점은 SQL의 테이블에서는 모든 속성 값이 동일한 튜플들이 여러 개 존재하는 것이 허용된다는 점이다. 관계형 모델에서의 테이블은 모든 튜플들의 값이 상이해야 한다는 점을 주목하자. 따라서 SQL 테이블은 튜플들의 집합이 아니고, 튜플들의 다중집합이며 이를 백(bag)이라 부른다. SELECT 명령문은 SELECT, FROM, WHERE의 세 개의 절로 구성되며 다음과 같은 구조를 갖는다. 필요한 속성들의 이름을 명시하고, 조건식을 만족하는 튜플들에만 제한을 가함으로써 테이블에서 부분적인 내용만을 검색할 수 있다.

```
SELECT    〈속성 리스트〉
FROM      〈테이블 리스트〉
WHERE     〈조건식〉
```

명령어	기 능
BETWEEN a AND b	a와 b사이의 데이터를 출력(a와 b값 포함)
IN (list)	list의 값 중 어느 하나와 일치하는 데이터를 출력
LIKE	문자 형태로 일치하는 데이터를 출력(%, _ 사용)
IS NULL	NULL값을 가진 데이터를 출력
NOT BETWEEN a AND b	a와 b사이에 있지 않은 데이터를 출력(a와 b값 포함하지 않음)
NOT IN (list)	list의 값과 일치하지 않는 데이터를 출력
NOT LIKE	문자 형태와 일치하지 않는 데이터를 출력
IS NOT LULL	NULL값을 갖지 않는 데이터를 출력

[표 13] WHERE절에서 사용되는 연산자

위에서 〈속성 리스트〉에는 질의를 통해 값들이 검색되는 속성들을 나열하고, 〈테이블 리스트〉에는 질의의 대상이 되는 테이블를 나열하고, WHERE절(조건식)에는 질의를 통해 검색되는 튜플들을 식별하기 위한 조건식을 기술한다. FROM절에서 열거한 테이블에 속하는 컬럼과 상수, 연산자를 사용하여 표현한다. 상수 중 문자형과 날짜형은 단일따옴표(')로 묶어 사용해야한다. 숫자 형은 단일 따옴표 없이 사용해야 한다. WHERE절에서는 속성 값을 다른 속성 값(혹은 상수 값)들과 서로 비교하기 위해 =, 〈 , 〉 , 〈= , 〉= , 〈 〉 등을 사용한다. [표 13]은 WHERE절에서 사용되는 연산자를 요약한 것이다.

이제 다음 테이블들의 예제를 통해 SQL 질의문들의 다양한 유형들을 살펴보자.

사원(사번, 사원명, 봉급, 나이, 부서번호)
부서(부서번호, 부서명, 부서예산)

(1) 기본 질의

"나이가 30 이상인 사원들의 사번과 사원명들을 검색하라."라는 질의를 SQL 문으로 표현하면 다음과 같다.

```
SELECT      사번, 사원명
FROM        사원
WHERE       나이 >= 30
```

이 질의는 FROM 절에 명시된 사원 테이블만 검색하여 WHERE 절에 명시된 조건을 만족하는 튜플들만을 추출하여 SELECT 절에 열거된 사번, 사원명 속성 값들만을 결과에 보여준다. 여기서 WHERE 절의 조건식과 SELECT 절의 속성 리스트는 각각 관계형 대수에서 프로젝션(PROJECTION)과 셀렉션(SELECTION) 연산자로 표현될 수 있음을 주목하자.

(2) 조인 조건식의 사용

조인은 두 개의 테이블로부터 연관된 레코드들을 결합 한다. 조인의 일반적인 형식은 FROM절에 두 개 이상의 테이블이 열거되고, 두 테이블에 속하는 컬럼들을 비교하는 조건이 WHERE절에 포함된다. "경리과에서 근무하는 사원들의 사번과 사원명들을 검색하라."라는 질의를 SQL 문으로 표현하면 다음과 같다.

```
SELECT      사번, 사원명
FROM        사원, 부서
WHERE       (부서명 = '경리과') AND (부서번호 = 부서번호)
```

이 질의는 FROM 절에 명시된 사원과 부서 테이블을 모두 검색한다. 그 이유는 조인 연산을 필요로 하기 때문이다. WHERE 절에 명시된(부서명 = '경리과')는 관계형 대수의 셀렉션 연산과 일치하며, (부서번호 = 부서번호)은 관계형 대수의 조인 연산과 일치한다. 일반적으로 WHERE 절에 임의로 여러 개의 셀렉션 조건과 조인 조건을 사용할 수 있으며, 이는 논리 연산자 AND, OR 등으로 연결할 수 있다.

(3) WHERE 절의 생략

"모든 사원들의 봉급을 검색하라." 질의를 SQL 문으로 표현하면 다음과 같다.

```
SELECT      봉급
FROM        사원
```

이 질의는 WHERE 절을 생략한 것으로 튜플들 검색에 대한 조건이 없다는 것을 의미한다. 따라서 FROM 절에 명시된 테이블의 모든 튜플들이 질의 결과로 검색된다. 만약 두 개 이상의 테이블이 명시되고 WHERE 절이 없다면 이 테이블들의 카티션 프로덕트(Cartesian Product, 양쪽 테이블의 모든 가능한 튜플들의 조합)가 선택된다.

(4) 중복 튜플들의 허용

앞에서 언급한 바와 같이 SQL은 테이블 내의 튜플들을 집합이 아닌 다중 집합으로 표현한다. 따라서 질의 결과 중복 튜플들이 질의 결과에 하나 이상 나타날 수 있다. SQL은 다음과 같은 이유로 질의 결과에서 중복 튜플들을 자동으로 소거하지 않는다.

- 중복된 값들을 소거하는 것은 일반적으로 시간이 많이 소비되는 연산이다.
- 사용자가 어떤 경우에는 중복된 튜플들이 질의 결과에 나오는 것을 원한다.
- (추후 설명할) 집계 함수가 중복 튜플들에 적용할 때, 대부분의 경우 중복 소거가 필요하지 않다.

만약 SQL 질의 결과에서 중복된 튜플들을 삭제하려면 SELECT 절에 DISTINCT라는 키워드를 사용하면 된다. 예를 들면, 다음 질의는 모든 사원들의 봉급을 구한다. 단, 만약 여러 사원의 급여가 같다면 이러한 값들이 단 한 번씩만 결과에 나오게 되는 점이 앞의 질의와 다르다.

```
SELECT DISTINCT      봉급
FROM                 사원
```

(5) 질의 결과의 정렬

SQL에서는 ORDER BY 절을 사용하여 여러 개의 속성들을 기준으로 질의 결과에 생성되는 튜플들을 정렬할 수 있다. 예를 들면, "나이가 40살 이상인 사원들의 이름을 오름차순으로 검색하라." 라는 질의를 SQL 문으로 표현하면 다음과 같다.

```
SELECT      사원명
FROM        사원
WHERE       나이 >= 40
ORDER BY    사원명 ASC
```

여기서 오름차순인 경우에는 ASC를 생략할 수 있다. 만약 질의 결과를 내림차순으로 정렬하기를 원한다면 DESC를 사용한다. 예를 들어, 사원 이름은 오름차순, 봉급은 내림차순으로 정렬하려면 다음과 같이 표현할 수 있다. 여기서 사원명은 1차(주) 정렬 속성이고 봉급은 2차(부) 정렬 속성이다. 2차 정렬은 1차 정렬범위 내에서 정렬시키는 것을 의미한다.

```
ORDER BY 사원명 ASC 봉급 DESC
```

구 분	ASC(오름차순)	DESC(내림차순)
숫 자	작은 값부터 정렬	큰 값부터 정렬
문 자	사전 순서로 정렬	사전 반대 순서로 정렬
날 짜	빠른 날짜 순서로 정렬	늦은 날짜 순서로 정렬
NULL	가장 마지막에 나온다	가장 먼저 나온다.

[표 14] ORDER BY 절의 정렬 방식

[표 14]는 지금까지 설명한 ORDER BY 절의 정렬 방식을 요약한 것이다.

2. 고급 질의

여기서는 앞에서 설명한 단순 질의들의 유형들을 기반으로 좀 더 복잡한 질의들의 기능들을 살펴보고자 한다.

(1) 중첩 질의(Nested Query)

일부 질의들은 테이블 안의 튜플들을 검색한 후 이를 비교 조건에서 사용할 수 있다. 이런 질의들은 WHERE 절 안에 또 다른 SELECT-FROM-WHERE 형태의 질의를 표현하는 것을 허용한다. 예를 들면, 앞에서 언급된 "경리과에서 근무하는 사원들의 사번과 사원명들을 검색하라."라는 질의를 SQL 문으로 다음과 같이도 표현할 수 있다.

```
SELECT      사번, 사원명
FROM        사원
WHERE       부서번호        IN
            SELECT          부서번호
            FROM            부서
            WHERE           (부서명 = '경리과')
```

위의 SQL 문에서 두 번째 SELECT 문("안쪽 질의"라 함)은 부서명이 경리과인 부서번호를 검색하고, 첫 번째 SELECT 문('바깥쪽 질의'라 함)은 이 WHERE 절에 명시된 부서번호가 안쪽 질의 결과에 포함이 된 경우에만 해당되는 사번과 사원명을 검색한다. 여기서 IN은 비교 연산자이며 SQL은 이외에도 ANY, ALL 등을 제공하며 이들은 〉, 〉= , 〈 , 〈= 등의 비교 연산자들과 결합하여 사용할 수 있다. 예를 들면, 앞에서 언급된 "2번 부서에서 근무하는 모든 사원들보다 봉급이 많은 사원들의 이름을 검색하라." 라는 질의를 SQL 문으로 다음과 같이 표현할 수 있다.

```
SELECT          사원명
FROM            사원
WHERE           봉급 〉 ALL
SELECT 봉급
FROM 사원
WHERE (부서번호 = 2)
```

(2) 집합 연산자

SQL에서는 합집합, 교집합, 그리고 차집합에 해당하는 집합 연산자를 각각 UNION, INTERSECT, EXCEPT의 명령어로 표시한다. 위의 각 명령어를 적용한 결과에서 중복되는 튜플들을 자동으로 시스템이 소거한다는 점을 유의하자. 만약 사용자가 중복되는 튜플들을 소거하지 않은 채 그대로 보존하고 싶다면 각각 UNION ALL, INTERSECT ALL, EXCEPT ALL의 명령어를 사용하면 된다.

(3) 널 값의 처리

앞에서 언급한 바와 같이 SQL은 어떤 속성에 대해 '그 값이 알려지지 않았음', '적용할 수 없음' 을 표현하기 위해 널 값을 사용한다. 만약 산술 혹은 비교 연산에 널 값이 사용되면 그 결과는 참일 수도 있고, 거짓일수도 있으므로 모름(unknown)으로 간주한다. 따라서 SQL은 참(TRUE)과 거짓(FALSE) 이외에 UNKNOWN이라는 진리 값을 허용한다. SQL은 질의에서 속성들의 값이 Null인지를 검사할 수 있다. 그러나 SQL에서는 속성을 널과 비교하기 위해서 = 혹은 〈 〉를 사용하는 대신 IS 혹은 IS NOT을 사용한다. 예를 들면, 모든 사원들의 봉급 중 Null 값인 것을 찾기 위해서는 다음과 같이 표현할 수 있다.

```
SELECT      봉급
FROM        사원
WHERE       봉급 IS NULL
```

SQL에서 널을 처리하는데 주목할 사실은, WHERE 절의 조건식에 Null 값이 포함되어 그 결과가 UNKNOWN으로 판정된 경우에는 이를 FALSE로 간주한다. 즉, SQL은 조건식의 결과가 FALSE 혹은 UNKNOWN인 튜플들은 제외하고, TRUE인 튜플들만을 선택한다는 점을 유의하자.

(4) 집계 함수의 사용

SQL은 명시된 조건을 만족하는 튜플들의 수를 세는 COUNT, 명시된 속성의 값들 중 최소치와 최대치를 각각 계산하는 MIN과 MAX, 명시된 속성 값들의 총 합과 평균값을 각각 구하는 SUM과 AVG 라는 5개의 기본적인 집계 함수들이 제공된다. 예를 들면, "나이가 40살 이상인 사원들의 총 봉급액과 최고 봉급액을 검색하라."라는 질의를 SQL 문으로 표현하면 다음과 같다.

```
SELECT      SUM(봉급) MAX(봉급)
FROM        사원
WHERE       나이 >= 40
```

여기서 Null 값의 존재는 집계 함수들의 처리를 복잡하게 할 수 있다. 몇 명의 사원들이 봉급에 Null 값을 갖고 있다고 하자. 이 경우 위의 질의의 결과에서 Null 값을 갖는 튜플들을 포함할 수 있기 때문에 문제가 야기될 수 있다. 일반적으로 SQL은 COUNT 함수를 제외한 모든 집계 함수는 Null 값을 무시하도록 규정되어 있다. 따라서 Null 값을 무시한 결과 값들이 한 개도 없는 공집합이 될 수 있음을 유의하자. [표 15]는 지금까지 설명한 집계함수의 종류를 요약한 것이다.

구분	설명
SUM	그룹의 누적 합계를 반환
AVG	그룹의 평균을 반환
COUNT	그룹의 총 개수를 반환
COUNT_BIG	그룹의 총 개수를 반환(단, 결과 값이 bigint형)
MAX	그룹의 최대값을 반환
MIN	그룹의 최소값을 반환
STDDEV	그룹의 표준편차를 반환

[표 15] 집계함수의 종류

(5) 튜플들의 분할

릴레이션 안의 튜플들을 지정된 속성값 기준으로 여러 그룹으로 분할할 수 있다. 분할된 각 구룹은 속성 값이 같은 튜플들로 구성되며, 각 그룹에 대해 집계 함수를 적용할 수 있다. SQL은 이를 위해 GROUP BY 절을 제공한다. 이를 위해 SELECT 절에 명시된 속성들 중에서 그룹화하고자 하는 속성을 GROUP 절에 명시하면 된다. “각 부서에 대해서 부서번호, 그 부서에 속한 사원수, 평균 급여를 검색하라.”라는 질의를 SQL 문으로 표현하면 다음과 같다.

```
SELECT        부서번호, COUNT(*), AVG(봉급)
FROM          사원
GROUP BY      부서번호
```

(6) SQL 질의 수행

지금까지 설명한 SQL 질의를 요약하면 다음과 같은 구조를 갖는다. SELECT 절과 FROM 절은 필수적으로 명시해야 하고 나머지 절들은 선택 사항이다. 일반적으로 SQL 질의를 작성하는 방법은 다양하다. 이러한 질의 표현의 유연성은 여러 가지 장단점이 있다. 주요 장점은 질의를 표현할 때 사용자가 자기 자신의 가장 편한 방법을 선택할 수 있다. 예를 들어, WHERE 절에 조인 조건을 사용할 수 있거나, 혹은 중첩 질의를 사용해서 질의를 표현할 수 있다. 이러한 표현의 다양성은 질의 표현에 따라 구현 시에 서로 다른 질의 수행 계획이 생성되어 성능에 서로 다른 영향을 미칠 수 있다.

SQL 질의는 개념적으로 FROM 절, WHERE 절, GROUP BY 절, SELECT 절의 순서로 적용함으로서 수행된다. 그러나 이는 개념적인 순서이며 질의를 수행하는 실제 순서는 구현하기에 달려 있으며, 각 DBMS 마다 독자적으로 효율적인 수행 계획을 결정하는 질의 최적화 모듈을 갖고 있다. 즉, 사용자가 작성한 SQL 질의는 컴파일 과정을 거친후, 관계형 대수식으로 변환되고, 이를 질의 최적화 과정을 거쳐, 실제 수행 가능한 질의 수행 코드로 생성된다는 것을 유의하자.

```
SELECT        〈속성 리스트〉
FROM          〈테이블 리스트〉
[WHERE        〈조건식〉]
[GROUP BY     〈그룹화 속성 리스트〉]
[ORDER BY     〈정렬 속성 리스트〉]
```

3. 뷰(view)의 사용

(1) 뷰의 생성

뷰(view)는 한 개 이상의 베이스 테이블로부터 유도되어 만들어진 가상 테이블(virtual table)이다. 기본 테이블은 디스크에 물리적으로 구현되어 데이터가 실제로 저장되지만, 뷰는 물리적으로 구현되지는 않는 것이 일반적다. 즉, 실제 데이터가 저장 되는 것은 아니지만 뷰를 통해 데이터를 관리 할 수 있다. 뷰는 뷰의 정의만 시스템 카탈로그[11]에 저장했다가 실행 시간에 테이블을 구축하는 것이 일반적이며, 사용자에게는 뷰가 실제 테이블처럼 취급된다. 다음은 뷰의 활용 목적을 요약한 것이다.

- 보안 관리를 목적으로 활용한다(보안성).
- 사용상의 편의를 목적으로 활용한다(편의성).
- 수행속도의 향상의 목적으로 활용한다(신속성).
- 융통성을 향상시킬 목적으로 활용한다(융통성).
- SQL의 성능을 향상시킬 목적으로 활용한다(활용성).
- 임시적인 작업을 위해 활용한다(임시성).

뷰는 기본적으로 테이블로부터 유도되지만, 일단 정의된 뷰가 또 다른 뷰를 유도하는데 사용될 수 있다. 뷰를 생성할 때는 다음과 같은 형식의 명령문을 사용한다.

```
CREATE VIEW     〈뷰 이름〉
AS SELECT       〈속성 리스트〉
FROM            〈테이블 리스트〉
WHERE           〈조건식〉
```

자주 접근을 요하는 정보를 뷰로 정의하면 추후에 질의를 편하고 간단하게 작성할 수 있기 때문에 매우 유용하다. 예를 들면, '경리과에서 근무하는 사원들의 사번과 사원명들' 에 대한 정보를 자주 검색을 한다고 할 때, 이를 뷰로 정의하면 다음과 같다.

11) 데이터베이스의 개체들에 대한 정의를 담고 있는 메타데이터들로 구성된 데이터베이스 내의 인스턴스이다. 기본 테이블, 뷰 테이블, 동의어(synonym)들, 값 범위들, 인덱스들, 사용자들, 사용자 그룹 등등과 같은 데이터베이스의 개체들이 저장된다.

```
CREATE VIEW        경리과사원
AS SELECT          사번, 사원명
FROM               사원, 부서
WHERE              (부서명 = '경리과') AND (부서명 = 부서명)
```

위의 경리과사원이라는 뷰는 사원과 부서라는 두 개의 베이스 테이블로부터 유도되었음을 주목하자. 이제 추후에 '나이가 40 이상인 경리과 사원들의 정보' 를 자주 검색한다고 할 때, 이를 뷰를 이용한 SQL 문으로 작성하면 다음과 같다.

```
SELECT             사번, 사원명
FROM               경리과사원
WHERE              나이 >= 40
```

만약 이런 뷰가 없다면 사원과 부서 테이블에 대해서 '나이 ≧ 40' 조건 이외에 위의 WHERE 절의 두 가지 조건식을 포함하는 명령문을 매번 작성하여야 하므로 불편하다. 대신에 뷰를 사용하면 이미 정의한 하나의 뷰 테이블에 대해서만 질의를 작성하면 된다. 따라서뷰를 사용하면 질의를 매우 간결하고 편리하게 작성할 수 있다. 뷰는 또한 특정 사용자의 접근을 테이블 내에 포함된 정보의 선택된 일부분으로 제한하기 위해 사용할 수 있기 때문에 권한을 부여하는 보안에서 유용하게 사용된다.

뷰는 항상 최신 정보를 유지하여야 한다. 만약 뷰의 정의에 사용된 기본 테이블의 튜플들이 갱신된다면 뷰는 자동적으로 변경 사항들을 반영해야 한다. 따라서 뷰는 뷰의 정의 시점이 아니라 뷰에 대해 질의를 구체화한다. 뷰를 최신 정보로 유지하는 것은 사용자가 아니라 DBMS의 책임이다. 만약 어떤 뷰가 더 이상 필요하지 않다면 DROP VIEW를 사용하여 제거할 수 있다. RESTRICT는 해당 뷰가 다른 곳에서 참조되고 있지 않는 한 데이터베이스에서 제거된다. 하지만 이 뷰와 참조 관계가 있는 테이블이 있다면 이 뷰 뿐만 아니라 참조 관계에 있는 모든 테이블은 제거되지 않는다. CASCADE가 사용되면 해당 뷰 뿐만 아니라 뷰가 사용된 다른 모든 뷰나 제약조건(CONSTRAINT) 이 함께 제어된다.

```
DROP VIEW 뷰_이름 {RESTRICT | CASCADE};
```

(2) 뷰의 구현

뷰를 구현하는 방식으로 크게 두 가지가 있다, 가장 보편적인 방식으로 질의 수정(Query Modification)이라고 있는데, 이 방식은 뷰를 실제적으로 저장을 하지 않고 뷰의 정의만 유지하므로 공간적 이용 면에서 효율적이라 할 수 있다. 그러나 뷰에 대한 질의가 요청되면 이 질의를 기본 테이블에 대한 질의로 자동 수정을 해주어야 한다. 따라서 실행하는데 상당한 시간이 소비되어 복잡한 질의나 특히, 짧은 시간 안에 뷰에 많은 질의가 요청될 때 비효율적이라 할 수 있다.

다른 방식으로는 뷰 구체화(View Materialization)가 있는데, 이는 뷰에 대한 최초의 질의가 요청될 때 임시 뷰 테이블을 물리적으로 실제 저장하여 유지하는 방식이다. 따라서 이 뷰에 대해서 추후에 자주 검색이 요청되는 경우에는 검색 속도 면에서 매우 빠르다고 할 수 있다. 그러나 이런 경우에는 뷰의 내용을 항상 최신 정보로 유지하기 위하여 기본 테이블을 갱신할 때 마다 뷰를 자동으로 갱신해 줘야 하는 효율적인 방법이 요구된다. 따라서 이 방식은 검색 위주(즉 갱신 연산이 빈번하게 발생하지 않는)의 질의 형태에 적합하다고 할 수 있다.

(3) 뷰의 갱신

뷰를 갱신할 때에는 그 뷰에서 변경된 내용을 그 뷰를 유도한 기본 테이블에 대해서도 일관성 있게 그대로 갱신해 주어야 한다. 즉 뷰에 대한 갱신은 기본 테이블에 대한 갱신으로 반영된다. 이때 기본 테이블에 대한 갱신은 모호한 해석이 발생하여 불가능한 경우가 상당히 많이 일어난다. 따라서 뷰에 대한 갱신은 극히 제한되어 있으며, SQL에서는 이를 위해 뷰 정의 끝에 WITH CHECK OPTION 절을 추가하여 뷰의 갱신이 가능한지를 점검한다. 뷰에 대한 갱신을 요약하면 다음과 같다.

- 일반적으로 여러 개의 기본 테이블로부터 조인을 사용하여 유도된 뷰에서는 갱신을 할 수 없다.
- 일반적으로 집계함수를 이용하여 유도된 뷰들은 갱신을 할 수 없다.
- 일반적으로 단 한 개의 기본 테이블에서의 주키를 포함하면서 유도되고, NOT NULL 제약조건을 갖는 모든 속성들을 포함한 뷰는 갱신이 가능하다.

제3장 데이터 제어어(DCL)

데이터 제어어(Data Control Language)는 데이터 보안, 무결성, 데이터 회복, 병행수행 제어 등을 정의하는데 사용하는 언어이다. 데이터베이스 관리자가 데이터 관리를 목적으로 사용한다. [표 16]은 데이터 제어어의 4가지 유형을 요약한 것이다.

명령어	기 능
COMMIT	명령에 의해 수행된 결과를 실제 물리적 디스크로 저장하고, 데이터베이스 조작 작업이 정상적으로 완료 되었음을 관리자에게 알려줌
ROLLBACK	데이터베이스 조작 작업이 비정상적으로 종료되었을 때 원래의 상태로 복구함
GRANT	데이터베이스 사용자에게 사용 권한을 부여함
REVOKE	데이터베이스 사용자의 사용 권한을 취소함

[표 16] 데이터 제어어의 4가지 유형

제5편
트랜잭션 처리

제1장 트랜잭션

1. 트랜잭션의 개념

트랜잭션(transaction)은 디스크에 저장된 데이터베이스를 검색하거나 갱신하는 일종의 프로그램이다. 즉, 데이터베이스의 상태를 변환시키는 하나의 논리적 기능을 수행하기 위한 작업의 단위 또는 한꺼번에 모두 수행되어야 할 일련의 연산들을 의미한다. 이런 트랜잭션들로는 은행업무, 비행기예약, 주식구매, 신용카드 등 여러 분야의 예가 있다. 트랜잭션 처리 시스템은 여러 개의 트랜잭션들을 실행하는 다수의 동시 사용자들을 관리하는 시스템이다. 이런 시스템에서는 한 컴퓨터가 동시에 여러 개의 프로그래밍을 처리하는 다중 프로그래밍 개념 때문에 여러 사용자가 데이터베이스를 동시에 사용할 수 있다. 트랜잭션은 여러 개의 데이터베이스 접근 연산들로 구성된다. 접근 연산에는 검색, 삽입, 삭제, 혹은 갱신들이 포함되며, 이들은 크게 다음과 같이 읽기(read)와 쓰기(write) 연산으로 표현된다.

- READ(X) : ① 디스크에 저장된 데이터 항목 X를 포함하는 블록의 주소를 찾아, ② 주기억장치의 버퍼로 복사한다.

- WRITE(X) : ① 디스크에 저장된 데이터 항목X를 포함하는 블록의 주소를 찾아, ② 주기억장치의 버퍼로 복사한 후, ③ 갱신된 블록을(즉시 혹은 나중의 어느 시점에) 디스크에 저장한다.

여기서 WRITE(X) 연산의 ③이 데이터베이스를 실제로 갱신하는 단계이다. 어떤 경우에는 갱신이 추가로 버퍼에 수행되는 것에 대비하기 위하여 갱신된 버퍼가 저장되지 않는다. 또한 갱신된 블록을 언제 디스크에 다시 저장할 것인가에 대한 결정은 DBMS와 운영체제의 협조를 통하여 이루어 진다.

2. 트랜잭션의 특성

데이터베이스 시스템은 모든 트랜잭션들이 몇 가지 성질을 만족하도록 보장하여야한다. 이런 성질들을 ACID 규칙이라 하며 다음과 같이 네 가지 특성들로 요약된다.

(1) 원자성(atomicity)

한 트랜잭션은 하나의 원자적 단위이다. 즉 모든 연산들을 완전히 수행하거나 혹은 전혀 수행하지 않아야(All or Nothing) 한다. 원자성을 보장하는 것은 DBMS의 회복(recovery) 기법과 관련이 있다. 만약 트랜잭션(예를 들면, 어떤 계좌에서 다른 계좌로 이체하는 경우)의 실행 도중에 시스템 고장, 프로그램 오류 등의 이유로 이 트랜잭션이 끝까지 수행되지 못한다면, 회복 기법은 그 트랜잭션이 데이터베이스에 끼친 연산들을 모두 취소하여 수행 전의 상태로 되돌려야 한다.

(2) 일관성(consistency)

트랜잭션을 완전히 수행하면 데이터베이스를 하나의 일관된 상태에서 다른 일관된 상태로 바꾸어야 한다. 즉 트랜잭션 수행 전의 값이 정확한 값을 가졌다면, 수행 후의 최종값은 항상 정확한 값이 유지되도록 보장하여야 한다. 일반적으로 트랜잭션들로부터 일관성 유지는 트랜잭션을 작성하는 프로그래머의 책임이다.

(3) 고립성(Isolation)

여러 개의 트랜잭션들이 동시에 수행되는 경우 하나의 트랜잭션은 다른 트랜잭션들 과는 독립적으로 수행되는 것처럼 보여야 한다. 즉, 하나의 트랜잭션 수행은 동시에 수행중인 다른 트랜잭션의 간섭을 받지 않아야 한다. 예를 들면, 만약 수행 중인 각 트랜잭션이 갱신한 데이터 항목의 값들을 자신이 완료할 때까지, 다른 트랜잭션들에 보이지 않도록 하는 것이다.

(4) 지속성(Durability)

지속성이란 일단 트랜잭션이 성공적으로 완료되면 그 트랜잭션이 수행 중에 변경한 값들은 어떠한 시스템 장애가 발생하더라도 데이터 손실 없이 최종적으로 데이터베이스에 반영되어 영구적으로 남아 있어야 한다는 특성이다. 지속성 보장은 회복 관리와 밀접한 관계가 있다.

3. 트랜잭션의 상태 전이도

트랜잭션은 장애가 발생하지 않은 경우에도 다른 여러 가지 요인에 의해 정상적으로 완료되지 않을 수 있다. 이러한 트랜잭션을 중단(abort)되었다고 한다. 원자성을 보장하려면 중단된 트랜잭션이 갱신한 값들은 데이터베이스에 영향을 미치지 않게 모두 취소되어야 한다. 즉 중단된 트랜잭션이 갱신한 내용을 최소하면 이를 트랜잭션이 복귀(rollback)된다고 한다. 만약 트랜잭션이 정상적으로 수행을 모두 마치면 완료(commit)되었다고 한다. 트랜잭션은 다양한 상태를 갖으면서 수행된다. 다음 그림은 트랜잭션이 시작부터 종료될 때까지 거치게 되는 상태들의 전이(States Transition) 관계를 나타낸 것이다.

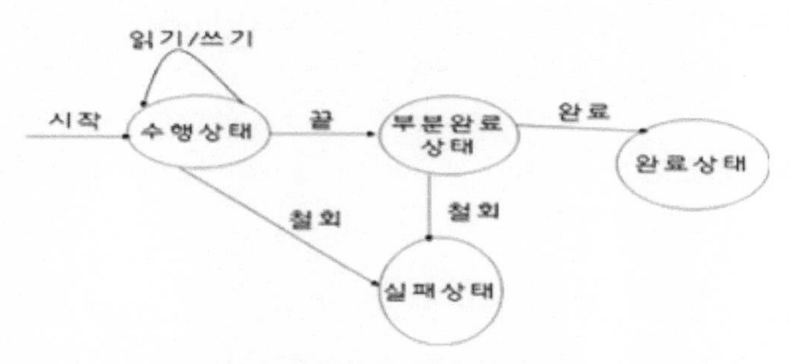

[그림 29] 트랜잭션 상태전이도

트랜잭션이 수행을 시작한 후 동작(active) 상태로 진입하며 읽기와 쓰기 연산을 한다. 이제 그 트랜잭션의 마지막 연산을 수행하면서 부분 완료(Partial Committed) 상태로 진입한다. 이 시점에서 트랜잭션은 자신의 모든 연산들을 완료하였으나 실제 출력 값들은 여전히 주기억장치에 남아 있어 시스템 고장이 성공적인 완료를 방해할 수 있으므로 중단될 가능성은 여전이 남아 있을 수 있다. 따라서 이 트랜잭션의 갱신이 최종적으로 영구히 기록되는지의 여부를 검사할 필요가 있으며, 이 경우에 일반적으로 갱신내용이 재생성 될 수 있도록 시스템 로그에 기록하는 방법을 사용한다. 일단 이런 검사가 성공적이면 그 트랜잭션은 완료(committed) 상태로 진입한다. 즉, 일단 완료 상태에 도달하면 그 트랜잭션은 자신의 모든 연산들을 성공적으로 끝냈으며 그 트랜잭션의 갱신 내용들을 데이터베이스에 영구적으로 기록했음을 의미한다. 그러나 만약 이 검사에서 통과가 안 되거나, 트랜잭션이 수행중인 상태에서 철회되면 실패(failed) 상태로 갈 수도 있다. 이 경우에 지금까지 수행한 연산들을 모두 철회(abort)함으로서 트랜잭션을 복귀시켜야 한다. 따라서 트랜잭션은 최종적으로 결국 완료 혹은 실패 상태로 종료된다. 트랜잭션의 상태를 요약하면 다음과 같다.

- Active(활동) : 트랜잭션이 실행 중에 있는 상태
- Failed(실패) : 트랜잭션 실행에 오류가 발생하여 중단된 상태
- Aborted(철회) : 트랜잭션이 비정상적으로 종료되어 Rollback 연산을 수행한 상태
- Partially Committed(부분 완료) : 트랜잭션의 마지막 연산까지 실행했지만, Commit 연산이 실행되기 직전의 상태
- Committed(완료) : 트랜잭션이 성공적으로 종료되어 commit 연산을 실행한 후의 상태

제2장 회 복(Recovery)

회복은 트랜잭션들의 처리를 수행하는 도중 장애가 발생하여 데이터베이스가 손상 되었을 때 손상되기 이전의 정상 상태로 복구 시키는 작업이다. 본 장에서는 회복에 대해 구체적으로 살펴보고자 한다.

1. 회복의 필요성

DBMS는 트랜잭션의 수행 결과가 다음 성질을 만족하도록 보장하여야 한다. 즉, 트랜잭션의 모든 연산들 중에서 일부만 데이터베이스에 반영이 되고 나머지 연산들은 반영되지 않는 것을 허용하면 안 된다. 다음은 어떤 데이터 항목 A(예를 들면, 은행 구좌)에서 다른 데이터 항목 B로 100이란 값을 이체하는 트랜잭션의 예이다. 여기서 B의 값을 읽은 후 어떤 이유로 인해 그 트랜잭션이 수행 도중에 실패했다고 하자. 이 경우에는 A의 값을 갱신한 후에 완료되기 전에 실패했으므로(즉, B로는 아직 100이 이체가 안되었음), 시스템은 A의 값을 원래의 값으로 되돌려야 한다. 이는 이 트랜잭션이 실패한 시점 이전까지 수행된 연산들을 모두 단계별로 취소함으로써만 회복이 된다.

```
READ (A)
A = A - 100
WRITE (A)
READ (B)
FAIL
```

[그림 30] 트랜잭션이 실패한 경우

2. 실패(혹은 고장)의 유형

실패 혹은 고장의 유형으로는 일반적으로 트랜잭션, 시스템, 매체 고장으로 분류된다. 트랜잭션이 수행 도중에 실패하는 경우에는 다음과 같이 여러 가지 원인이 있다.

(1) 컴퓨터 고장

컴퓨터 시스템에서 트랜잭션이 수행되는 도중에 하드웨어, DBMS, 운영체제에 오류가 발생하면 휘발성인 주기억장치의 내용이 유실된다. 이때 비휘발성 장치의 내용은 손상되지 않는다.

(2) 트랜잭션 오류

트랜잭션이 수행 도중 오류 입력 값, 오버플로우, 자원 초과 등의 연산 상의 논리적 오류로 인하여 더 이상 정상적인 수행을 할 수 없는 경우이다.

(3) 시스템 오류

여러 개의 트랜잭션들이 서로 교착상태(deadlock)[12]에 빠질 경우 더 이상 정상적인 수행을 할 수 없는 경우이다. 이 경우 해당 트랜잭션을 철회하거나 추후에 다시 시작시킴으로서 재수행이 가능하다.

(4) 디스크 고장

데이터를 전송하는 중에 입출력 오류 혹은 디스크 헤드가 파손되어 디스크 블록들의 데이터가 손실될 수 있다.

(5) 물리적 문제 혹은 재해

전원이나 에어컨의 고장, 화재, 절도, 과실로 인한 디스크의 덮어쓰기 등이 여기에 해당된다.

(1), (2), (3)의 유형은 일반적으로 휘발성 기억장치의 내용만 손실될 수 있으며, 고장시에 회복이 될 수 있도록 충분한 정보를 유지하고 있어야 한다. (4), (5)는 자주 발생하지는 않지만 비휘발성 기억장치의 내용이 손실될 수 있으므로, 일단 발생하면 회복이 더 어려워질 수 있다.

---

12) 두 개 이상의 작업이 서로 상대방의 작업이 끝나기만을 기다리고 있기 때문에 결과적으로 아무것도 완료되지 못하는 상태

3. 시스템 로그

트랜잭션에 영향을 미치는 실패들로부터 회복하기 위하여 DBMS는 데이터 항목들에 영향을 미치는 트랜잭션들의 모든 연산을 추적하기 위해 로그(log) 파일을 사용한다. 로그에 기록되는 내용은 실패를 회복하는데 필요한 정보이다. 로그는 여러 개의 로그레코드(Log Record)들의 연속으로 이루어지며, 데이터베이스의 모든 갱신 연산의 기록을 유지한다. 다음은 로그 레코드의 구성 요소들이다.

- [start, T] : 트랜잭션 T가 수행을 시작했음을 기록한다.

- [write, T, X, old, new] : 트랜잭션 T가 데이터 항목 X를 이전 값에서 새로운 값으로 갱신했음을 기록한다.

- [read, T, X] : 트랜잭션 T가 데이터 항목 X의 값을 읽었음을 기록한다.

- [commit, T] : 트랜잭션 T가 성공적으로 종료했음을 기록한다.

- [abort, T] : 트랜잭션 T가 철회되었음을 기록한다.

트랜잭션이 출력을 수행할 때마다 데이터베이스가 갱신되기 전에 출력에 대한 로그레코드가 생성되어야 한다. 일단 로그 레코드가 존재하면 필요할 때마다 데이터베이스에 갱신을 출력할 수 있다. 또한 데이터베이스 상에 출력된 갱신을 취소(undo)할 수도 있으며, 이는 로그 레코드 내의 이전 값(old)을 이용하면 된다. 로그는 하드디스크와 같은 장치에 유지되므로 어떠한 유형의 고장에도 영향을 받지 않아야 한다. 또한 재해로부터 로그를 보호하기 위해서 로그를 주기적으로 테이프 등에 백업해야 한다.

제3장 회복 기법

트랜잭션 실패로부터 회복한다는 것은 데이터베이스를 실패 시점에서 가장 가까운 일관적인 상태로 복원하는 것을 의미한다. 이를 위해서는 일반적으로 트랜잭션이 수행되는 동안 데이터 항목 변경에 대한 정보를 시스템 로그에 유지하고 있어야 한다. 회복 기법들은 일반적으로 로그 기반과 로그 기반이 아닌 방식으로 분류할 수 있다. 로그 기반의 회복 기법에는 지연 갱신과 즉시 갱신 방식이 있다.

1. 지연 갱신(Deferred Update)기법

지연 갱신 기법은 트랜잭션이 성공적으로 수행되어 완료될 때까지 모든 데이터베이스의 실제적인 갱신을 부분 완료 시까지 지연시킴으로써 원자성을 보장하는 기법이다. 트랜잭션이 수행되는 동안 갱신되는 내용은 단지 로그와 주기억 장치의 버퍼에만 기록된다. 트랜잭션이 완료 점에 도달하고 로그가 하드디스크로 출력된 후 갱신 내용이 비로소 데이터베이스에 기록된다. 만약 완료 점에 도달하기 전에 트랜잭션이 실패하면 갱신된 내용이 아직 하드디스크의 데이터베이스에 반영되지 않았기 때문에 어떠한 연산도 UNDO(취소) 수행 할 필요가 없다. 그러나 완료된 트랜잭션들의 연산들은 로그를 이용하여 REDO(재실행) 할 필요가 있다. 이는 완료 후에도 시스템 고장으로 인해 갱신 내용이 아직 하드디스크의 데이터베이스에 기록되지 않을 수 있기 때문이다. 이런 경우에 트랜잭션 연산들은 로그로부터 REDO가 된다. 따라서 지연 갱신 기법은 NOUNDO/REDO 회복 방식으로도 알려져 있다. 이 기법은 실제로 각 트랜잭션이 짧고 적은 수의 데이터 항목들을 갱신하는 경우에 유리하다. 그렇지 않고 많은 수의 데이터 항목들의 경우에는 갱신한 많은 내용들을 버퍼에 유지하기 때문에 버퍼 공간의 제약을 받을 수 있기 때문이다.

2. 즉시 갱신(Immediate Update)기법

즉시 갱신 기법은 트랜잭션이 수행되는 중 완료 점에 도달하기 전에도 데이터베이스에 즉시 갱신을 할 수 있다. 따라서 이러한 동작 중인 트랜잭션에 의해 기록된 데이터베이스 수정을 비완료 갱신(Uncommitted Update)이라고 한다. 일반적으로 이러한 기법에서는 실패가 발생하는 경우를 대비해 앞에서 언급한 WAL(Write-Ahead Logging)방식을 사용하여 회복 가능하도록 갱신 연산들이 데이터베이스에 반영이 되기 전에 반드시 하드디스크의 로그에 우선적으로 기록하여야 한다. 따라서 만약 트랜잭션이 실패하는 경우에 데이터베이스를 갱신한 연산을 취소하기 위해 UNDO하는 규정을 준비하여야 한다. 이는 트랜잭션이 수행한 쓰기(write) 연산의 결과를 UNDO하고 트랜잭션을 취소하면 된다. 즉시 갱신은 일반적으로 UNDO와 REDO가 모두 회복 과정에 필요하므로 UNDO/REDO 기법으로 알려져 있으며 보편적으로 많이 사용되고 있다. 반면에, 만약 트랜잭션이 완료되기 전에 모든 갱신이 하드디스크의 데이터베이스에 기록되는 것을 회복 기법이 보장할 수 있다면 완료된 트랜잭션들의 어떤 연산도 REDO할 필요가 없다. 이러한 방식의 변형된 기법을 UNDO/NO-REDO 기법이라 부른다.

3. 그림자 페이징(Shadow Paging)

이 회복 기법의 경우 단일 사용자 환경에서는 로그를 사용할 필요가 없다. 그림자 페이징은 데이터베이스가 여러 개의 고정된 크기의 디스크 페이지(혹은 블록)로 구성되었다고 가정한다. n개의 엔트리를 가진 디렉토리가 생성되는데 각 i 번째 엔트리는 디스크의 i번째 데이터베이스 페이지를 가리킨다. 여기서 디렉토리가 너무 크지 않으면 주기억 장치에 유지하고 디스크의 데이터베이스 페이지에 대한 모든 읽기와 쓰기 연산들은 디렉토리를 통해서 이루어진다. 트랜잭션을 시작할 때 현재 디렉토리는 그림자 디렉토리로 복사된다. 현재 디렉토리의 엔트리들은 디스크내의 가장 최근 데이터베이스 페이지들을 가리킨다. 트랜잭션이 실행되는 동안 그림자 디렉토리는 절대 수정되지 않는다. 쓰기 연산이 수행될 때, 수정된 데이터베이스 페이지의 새로운 사본이 생성되지만 그 페이지의 이전 사본을 절대로 덮어쓰기(overwrite)하지 않는다. 그 대신에 새로운 페이지는 이전에 사용하지 않은 다른 디스크 페이지에 기록된다.

이제 트랜잭션이 실행되는 동안 발생하는 실패로부터 회복하려면 수정된 데이터베이스 페이지를 반납하고 현재 디렉토리를 폐기하면 된다. 트랜잭션이 실행되기 이전의 데이터베이스 상태는 그림자 디렉토리를 통해서만 사용이 가능하고, 그 상태로의 회복은 그림자 디렉토리를 다시 현재 디렉토리가 되게 함으로써 이루어진다.

이 기법은 데이터 항목을 UNDO하거나 REDO하는 연산이 필요없으므로 NOUNDO/NO-REDO 기법으로 분류할 수 있다.

4. 디스크 손상 시 회복기법

휘발성 기억장치의 고장 외에도 휘발성 장치인 디스크 파손과 같은 물리적 고장 때문에 데이터베이스에 상당한 손상이 생기는 경우도 고려해야 한다. 이러한 경우에 사용되는 회복 기법은 데이터베이스 백업이다. 테이프와 같은 저장장치에 주기적으로 데이터베이스와 로그를 복사한다. 만약 실패가 발생하면 가장 최근에 백업된 사본이 테이프에서 하드디스크로 적재되고 시스템을 다시 시작할 수 있게 한다. 마지막 백업이 이루어진 후에 실행된 모든 트랜잭션의 결과를 손실하지 않기 위해서는 전체 데이터베이스를 테이프에 주기적으로 복사하는 것 보다는 더 자주 시스템 로그를 백업하는 것이 관례이다. 일반적으로 시스템 로그는 데이터베이스 보다 용량이 작기 때문에 좀 더 자주 백업할 수 있다. 시스템 로그를 사용하면 사용자는 마지막 데이터베이스 백업 이후에 수행된 모든 트랜잭션을 잃지 않는다. 테이프에 백업된 시스템 로그에 기록되어 있는 모든 완료된 트랜잭션의 수행 결과는 데이터베이스를 REDO하는데 사용될 수 있다.

제6편 데이터베이스 암호화와 SQL Injection

제1장 데이터베이스 암호화

1. 암호화의 필요성

정보통신 기술 발전에 따라 정보의 저장·유통이 대량화, 광역화, 네트워크화 되고 있어 이렇게 저장·유통되는 정보는 다양한 위협에 쉽게 노출되고 있다. 공격자는 정보통신망을 통해 개인정보 송수신시 패킷 도청 소프트웨어를 사용하여 가로채거나 또는 개인정보가 저장된 서버의 취약점을 찾아 고유식별정보 등과 같은 중요한 개인정보를 해킹하게 된다. 이러한 위협으로부터 중요 정보를 보호하기 위해서 개인정보의 전송 및 저장 시 암호화가 필요하다.

암호화란 일상적인 문자로 쓰인 평문을 암호키를 소유하지 않은 사람이 알아볼 수 없도록 기호 또는 다른 문자 등의 암호문으로 변환하는 방법으로 정보의 기밀성 및 무결성, 사용자 인증 등을 위해 광범위하게 이용하고 있다. 최근 사회 전 분야에 걸쳐 개인정보 유출사고의 지속적인 발생으로 인해 제정된 개인정보보호법에 개인정보에 대한 안전성을 확보하기 위한 조치의무를 규정하고 있으며 전송 또는 저장 정보의 암호화 조치는 선택이 아닌 반드시 수행해야 할 필수항목으로서 정의하고 있다.

2. 암호화 방식

개인정보를 처리하고 관리하는 기업의 경우 관련 법령에 따라 저장된 개인정보를 데이터베이스에 암호화하여 저장함으로써 개인정보의 변경, 파괴 및 유출을 방지해야 한다. 개인정보처리시스템의 데이터베이스를 암·복호화할 수 있는 방식은 암·복호화 모듈의 위치와 암·복호화 모듈의 요청 위치의 조합에 따라 구분할 수 있다. 각 방식의 단점을 보완하기 위하여 두 가지 이상의 방식을 혼합하여 구현하기도 한다. 이 경우, 구축시 많은 비용이 소요되지만 어플리케이션 서버 및 데이터베이스 서버의 성능과 보안성을 높일 수 있다.

응용프로그램 자체 암호화 방식은 암·복호화 모듈이 API 라이브러리 형태로 각 어플리케이션 서버에 설치되고, 응용 프로그램에서 해당 암·복호화 모듈을 호출하는 방식이다. 데이터베이스 서버에 영향을 주지 않아 데이터베이스 서버의 성능 저하가 적은편이지만 구축 시 응용프로그램 전체 또는 일부 수정이 필요하다.

데이터베이스 서버 암호화 방식은 암·복호화 모듈이 데이터베이스 서버에 설치되고 데이터베이스 서버에서 암·복호화 모듈을 호출하는 방식이다. 구축 시 응용프로그램의 수정을 최소화할 수 있으나 데이터베이스 서버에 부하가 발생하고 데이터베이스 스키마의 추가가 필요하며. 기존 Plug-In 방식과 유사하다.

DBMS 자체 암호화 방식은 DBMS에 내장되어 있는 암호화 기능(TDE : Transparent Data Encryption)을 이용하여 암·복호화 처리를 수행하는 방식이다. DBMS 커널 수준에서 암·복호화를 수행하므로 데이터베이스 서버의 CPU, 주기억장치, 디스크 등의 추가적인 부하가 적으며, 기존 응용프로그램의 수정이나 데이터베이스 스키마의 변경이 거의 필요하지 않고 DBMS 엔진에 최적화된 성능을 제공할 수 있다.

DBMS 암호화 기능 호출 방식은 응용프로그램에서 데이터베이스 서버의 DBMS 커널이 제공하는 암·복호화 API를 호출하는 방식이다. 구축 시 암·복호화 API를 사용하는 응용프로그램의 수정이 필요하며, 기존 커널 방식(DBMS 함수 호출)과 유사하다.

운영체제 암호화 방식은 OS에서 발생하는 물리적인 입출력(I/O)을 이용한 암·복호화 방식으로 DBMS의 데이터 파일을 암호화 한다. 데이터베이스 서버의 성능 저하가 상대적으로 적으나 OS, DBMS, 저장장치와의 호환성 검토가 필요하며, 기존 데이터베이스 파일암호화 방식과 유사하다.[13]

방식	암·복호화 모듈 위치	암·복호화 요청 위치
응용프로그램 자체 암호화	어플리케이션 서버	응용 프로그램
데이터베이스 서버 암호화	데이터베이스 서버	데이터베이스 서버
DBMS 자체 암호화	데이터베이스 서버	DBMS 엔진
DBMS 암호화 기능 호출	데이터베이스 서버	응용 프로그램
운영체제 암호화	파일 서버	운영체제

[표 17] 데이터베이스 암호화 방식 구분

13) 개인정보 암호화 조치 안내서(2012, 행정안전부), 32면

제2장 SQL Injection

SQL 인젝션(Injection)은 응용 프로그램 보안상의 허점을 의도적으로 이용하여 개발자가 생각지 못한 SQL문을 실행되게 함으로써 데이터베이스를 비정상적으로 조작하는 코드 인젝션 공격 방법이다.

```
$result = mysql_query("SELECT * FROM member WHERE ID='$id' AND PW='$pw'");
if(mysql_num_rows($result))
{
// 로그인 성공
}
else
{
// 사용자의 아이디와 비밀번호가 틀리므로 로그인 실패
}
```

위와 같이 사용자의 아이디와 비밀번호를 확인하고 일치하면 로그인을 하는 PHP 프로그램이 있다고 할 때 $id에 '' OR '1'='1' --와 같은 값이 들어간다고 하면 SQL 쿼리문은 다음과 같이 된다.

SELECT * FROM member WHERE ID='' OR '1'='1' -- AND PW='$pw'

결과적으로 무조건 로그인이 성공하게 되므로 이를 해결하는 방법은 다음과 같이 $id와 $pw를 SQL에 맞게 인코딩 하면 $id와 $pw에 어떤 값이 들어가도 아무 문제가 발생하지 않게 된다.

```
$id = mysql_real_escape_string($id);
$pw = mysql_real_escape_string($pw);
$result = mysql_query("SELECT * FROM member WHERE ID='$id' AND PW='$pw'");
if(mysql_num_rows($result))
{
// 로그인 성공
}
else
{
 // 사용자의 아이디와 비밀번호가 틀리므로 로그인 실패
}
```

Blind SQL 인젝션은 평범한 SQL 인섹션과 같이 원하는 데이터를 가져올 쿼리를 삽입하는 기술이다. 이것은 웹에서 SQL 인젝션에 취약하나 데이터베이스 메시지가 공격자에게 보이지 않을 때 사용한다. 하지만 평범한 SQL 인젝션과 다른 점은 평범한 SQL 삽입은 쿼리를 삽입하여 원하는 데이터를 한 번에 얻어낼 수 있는 것에 비해 Blind SQL 인젝션은 참과 거짓, 쿼리가 참일 때와 거짓일 때 서버의 반응만으로 데이터를 얻어내는 기술이다. 즉, 쿼리를 삽입하였을 때, 쿼리의 참과 거짓에 대한 반응을 구분할 수 있는 경우에 사용되는 기술이다.

Blind SQL 인젝션은 위 두 함수를 이용하여 쿼리의 결과를 얻어, 한 글자씩 끊어온 값을 아스키코드로 변환시키고 임의의 숫자와 비교하여 참과 거짓을 비교하는 과정을 거쳐가며 계속 질의를 보내어 일치하는 아스키코드를 찾아낸다. 그러한 과정을 반복하고 결과들을 조합하여 원하는 정보를 얻어냄으로써 공격이 이루어지게 한다. 많은 비교과정이 필요하기 때문에 악의적인 목적을 가진 크래커들은 Blind SQL 인젝션 공격을 시도할 때에 자동화된 도구를 사용하여 공격한다. 취약점이 발견된다면 순식간에 많은 정보들이 변조되거나 크래커의 손에 넘어가게 된다.[14)]

간접적인 공격에서는 테이블에 저장할 문자열에 또는 메타데이터로 악의적인 코드를 주입한 후 저장된 문자열이 동적 SQL 명령에 연결되어 악성코드를 실행한다. SQL Injection 취약점을 이용하여 웹상에서 XP_CMDSHELL과 같은 시스템 명령을 실행하면 시스템 로그에도 그 기록이 남는다. 최근에는 보안장비 우회나 로그분석 시 눈에 띄기 어렵게 만드는 난독화(Obfuscation)를 위하여 실행 구문을 CAST 함수로 인코딩하기도 한다.

데이터베이스 포렌식은 방대한 양의 데이터베이스에 저장되어 있는 데이터를 추출·분석하여 필요한 정보를 용도에 맞게 증거로서 획득하는 포렌식 기법이다. 대부분 회사나 기업에서는 모든 데이터를 부서별로 대형 시스템 내에 저장·보관하고 있다. 그러므로 방대한 양의 데이터베이스에 직접 접근하여 데이터를 추출하는 것은 추후 업무의 연속성 문제를 일으키기도 한다. 이런 이유로 데이터베이스에 접근 또는 데이터베이스 서버에 접근할 때에는 별도의 조사계획을 세워 단계별로 실행하여야 데이터베이스의 훼손을 막을 수 있다. 또한, 회사나 기업의 범죄를 조사할 때 대상 정보 시스템 서버에 저장되어 있는 데이터베이스를 분석하는 것은 필수적인 과정이지만 비전문가가 데이터베이스

14) https://ko.wikipedia.org/wiki/SQL_%EC%82%BD%EC%9E%85

에 접근해서는 안 된다. 그만큼 데이터베이스에 지식이 있는 전문가를 대동하거나 전문적인 지식을 보유한 조사관이 반드시 조사에 참여하여야 한다.

먼저 방대한 양의 데이터베이스로부터 어떠한 방법으로 증거를 수집하여야 하는가에 대한 계획을 세우고 이에 따른 데이터베이스의 종류를 파악한 다음, 어떠한 방법으로 증거를 획득할 것인가에 대한 계획을 세워 분석을 할 수 있도록 한다. 디지털포렌식 증거물 수집 시 일반적인 방법과는 달리 결과를 얻기 위하여 작업한 쿼리문과 해시 값을 남겨 입회인 또는 해당 소유자에게 확인과정을 반드시 거쳐 증거물의 무결성을 확인하는 절차도 잊어서는 안 된다.

데이터베이스 서버 시스템으로부터 증거 데이터를 확보하기 위하여 다양한 기법들이 연구되어 있기는 하나 시스템의 환경이나 조사환경에 맞게 최적화된 계획을 세워 단계별로 차질 없이 데이터를 획득하는 것이 가장 중요한 과정이다.

이러한 데이터베이스를 조사 및 수색하고 압수한 데이터베이스를 복구한 후 필요한 SQL 쿼리문을 이용하여 사건과 관련된 정보를 얻어내는 것이 진정한 데이터베이스 포렌식이라 할 수 있겠다. 데이터베이스 포렌식은 데이터베이스 시스템에 필요한 쿼리문을 보내어 출력되는 데이터를 분석하는 과정이 대부분을 차지하게 된다.

데이터베이스 포렌식에는 ERP 기반 회계 시스템 등에 사용되는 데이터베이스 시스템, 클라우드 환경에서 사용되는 데이터베이스 시스템 등 다양한 데이터베이스 시스템에 대한 깊은 이해와 이를 관리할 수 있는 기술, 망실된 데이터의 복구 기술 등이 필요하다.

제 7 편

데이터베이스 포렌식

제1장 데이터베이스 서버 환경

1. 일반적인 서버

일반적으로 구성되어 있는 데이터베이스 서버일 경우에는 작업하는 모든 과정은 조사관이나 수사관이 바로 작업하지 말고 데이터베이스 관리자를 대동하여 데이터베이스 관리자에게 작업지시를 하여야 한다. 작업지시 후 작업된 쿼리문을 보관하여 데이터의 안정성과 무결성 확보도 잊지 말아야 한다. 하지만 데이터베이스 관리자가 없는 경우와 협조하지 않는 경우에는 전문조사관이 쿼리문과 그에 대한 결과물을 조서에 첨부하여 나중에 있을지 모를 자료의 무결성에 대한 논란을 잠식시켜야 한다. 만일 dump나 기타 다른 방법으로 데이터를 획득한 경우에는 데이터가 사라졌거나 은닉 시에 복구할 수 없으므로 주의하여야 한다. 데이터베이스의 증거 획득은 디스크 복제방법을 쓰되 업무에 지장이 없는 새벽이나 업무종료 후 서버 다운하여 여타 네트워크가 연결되지 않은 상태에서 작업을 하고 가급적이면 서버와 함께 압수하여야 한다.

서버를 압수할 수 없는 경우에는 데이터베이스 dump를 바로 시행하지 말고 해시 값을 생성 기록 후 담당자나 입회인의 서명 날인을 받고 서버의 로그와 데이터베이스의 Table space를 함께 복사하여야 해당 데이터베이스를 재구성하는데 많은 시간이 소요되는 것을 방지할 수 있다.

데이터베이스 서버를 정지시킬 수 없는 경우에만 dump를 시행하는데 이는 삭제된 영역의 복구가 불가능할 뿐만 아니라 나중에 해당 데이터베이스 테이블을 재구성하여야 하는 어려움이 있어 분석에 많은 시간이 소요될 수도 있다.

현장에서 데이터베이스를 선별해서 효율적으로 증거를 획득할 수 있는 방법으로는 직접 쿼리문을 작성하여 필요한 데이터를 엑셀과 같은 파일로 출력하여 분석하기 쉽게 가공하는 방법도 사용된다. 은닉이나 증거인멸의 시도가 없다고 판단되면 이 방법이 가장 시간을 단축할 수 있다.

2. RAID로 구성되어 있는 서버

데이터베이스 서버가 RAID로 구성되어 있는 경우에는 서버 운영을 정지시키고 RAID가 구성되어 있는 상태에서 EnCase나 DD로 이미지 파일을 추출하는 방법으로 데이터베이스 데이터를 획득할 수 있다. 또한, 해당 파일을 복사하여 아무런 준비 없이 서버의 개별 하드디스크만을 복제하여 재구성할 때의 실패를 막을 수 있다. RAID로 구성된 서버의 경우 디스크를 분리하여 압수하게 되면 이후에 재구성하기 어렵기 때문에 RAID가 구성된 상태에서 이미지 파일을 생성하거나 파일복사를 시행한다. 자료 획득 후 관리자나 소유자에게 해시 값을 확인 후 서명날인을 받는 것도 잊지 말아야 한다.

제2장 데이터베이스 분석 도구

데이터베이스에 저장된 대용량 데이터를 분석하여 필요한 정보를 획득하기 위해 사용되는 데이터베이스 분석 도구는 데이터베이스 관리시스템에 따라 최적화된 별도의 기능을 제공하고 있으며 그 종류도 다양하다. 일례로 범용으로 많이 사용되는 Dell사의 Toad[15]는 오라클 등의 DBMS 관리 및 분석용 소프트웨어 도구로써 많이 활용되고 있다.

국산 소프트웨어 도구로는 SQLGate[16]나 Orange[17] 등이 있다. SQLGate는 Oracle, Microsoft SQL, MySQL, DB2를 위한 4가지 버전이 시판되고 있다. SQLite의 분석 도구로는 SQLite Database Browser[18]와 같은 소프트웨어가 널리 사용되고 있다. 이러한 소프트웨어 도구들은 데이터베이스에 접속을 하여 SQL문을 알지 못하더라도 편리하게 그래픽 유저 인터페이스(GUI)로 검색이 가능하고 검색조건 등을 SQL문으로 변환하여 서버에 요청하고, 그 결과 데이터를 표 형태의 워크시트로 보여주는 기능들을 제공하여 데이터베이스 시스템을 분석하거나 필요한 정보를 획득하는데 효과적으로 활용될 수 있다. 또한, 데이터베이스 포렌식을 위해 한 가지 도구만 사용하는 것보다는 다양한 도구들의 장단점을 이해하여 적절하게 활용하는 것이 바람직하다. 최근에는 빅데이터가 이슈로 부각되면서 일반적인 데이터베이스 분석 뿐만 아니라 빅데이터의 분석 방안에 대해서도 많은 연구가 진행되고 있다. 이러한 빅데이터는 통계소프트웨어를 기반으로 만들어진 R과 같은 도구가 많이 활용된다.[19] 데이터베이스 분석 도구 목록은 다음 표와 같다.

---

15) http://software.dell.com/database-solutions/

16) http://www.antwiz.com/kr/

17) http://warevalley.com/xml/products/orange

18) http://sqlitebrowser.org/

19) https://www.r-project.org/

도구명	인터페이스	플랫폼	제조사	라이센스
Exchange EDB Viewer	GUI	Windows	Lepide Software	Freeware
ESEDatabaseView	GUI	Windows	NirSoft	Freeware
EseDbViewer	GUI	Windows	woanware	Freeware
SQLite Expert	GUI	Windows	Bogdan Ureche	Commercial
Oxygen SQLite Viewer	GUI	Windows	Oxygen Forensic	Commercial
SQLite Database Browser	GUI	Windows	Oxygen Forensic	Commercial

[표 18] 데이터베이스 분석 도구

제3장 데이터베이스 증거수집·분석 절차

현재 정보시스템에서 사용되고 있는 데이터베이스의 종류가 다양하기 때문에 본 교재에서는 가장 많이 사용되는 MySQL, Microsoft SQL, Oracle 데이터베이스에 대하여 집중적으로 다루었다. 증거수집·분석 방법의 범위로는 증거수집 절차, 휘발성 자료 수집 절차, 데이터 Dump 절차, 테스트 시스템 구축 절차, 로그 분석 절차, 데이터 분석 절차 등에 대한 방법을 제시한다.

데이터베이스 파일이 삭제되면 파일시스템의 파일 복원 방법을 이용하여 복원하여야 한다. 데이터베이스 파일에서 레코드만 삭제된 경우에는 데이터베이스의 스키마 테이블을 이용하여 파일 내에 존재하는 비할당 영역에서 삭제된 레코드를 분석하여 획득 할 수 있다. 즉, 데이터베이스 파일의 레코드를 찾아가 삭제된 영역을 파악하고 해당 영역에서 스키마 테이블을 이용해 삭제된 레코드만을 정확하게 해석하기 위해서는 데이터베이스 파일의 구조를 정확하게 이해하여야 한다. 데이터베이스에서 레코드를 삭제 할 때 삭제된 레코드가 있었던 영역을 사용하지 않는 영역으로 구분하지만 해당 영역이 반드시 초기화되는 것은 아니다.

1. 데이터베이스 증거수집 절차

데이터베이스 증거수집을 위해서는 다음과 같은 절차를 반드시 준수하여야 한다.

(1) 현장도착 시 대응과정

1) 현장을 통제하고 보존한다.

전체 조직도, 직원 명부 등을 활용하여 압수·수색의 범위를 확정하고, 현장으로부터 불필요한 사람들을 격리시켜 압수·수색에 지장을 초래하지 않도록 한다.

2) 관계자 협조 요청 및 입회인을 참관토록 한다.

피압수자 혹은 관리자 등을 현장에 참관토록 하고 압수·수색의 이유와 함께 협조를 요청한다. 또한 데이터베이스의 특성상 관계자의 협조가 없을 경우 증거를 수집하기 어려운 환경일 수 있으므로 협조를 잘 이끌어 내어 원활한 수집이 진행 될 수 있도록 한다.

3) 현장 확인 및 분석을 한다.

사무실 구조와 전산 시스템의 상태를 검사하여 현장에서 필요한 정보의 추출 및 분석이 필요한지 확인한다. 컴퓨터 등 대상물의 앞·뒷면 사진, 주변장치를 포함한 사진을 촬영하고, 전원이 켜져 있는 경우에는 모니터 화면을 촬영한다. 또한 필요에 따라 현장에 있는 수집 대상물의 위치를 상세히 스케치한다.

4) 디지털 증거수집 대상을 확인한다.

현장에서 수집대상을 확인하고, 수집이 필요한 증거를 결정한다. 이후 데이터베이스 환경 및 종류확인, 현재 접속한 사용자를 상대로 컴퓨터의 용도, 설치된 운영체제, 주로 사용하는 응용 프로그램 명, 패스워드가 설정된 프로그램 명, 패스워드 정보 등을 수집한다. 기능이나 용도를 알 수 없는 장비가 있는 경우 사진 촬영 등 자료를 확보하고 해당분야의 전문가와 상의를 한다.

5) 디지털 증거수집 방법을 결정한다.

시스템 및 네트워크 상황을 최대한 고려하여 어떠한 방법으로 증거 자료를 획득할 것인지 결정하고, 대상시스템 및 현장 상황에 따라 디스크 이미징, 복제 등의 수집방법을 결정하여야 한다.

(2) 기본정보 수집

1) 운영시스템 및 시간·날짜 정보를 확인한다.

가장 우선적으로 조사 대상 운영시스템의 시스템 시간 및 날짜를 기록하여야 한다.

2) 운영시스템 상 로그인 정보를 확인한다.

현재 조사 대상 운영시스템에 접속한 사용자 목록과 해당 사용자의 접속 시점 및 기간 등의 정보를 확보하여야 한다.

3) 운영시스템 상 모든 사용자 또는 그룹 정보를 확인한다.

해당 운영시스템에 접근 가능한 모든 사용자와 그룹 목록을 확보한 후 가장 최근에 접속한 사용자 세션, 시간 등 세부 정보를 수집하여야 한다.

4) 네트워크 정보를 확인한다.

현재 운영시스템 상 열려있는 전체 TCP 포트와 외부 연결 대기 중인 UDP 포트 등을 목록화하여야 한다.

5) 실행중인 프로세스 정보를 확인한다.

실행중인 전체 프로세스 목록을 수집하여야 한다. 의심스러운 항목이나 cmd.exe 또는 bin/sh 과 같은 모든 Command 프로그램에 주의를 기울여야한다. 또한 각 프로세스의 부모·자식 관계를 식별할 수 있도록 하여야 한다.

6) DLL 또는 공유 객체 정보를 확인한다.

각 프로세스에서 로드하여 메모리에 적재한 DLL 또는 공유 객체(Shared Objects)의 목록을 수집하여야 한다.

7) 연결된 핸들 목록을 확인한다.

프로세스가 어떠한 파일의 핸들을 열었는지 전체 핸들 목록을 수집하여야 한다. 향후 분석 시 실행중인 프로세스의 부모·자식 관계 정보를 식별하는데 도움이 된다.

8) 메모리 덤프를 진행한다.

실행중인 모든 프로세스의 메모리의 덤프를 진행하여, 덤프파일을 수집하여야 한다.

9) 레지스트리 정보를 확인한다.

윈도우즈 계열 시스템의 증거 확보 진행 시 모든 레지스트리 정보를 수집하여야 한다.

10) 데이터베이스 시스템 연관분석을 위하여 이벤트 및 메시지 로그 등 서버 내 모든 로그파일을 수집하여야 한다.

(3) 데이터베이스 정보 수집

1) 데이터베이스 서버가 실행 중인지 확인한다.

2) 데이터베이스 인스턴스가 실행 중인지 확인한다.

3) 데이터베이스 인스턴스가 동작 중이라면 휘발성 자료를 데이터베이스 종류별로 구분하여 다음 목록과 같이 증거를 수집하여야 한다.

- 데이터베이스 종류를 확인한다.
- 데이터베이스 인스턴스 버전 정보를 확인한다.
- 특정 로그 및 설정 제어 파일은 조사 대상 데이터베이스(Oracle, MySQL, MSSQL 등)에 따라 관련된 인스턴스들이 상이하므로 사전에 해당 위치를 확인하고 수집하여야 한다. 또한 모든 데이터베이스는 최소한 하나의 제어 파일을 가지고 있으며 메타 데이터(데이터베이스 자체의 물리적 구조에 관한 데이터 등)를 보관하고 있다.
- 휘발성 정보 및 사용자 목록 등을 확인한다.
- 현재 작업 중인 SQL을 확인한다.
- 수집 대상 데이터베이스에서 가장 최근에 실행 된 SQL 파일의 사본을 생성한다.
- 테이블들에 대한 정보를 확인한다.
- 데이터베이스 덤프 및 특정 정보를 추출한다.
- 현장에서 조사대상 데이터베이스를 확인 및 분석하여 조사관은 상황에 따라 해당 데이터베이스 전체에 대해 덤프 작업을 진행하여 압수할 것인지, 개인정보 등 민감한 정보를 모두 걸러내어 압수하고자하는 정보만 추출할 것인지 결정하여야 한다.
- 해당 로그 파일을 수집하여야 한다.
- 데이터베이스 운영 중 발생한 모든 이벤트는 메시지 및 백그라운드에서 그 기록을 남기게 되며, 프로세스 또는 사용자 세션, 트레이스 로그, REDO 로그와 같은 파일을 생성한다.
- 백업 파일을 수집하여야 한다.
- 운영상 다양한 목적으로 데이터베이스 자체 혹은 관리자에 의해 주기적으로 데이터베이스 백업파일을 생성한다. 추후 사건과 관련된 시점 혹은 가장 최근 시점의 백업 파일과 현재 운영중인 데이터베이스 시스템을 비교하여 관련된 정보를 찾아 낼 수 있다.

4) 수집된 증거물 목록을 생성한다.

5) 증거물을 포장 및 입회인 서명을 받아야 한다.

- 해시값 생성 및 증거 포장을 하여야 한다.
- 수집한 증거는 원본의 변경이 없도록 주의하여야 하며, 이를 증명할 수 있는 암호학적 해시 등의 수단을 이용하여 무결성을 확보하여야 한다.

• 디지털 증거수집 증명서를 작성하여야 한다.
• 증거수집증명서를 작성하여 입회인에게 교부하고, 입회인으로부터 수집확인서 및 수집 증거목록에 서명 날인 받는다.

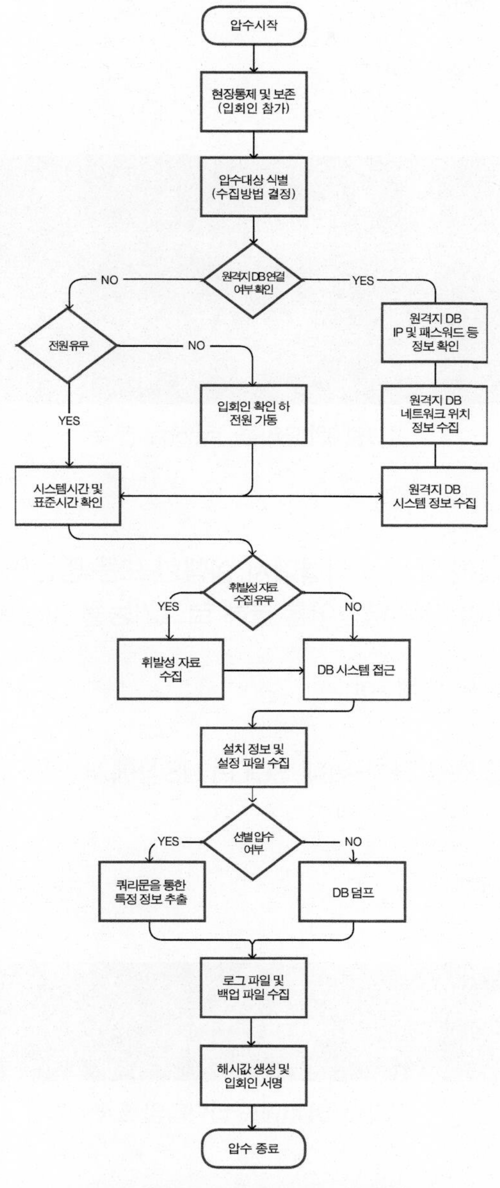

[그림 31] 데이터베이스 증거 수집 절차

2. 휘발성 자료 수집 절차

(1) Oracle 9i/10g/11g

1) SQLPLUS 접속 시 DBA권한 계정으로 접속한다. 모든 과정은 DBA가 직접 실행할 수 있도록 한다.

SQL〉 SQLPLUS "/as sysdba"

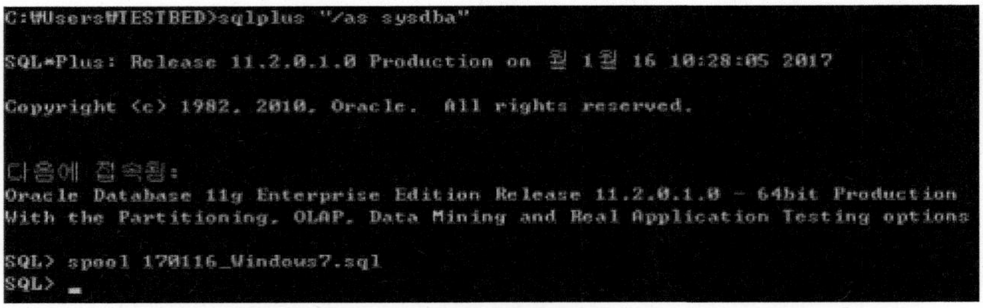

```
C:\Users\TESTBED>sqlplus "/as sysdba"

SQL*Plus: Release 11.2.0.1.0 Production on 월 1월 16 10:28:05 2017

Copyright (c) 1982, 2010, Oracle.  All rights reserved.

다음에 접속됨:
Oracle Database 11g Enterprise Edition Release 11.2.0.1.0 - 64bit Production
With the Partitioning, OLAP, Data Mining and Real Application Testing options

SQL> spool 170116_Windows7.sql
SQL> _
```

[그림 32] 오라클, 'sysdba' 접속

2) 휘발성 자료 수집에 앞서 오라클에서 실행한 모든 명령어 및 출력값에 대해 로그를 남기기 위하여 다음 명령어를 통해 로그기능을 활성화 한다.

SQL〉 SPOOL 날짜_OS명.sql

3) 추후 작업시간을 확인하기 위해 SQLPLUS상에서의 작업시간을 보이도록 설정 한다.

SQL〉 SET TIME ON

```
SQL>
SQL>
SQL> SET TIME ON
11:16:07 SQL>
11:16:08 SQL>
```

[그림 33] 커맨드 입력타임 표시

4) SQLPLUS 창에서 볼 수 있는 글자 수[n]를 지정한다.

```
SQL> SET LINESIZE [n]
```

5) SQLPLUS 창에서 볼 수 있는 행 수[n]를 지정한다.

```
SQL> SET PAGESIZE [n]
```

6) 출력값을 나누어서 확인하고 싶을 경우 지정한다. 일반적으로는 생략할 수 있다.

```
SQL> SET PAUSE ON PAUSE MORE
SQL> SET PAUSE OFF PAUSE MORE
```

7) 반환된 출력값이 'NULL'일 때 보여주는 값을 설정한다.

```
SQL> SET NULL # (열이 NULL일때 #이 보여진다.)
```

8) 현재 데이터베이스의 버전 정보를 확인한다.

```
SQL> SELECT version, instance_name, archiver FROM v$instance;
```

9) 해당 사용자가 접근 가능한 테이블을 확인한다.

```
SQL> SELECT sid ||'| '||owner||'| '||object ||'| '||type FROM v$access
ORDER BY sid, owner, object, type;
```

- id : 사용자 접근 ID
- owner : 특정 테이블의 권한을 가지고 있는 사용자
- object : 이용하는 테이블 명
- type : object의 type

```
SID||':'||OWNER||':'||OBJECT||':'||TYPE
--------------------------------------------------------------------------------

180:SYSMAN:SETEMUSERCONTEXT:PROCEDURE
180:SYSMAN:SMP_EMD_INTEGER_ARRAY:TYPE
180:SYSMAN:SMP_EMD_LARGE_STRING_ARRAY:TYPE
180:SYSMAN:SMP_EMD_NVPAIR:TYPE
180:SYSMAN:SMP_EMD_NVPAIR_ARRAY:TYPE
180:SYSMAN:SMP_EMD_STRING_ARRAY:TYPE
180:SYSMAN:TABLE_ROW:TYPE
180:SYSMAN:TABLE_ROW_LIST:TYPE
180:SYSMAN:USER_COLL_TYPES:CURSOR
180:SYSMAN:VARCHAR2_TABLE:TYPE
180:SYSMAN:VARCHAR_TABLE:TYPE

2607 개의 행이 선택되었습니다.
```

[그림 34] 접근 테이블 확인

10) 현재 열려있는 CURSOR의 SQL문을 열람한다.

SQL〉 SELECT user_name, sql_text FROM v$open_cursor

11) 현재 SESSION을 맺고 있는 OS 사용자, 데이터베이스 로그인 사용자를 확인한다.

SQL〉 SELECT sid, serial#, schemaname, osuser FROM v$session;

- schemaname : 데이터베이스 사용자 명
- osuser : 운영체제 사용자 명

12) 이상의 출력값 등을 파일로 저장하고 종료한다.

SQL〉 SPOOL OFF

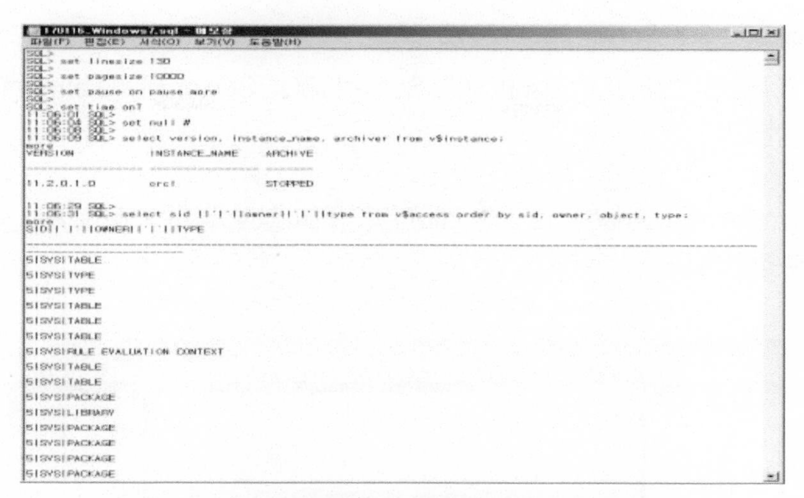

[그림 35] SPOOL 명령어를 통해 저장된 입력 로그 파일

※ 참고로 오라클 데이터베이스 서버에서는 리스너 제어 유틸리티(LSNRCTL)의 커맨드라인에서 STATUS 명령을 통해 다음과 같은 정보를 확인 가능하다.

- 버전
- 운영체제 종류
- 추적로그의 로깅 여부
- 리스너 패스워드 설정 여부
- 서버에서 로그파일의 위치(Listener Log File)
- 연결 대기 중인 포트(Listening Endpoints)
- 데이터베이스의 SID

※ 오라클 리스너는 네트워크를 통해 클라이언트에서 오라클 서버로 연결을 하기 위해 제공되는 네트워크 관리자이다. 로컬이 아닌 원격 데이터베이스 서버에 연결을 하기 위해서 원격에 있는 데이터베이스 서버 리스너를 가동하여야한다.

(2) Microsoft SQL Server 2008/2012

1) [시작] [프로그램] [Microsoft SQL Server] [SQL Server Management Studio]를 실행한다.

2) [SQL Server Management Studio] [쿼리] [파일로 결과 저장] 선택, 확장자는 txt로 정한다.

[그림 36] 쿼리 결과 파일로 저장

3) 데이터베이스 버전과 인스턴스 이름을 확인한다.

```
SQL> SELECT @@version, @@servername;
```

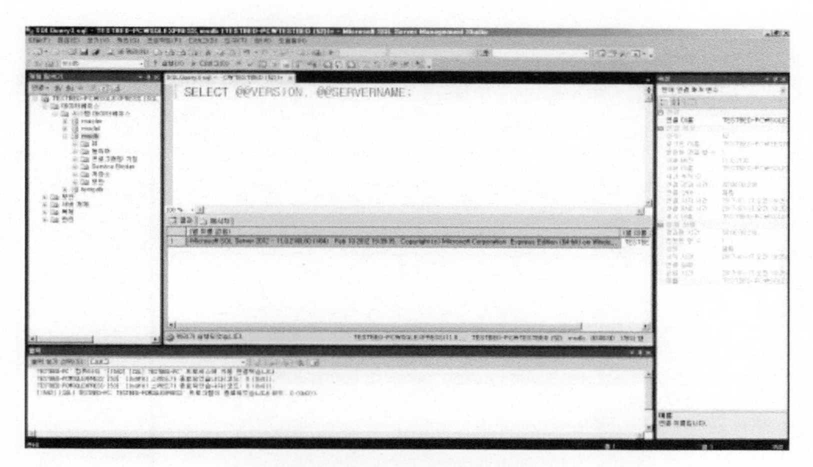

[그림 37] 인스턴스 정보 확인

4) 데이터베이스별로 사용자 테이블의 이름(n)과 테이블의 행(n)의 개수를 확인한다.

```
SQL> USE [데이터베이스명];
SQL> SET NOCOUNT Off
  DECLARE @name varchar(n), @sql varchar(n)
  SELECT @name = ''
  WHILE @name IS NOT NULL
      BEGIN
      SELECT @name=MIN(table_name) FROM
      information_schema.tables WHERE table_type = 'base table'
      AND table_name > @name
      IF @name IS NOT NULL
            BEGIN SELECT '[가져온 테이블 이름]'+ @name
            SET @sql = ('SELECT COUNT(*) FROM '+ @name)
            EXEC (@sql)
            END
    END
```

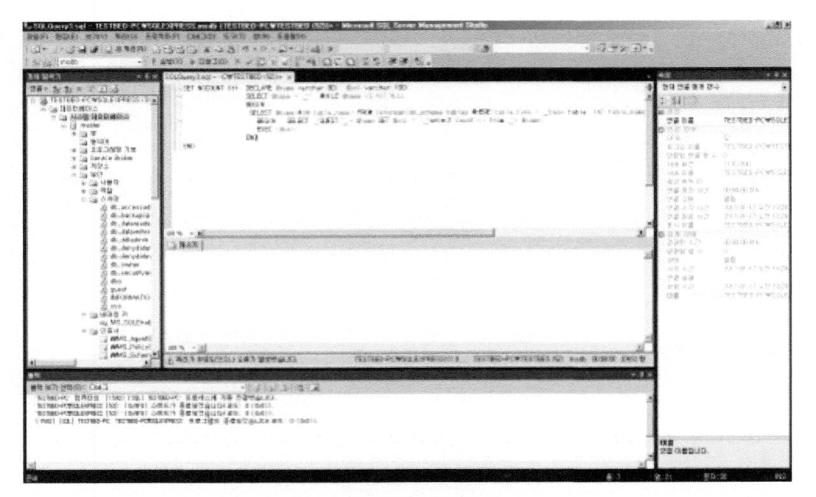

[그림 38] 테이블 정보 확인

5) [Microsoft SQL Server] [프로필러]를 실행한다.

6) [프로필러] [추적] 실행 후 속성을 지정한다.

7) [파일로 저장] 옵션 선택 후 저장위치를 지정하여 결과를 저장한다.

Microsoft SQL 서버 분석을 위해 수집하는 파일의 종류는 다음과 같다.

- .mdf : 데이터베이스의 시작점이고 데이터베이스의 다른 파일을 가리키고 있어 모든 데이터베이스는 primary data file을 가지고 있다(Primary data files)
- .ndf : primary data file 이외의 데이터 파일로 구성되며, Secondary data file이 없을 수도 있고 여러 개의 secondary data file이 존재할 수도 있다.
- .ldf : Log files로 트랜젝션 처리 로그 정보가 저장되어 있다.

(3) MySQL 5

1) MySQL에 root 계정으로 접속한다.

$〉 mysql –uroot –p

2) 현재 로그 활성화 상태를 확인한다.

$〉 SHOW variables WHERE variable_name IN ('version', 'lgo', 'general_log');

※ 'general_log'가 OFF 되어 있다면 아래와 같이 ON 시켜준다. (SQL 〉 SET general_log=1;)

```
mysql> SHOW variables WHERE variable_name in('version', 'log','general_log');
+---------------+---------------------+
| Variable_name | Value               |
+---------------+---------------------+
| general_log   | OFF                 |
| log           | OFF                 |
| version       | 5.1.41-community    |
+---------------+---------------------+
3 rows in set (0.01 sec)
```

[그림 39] 로그 활성화 상태 확인('general_log=OFF')

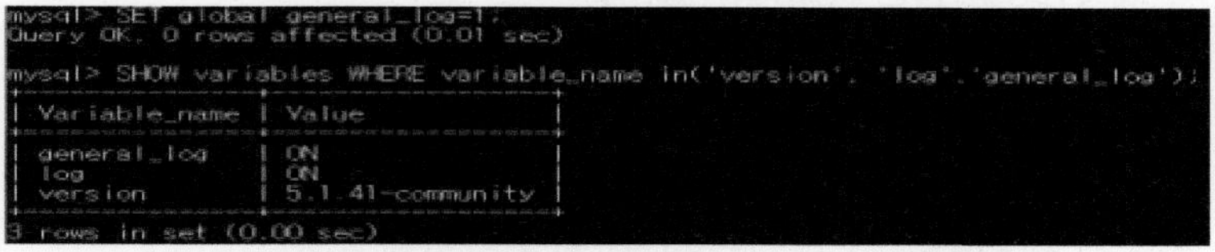

```
mysql> SET global general_log=1;
Query OK, 0 rows affected (0.01 sec)

mysql> SHOW variables WHERE variable_name in('version', 'log','general_log');
+---------------+---------------------+
| Variable_name | Value               |
+---------------+---------------------+
| general_log   | ON                  |
| log           | ON                  |
| version       | 5.1.41-community    |
+---------------+---------------------+
3 rows in set (0.00 sec)
```

[그림 40] 로그 활성화 상태 확인('general_log=ON')

3) 데이터베이스 목록을 확인한다.

SQL〉 SHOW databases;

4) 설치된 MySQL 버전과 환경변수를 확인한다.

SQL〉 SELECT version();

SQL〉 SHOW variables;

```
mysql> show variables;
+---------------------------------+---------------------------------+
| Variable_name                   | Value                           |
+---------------------------------+---------------------------------+
| auto_increment_increment        | 1                               |
| auto_increment_offset           | 1                               |
| autocommit                      | ON                              |
| automatic_sp_privileges         | ON                              |
| back_log                        | 50                              |
| basedir                         | [illegible]                     |
| big_tables                      | OFF                             |
| binlog_cache_size               | 32768                           |
| binlog_format                   | STATEMENT                       |
| bulk_insert_buffer_size         | 8388608                         |
```

[그림 41] 환경정보 확인

5) 구동중인 MySQL의 상태를 확인한다.

SQL〉 SHOW status;

6) MySQL에 접속한 사용자를 확인한다.

SQL〉 SELECT user(   );

7) 현재 접속한 데이터베이스 사용자 및 접속위치를 확인한다.

SQL〉 SHOW processlist;

```
mysql> SHOW processlist;
+----+------+-----------------+------+---------+------+-------+------------------+
| Id | User | Host            | db   | Command | Time | State | Info             |
+----+------+-----------------+------+---------+------+-------+------------------+
|  1 | root | localhost:50804 | NULL | Query   |    0 | NULL  | SHOW processlist |
+----+------+-----------------+------+---------+------+-------+------------------+
1 row in set (0.00 sec)
```

[그림 42] 현재 접속 사용자 및 위치 확인

8) 사용자가 오픈한 테이블의 목록을 확인한다.

SQL〉 SHOW OPEN tables;

9) 마지막에 실행되었던 SQL 경고 메시지를 확인한다.

※ 경고 메시지를 통하여 증거인멸시도나 불법 접속과 같은 로그 등을 확인할 수 있다.

SQL〉 SHOW warnings;

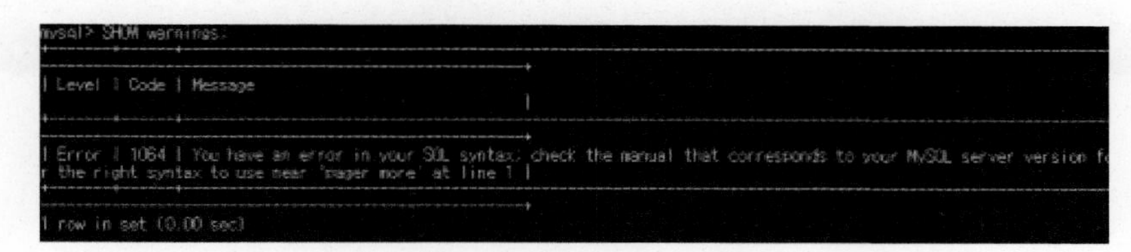

[그림 43] 사용자 에러 메시지 확인

10) 마지막에 실행되었던 에러 SQL을 확인한다.

SQL〉 SHOW errors;

3. 데이터베이스 Dump 절차

[공통사항]

① 데이터베이스의 현재 동작 여부를 확인한다.

② 온라인 핫백업 가능 시 진행한다(상황에 따라 판단하여 콜드백업을 진행한다).

③ 백업받은 데이터베이스를 복원하여 데이터를 확인한다.

(1) Oracle 9i/10g/11g

1) 백업할 대상을 확인한 후 테이블이나 데이터베이스별로 백업을 수행하여야 한다.

2) 오라클에서는 데이터베이스가 테이블 스페이스별로 나누어져 있으므로 아래의 사항을 확인하여야 한다.

가. 테이블 스페이스를 확인한다.

SQL 〉 SELECT tablespace_name FROM dba_tables GROUP BY tablespace_name;

```
SQL> SELECT tablespace_name FROM dba_tables GROUP BY tablespace_name;

TABLESPACE_NAME
------------------------------

SYSAUX
USERS
SYSTEM
EXAMPLE
```

[그림 44] 사용자 에러 메시지 확인

나. 특정 테이블 스페이스의 테이블과 소유자를 확인한다.

SQL〉 SELECT owner, table_name FROM dba_tables
WHERE tablespace_name = UPPER('&enter_TableSpace_Name');

3) 해당 테이블 스페이스를 EXPORT 한다.

※ 주의, 전체를 제외하고는 각 데이터베이스의 OWNER를 확인하여야 IMPORT가 가능하다.

명령어	내 용
SQL 〉 exp userid=system/비밀번호 file='C: w파일명.dmp' full=y	데이터베이스 덤프
SQL 〉 exp userid=계정명/비밀번호 file='C: \파일명.dmp'	사용자 단위 (특정계정/사용자데이터베이스)
SQL 〉 exp userid=계정명/비밀번호 file='C: \파일명.dmp' tables=테이블명	테이블 단위 (특정 계정의 특정 테이블)

[표 18] 데이터베이스 덤프 방법

4) EXPORT한 데이터를 복원한다.

가. 원본의 테이블 스페이스 OWNER를 알고 있다면 현재 데이터베이스에 어느 사용자로 지정하는지 알 수 있다.

```
$> IMP system/password tablespaces=test fromuser=hr.systemtouser=hr2
file=[EXPORT파일명].dmp;
```

나. 백업받은 테이블을 복원한다.

```
$> IMP system/password tables=(employees, jobs) fromuser=hr
touser=hr2rows=y
file=exp02.dmp ignore=y
```

(2) Microsoft SQL Server 2008/2012

1) 백업할 대상을 확인한다.

2) DTS 가져오기/내보내기를 이용한다.

가. DTS시작 : [시작] [프로그램] [Microsoft SQL Server] [데이터 가져오기/내보내기]를 실행한다.

나. 데이터원본 선택, 서버명 입력, 백업받고자 하는 데이터베이스를 선택한다.

다. 데이터베이스가 저장될 대상을 선택한 후 다음을 선택한다.

라. [원본 데이터베이스에서 테이블 및 뷰 복사]를 선택한다.

마. 백업 받고자 하는 테이블을 선택하거나 [모두선택]을 선택하여 데이터베이스 전체 테이블을 가져온다.

바. [즉시 실행]을 체크하고 [다음]을 선택한다.

사. [마침]을 실행한다.

아. 해당 위치의 파일을 확인하고, 테이블을 sheet별로 저장한다.

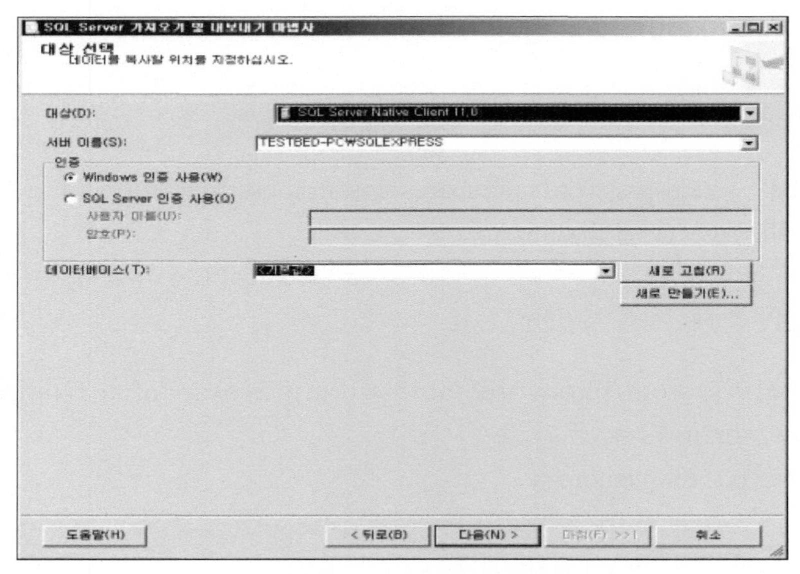

[그림 45] 데이터베이스 가져오기/내보내기

3) DTS 가져오기/내보내기를 이용하여 복원한다.

가. [시작] [프로그램] [Microsoft SQL Server] [데이터 가져오기/내보내기]를 실행한다.

나. 데이터원본 선택, 서버명 입력 후 Windows 인증 사용을 선택한다.

다. 데이터베이스 저장 대상 선택 후 엑셀 파일명을 넣고 다음을 선택한다.

라. [원본 데이터베이스에서 테이블 및 뷰 복사]를 선택한다.

마. 백업 받고자 하는 테이블을 선택하거나 모두선택을 선택하여 데이터베이스 테이블 전체를 가져온다.

바. 해당 테이블을 선택하고 다음선택, 즉시실행 후, 마침을 선택한다.

4) 엔터프라이즈 관리자를 통해 백업한다.

가. 콘솔루트에서 [SQL Server 그룹]에 있는 데이터베이스 인스턴스를 실행한다.

나. 데이터베이스를 선택하고 [모든 작업] → [데이터베이스 백업]을 실행한다.

다. [데이터베이스 전체]를 선택한다.

라. [추가]를 선택한 뒤 해당위치에 파일이름을 지정한다.

마. 확인을 실행한다.

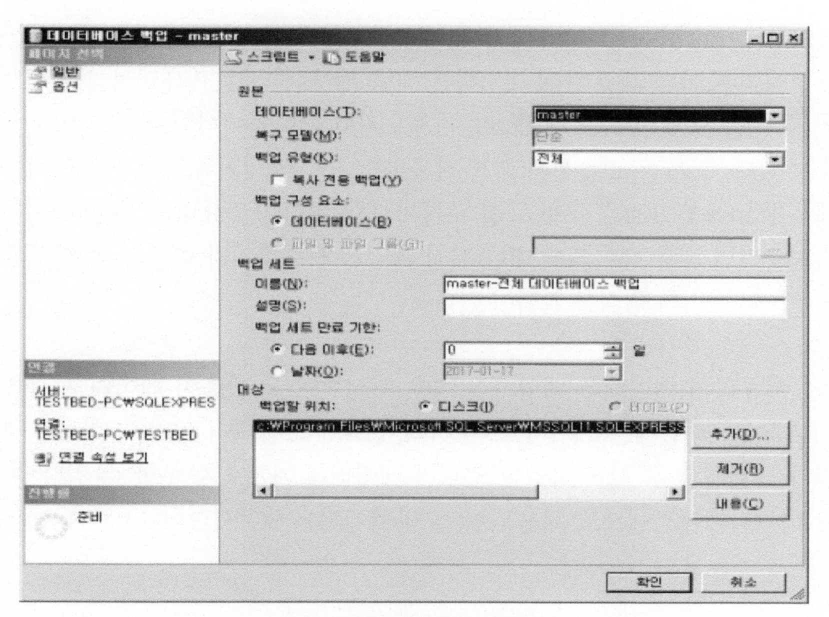

[그림 46] 데이터베이스 백업

5) 엔터프라이즈 관리자를 통해 복원한다.

가. 콘솔루트에서 [SQL Server 그룹]에 있는 데이터베이스 인스턴스를 실행한다.
나. 데이터베이스를 선택하고 [모든 작업] → [데이터베이스 복원]을 실행한다.
다. [데이터베이스 전체]를 선택한다.
라. [추가]를 선택한 뒤 해당위치에 파일이름을 지정한다.
마. 확인을 실행한다.

BCP(Bulk Copy Program) 유틸리티는 Microsoft SQL Server 인스턴스와 사용자가 지정한 형식의 데이터 파일 간에 데이터를 대량 복사한다. BCP 유틸리티를 사용하여 많은 수의 새 행을 SQL Server 테이블로 가져오거나 테이블에서 데이터 파일로 데이터를 내보낼 수 있다. queryout 옵션과 함께 사용하는 경우를 제외하고 이 유틸리티를 사용하는 데에는 Transact-SQL[20] 구문 표기 규칙에 대한 지식이 필요하지 않다. 테이블로 데이터를 가져오려면 해당 테이블에 대한 서식 파일을 사용하거나 이 테이블의 열에 적합한 테이블 구조와 데이터 형식을 알아야 한다.

BCP를 사용하여 데이터를 백업하는 경우 서식 파일을 만들어 데이터 서식을 기록한다. BCP 데이터 파일에는 스키마 또는 서식 정보가 포함되어 있지 않기 때문에 테이블이나 뷰가 삭제된 경우 서식 파일이 없으면 데이터를 가져오지 못할 수 있다.[21] BCP 는 Sybase 데이터베이스에서도 사용되며, 오라클에서는 SQL*LOADER가 유사한 기능을 제공한다.

Microsoft SQL Server 데이터베이스를 특정시점 이전에 수정한 내용으로 복원하기 위해서는 다음과 같은 절차를 수행하여야 한다.

1) 데이터베이스를 복원할 서버 인스턴스에 연결한다.

2) NORECOVERY 옵션을 사용하여 RESTORE DATABASE 쿼리문을 작성한다.(RESTORE DATABASE database_name FROM backup_device WITH NORECOVERY)

3) 데이터베이스를 복구하지 않고 마지막 차등 백업 데이터베이스를(있는 경우) 복원 한다.

4) 로그 복원을 중지할 시간을 지정하여 각 트랜잭션 로그 백업을 만들어진 순서대로 적용한다.(RESTORE DATABASE database_name FROM 〈backup_device〉 WITHSTOPAT=time, RECOVERY)

20) https://technet.microsoft.com/ko-kr/library/ms177563

21) https://technet.microsoft.com/ko-kr/library/ms162802

복구 지점은 time에 지정된 datetime 값 또는 그 전에 발생한 최근 트랜잭션 커밋이다. 특정 시점 이전에 수정한 내용만 복원하려면 각 백업에 대해 WITH STOPAT = time을 지정한다.

(3) MySQL 5

1) 백업할 대상을 확인한 뒤 추출 대상 데이터베이스별로 백업을 진행한다.

SQL 〉 SHOW databases;

2) 'mysqldump' 유틸리티를 사용한다.

명령어	내 용
〉 mysqldump -u 계정명 -p 데이터베이스명 〉 경로/생성파일명.sql	데이터베이스 덤프
〉 mysqldump -u 계정명 -p 데이터베이스명 TABLE명 〉 경로/생성파일명.sql	특정 테이블 덤프
〉 mysqldump -u 계정명 -p -d 데이터베이스명 〉 경로/생성파일명.sql	해당 데이터베이스내 모든 스키마 정보 덤프
〉 mysqldump -u 계정명 -p -d 데이터베이스명 TABLE명 〉 경로/생성파일명.sql	해당 데이터베이스 내 특정 테이블 스키마 정보 덤프

[표 19] 데이터베이스 덤프 방법

[그림 47] 데이터베이스 백업

3) dump한 파일을 복원하기 위해서는 다음과 같은 절차를 시행한다.

가. 해당 데이터베이스를 생성한다.

SQL〉 CREATE database [데이터베이스명];

나. 복원될 데이터베이스 위치를 지정하여 복원한다.

[root ~]$ mysql –uroot –p [데이터베이스명] 〈 [백업파일명 및 위치].sql

4. 테스트 시스템 구축절차

[공통사항]

- 수집한 데이터베이스 서버와 동일한 운영체제를 테스트 서버에 설치한다.
- 수집한 데이터베이스 인스턴스와 동일한 종류, 버전의 시스템을 설치한다.
- 수집한 데이터베이스 서버에서 파라미터 파일과 패스워드파일, 데이터파일, 컨트롤 파일 및 로그파일을 추출하여 테스트 서버에 복사한다.

(1) Oracle 9i/10g/11g

1) 수집한 데이터베이스서버와 동일한 운영체제 및 버전이 같은 데이터베이스를 설치한다.

2) 오라클 계정이나 dba그룹의 .bashrc나 .bash_profile을 복사한다.

3) 데이터 파일을 복사한다.

- $ORACLE_HOME/oradata/SID
- 확장자가 .dbf인 파일을 확인한다.

4) Redo 로그 파일을 복사한다.

- $ORACLE_HOME/oradata/SID/*.log
- 확장자가 .log 인 파일을 확인한다.

5) 컨트롤 로그 파일을 복사한다.

- $ORACLE_HOME/oradata/SID/
- 확장자가 .ctl 인 파일을 확인한다.

6) 파라미터 파일을 복사한다.

- $ORACLE_HOME/dbs/
- initSID.ora , spfileSID.ora인 파일을 확인한다.

7) 패스워드 파일을 복사한다.

- $ORACLE_HOME/dbs/
- orapwSID 파일을 확인한다.

8) 수집한 데이터베이스 시스템의 경로와 동일한 위치에 디렉토리를 생성한다.

9) 복사한 파일을 붙여 놓은 후 오라클 계정으로 접속한다.

$〉 sqlplus "/as sysdba"

10) 데이터베이스 인스턴스를 시작한다.

SQL〉 startup

11) Toad나 sqlGATE와 같은 SQL 도구를 사용하여 데이터를 확인한다.
※ 오라클 서버 분석을 위해 수집하는 파일의 종류는 다음과 같다.

- .dbf : 데이터 파일(Data file)
- .log : REDO 로그파일(Redolog)
- .ctl : 컨트롤 파일(Control file)
- .ora : 파라미터 파일(Parameter file)

(2) Microsoft SQL Server 2008/2012

1) 수집한 데이터베이스 서버와 동일한 운영체제 및 버전이 같은 데이터베이스를 설치한다.

2) MSSQL 기본 설치 폴더인 "C: \ProgramFiles Microsoft SQL Server"를 확인한다.

- C: \ProgramFiles \Microsoft SQL Server \[MSSQL버전별] 데이터베이스 인스턴스명 폴더를 생성한다.

3) 데이터 파일/트랜잭션 로그파일을 복사한다.

- C: \ProgramFiles \Microsoft SQL Server \[MSSQL버전별]\MSSQL\LOG

4) SQL Server 로그를 복사한다.

- ERRORLOG 파일 등을 확인한다.

5) 수집한 시스템의 경로와 동일한 위치에 폴더를 생성한다.

6) 만약 'MSSQL'의 데이터파일/트랜잭션 파일만 복사하였을 경우에는 [시작] [프로그램] [엔터프라이즈 관리자]를 실행한다.

7) [데이터베이스][모든작업][데이터베이스연결]을 통해 데이터 파일/트랜잭션 파일을 연결한 후 [SQLServer]를 시작한다.

8) 전체 'MSSQL'를 복사해 넣었을 경우에는 [시작] [프로그램] [Microsoft SQL Server][서비스관리자]를 실행한다.

- 서버를 선택한 다음 [SQL Server]선택 후 시작버튼을 클릭한다.

9) [시작] [프로그램] [Microsoft SQL Server] [SQL Server Management Studio] 실행후 확인한다.

(3) MySQL 5

1) 수집한 데이터베이스서버와 동일한 운영체제 및 버전이 같은 데이터베이스를 설치한다.

2) MySQL은 my.cnf 파일에 시스템 환경설정 정보를 가지고 있다.

- /etc/

3) 데이터 디렉토리를 복사한다.

- 바이너리 배포본일 경우 /usr/local/mysql/data 경로에 복사한다.
- 소스 배포본일 경우 /usr/local/var 경로에 복사한다.

4) 수집한 시스템의 경로와 동일한 위치에 디렉토리를 생성한다.

5) 복사한 파일을 붙여넣은 후 MySQL계정에서 safe_mysqld &을 실행한다.

오픈소스 라이선스 기반의 MySQL은 일반적으로 InnoDB 또는 MyISAM 이라는 두 가지의 저장방식(Storage Engine) 중 하나의 방식을 사용하여 데이터를 저장한다.InnoDB는 MySQL 데이터 폴더의 *.ibdata 라는 파일에 데이터를 저장한다. MySQL 관리자가 forensics 라는 데이터베이스를 생성할 경우 기존에 설정된 데이터 저장위치에 'forensics'라는 이름의 폴더가 생성된다.

columns_priv.frm	2009-08-14 오후...	FRM 파일	9KB
columns_priv.MYD	2009-08-14 오후...	MYD 파일	0KB
columns_priv.MYI	2009-08-14 오후...	MYI 파일	4KB
db.frm	2009-08-14 오후...	FRM 파일	10KB
db.MYD	2009-09-11 오후...	MYD 파일	1KB
db.MYI	2009-09-11 오후...	MYI 파일	5KB
event.frm	2009-08-14 오후...	FRM 파일	10KB
event.MYD	2009-08-14 오후...	MYD 파일	0KB
event.MYI	2009-08-14 오후...	MYI 파일	2KB
func.frm	2009-08-14 오후...	FRM 파일	9KB
func.MYD	2009-08-14 오후...	MYD 파일	0KB
func.MYI	2009-08-14 오후...	MYI 파일	1KB
general_log.CSM	2017-01-17 오후...	CSM 파일	1KB
general_log.CSV	2009-08-14 오후...	Microsoft Excel ...	0KB
general_log.frm	2009-08-14 오후...	FRM 파일	9KB
help_category.frm	2009-08-14 오후...	FRM 파일	9KB
help_category.MYD	2009-08-14 오후...	MYD 파일	21KB
help_category.MYI	2009-08-14 오후...	MYI 파일	3KB
help_keyword.frm	2009-08-14 오후...	FRM 파일	9KB
help_keyword.MYD	2009-08-14 오후...	MYD 파일	87KB
help_keyword.MYI	2009-08-14 오후...	MYI 파일	16KB
help_relation.frm	2009-08-14 오후...	FRM 파일	9KB
help_relation.MYD	2009-08-14 오후...	MYD 파일	9KB
help_relation.MYI	2009-08-14 오후...	MYI 파일	16KB
help_topic.frm	2009-08-14 오후...	FRM 파일	9KB
help_topic.MYD	2009-08-14 오후...	MYD 파일	408KB
help_topic.MYI	2009-08-14 오후...	MYI 파일	20KB
host.frm	2009-08-14 오후...	FRM 파일	10KB

[그림 48] Storge Engine 저장방식

InnoDB 저장방식으로 생성된 테이블은 *.frm 파일을 생성함과 동시에 동일한 내용을*.ibdata 파일에 저장하기 때문에 *.frm 파일이 존재하지 않아도 데이터를 복구할 수 있다. *.frm 파일은 MyISAM 방식에만 사용하는 필수적인 파일이다. MyISAM이 필드의 일부를 다른 정보로 덮어쓰는 것과 달리 InnoDB는 레코드의 속성정보에서 deleted_flag 값만 1로바꾼 후 더 이상의 수정을 가하지 않는다. MyISAM 방식은 레코드를 삭제한 후 새로운 레코드를 저장하면 삭제된 레코드가 존재하는 위치를 덮어쓰게 된다.

5. 로그 분석 절차

[공통사항]

- 데이터베이스의 로그를 확인한다.
  - 트랜잭션 로그와 시스템 로그(에러로그)로 분류된다.

- 트랜잭션 로그의 위치 및 트랜잭션 로그를 확인한다.

- 시스템로그(에러로그)의 위치 및 시스템로그(에러로그)를 확인한다.

(1) Oracle 9i/10g/11g

1) Alert 로그 파일을 확인한다.

가. Alert 로그 파일은 오라클의 서버 프로세스, 인스턴스의 시작과 종료, 로그 스위치와 관련된 정보가 저장된다. 로그 파일에서 특정 시간대를 분석할 때 로그 스위치된 시간과 이름을 확인하는 작업이 필요하다.

나. 기본위치는 $ORACLE_BASE/admin/$ORACLE_SID/bdump/ 이다.

다. 파일명은 alert_$ORACLE_SID.log 이다.

라. 파라미터(pfile, spfile) 파일에서 background_dump_dest로 지정된 경로를 확인한다.

2) Background Trace 로그 파일을 확인한다.

가. Background Trace 로그파일은 Background Process들에 문제가 발생했을 시 문제에대한 정보를 포함한다.

나. 기본 위치는 $ORACLE_BASE/admin/$ORACLE_SID/bdump/ 이다.

다. 파일명은 SID_Process명_Process number.trc 이다.

라. 파라미터(pfile,spfile) 파일에서 background_dump_dest로 지정된 경로를 확인

마. 문제가 발생했을 시에만 생성된다.

3) 감사(Audit) 로그 파일을 확인한다.

가. Oracle9i부터는 별도 Audit을 설정하지 않아도 sys로그인에 대한 기록을 기본적으로 제공한다.

나. 기본 위치는 $ORACLE_HOME/rdbms/audit/*.aud 이다.

4) 온라인 Redo 로그파일/Backup(Archive)로그파일을 분석한다. (로그마이너)

가. 데이터베이스가 시작된 상태에서 utl_file_dir 파라미터 설정을 확인한다.

SQL〉 SHOW parameter utl;

```
SQL> show parameter utl

NAME                                 TYPE        VALUE
------------------------------------ ----------- ------------------------------
create_stored_outlines               string
utl_file_dir                         string
```

[그림 49] 파라미터 설정값 확인

나. 위치가 확인되지 않으면 설정을 해주어야 한다.

파라미터 파일에서 utl_file_dir=/저장 디렉토리 이름을 추가한다.

SQL〉 SHUTDOWN immediate;

SQL〉 STARTUP;

```
SQL> shutdown immediate;
데이터베이스가 닫혔습니다.
데이터베이스가 마운트 해제되었습니다.
ORACLE 인스턴스가 종료되었습니다.
SQL>
SQL>
SQL>
SQL>
SQL> startup
ORACLE 인스턴스가 시작되었습니다.

Total System Global Area  855982080 bytes
Fixed Size                  2180544 bytes
Variable Size             637536832 bytes
Database Buffers          209715200 bytes
Redo Buffers                6549504 bytes
데이터베이스가 마운트되었습니다.
```

[그림 50] 설정 적용 및 재가동

다. utl_file_dir 설정을 통해 파일 입출력을 가능하게 하고 사전파일을 생성한다.

SQL〉 EXECUTE dbms_logmnr_d.build('dictionary.ora','디렉토리 위치');

라. 분석할 Online Redo 로그 파일이나 아카이브 로그파일을 추가한다.

```
SQL〉 EXECUTE dbms_logmnr.add_logfile('분석 로그 위치 및 파일명', dbms_
logmnr.new);
```

마. 로그마이너를 실행한다.

```
SQL〉 EXECUTE dbms_logmnr.start_logmnr (dictfilename =〉 '/딕셔너리 파일
경로/dictionary.ora');
```

바. 로그마이너를 실행하여 v$logmnr_contents 테이블에 있는 열을 통해 분석한다.

- v$logmnr_contents 열 참고
- TIMESTAMP : 작업이 수행된 시간
- SEG_NAME : 작업 대상(테이블명)
- SEG_TYPE_NAME : 세그먼트 타입
- USERNAME : 데이터베이스 사용자명
- SEG_OWNER : 해당 대상(segment)의 권한자
- SESSION_INFO : 작업 대상의 접속기록 등 정보 수록
- SQL_REDO : 작업처리 SQL
- SQL_UNDO : 작업 원상복구 SQL

```
SQL〉 SELECT substr(seg_owner, 1, 20) , COUNT(*) FROM v$logmnr_contents
    GROUP BY seg_owner;
SQL〉 SELECT substr(seg_owner, 1, 20) , COUNT(*) FROM v$logmnr_contents
    GROUP BY seg_name;
SQL〉 SELECT max(to_char(timestamp, 'yy.mm.dd.hh24:mi:ss'))
    TIMESTAMP, substr(seg_name,1,20) table_name,
    substr(operation,1,20) operation,
FROM v$logmnr_contents where username = UPPER('&user_name')
GROUP BY operation, seg_name;
(특정 시간대 분석)
SQL〉 execute dbms_logmnr.start_logmnr (dictfilename =〉 '/dictionary.ora',
     starttime=〉to_date(觝-MAY-09 18:50:50','DD_MON_RR HH24:MI:SS'),
```

endtime=〉to_date(舦-MAY-09 18:55:50', 'DD_MON_RR HH24:MI:SS'),
options=〉dbms_logmnr.committed_data_only)

(2) Microsoft SQL Server 2008/2012

1) 보안로그의 접속기록이 없는 경우, 시스템 로컬정책 설정여부를 확인한다.

- 로그의 레코드를 선택해서 접속기록을 확인한다.

2) SQL에 접속한 로그인정보가 ERRORLOG에 저장된다.

ERRORLOG	2017-01-17 오전 ...	파일	14KB
ERRORLOG.1	2017-01-17 오전 ...	1 파일	14KB
ERRORLOG.2	2017-01-17 오전 ...	2 파일	43KB
ERRORLOG.3	2017-01-17 오전 ...	3 파일	42KB
ERRORLOG.4	2017-01-17 오전 ...	4 파일	0KB
log.trc	2017-01-17 오전 ...	TRC 파일	1,024KB
log_1.trc	2017-01-17 오전 ...	TRC 파일	1,024KB
log_2.trc	2017-01-17 오전 ...	TRC 파일	1,024KB
log_3.trc	2017-01-17 오전 ...	TRC 파일	3KB
system_health_0_131290068678460000....	2017-01-17 오전 ...	Microsoft SQL S...	65KB
system_health_0_131290068778950000....	2017-01-17 오전 ...	Microsoft SQL S...	67KB
system_health_0_131290068945830000....	2017-01-17 오전 ...	Microsoft SQL S...	113KB
system_health_0_131290082425070000....	2017-01-17 오전 ...	Microsoft SQL S...	233KB

[그림 51] 에러로그 파일 저장

3) 트랜잭션 LOG파일을 확인한다.

- LOG EXPLORER를 실행한다.
- [file] [Attach log file]을 실행한 뒤, 분석할 SQLServer 지정 후 로그인한다.
- Database Name 과 분석할 로그를 확인하고 추가한다.
- 현재 실행되고 있는 로그 : on-line Log, 백업받은 로그 : Use Backup file
- USE Backup file을 선택 후 해당 파일위치를 추가한다.
- 왼쪽 트리메뉴에서 [Browse] → [View log] 선택한다.
- 로그 파일에 대한 트랜잭션을 확인한다.
- 실시간 확인 시 [Refresh View]를 실행한다.
- View DDL Commands 를 선택하여 DDL 사용정보를 확인한다.

(3) MySQL 5

1) 어떤 종류의 트랜잭션 로그를 사용할 것인지 확인한다.

로그파일	설 명
에러로그	MySQL의 운영, 실행과 관련되어 발생한 로그 파일
iSAM 로그	ISAM 테이블에의 변경이 저장되어 있는 로그 파일
일반 쿼리 로그	실행된 쿼리 내용이 저장되어 있는 로그 파일
갱신 로그	MySQL 내에서 변경한 데이터의 내용이 저장되어 있는 파일
바이너리 로그	MySQL 내에서 변경한 모든 상태값들을 보존 및 기록
슬로우 로그	long_query_time부터 딜레이가 걸린 쿼리, 또는 인덱스를 사용하지 않았던 쿼리가 저장되어 있는 파일

[표 20] MySQL 로그 파일

2) 일반 로그파일 분석절차

- my.cnf 파일에서 log=디렉토리 위치/파일명([도메인명].log) 설정을 확인한다.
- 접속하여 사용되었던 SQL을 모두 저장한다.

3) 슬로우(Slow) 로그파일 분석 절차

- my.cnf 파일에서 log-slow-queries=디렉토리 위치/파일명(slow_queries.log) 설정을 확인한다.
- 특정 시간에 이상 동작한 SQL이 저장된다.

4) 갱신 로그 파일 분석절차

- my.cnf 파일에서 log-update=디렉토리 위치/파일명(update.log) 설정을 확인한다.
- 데이터를 수정하는 SQL에 대한 로그가 기록된다.

5) 바이너리 인덱스 로그 파일 분석절차

- my.cnf 파일에서 log-bin=디렉토리 위치/파일명(hostname.bin.00#) 설정을 확인한다.
- 다른 로그와 달리 mysqlbinlog 도구를 사용하여 분석한다.
- 최종 commit된 데이터만 기록된다.

6) 에러 로그 파일 분석절차

- MySQL의 서버 프로세스, 인스턴스 시작과 종료 등의 정보를 기록한다.
- [도메인명].err파일을 확인한다.

6. 데이터 분석 절차

[공통사항]

- 데이터베이스 파일이 정상적으로 적용되었는지 확인한다.

- 데이터베이스 내에 테이블들을 확인한다.

- 로그 분석 등을 통해 사건과 관련된 사용자의 행위, 시간 등을 분석한 뒤 데이터베이스에 접속하여 다양한 테이블 및 칼럼값 등의 연관관계를 파악하여야 한다. 데이터베이스는 대용량 및 기업의 전문성 등을 내포하고 있기에 담당자 외에는 그 내용과 관계를 완벽히 파악하기 어렵다. 따라서 데이터베이스 역관계분석(RERD, Reverse ERD) 도구 등을 이용하여 테이블 등의 연관관계를 파악하여야 하며, 이를 통해 사건과 관련된 정보에 접근하여야 한다.

- 테이블 내에 데이터의 특정 항목을 추출해서 확인한다.

- 연관관계 분석을 통해 사건과 관련된 정보에 접근, 식별하였다면 해당 데이터베이스 종류에 맞는 SQL 쿼리문을 조합하여 검색하여야 한다. 이후 쿼리문을 통해 검색된 데이터를 파일로 추출할 경우 해시값을 생성하여 입회인의 서명을 받아야 한다.

(1) Oracle 9i/10g/11g

1) SQLPLUS 접속 시 DBA권한 계정으로 접속한다. 모든 과정은 DBA가 직접 실행할 수 있도록 한다.

SQL〉 SQLPLUS “/as sysdba”

2) SQLPLUS 창에서 볼 수 있는 글자 수[n]를 지정한다.

SQL〉 SET LINE [n]

3) SQLPLUS 창에서 볼 수 있는 행 수[n]를 지정한다.

SQL〉 SET PAGESIZE [n]

4) 데이터를 나누어서 확인하고 싶을 경우 지정한다. 일반적으로는 생략할 수 있다.

SQL〉 SET PAUSE ON PAUSE MORE
SQL〉 SET PAUSE OFF PAUSE MORE

5) 작업시간을 확인하기 위하여 SQL상에서의 작업시간을 보이도록 설정한다.

SQL〉 SET TIME ON

6) 해당 열이 null일 때 보여주는 값을 설정한다.

SQL〉 SET NULL # (열이 null일때 #이 보여진다.)

7) 현재 데이터베이스의 버전 정보를 확인한다.

SQL〉 SELECT version, instance_name, archiver FROM v$instance;

```
SQL> SELECT version, instance_name, archiver FROM v$instance;

VERSION           INSTANCE_NAME    ARCHIVE
----------------- ---------------- -------
11.2.0.1.0        orcl             STOPPED
```

[그림 52] 데이터베이스 버전 정보 확인

8) 데이터 파일이 데이터베이스에 실제 적용된 테이블 명과 상태를 확인한다.

SQL〉 SELECT name, status FROM v$datafile;

```
SQL> SELECT name, status FROM v$datafile;

NAME
--------------------------------------------------------------------------------

STATUS
-------
C:₩APP₩TESTBED₩ORADATA₩ORCL₩SYSTEM01.DBF
SYSTEM

C:₩APP₩TESTBED₩ORADATA₩ORCL₩SYSAUX01.DBF
ONLINE

C:₩APP₩TESTBED₩ORADATA₩ORCL₩UNDOTBS01.DBF
ONLINE
```

[그림 5-53] 데이터 파일 확인

9) 사용자별로 테이블을 몇 개씩 가지고 있는지 확인한다.

SQL〉 SELECT owner, COUNT(*) FROM dba_tables GROUP BY owner;

```
SQL> SELECT owner, COUNT(*) FROM dba_tables GROUP BY owner;

OWNER                            COUNT(*)
------------------------------ ----------
MDSYS                                 120
OUTLN                                   3
CTXSYS                                 47
OLAPSYS                               126
FLOWS_FILES                             1
OWBSYS                                  1
HR                                      7
SYSTEM                                156
EXFSYS                                 47
APEX_030200                           360
SCOTT                                   4

OWNER                            COUNT(*)
------------------------------ ----------
DBSNMP                                 25
ORDSYS                                  5
SYSMAN                                728
OE                                     10
SH                                     17
PM                                      2
APPQOSSYS                               2
XDB                                    33
ORDDATA                                73
IX                                     17
SYS                                   956

OWNER                            COUNT(*)
------------------------------ ----------
WMSYS                                  43

23 개의 행이 선택되었습니다.
```

[그림 54] 사용자별 테이블 확인

10) 사용자별로 가지고 있는 테이블명을 확인한다.

SQL〉 SELECT owner, table_name, tablespace_name FROM dba_tables WHERE owner=UPPER('&enter_Owner_Name');

11) 테이블 열이나 구조를 확인한다.

SQL〉 DESC [테이블명]

12) 테이블의 전체 행을 가져오기보다는 특정 열의 개수를 가져와서 데이터를 확인한다. 기준일이나 번호 등 기준이 되는 열을 내림차순으로 정렬하여 볼 수 있다.

SQL〉 SELECT * FROM (SELECT * FROM [테이블명] ORDER BY [열(column)명] DESC) a WHERE rownum 〈 100;

(2) Microsoft SQL Server 2008/2012

1) 데이터 폴더만 복사했을 경우에는 데이터베이스를 연결한다.(만약 MSSQL로 시작하는 인스턴스 폴더 전체를 복사했을 시에는 생략한다.)

- [시작] [프로그램] [Microsoft SQL Server] [엔터프라이즈 관리자]
- 해당하는 SQL Server를 선택하고 [데이터베이스]의 오른쪽 마우스를 클릭 후[모든 작업] [데이터베이스 연결]을 선택하여 복사한 mdf 파일을 추가한다.

2) [SQL Server Management Studio] 접속한다.

3) 현재 데이터베이스 버전정보를 확인한다.

SQL〉 SELECT @@version, @@servername;

4) 데이터 파일이 데이터베이스에 실제 적용된 테이블 명과 위치를 확인한다.

SQL〉 USE [데이터베이스명] GO sp_helpdb [데이터베이스명]

5) 데이터베이스 내 테이블 별 용량 및 행의 개수를 확인한다.

```
SQL〉 use [데이터베이스명]
SQL〉 SELECT table_name = convert(varchar(30), min(o.name)),
    table_size = ltrim(str(sum(cast(reserved as bigint)) * 8192 /
    1024.,15,0) + 'KB') FROM sysindexes i
    INNER JOIN sysobjects o ON (o.id = i.id) WHERE i.indid IN (0, 1 ,
    255) AND o.xtype = 'U' GROUP BY i.id
```

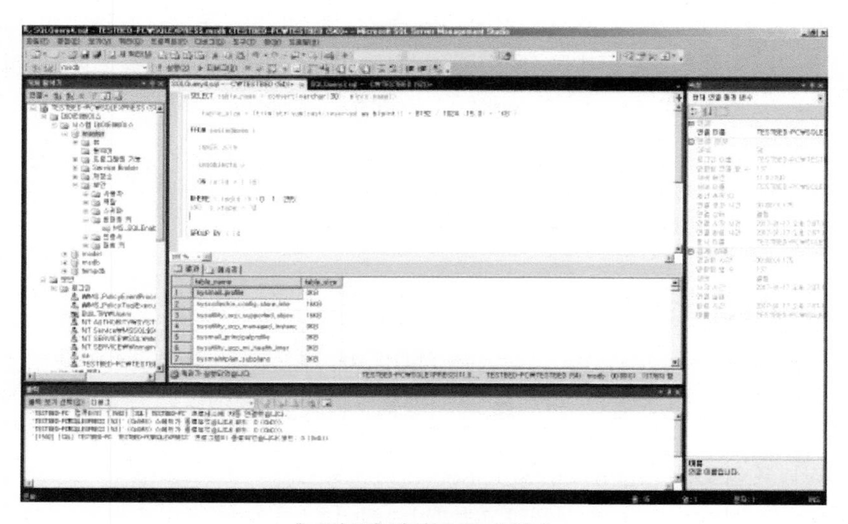

[그림 55] 테이블 정보 확인

6) 테이블의 전체 행을 가져오기보다는 특정 열의 개수를 가져와서 데이터를 확인한다. 기준일이나 번호 등 기준이 되는 열을 내림차순으로 정렬하여 볼 수 있다.

```
SQL〉 SELECT top 100 * FROM [테이블명] ORDER BY [열명] DESC;
```

(3) MySQL 5

1) MySQL에 사용자 계정으로 접속한다. $> mysql -uroot -p

2) 설치된 MySQL 버전을 확인한다. SQL> SELECT version();

3) 데이터 디렉토리를 확인한다. SQL> SHOW variables LIKE 'datadir';

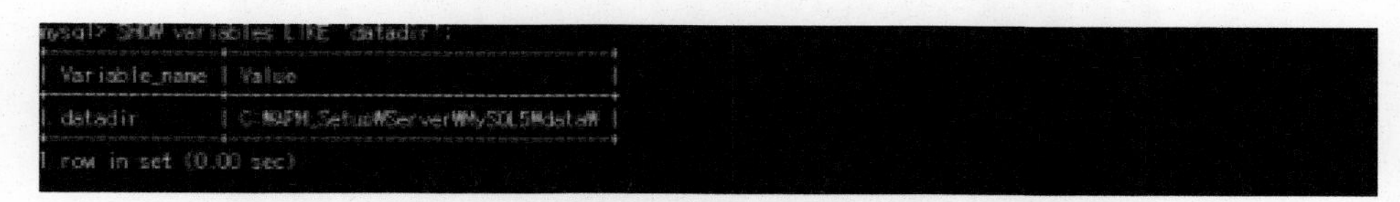

[그림 56] 데이터 디렉토리 확인

4) 데이터베이스 목록을 열람한다.

SQL> SHOW databases;

5) 확인하고자 하는 데이터베이스를 선택한다.

SQL> USE [데이터베이스명];

6) 테이블들을 확인한다.

SQL> SHOW tables;

7) 테이블의 전체 행을 가져오기보다는 특정 열의 개수를 가져와서 데이터를 확인한다. 기준일이나 번호 등 기준이 되는 열을 내림차순으로 정렬하여 볼 수 있다.

SQL> SELECT * FROM [테이블명] ORDER BY [열명] DESC limit 100;

```
mysql> select * from HELP_CATEGORY limit 10;
+------------------+-----------------------+--------------------+-----+
| help_category_id | name                  | parent_category_id | url |
+------------------+-----------------------+--------------------+-----+
|                1 | Geographic            |                  0 |     |
|                2 | Polygon properties    |                 32 |     |
|                3 | WKT                   |                 32 |     |
|                4 | Numeric Functions     |                 36 |     |
|                5 | Plugins               |                 33 |     |
|                6 | MBR                   |                 32 |     |
|                7 | Control flow functions |                36 |     |
|                8 | Transactions          |                 33 |     |
|                9 | Account Management    |                 33 |     |
|               10 | Point properties      |                 32 |     |
+------------------+-----------------------+--------------------+-----+
10 rows in set (0.00 sec)

mysql>
mysql> SELECT * FROM help_category ORDER BY help_category_id DESC Limit 10;
+------------------+-------------------------+--------------------+-----+
| help_category_id | name                    | parent_category_id | url |
+------------------+-------------------------+--------------------+-----+
|               37 | Data Definition         |                 33 |     |
|               36 | Functions               |                 33 |     |
|               35 | String Functions        |                 36 |     |
|               34 | Geometry properties     |                 32 |     |
|               33 | Contents                |                  0 |     |
|               32 | Geographic Features     |                 33 |     |
|               31 | WKB                     |                 32 |     |
|               30 | Date and Time Functions |                 36 |     |
|               29 | Geometry relations      |                 32 |     |
|               28 | Language Structure      |                 33 |     |
+------------------+-------------------------+--------------------+-----+
10 rows in set (0.00 sec)
```

[그림 57] 테이블 및 데이터 검색

사항색인

디지털포렌식 기술

[고시계사]

초판발행	2013년 5월 1일
개정판발행	2014년 2월 28일
개정판발행	2015년 3월 20일
개정판발행	2016년 4월 8일
개정판발행	2017년 2월 20일
개정판발행	2018년 3월 5일

[미디어북]

전면개정판발행	2018년 12월 30일
전면개정판2쇄발행	2020년 8월 3일

공 저 자 (사)한국포렌식학회

발 행 인 정상훈

디 자 인 신아름

펴 낸 곳 미디어북

서울특별시 관악구 봉천로 472
코업레지던스 B1층 102호 고시계사

대 표 817-2400 팩 스 817-8998
考試界 · 고시계사 · 미디어북 817-0418~9
www.gosi-law.com
E-mail : goshigye@chollian.net

판 매 처	고시계사
주문전화	02-817-2400
주문팩스	02-817-8998

정가 38,000원 ISBN 979-11-89888-01-5 93560